Halbleiter-Elektronik

Herausgegeben von W. Heywang und R. Müller

Band 12

Willi Gerlach

Thyristoren

Mit 184 Abbildungen

Springer-Verlag
Berlin · Heidelberg · New York 1979

Dr. phil. nat. WILLI GERLACH
o. Professor am Lehrstuhl und
Institut für Werkstoffe der Elektrotechnik
der Technischen Universität Berlin

Dr. rer. nat. WALTER HEYWANG
Leiter der Zentralen Forschung und Entwicklung der Siemens AG, München
Professor an der Technischen Universität München

Dr. techn. RUDOLF MÜLLER
Professor, Inhaber des Lehrstuhls für Technische Elektronik
der Technischen Universität München

ISBN-13: 978-3-540-09438-8   e-ISBN-13: 978-3-642-95356-9
DOI: 10.1007/ 978-3-642-95356-9

CIP-Kurztitelaufnahme der Deutschen Bibliothek
Halbleiter-Elektronik
Hrsg. von W. Heywang u. R. Müller.-
Berlin, Heidelberg, New York : Springer.
NE: Heywang, Walter [Hrsg.]
Bd. 12 - Gerlach, Willi: Thyristoren

Gerlach, Willi:
Thyristoren / Willi Gerlach.-
Berlin, Heidelberg, New York : Springer, 1979.
(Halbleiter-Elektronik ; Bd. 12)

Offsetdruck: fotokop wilhelm weihert KG, Darmstadt · Bindearbeiten: K. Triltsch, Würzburg
2362/3020 - 543210

Vorwort

Die wachsende Bedeutung des Thyristors in der Elektronik,
insbesondere der Leistungselektronik, erfordert sowohl
vom Bauelemente-Entwickler als auch vom Anwender ein so-
lides Grundwissen über die Physik dieses Bauelementes und
einen umfassenden Überblick über den Stand der Technik.
Beides will dieses Buch vermitteln.

Es ist so angelegt, daß es dem Leser einen bequemen Zugang zu diesem Gebiet ermöglichen soll. An Vorkenntnissen
werden lediglich die Grundbegriffe der Halbleiterphysik,
speziell der des Transistors, benötigt. In mathematischer
Hinsicht werden keine besonderen Anforderungen gestellt.
Es genügen die Kenntnisse der Differential- und Integral-
rechnung sowie der komplexen Zahlen und Funktionen.

In einem einleitenden Kapitel werden die typischen Eigenschaften des Thyristors anhand des Transistor-Ersatzmo-
dells erklärt. Im Vordergrund stehen dabei die transienten Vorgänge. Eine mehrjährige Lehrerfahrung hat gezeigt,
daß sich auf diese Weise die Hauptschwierigkeiten im Verständnis der physikalischen Vorgänge - namentlich der Umpolung des mittleren pn-Überganges - zwanglos vermeiden
lassen.

In den weiteren Kapiteln werden das statische Verhalten
bei Vorwärts- und Sperrpolung sowie die Theorie der Durchlaßcharakteristik behandelt. Einen breiten Raum nehmen
dann die dynamischen Vorgänge ein, weil sie von besonderer
Bedeutung für den praktischen Einsatz des Thyristors sind.
Hierzu werden die verschiedenen Behandlungsmethoden zu-
sammengestellt und die Näherungsmethoden, wie z.B. das La-

dungssteuermodell, mit der exakten Methode verglichen. Es folgen ausführliche Untersuchungen der Schaltvorgänge sowohl in axialer wie in transversaler Richtung. Ein gesondertes Kapitel ist den Bauelementen Diac, Triac, Abschaltthyristor und lichtzündbarer Thyristor gewidmet. Daneben werden Fragen des Oberflächendurchbruchs, der Ein- und Ausschaltbelastbarkeit, der Folgezündung, der Lebensdauereinstellung und der damit zusammenhängenden technologischen Maßnahmen behandelt.

Ursprünglich sollte dieser Band von Dr. G. Köhl, einem erfahrenen und geschätzten Fachmann auf dem Thyristorgebiet, geschrieben werden. Sein früher Tod hat dies leider zunichte gemacht. Nach dem Tod von Dr. G. Köhl wurde mir als seinem langjährigen Fachkollegen und Freund diese ehrenvolle Aufgabe übertragen. Ich habe mich nach besten Kräften bemüht, dieser Aufgabe gerecht zu werden. Die besondere Vorliebe von Dr. G. Köhl galt zuletzt dem Triac. Ich habe seinen Aufzeichnungen die Ausführungen über den Triac entnommen und ihm zu Ehren weitgehend wortgetreu in den Abschnitten 9 bis 9.3 wiedergegeben.

Mein besonderer Dank gilt Frau E. Schomogyi, die in mühevoller Arbeit sowohl die Reinschrift des Manuskriptes als auch den zur Drucklegung verwendeten Schreibsatz angefertigt hat. Dem Springer Verlag danke ich für die verständnisvolle und entgegenkommende Zusammenarbeit.

Berlin, im Frühjahr 1979   W. Gerlach

Inhaltsverzeichnis

Einleitung

Der Thyristor ist ein Halbleiterbauelement mit einer pnpn-Struktur, Bild I. Er vermag bei positiver Spannung zwischen der äußeren p-Zone (Anode) und der äußeren n-Zone (Kathode) zwei stabile Zustände anzunehmen, einen sperrenden und einen leitenden. Seine Strom-Spannungs-Kennlinie, Bild II, weist dementsprechend bei dieser Polarität einen Sperrbereich und einen Durchlaßbereich auf. Diese Eigenschaft wird zum Schalten von Strom ausgenutzt.

Um den Thyristor vom sperrenden in den leitenden Zustand zu bringen, muß der Strom grundsätzlich über einen gewissen Schwellwert angehoben werden. Das geschieht normalerweise durch einen Strompuls, der über den Steueranschluß (Gate) in eine der beiden inneren Zonen eingeprägt wird. Eine andere Möglichkeit besteht z.B. darin, die Anodenspannung so weit zu steigern, daß die Kippspannung (U_{BO}) überschritten wird, Bild IIa.

Wenn der Thyristor eingeschaltet oder "gezündet" ist, verhält er sich wie eine Diode, Bild IIb. Er vermag dann in

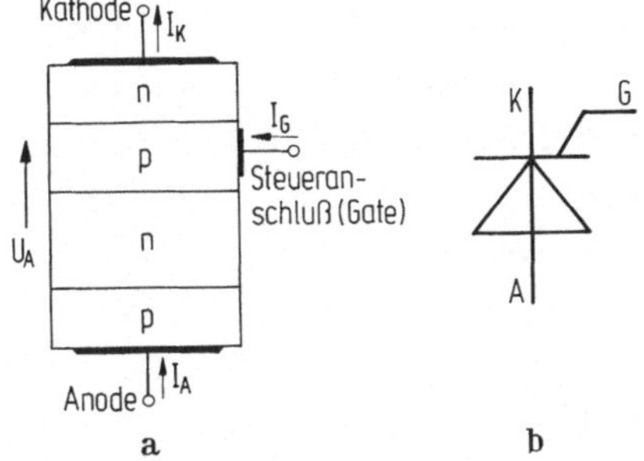

Bild I. Thyristor. a) pnpn-Struktur, b) Schaltsymbol

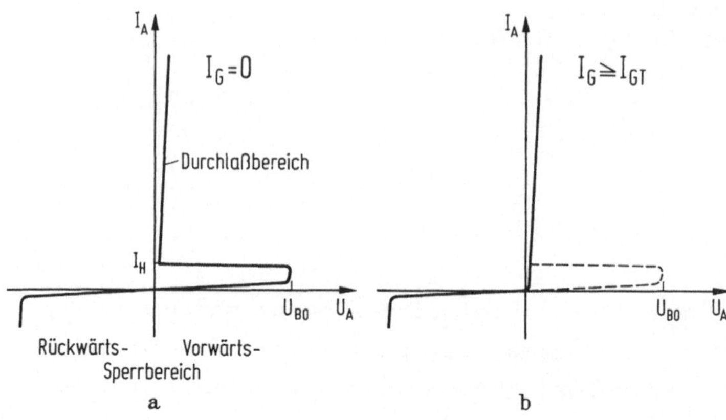

Bild II. Strom-Spannungskennlinie des Thyristors. a) ohne Steuerstrom b) mit Steuerstrom $I_G > I_{GT}$. I_H Haltestrom, I_{GT} Zündstrom U_{BO} Kippspannung.

Vorwärtsrichtung Ströme von mehreren hundert Ampere pro cm^2 zu führen, ohne daß die Spannung merklich 1 bis 2 Volt übersteigt. In Rückwärtsrichtung dagegen sperrt er. Dieser Eigenschaft trägt das Schaltsymbol des Thyristors Rechnung, Bild Ib. Es zeigt eine Diode mit einem Steueranschluß und kennzeichnet den Thyristor damit als eine steuerbare Diode in Übereinstimmung mit der ursprünglichen englischen Bezeichnung "Semiconductor Controlled Rectifier", abgekürzt SCR.

Die Bezeichnung "Zünden" für das Einschalten des Thyristors stammt aus der Terminologie der Thyratron-Röhre und beschreibt dort das Zünden der Gasentladung. Das Thyratron schaltet dabei vom Sperr- in den Durchlaßzustand. Wegen der funktionellen Ähnlichkeit von Thyratron und Thyristor ist dieser Begriff - neben anderen - beim Thyristor übernommen worden. Auch der Name Thyristor ist in Anlehnung an den Namen Thyratron entstanden.

Bevor in diesem Buch von Einzelheiten des Thyristors die Rede ist, soll an einem typischen Beispiel erläutert werden, wie die Schalteigenschaft des Thyristors genutzt wird.

14

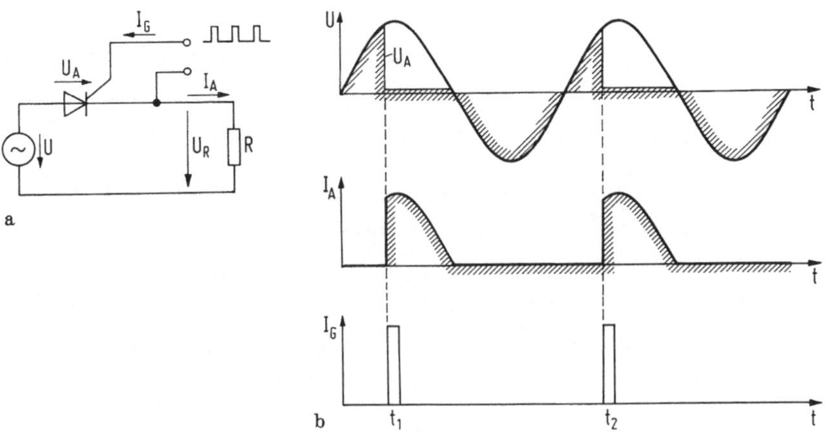

Bild III. Thyristorschaltung zur Steuerung der Verbrau-
cherleistung eines Wechselstromkreises. a) Schaltung
b) Prinzip der Phasenanschnitt-Steuerung.

Bild III zeigt den Thyristor in Reihe mit einem Ohmschen
Lastwiderstand R in einem Wechselstromkreis, dessen Spannung U kleiner ist, als die Sperrspannung des Thyristors
in Vorwärts- sowie in Rückwärtsrichtung. Da der Thyristor
ohne Steuersignal sperrt, ist der Strom i in der positiven
Spannungshalbwelle bis zur Zeit t_1 Null. Zu diesem Zeitpunkt wird der Steuerstrom I_G eingeschaltet und der Thyristor gezündet. Der Strom steigt dann in wenigen Mikrosekunden auf den Wert i=U/R - wenn man von der geringen
Durchlaßspannung des Thyristors absieht - und fließt bis
zum Ende der Halbwelle. Dort reißt er ab, sobald er unter
den Haltestrom I_H sinkt.

Während der negativen Spannungshalbwelle sperrt der Thyristor (i=O). Erst in der darauffolgenden positiven Halbwelle setzt der Strom zur Zeit t_2 erneut ein.

Durch die Wahl des Zündzeitpunktes kann die auf den Lastwiderstand übertragene mittlere Leistung stetig gesteuert
werden. Diese Betriebsweise wird als Phasenanschnitt-Steuerung bezeichnet.

Der Steuerstrom kann die Form eines kurzen Pulses haben.
Er braucht nur solange zu fließen, bis der Thyristor in

den leitenden Zustand gekippt ist und von einem inneren
Verstärkermechanismus in diesem Zustand gehalten wird. Der
Steuerstrom spielt mit anderen Worten die Rolle eines Aus-
lösesignals, das diesen Mechanismus in Gang setzt.

Hierin liegt ein besonderer Vorteil des Thyristors beim
Schalten von Strömen gegenüber einem als Schalter betriebenen Transistor. Denn beim Transistor muß das Steuersignal
während der gesamten Stromflußdauer anstehen. Das erfordert
einen höheren Leistungsaufwand im Steuerkreis und ist damit ungünstiger.

Von größter technischer Bedeutung ist jedoch die enorme
Schaltleistung, die mit Thyristoren bewältigt werden kann.
Hier reicht die Grenze der heutigen Leistungsthyristoren
bis in den Megawatt-Bereich. Demgegenüber liegt sie für
Leistungstransistoren bei einigen Kilowatt. Der Unter-
schied ist in erster Linie darauf zurückzuführen, daß im
Thyristor die Hauptstromkontakte großflächig ausgeführt
werden können, im Transistor dagegen nicht.

Der Thyristor nimmt insofern eine Sonderstellung unter den
Halbleiterbauelementen mit Verstärkereigenschaften ein,
als er das einzige Bauelement ist, das Zugang zum Stark-
strombereich gefunden hat. Er ist seit einigen Jahren zum
Grundbaustein der heutigen Leistungselektronik geworden.
Das Anwendungsgebiet beschränkt sich jedoch keineswegs auf
die Leistungselektronik allein, im Gegenteil, es erstreckt
sich über nahezu alle Bereiche der Elektrotechnik.

Eng verwandt mit dem Thyristor sind eine Reihe weiterer
Bauelemente. Dazu zählen:

1. *pnpn-Diode* (Shockley-Diode, Thyristor-Diode)
2. *Diac* (Bidirektional- oder Wechselstrom-Thyristor-Diode)
3. *Triac* (Bidirektional- oder Wechselstrom-Thyristor)
4. *Ausschaltbarer Thyristor* (Gate Turn Off- oder GTO-Thy-
   ristor
5. *Photothyristor* (Light Activated Switch oder LAS)
6. *Thyristor-Tetrode*

Alle diese Bauelemente basieren auf der Schalteigenschaft
der pnpn-Struktur und werden in einem etwas weiteren Sinne
als Thyristoren bezeichnet.

Zum Verständnis der Funktionsweise des Thyristors sind einige Grundkenntnisse über die Stromleitung in Halbleitern
sowie über die Vorgänge in pn-Dioden und Transistoren notwendig. Sie werden hier als bekannt vorausgesetzt, weil angenommen werden darf, daß jemand, der sich speziell für
Thyristoren interessiert, einige Vorkenntnisse über die pn-
Diode und den Transistor mitbringt. Außerdem kann auf die
im Rahmen dieser Buchreihe erschienenen Bände 1 und 2 verwiesen werden, wo die notwendigen Grundlagen ausführlich
behandelt werden.

1 Funktionsprinzip des Thyristors

Einen ersten Einblick in die Vorgänge, die in einem Thyristor zum Schalten führen, gewährt ein Modell, das die pnpn-Struktur des Thyristors durch zwei Transistoren ersetzt. Auf dieser Modellvorstellung basieren nahezu alle Arbeiten zur Theorie der pnpn-Bauelemente aus der ersten Zeit nach der Entdeckung des Schalteffektes und seiner theoretischen Aufklärung durch Moll und Mitarbeiter [1.1]. Es wird darin im allgemeinen nur von der gedanklichen Zerlegung der pnpn-Struktur in zwei Transistoren Gebrauch gemacht. Die Wechselwirkung benachbarter pn-Übergänge kann dann auf den Transistoreffekt zurückgeführt werden und läßt sich mit den dafür bekannten Beziehungen beschreiben. Aber auch das Ersatzmodell selbst ist recht gut geeignet, um wesentliche Merkmale des Thyristors zu erklären und typische Gesetzmäßigkeiten abzuleiten [1.2]. Es hat zudem den Vorteil, daß die Vorgänge etwas einfacher zu überschauen sind. Außerdem läßt es sich praktisch verwirklichen und erlaubt dadurch einen unmittelbaren Vergleich mit dem Experiment.

In den folgenden Abschnitten soll das Funktionsprinzip des Thyristors anhand des Ersatzmodells erläutert werden.

1.1 Ersatzmodell des Thyristors

Zu diesem Modell kann man auf folgende Weise gelangen: Man denke sich den Thyristor nach Bild 1.1a entlang der gestrichelten Linie in den beiden Basiszonen aufgeschnitten und anschließend wieder leitend miteinander verbunden, wie in Bild 1.1b. Werden in dieser Figur die von den Basiszo-

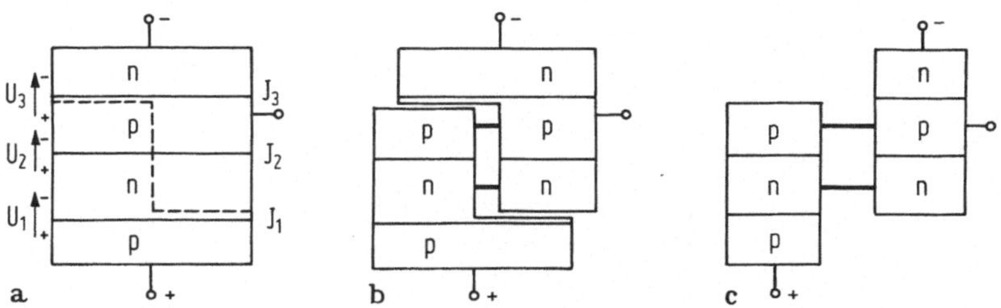

Bild 1.1. Stufenweise Zerlegung der Thyristorstruktur in
ein Ersatzmodell aus zwei Transistoren.

nen abgetrennten äußeren Gebiete weglassen, da sie nun
keinen Strombeitrag mehr liefern, so erhält man das in
Bild 1.1c dargestellte Ersatzmodell. Es besteht aus einem
pnp-Transistor und einem npn-Transistor, die miteinander
verkoppelt sind.

In Schaltrichtung des Thyristors liegt an der unteren p-
Zone, der Anode, positive Spannung. Die äußeren pn-Übergänge J_1 und J_3 sind dann in Durchlaßrichtung gepolt, denn
hier ist jeweils die p-Zone positiv gegenüber der n-Zone
vorgespannt; der mittlere pn-Übergang J_2 ist dagegen in
Sperrichtung gepolt, denn hier ist es umgekehrt.

Aufgrund der Durchlaßpolung injizieren J_1 und J_3 Minori-
tätsträger in die angrenzenden Basisgebiete und wirken da-
mit als Emitter, während J_2 infolge der Sperrpolung als
Kollektor arbeitet. Mithin ist im Ersatzmodell jeweils der
Kollektor des einen Transistors mit der Basis des anderen
Transistors gekoppelt.

1.2 Schaltkriterium

Als erstes soll gezeigt werden, welchen Anforderungen die
beiden Transistoren genügen müssen, damit der Schalteffekt
auftritt.

Dazu sei angenommen, daß sich die Schaltung nach Bild 1.2
zu Beginn unserer Betrachtung im statischen Sperrzustand
befindet. Die Spannung U_A fällt dann praktisch über der
Kollektorsperrschicht ab, und der Strom $I_A = I_{AO}$ im äußeren

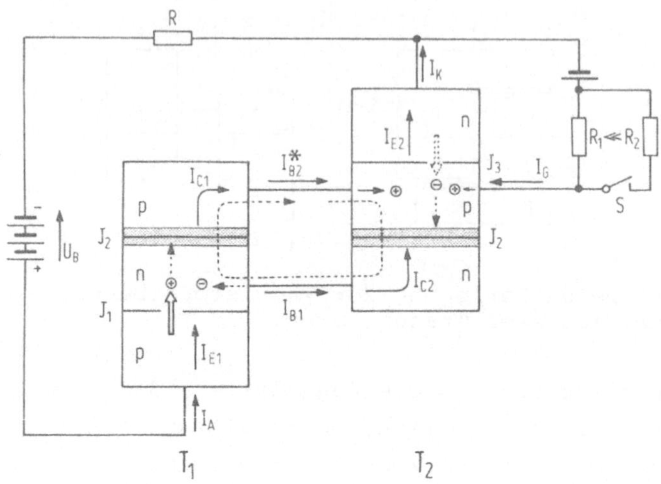

Bild 1.2. Thyristor-Ersatzmodell bei Vorwärtspolung.

Stromkreis hat einen Wert von der Größenordnung des Kollektorsperrstromes I_{CO2} bzw. des Steuerstromes I_{GO} je nachdem, welcher der größere von beiden ist.

Zum Zeitpunkt t=0 möge der Steuerstrom durch Schließen des Schalters S um den differentiellen Betrag δI_G sprungartig erhöht werden. Damit wird der Basisstrom des Transistors T_2 vom Ausgangswert

$$I_{B2O} = I_{B2O}^* + I_{GO} \qquad \text{für } t < 0 \qquad (1.1)$$

auf den Wert

$$I_{B2}(O) = I_{B2O}^* + I_{GO} + \delta I_G \qquad \text{für } t = 0 \qquad (1.2)$$

angehoben und der Emitter J_3 stärker in Durchlaßrichtung gesteuert. Vom Emitter J_3 werden infolgedessen vermehrt Elektronen in die Basis injiziert, die zum Kollektor diffundieren - wobei einige unterwegs rekombinieren - und den Kollektorstrom vergrößern.

Wegen der endlichen Laufzeit der Elektronen setzt der Anstieg des Anodenstromes um die Verzögerungszeit t_{v2} später ein. Zur Vereinfachung sei angenommen, daß der Kollektorstrom nach Ablauf der Verzögerungszeit exakt sprunghaft auf den neuen Wert ansteigen möge. Damit erhält man

$$\Delta I_{C2}(t_{V2}) = \tilde{\beta}_2 \Delta I_{B2}(0) \qquad\qquad (1.3)$$

$$= \tilde{\beta}_2 \delta I_G \, ,$$

wobei $\tilde{\beta}_2$ der Kleinsignal-Stromverstärkungsfaktor des Transistors 2 in Emitterschaltung ist.

Der Kollektorstrom I_{C2} ist aber zugleich auch der Basisstrom I_{B1} des Transistors T_1. Er führt der n-Basis Elektronen zu. Zur Zeit $t=t_{V2}$ erfährt der Transistor 1 deshalb den Basisstromzuwachs

$$\Delta I_{B1}(t_{V2}) = \Delta I_{C2}(t_{V2}) \qquad\qquad (1.4)$$

$$= \tilde{\beta}_2 \delta I_G \, ,$$

der analog zum Transistor 2 nach der Verzögerungszeit t_{V1} den Kollektorstrom vergrößert um

$$\Delta I_{C1}(t_1) = \tilde{\beta}_1 \Delta I_{B1}(t_{V2}) \qquad\qquad (1.5)$$

$$= \tilde{\beta}_1 \tilde{\beta}_2 \delta I_G \qquad\quad \text{mit } t_1 = t_{V1} + t_{V2} \, .$$

$\tilde{\beta}_1$ ist das Kleinsignal-Beta des Transistors 1.

Da andererseits der Kollektorstrom I_{C1} zur Basis des Transistors 2 zurückfließt ($I_{C1}=I_{B2}^*$), ruft er in T_2 zum Zeitpunkt $t_1=t_{V1}+t_{V2}$ einen erneuten sprunghaften Anstieg des Basisstromes hervor

$$\Delta I_{B2}(t_1) = \Delta I_{B2}^*(t_1) \qquad\qquad (1.6)$$

$$= \tilde{\beta}_1 \tilde{\beta}_2 \delta I_G \, .$$

Gl.(1.6) besagt:

Das ursprüngliche Signal δI_G wird in den beiden Transistoren nacheinander um $\tilde{\beta}_2$ und $\tilde{\beta}_1$ verstärkt und zur Ausgangsbasis rückgekoppelt. Die Gesamtverstärkung $\tilde{\beta}_{12}$ längs dieser Rückkopplungsschleife - in Bild 1.2 als gestrichelte Linie gekennzeichnet - beträgt somit

$$\tilde{\beta}_{12} = \tilde{\beta}_1 \tilde{\beta}_2 \, . \qquad\qquad (1.7)$$

Die eingangs gestellte Frage nach den Anforderungen an die
Transistoren für das Auftreten des Schalteffektes läßt
sich jetzt beantworten. Schalten bedeutet, daß der Anodenstrom $I_A = I_{E1}$ über alle Grenzen zu streben sucht und setzt
ein unbegrenztes Anwachsen des Basisstromes voraus. Der
Basisstrom aber beginnt unbegrenzt zu steigen, sobald das
rückgekoppelte Signal größer oder gleich dem ursprünglichen Eingangssignal δI_G ist. Nach Gl.(1.6) ergibt sich
damit als *Schaltbedingung:*

$$\tilde{\beta}_1 \tilde{\beta}_2 \geq 1 \ . \tag{1.8}$$

Das Produkt der Kleinsignal-Stromverstärkungsfaktoren in
Emitterschaltung beider Transistoren muß also mindestens
gleich eins sein.

Aus Gl.(1.8) folgt mit

$$\tilde{\beta} = \frac{\tilde{\alpha}}{1 - \tilde{\alpha}}$$

die äquivalente Schaltbedingung

$$\tilde{\alpha}_1 + \tilde{\alpha}_2 \geq 1 \ , \tag{1.9}$$

wonach die Summe der Kleinsignal-Stromverstärkungsfaktoren
in Basisschaltung beider Transistoren mindestens eins sein
muß.

1.3 Zeitverlauf der Ströme

Nunmehr soll die zeitliche Entwicklung der Ströme, insbesondere des Anodenstromes, weiterverfolgt werden. Zum Zeitpunkt $t = t_{V2}$ erfährt der Basisstrom des Transistors 1 nach
Gl.(1.4) den Zuwachs

$$\Delta I_{B1}(t_{V2}) = \tilde{\beta}_2 \delta I_G \ .$$

Diese erhöhte Elektronenzufuhr zur Basis 1 erfordert wegen
der Neutralität des Basisgebietes einen erhöhten Zustrom

von Löchern über den Emitter 1 mit der gleichen Strömungs-
rate. Damit erhält man

$$I_A(t_{V2}) = I_{AO} + \tilde{\beta}_2 \delta I_G \; . \tag{1.10}$$

Anschließend bleibt der Anodenstrom für die Dauer der
Laufzeit der Löcher in der Basis 1 konstant und steigt
dann auf den Wert

$$I_A(t_1) = I_{AO} + \frac{1}{\tilde{\alpha}_1} I_{C1}(t_1) \tag{1.11}$$

$$= I_{AO} + \frac{1}{\tilde{\alpha}_1} \tilde{\beta}_{12} \delta I_G \qquad \text{mit } t_1 = t_{V1} + t_{V2} \; .$$

Bei der Herleitung von Gl.(1.11) sind der allgemeine Zu-
sammenhang $\Delta I_C = \tilde{\alpha} \Delta I_E$ sowie Gl.(1.5) und Gl.(1.7) benutzt
worden.

Nach dem ersten Umlauf des Steuersignals δI_G im Rückkoppelkreis nimmt der Basisstrom des Transistors 2 nach Gl.
(1.6) sprungartig zu um

$$\Delta I_{B2}(t_1) = \tilde{\beta}_{12} \delta I_G \; .$$

Damit beginnt ein neuer Rückkoppel-Zyklus, in dessen Verlauf die Ströme zu den verschiedenen Zeiten die folgenden
Werte annehmen

Zeitpunkt $t = t_1 + t_{V2} \equiv t_1'$:

$$\Delta I_{C2}(t_1') = \tilde{\beta}_2 \Delta I_{B2}(t_1) \tag{1.12}$$

$$= \tilde{\beta}_2 \tilde{\beta}_{12} \delta I_G$$

$$= \Delta I_{B1}(t_1') \; ,$$

$$I_A(t_1') = I_A(t_1) + \Delta I_{B1}(t_1') \tag{1.13}$$

$$= I_A(t_1) + \tilde{\beta}_2 \tilde{\beta}_{12} \delta I_G \; .$$

Zeitpunkt $t=t_1'+t_{V1}=2t_1$:

$$\Delta I_{C1}(2t_1) = \tilde{\beta}_1\tilde{\beta}_2\tilde{\beta}_{12}\delta I_G$$

$$= \tilde{\beta}_{12}^2\delta I_G \qquad\qquad (1.14)$$

$$= \Delta I_{B2}(2t_1) \; ,$$

$$I_A(2t_1) = I_A(t_1) + \frac{1}{\tilde{\alpha}_1}\Delta I_{C1}(2t_1) \qquad\qquad (1.15)$$

$$= I_{AO} + \frac{\tilde{\beta}_{12}}{\tilde{\alpha}_1}\delta I_G(1+\tilde{\beta}_{12}) \; .$$

Nach dem zweiten Zyklus erfährt die Ausgangsbasis gemäß Gl.(1.14) den weiteren Strombeitrag

$$\Delta I_{B2}(2t_1) = \tilde{\beta}_{12}^2\delta I_G \; , \qquad\qquad (1.16)$$

nach dem dritten Zyklus entsprechend

$$\Delta I_{B2}(3t_1) = \tilde{\beta}_{12}^3\delta I_G \; , \qquad\qquad (1.17)$$

oder allgemein nach dem n-ten Zyklus

$$\Delta I_{B2}(nt_1) = \tilde{\beta}_{12}^n\delta I_G \; . \qquad\qquad (1.18)$$

Der Ausdruck für den Gesamtstrom zur Basis von T_2 nimmt damit die Form einer geometrischen Reihe an

$$I_{B2}(nt_1) = I_{B2O} + \delta I_G(1+\tilde{\beta}_{12}+\tilde{\beta}_{12}^2+\dots+\tilde{\beta}_{12}^n) \qquad (1.19)$$

$$= I_{B2O} + \delta I_G\frac{1-\tilde{\beta}_{12}^{n+1}}{1-\tilde{\beta}_{12}} \; .$$

Ähnlich verhält es sich mit dem Anodenstrom, dessen zeitliches Bildungsgesetz sich in Gl.(1.13) bzw. Gl.(1.15) andeutet. Es ergeben sich hier schließlich die Beziehungen

$$I_A(nt_1) = I_{AO} + \frac{\tilde{\beta}_{12}}{\tilde{\alpha}_1}\delta I_G(1 + \tilde{\beta}_{12} + \tilde{\beta}_{12}^2 + \ldots + \tilde{\beta}_{12}^{n-1}) \qquad (1.20)$$

$$= I_{AO} + \frac{\tilde{\beta}_{12}}{\tilde{\alpha}_1}\delta I_G\frac{1-\tilde{\beta}_{12}^n}{1-\tilde{\beta}_{12}} \quad,$$

$$I_A(nt_1 + t_{V2}) = I_A(nt_1) + \tilde{\beta}_2\tilde{\beta}_{12}^n\delta I_G \qquad (1.21)$$

Bild 1.3 zeigt den Anodenstromverlauf nach Gl.(1.20) und
Gl.(1.21) für die Fälle $\tilde{\beta}_{12}<1$ sowie $\tilde{\beta}_{12}=1$ und $\tilde{\beta}_{12}>1$. Zur
Vereinfachung ist dabei $\tilde{\beta}_1=\tilde{\beta}_2$ und $t_{V1}=t_{V2}$ gesetzt worden.
Diese Vereinfachungen sind jedoch für den prinzipiellen
Verlauf der Kurven von untergeordneter Bedeutung.

Für $\tilde{\beta}_{12}<1$ (Bild 1.3a) strebt der Anodenstrom gegen einen
endlichen Grenzwert, den er nach einer Zeit von etwa $t=5t_1$

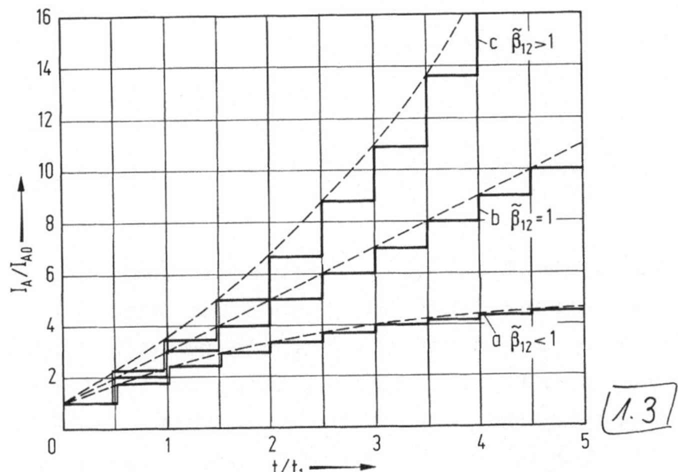

Bild 1.3. Zeitlicher Verlauf des Anodenstromes bei Steuerstromzündung für verschiedene Werte der Rückkoppelverstär-
kung $\tilde{\beta}_{12}$. a) $\tilde{\beta}_{12}=0,64$ mit $\tilde{\beta}_1=\tilde{\beta}_2=0,8$, $\tilde{\alpha}_2=0,445$;
b) $\tilde{\beta}_{12}=1$ mit $\tilde{\beta}_1=\tilde{\beta}_2=1$, $\tilde{\alpha}_2=0,5$; c) $\tilde{\beta}_{12}=1,33$ mit
$\tilde{\beta}_1=\tilde{\beta}_2=1,15$, $\tilde{\alpha}_2=0,535$.

praktisch erreicht hat. Der neue stationäre Wert ergibt
sich nach Gl. (1.20) zu

$$I_A(\infty) = I_{AO} + \frac{\tilde{\beta}_{12}}{\tilde{\alpha}_1} \frac{1}{1 - \tilde{\beta}_{12}} \delta I_G \qquad (1.22)$$

$$= I_{AO} + \frac{(1/\tilde{\beta}_1) + 1}{(1/\tilde{\beta}_{12}) - 1} \delta I_G \qquad \text{für } \tilde{\beta}_{12} < 1 \ .$$

In Bild 1.3a beträgt $I_A(\infty)$ rund das Fünffache des ursprünglichen Anodenstromes I_{AO}. Da es sich bei I_{AO} - der
getroffenen Voraussetzung zufolge - um einen Strom von der
Größenordnung des Kollektorsperrstromes handeln soll, ist
der Strom $I_A(\infty)$ noch immer recht klein. Die Schaltung befindet sich damit nach wie vor im sperrenden Zustand.

Man kann dieses Ergebnis verallgemeinern: Solange $\tilde{\beta}_{12} < 1$
ist, entfernt sich der neue stationäre Anodenstrom nicht
beliebig weit vom Ausgangswert, so daß die Anordnung hoch-
ohmig, d.h. im Sperrzustand, bleibt. Die Schaltung verhält
sich hier ähnlich wie ein einzelner Transistor mit dem ä-
quivalenten Stromverstärkungsfaktor

$$\tilde{\beta}_{\ddot{a}q} = \frac{\delta I_A}{\delta I_G} = \frac{(1/\tilde{\beta}_1) + 1}{(1/\tilde{\beta}_{12}) - 1} \qquad \text{mit } \tilde{\beta}_{12} < 1 \ . \qquad (1.23)$$

In den beiden anderen Fällen $\tilde{\beta}_{12} \geqq 1$ strebt der Anodenstrom
nach Unendlich. Unterschiedlich ist jedoch die Anstiegsgeschwindigkeit; sie ist im Falle $\tilde{\beta}_{12} = 1$ kleiner als im Falle $\tilde{\beta}_{12} > 1$. Das erkennt man besonders deutlich an der Form
der in Bild 1.3 gestrichelt eingezeichneten Verbindungsli-
nie der Eckpunkte. Für $\tilde{\beta}_{12} = 1$ ist die Verbindungslinie eine
Gerade, für $\tilde{\beta}_{12} > 1$ aber hat sie den Charakter einer ansteigenden Exponentialkurve.

Der zeitliche Verlauf der Verbindungslinie $\bar{I}_A(t)$ läßt sich
mit Hilfe von Gl. (1.20) mathematisch beschreiben. Zu den

Zeitpunkten $t_n = nt_1$ muß $\bar{I}_A$ der Gleichung genügen

$$\bar{I}_A(t_n) = I_A(nt_1) = I_{AO} + \frac{\tilde{\beta}_{12}}{\tilde{\alpha}_1} \frac{1 - \tilde{\beta}_{12}^{t_n/t_1}}{1 - \tilde{\beta}_{12}} \delta I_G \qquad (1.24)$$

Ersetzt man in Gl.(1.24) die diskrete Zeitvariable t_n durch die kontinuierliche Zeitvariable t, so erhält man - etwas umgeformt - die Beziehung

$$\bar{I}_A(t) = I_{AO} + \frac{\tilde{\beta}_{12}}{\tilde{\beta}_{12} - 1} \frac{\delta I_G}{\tilde{\alpha}_1} \left\{ \exp\left(\frac{t}{t_1/\ln\tilde{\beta}_{12}}\right) - 1 \right\} \qquad (1.25)$$

$$= I_{AO} + \Delta\bar{I}_A \left\{ \exp(t/\bar{t}_1) - 1 \right\}$$

mit den Abkürzungen

$$\Delta\bar{I}_A = \frac{\tilde{\beta}_{12}}{\tilde{\beta}_{12} - 1} \frac{\delta I_G}{\tilde{\alpha}_1} \;, \qquad \bar{t}_1 = \frac{t_1}{\ln\tilde{\beta}_{12}} \;.$$

Für $\tilde{\beta}_{12} > 1$ sind $\Delta\bar{I}_A$ und $\bar{t}_1$ positiv. Gl.(1.25) beschreibt demnach eine exponentiell ansteigende Kurve, deren Zeitkonstante $\bar{t}_1 = t_1/\ln\tilde{\beta}_{12}$ beträgt. Die Zeitkonstante ist hiernach umgekehrt proportional dem Logarithmus aus der Rückkoppelverstärkung $\tilde{\beta}_{12}$. Sofern $\tilde{\beta}_{12}$ nur wenig größer ist als eins, $\tilde{\beta}_{12} = 1 + \varepsilon$ mit $\varepsilon \ll 1$, ist die Zeitkonstante dem Überschuß der Rückkoppelverstärkung, $\varepsilon = \tilde{\beta}_{12} - 1$, umgekehrt proportional. Für $\tilde{\beta}_{12} \gg 1$ nimmt die Zeitkonstante bei Vergrößerung der Rückkoppelverstärkung nur noch schwach ab.

Für $\tilde{\beta}_{12} < 1$ sind $\Delta\bar{I}_A$ und $\bar{t}_1$ negativ, womit sich Gl.(1.25) umformen läßt zu

$$\bar{I}_A(t) = I_{AO} + |\Delta\bar{I}_A| \left\{ 1 - \exp(-t/|\bar{t}_1|) \right\} \qquad (1.26)$$

Die Kurve $\bar{I}_A(t)$ nähert sich exponentiell ihrem stationären Wert.

Für $\tilde{\beta}_{12} = 1$ erhält man unmittelbar aus Gl.(1.20)

$$I_A(nt_1) = I_{AO} + \frac{1}{\tilde{\alpha}_1} \delta I_G n \;. \qquad (1.27a)$$

Aus Gl.(1.27a) ergibt sich für den Verlauf der Verbindungslinie

$$\bar{I}_A(t) = I_{AO} + \frac{\delta I_G}{\tilde{\alpha}_1 t_1}\, t\ ,\qquad\qquad (1.27)$$

d.h. die Gleichung einer Geraden in Übereinstimmung mit
dem graphisch ermittelten Verlauf in Bild 1.3b.

1.4 Übergang vom Sperr- zum Durchlaßzustand

Wie der vorhergehende Abschnitt gezeigt hat, ist der Sperrzustand nur solange stabil wie $\tilde{\beta}_{12}<1$ gilt. Er wird dagegen
instabil, sobald $\tilde{\beta}_{12}\geqq1$ wird; denn hier genügt jedes noch so
kleine positive Steuersignal, um den Anodenstrom unbegrenzt
wachsen zu lassen. Die Transistor-Kombination geht dann in
einen extrem gut leitenden Zustand über. Würde man die
Spannung U_A an den Klemmen des Ersatzmodelles konstant halten, so würde der Strom so groß werden, daß die Transistoren schließlich durch thermische Überlastung zerstört würden. Um das zu verhindern, muß der Strom im äußeren Stromkreis begrenzt werden. In der Schaltung nach Bild 1.2 geschieht dies durch den Ohmschen Widerstand R.

Wenn der Strom hochzulaufen beginnt, sinkt die Anodenspannung gemäß $U_A=U_B-I_A R$. Im Kennlinienfeld strebt dann der Arbeitspunkt entlang der Widerstandsgeraden gegen den vom
Außenkreis begrenzten Strom $I_A=U_B/R$. Bild 1.4 veranschaulicht das für die Fälle nach Bild 1.3; die Zeitangaben an
den Widerstandsgeraden sind den entsprechenden Kurven in
Bild 1.3 entnommen. Bild 1.4a, das die Verhältnisse für
$\tilde{\beta}_{12}<1$ wiedergibt, dient lediglich zum Vergleich.

Mit wachsendem Anodenstrom nimmt die Anodenspannung immer
mehr ab und erreicht von einem bestimmten Strom an einen so
niedrigen Wert, daß die Kollektorsperrschicht der Transistoren nicht länger mehr in Sperrichtung gepolt bleibt. Dazu muß die Anodenspannung allerdings bis auf Werte zwischen
1,5 V und 1,2 V zurückgehen.

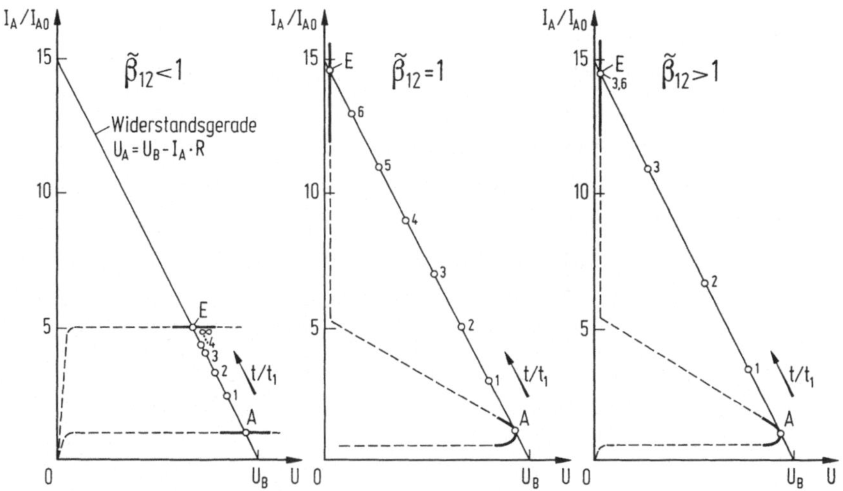

Bild 1.4. Verlauf des Arbeitspunktes im Kennlinienfeld für verschiedene Werte der Rückkoppelverstärkung $\tilde{\beta}_{12}$.

Wenn wir mit I_A' den Strom bezeichnen, bei dem die Kollektorspannung Null wird ($U_C=0$, für $I_A(t_E)=I_A'$), dann arbeiten die Transistoren bis zu diesem Strom im normalen Verstärkerbetrieb ($U_C\leq0$), wie er bei der Herleitung des zeitlichen Stromverlaufes vorausgesetzt worden ist. Bei einem Stromanstieg über I_A' hinaus sinkt die Anodenspannung dagegen weiter ab, wodurch die Kollektorsperrschicht in Flußrichtung vorgespannt wird, denn die Emitter E_1 und E_2 beanspruchen zur Führung des Emitterstromes je nach Größe eine Flußspannung von je 0,6 V bis 0,8 V. Damit gehen die Transistoren für $I_A(t)>I_A'$ in den Sättigungsbetrieb über.

In diesem Betriebszustand injiziert der Kollektor seinerseits Minoritätsträger in die Basis und das Kollektorbahngebiet des jeweiligen Transistors. Das hat dann zur Folge, daß sich zum einen der ursprünglichen Konzentrationsverteilung der Minoritätsträger in der Basis, die ein Gefälle vom Emitter zum Kollektor hat, nunmehr eine Konzentrationsverteilung mit einem Gefälle vom Kollektor zum Emitter überlagert und zum anderen, daß Majoritätsträger aus der Basis in den Kollektor abfließen. In Transistoren mit einem Emitterwirkungsgrad <1 macht sich als Begleiteffekt

eine verstärkte Abwanderung von Majoritätsträgern aus der
Basis in den Emitter bemerkbar. Wegen der vergrößerten
Speicherladung in der Basis erhöht sich dort die Zahl der
Majoritätsträger, die in der Zeiteinheit rekombinieren und
durch den Basisstrom nachgeliefert werden müssen. Zusammen
mit dem Abstrom von Majoritätsträgern aus der Basis in den
Kollektor und den Emitter hat das zur Folge, daß im Sättigungsbetrieb ein größerer Basisstrom erforderlich ist, um
einen vorgegebenen Kollektorstrom zu führen als im normalen Verstärkerbetrieb. Es gilt daher für $U_C > 0$

$$\Delta I_{B1} > \frac{\Delta I_{C1}}{\tilde{\beta}_1} , \qquad\qquad (1.28)$$

$$\Delta I_{B2} > \frac{\Delta I_{C2}}{\tilde{\beta}_2} . \qquad\qquad (1.29)$$

Bei dem differentiellen Strom ΔI_{B1} bzw. ΔI_{B2} handelt es
sich um den Basisstrom, der echt aufgewendet werden muß,
damit sich nach Ablauf der Verzögerungszeit der Kollek-
torstrom ΔI_{C1} bzw. ΔI_{C2} stationär einstellt. Deswegen hat
das Verhältnis $\Delta I_{C1}/\Delta I_{B1}$ die Bedeutung des tatsächlich
wirksamen Stromverstärkungsfaktors des Transistors 1. Entsprechendes gilt für Transistor 2. In dieser Bedeutung
sind bisher in unseren Betrachtungen die Stromverstär-
kungsfaktoren $\tilde{\beta}_1$, $\tilde{\beta}_2$ ausschließlich verwendet worden. Es
erweist sich daher zur Beurteilung der Frage, auf welche
Weise die Anordnung ihren stationären Durchlaßzustand erreicht als zweckmäßig, für den Sättigungsbetrieb der Transistoren effektive Stromverstärkungsfaktoren einzuführen

$$\tilde{\beta}_{1eff} \equiv \frac{\Delta I_{C1}}{\Delta I_{B1}} , \qquad\qquad (1.30)$$

$$\tilde{\beta}_{2eff} \equiv \frac{\Delta I_{C2}}{\Delta I_{B2}} , \qquad \text{für } U_C > 0 . \qquad (1.31)$$

Für den Grenzfall $U_C = 0$ gilt $\tilde{\beta}_{1eff} = \tilde{\beta}_1$ und $\tilde{\beta}_{2eff} = \tilde{\beta}_2$. Bei
einer Flußpolung des Kollektors ($U_C > 0$) sind $\tilde{\beta}_{1eff}$, $\tilde{\beta}_{2eff}$

nach den Gln.(1.30) und (1.31) gegenüber $\tilde{\beta}_1$, $\tilde{\beta}_2$ verkleinert. Diese Verkleinerung nimmt mit wachsender Durchlaßspannung stark zu, wie aus dem Zusammenhang mit der Speicherladung hervorgeht.

Mit Hilfe der effektiven Stromverstärkungsfaktoren ist es jetzt einfach, die notwendige Bedingung für den stabilen Gleichgewichtszustand anzugeben. Grundsätzlich muß für den stabilen Gleichgewichtszustand die Verstärkung im Rückkopplungskreis kleiner als eins werden, weil sich nur dann eine zufällige Stromschwankung oder ein Störsignal nicht beliebig aufschaukeln kann. Daraus ergibt sich als Stabilitätsbedingung

$$\tilde{\beta}_{12eff} = \tilde{\beta}_{1eff}\tilde{\beta}_{2eff} < 1 \ . \tag{1.32}$$

Gl.(1.32) umfaßt mit $\tilde{\beta}_{1eff}=\tilde{\beta}_1$ und $\tilde{\beta}_{2eff}=\tilde{\beta}_2$ für $U_C \leqq 0$ gleichzeitig auch die Stabilitätsbedingung für den Sperrzustand $\tilde{\beta}_1\tilde{\beta}_2<1$.

Es wird nunmehr deutlich, auf welche Weise sich ein stationärer Stromfluß in den Transistoren einstellt. Bis zum Zeitpunkt $t=t_E$, mit $I_A(t_E)=I_A'$, wächst der Strom allein nach Maßgabe der Rückkoppelverstärkung. Sobald er jedoch größer wird als I_A', macht sich der äußere Stromkreis über die Flußpolung der Kollektorsperrschicht bemerkbar, welche die Rückkoppelverstärkung verkleinert und damit den Stromanstieg drosselt. Dieser Prozeß hält an bis bei hinreichender Flußpolung die Rückkoppelverstärkung so klein geworden ist, daß kein weiterer Stromanstieg mehr auftritt. Dazu muß nach Gl.(1.32) $\tilde{\beta}_{12eff}<1$ werden.

Nach diesen Ausführungen ist für den Übergang vom Sperrin den Durchlaßzustand ein zeitlicher Stromverlauf zu erwarten, wie er in Bild 1.5 skizziert ist. Diesem Bild sind die Verhältnisse zugrunde gelegt, die bereits in Bild 1.3 betrachtet wurden. Bis zum Strom I_A' - hier mehr oder weniger willkürlich festgelegt - stimmen die Kurven mit denen von Bild 1.3 überein, bei I_A' haben sie einen Wendepunkt und streben dann rasch gegen den stationären Durchlaßstrom I_F.

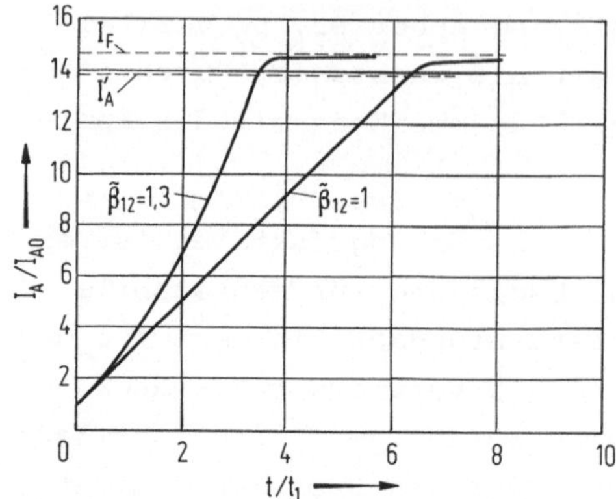

Bild 1.5. Zeitlicher Verlauf des Anodenstromes bis zum Einlaufen in den stationären Durchlaßstrom I_F für $\tilde{\beta}_{12} \geq 1$. Der Strom I_A' kennzeichnet den Anodenstrom, für den die Kollektorspannung Null wird.

Über die Größe von I_A' erhält man weiteren Aufschluß, wenn man von der Beziehung

$$I_A' = \frac{U_B - U_A'}{R} \qquad \text{mit} \quad U_A(t_E) = U_A' \qquad (1.33)$$

ausgeht und berücksichtigt, daß U_A' nur wenig mehr als 1 Volt beträgt (U_A'=1,2 V bis 1,6 V). Bringt man daher Gl. (1.33) in die Form

$$I_A' = \frac{U_B}{R}(1 - \frac{U_A'}{U_B}) = I_F^*(1 - \frac{U_A'}{U_B}) \qquad (1.34)$$

mit

$$I_F^* = \frac{U_B}{R} \, ,$$

so sieht man unmittelbar, daß der Strom I_A' beim Schalten aus einem Sperrzustand mit hoher Sperrspannung praktisch identisch ist mit dem stationären Durchlaßstrom ($I_A' \simeq I_F^* \simeq I_F$).

Bild 1.6 veranschaulicht die Konzentrationsverteilungen der Minoritätsträger in den Transistoren für den stationären Sperrzustand (Bild 1.6a) und den stationären Durchlaßzustand (Bild 1.6b). Aus der Gegenüberstellung wird die

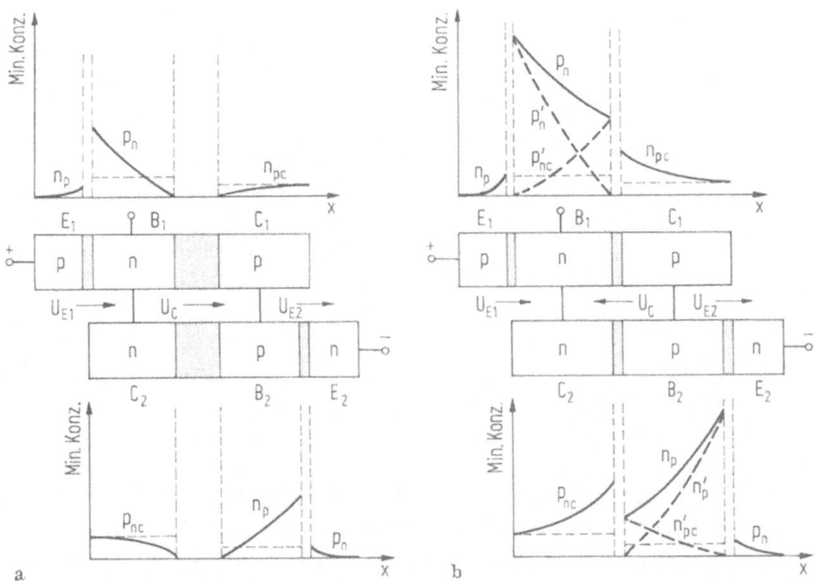

Bild 1.6. Konzentrationsverlauf der Minoritätsträger.
a) Sperrzustand in Vorwärtsrichtung b) Durchlaßzustand.

unterschiedliche Funktion der Kollektorsperrschicht augenfällig. Besonders deutlich zeigen das jeweils die Kurve n_{pc} des Transistors 1 kombiniert mit der Kurve p_{nc} des Transistors 2, welche die Wirkung des Kollektors wiedergeben, für den Fall, daß am Ende der Kollektorzone die Konzentration auf ihrem Gleichgewichtswert gehalten wird, beispielsweise durch einen metallischen Kurzschluß der angrenzenden Emittersperrschicht.

Im Durchlaßzustand liefert der Kollektor zur Minoritätsträgerkonzentration in der Basiszone den Eigenbeitrag p_{nc} bzw. n_{pc}, der in guter Näherung mit der Konzentrationsverteilung p_{nc}' bzw. n_{pc}' übereinstimmt; der Unterschied zwischen p_{nc} und p_{nc}' ist von der Größenordnung der Gleichgewichtskonzentration und darf hier vernachlässigt werden. Daraus resultiert eine im gesamten Basisgebiet stark angehobene Minoritätsträgerkonzentration p_n bzw. n_p, die zu einer Verringerung des Bahnwiderstandes führt und damit von entscheidender Bedeutung für die Durchlaßeigenschaften ist.

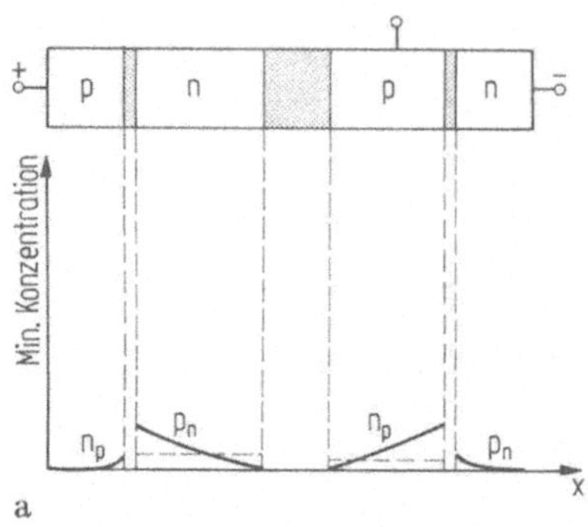
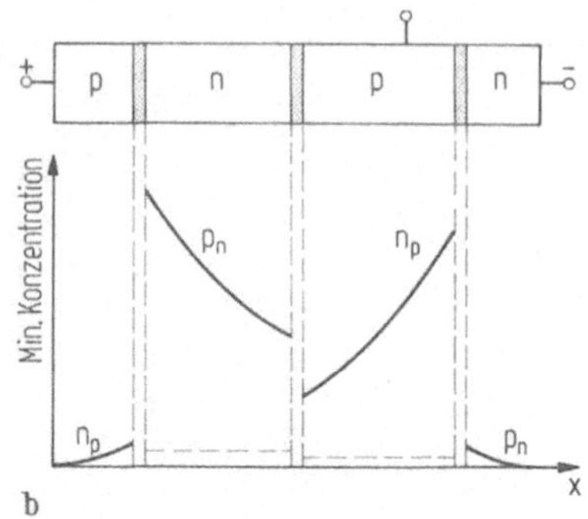

Bild 1.7. Prinzipieller Verlauf der Minoritätsträgerdichte im Thyristor. a) Sperrzustand in Vorwärtsrichtung
b) Durchlaßzustand.

Man gewinnt aus Bild 1.6 bereits eine ungefähre Vorstellung von den Konzentrationsverhältnissen der Minoritätsträger im Thyristor, wenn man die Emitter- und Basisgebiete des einen Transistors mit denen des anderen kombiniert,
wie es Bild 1.7 zeigt.

1.5 Der stationäre Durchlaßzustand

Nach Ablauf des zuvor betrachteten Schaltvorganges befindet sich das Ersatzmodell in einem stabilen Gleichgewichtszustand, dessen charakteristisches Merkmal die in
Flußrichtung gepolte Kollektorsperrschicht ist. Dieser
Eigenschaft verdankt der Thyristor seinen geringen Spannungsbedarf im leitenden Zustand.

Für die Höhe des Spannungsbedarfes erhält man unter der
vereinfachenden Annahme vernachlässigbarer Spannungsabfälle in den Bahngebieten mit den in Bild 1.8 festgelegten Spannungsbezeichnungen

$$U_A = U_{E1} - U_C + U_{E2} \; . \tag{1.35}$$

Die Kollektorspannung U_C kompensiert wegen $U_C > 0$ einen Teil
der Emitterspannungen. Deshalb ist die Klemmenspannung U_A
grundsätzlich kleiner als die der beiden in Reihe geschalteten Emitterdioden und erreicht günstigenfalls etwa die
Klemmenspannung einer einzelnen Emitterdiode.

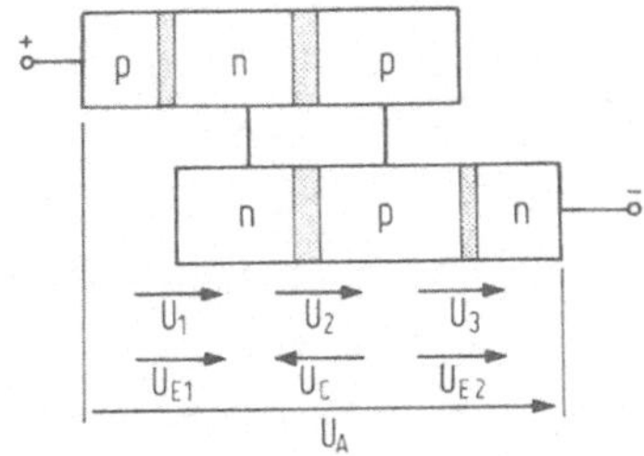

Bild 1.8. Kennzeichnung der Zählrichtung für die Spannungen an den pn-Übergängen des Thyristor-Ersatzmodells.

Das Ausmaß der Kompensation hängt davon ab, wie weit die Kollektorsperrschicht in Durchlaßrichtung umpolt, und das wiederum ist davon abhängig, wie stark die ursprünglichen Stromverstärkungsfaktoren $\tilde{\beta}_1$ und $\tilde{\beta}_2$ verkleinert werden müssen, damit die effektive Verstärkung im Rückkopplungskreis, $\tilde{\beta}_{1eff}\tilde{\beta}_{2eff}$, kleiner als eins wird. Daraus folgt, daß die Klemmenspannung ihrem unteren Grenzwert um so näher rückt je mehr die ursprüngliche Verstärkung im Rückkopplungskreis, $\tilde{\beta}_1\tilde{\beta}_2$, den Wert 1 übersteigt, d.h. je größer der Überschuß $(\tilde{\beta}_1\tilde{\beta}_2-1)$ ist.

Bild 1.9 veranschaulicht den prinzipiellen Verlauf der Durchlaßkennlinie und ihre Verschiebung mit wachsender Rückkopplungsverstärkung.

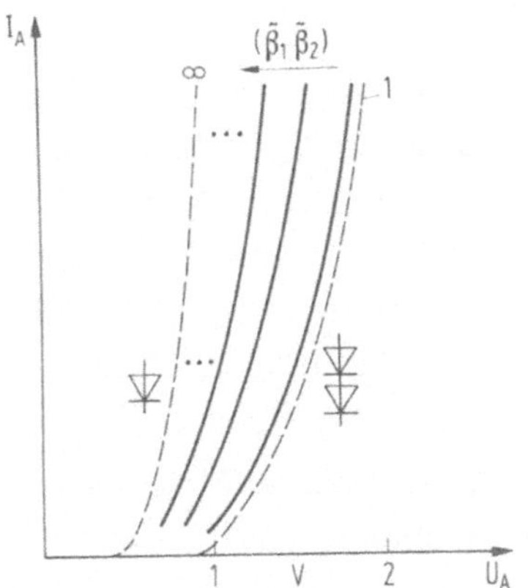

Bild 1.9. Durchlaßkennlinien des Thyristors für verschiedene Werte der Rückkoppelverstärkung $\tilde{\beta}_{12}=\tilde{\beta}_1\,\tilde{\beta}_2$.

Der Steuerstrom hat im Durchlaßzustand nur noch einen geringen Einfluß auf den Anodenstrom. Das ist auf die beträchtliche Verstärkung des Basisstromes im Rückkopplungskreis zurückzuführen. Für $\tilde{\beta}_{12}>1$ steigt der Basisstrom, wie im Abschnitt 1.3 gezeigt, bis zum Beginn des Sättigungsbetriebes exponentiell mit der Zeit an und nimmt auch im Sättigungsbetrieb noch zu, womit er am Ende des Schaltvorganges den eingeprägten Steuerstrom im allgemeinen um Größenordnungen übertrifft. Deshalb ändert sich der Basisstrom des Transistors 2 nur unwesentlich, wenn z.B. der Steuerstrom ganz abgeschaltet wird. Der Anodenstrom ändert sich damit ebenfalls nur geringfügig. Auch ein schwaches negatives Steuersignal beeinflußt den Anodenstrom aus dem gleichen Grunde nur wenig.

Man kann dieses Verhalten mit Hilfe der effektiven Stromverstärkungsfaktoren auch so erklären: Ein Steuersignal findet im Durchlaßzustand nur eine wirksame Rückkoppelverstärkung $\tilde{\beta}_{1\text{eff}}\tilde{\beta}_{2\text{eff}}<1$ vor und wird deswegen nur wenig verstärkt. Um aus dem Durchlaßzustand in den Sperrzustand zurückzuschalten, muß die Ersatzschaltung erst wieder in einen instabilen Zustand gebracht werden. Dazu muß die Übersteuerung aufgehoben werden ($U_C\rightarrow O$). Die Rückkopplungsverstärkung ist dann erneut durch $\tilde{\beta}_1\tilde{\beta}_2\geqq1$ bestimmt. Wird jetzt ein kleiner negativer Steuerstrom ($-\delta I_G$) zugeschaltet, so verstärkt sich dieses negative Signal im Rückkoppelkreis fortwährend und schwächt den Basisstrom der Transistoren, wodurch der Anodenstrom nach Null strebt. Der Arbeitspunkt läuft dann entlang der Widerstandsgeraden in den Sperrzustand zurück. Im Unterschied zum Durchlaßzustand kann der Sperrzustand im Falle $\tilde{\beta}_{12}>1$ jedoch nur mit Hilfe des negativen Steuerstromes aufrecht erhalten werden. Beim Abschalten des Steuerstromes kippt die Ersatzschaltung in den Durchlaßzustand zurück.

Die zum Einlaufen in den stationären Sperrzustand notwendige Verkleinerung der Rückkoppelverstärkung auf einen Wert <1 stellt sich hier durch die fortschreitende Abnahme des Emitterstromes und den damit letztlich verbundenen Abfall des Emitterwirkungsgrades ein.

1.6 Statische Strom-Spannungs-Kennlinien

Die bisherige Betrachtungsweise betont den zeitlichen Ablauf der Vorgänge im pnpn-System, insbesondere im Rückkopplungskreis. Wenn es dagegen nur auf die Beurteilung
der sich einstellenden stationären Ströme ankommt, genügt
eine einfache Bilanz der Ströme an irgendeiner Stelle des
Systems. Auf diese Weise soll jetzt der stationäre Anodenstrom für den Sperrzustand in Schaltrichtung ermittelt
werden.

Herleitung der Kennliniengleichung

Nach Bild 1.10 erhält man für den Anodenstrom

$$I_A = I_{C1} + I_{C2} \ . \tag{1.36}$$

Da die Kollektorsperrschicht zunächst in Sperrichtung vorgespannt ist, arbeiten beide Transistoren im normalen Verstärkerbetrieb. Für den Zusammenhang zwischen den Kollek-
torströmen I_{C1} und I_{C2} mit den zugehörigen Emitterströmen
$I_{E1}=I_A$ und $I_{E2}=I_A+I_G$ gelten dann die Transistorbeziehungen

$$I_{C1} = \alpha_1^* I_A + I_{CBO1} \ , \tag{1.37}$$

$$I_{C2} = \alpha_2^* (I_A + I_G) + I_{CBO2} \ . \tag{1.38}$$

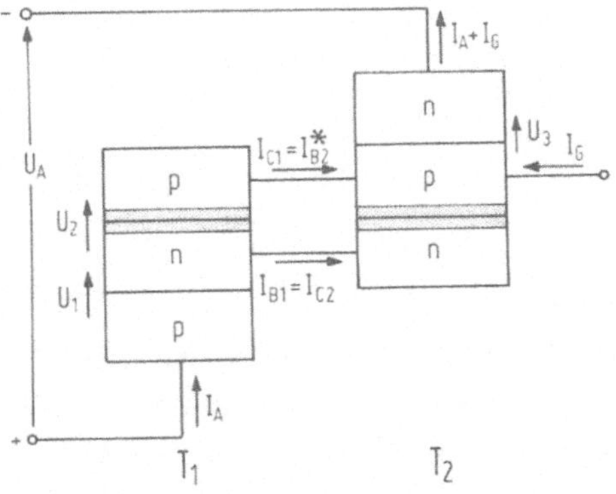

Bild 1.10. Zur Strombilanz im Thyristor-Ersatzmodell.

α_1^* und α_2^* sind die Gleichstrom- oder Großsignal Stromverstärkungsfaktoren in Basisschaltung der Transistoren 1, 2 und I_{CBO1}, I_{CBO2} ihre Kollektorströme bei offenem Emitter. Aus den Gln.(1.36) bis (1.38) folgt

$$I_A = (\alpha_1^* + \alpha_2^*) I_A + \alpha_2^* I_G + (I_{CBO1} + I_{CBO2}) \cdot \qquad (1.39)$$

Führt man hier mit

$$I_{CO}^* = I_{CBO1} + I_{CBO2}$$

den gesamten Sperrstrom der Kollektorsperrschicht ein – was angesichts der tatsächlichen Verhältnisse im Thyristor zweckmäßig ist – so erhält man schließlich

$$I_A = \frac{I_{CO}^* + \alpha_2^* I_G}{1 - (\alpha_1^* + \alpha_2^*)} \cdot \qquad (1.40)$$

Bei der Herleitung von Gl.(1.40) ist lediglich $U_2 > 0$ vorausgesetzt worden; deshalb gilt sie ohne weitere Einschränkungen für alle stationären Betriebszustände, für die der Kollektor in Sperrichtung gepolt ist. Sie beschreibt damit die statische Strom-Spannungs-Kennlinie des Ersatzmodelles in Vorwärtsrichtung im Strombereich $I_A < I_A'$ ($U_C = 0$ für $I_A = I_A'$). Gl.(1.40) wird als Kennliniengleichung bezeichnet. Die Spannung tritt in ihr zwar nicht unmittelbar in Erscheinung, sie ist jedoch im Sperrstrom

$$I_{CO}^* = I_{CO}^*(U_2) \simeq I_{CO}^*(U_A) \qquad (1.41)$$

und den Stromverstärkungsfaktoren

$$\alpha_\nu^* = \alpha_\nu^*(I_E, U_2) \simeq \alpha_\nu^*(I_E, U_A) \qquad \text{mit } \nu = 1,\ 2 \qquad (1.42)$$

enthalten.

Bei I_{CO}^* ist die Abhängigkeit von U_2 sowohl auf die Generation als auch auf die Multiplikation von Ladungsträgern in der Kollektorsperrschicht zurückzuführen, bei α_ν^* auf die Ladungsträgermultiplikation und die Modulation der Basisweite, den Early-Effekt.

Die explizite Form dieser Abhängigkeiten ist bei Berücksichtigung jeweils beider Ursachen kompliziert. Sie wird dagegen verhältnismäßig einfach, wenn man nur die Ladungsträgermultiplikation berücksichtigt und näherungsweise gleiche Ionisierungskoeffizienten für Elektronen und Löcher annimmt. Dann erhält man, wie im Abschn. 2.6 gezeigt wird,

$$I_{CO}^{*}(U_2) = I_{CO}M(U_2) \qquad\qquad (1.43)$$

und

$$\alpha_{\nu}^{*}(I_E,U_2) = \alpha_{\nu}(I_E)M(U_2) \qquad \text{mit } \nu = 1,\ 2\ , \qquad (1.44)$$

wobei M der Multiplikationsfaktor der Ladungsträger in der Kollektorsperrschicht ist und die allgemeine Form hat

$$M(U) = \frac{1}{1 - (U/U_{BR})^m}\ . \qquad\qquad (1.45)$$

I_{CO} und α_{ν} sind spannungsunabhängige Größen, U_{BR} ist die Durchbruchspannung (breakdown voltage) und der Exponent m in Gl.(1.45) ist eine Zahl zwischen 2 und 7 für Silizium.

Die Stromverstärkungsfaktoren α_{ν} hängen vom Emitterstrom ab. In Bild 1.11 ist der für Siliziumtransistoren typische Verlauf dargestellt. Zu kleinen Strömen hin fällt α nahezu auf Null ab; zu großen Strömen hin nimmt α ebenfalls ab, jedoch in weitaus geringerem Maße. Das hat unterschiedliche Ursachen.

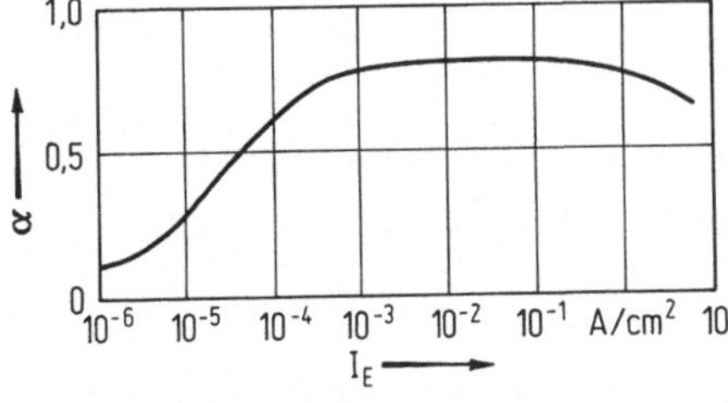

Bild 1.11. Prinzipieller Verlauf des Stromverstärkungsfaktors α eines Siliziumtransistors als Funktion des Emitterstromes I_E.

Bei kleinen Strömen beruht es in erster Linie auf der Rekombination von Ladungsträgern in der Emittersperrschicht [1.3]. Ein Teil der vom Emitter zur Basis strömenden Ladungsträger geht hierdurch bereits innerhalb der Emittersperrschicht verloren und liefert deshalb keinen Beitrag mehr zur Minoritätsträger-Injektion in das Basisgebiet. Dieser Ladungsträgerverlust macht sich mit abnehmendem Emitterstrom immer stärker bemerkbar und senkt den Emitterwirkungsgrad ($\gamma \to 0$).

Bei großen Strömen ist der Abfall von α auf die steigende Konzentration der Majoritätsträger in der Basis zurückzuführen. Dadurch wächst der Injektionsstrom von der Basis zum Emitter und verkleinert den Emitterwirkungsgrad. Im Gegensatz zu vorher kann der Emitterwirkungsgrad aber nicht bis auf Null abfallen, sondern nur bis auf den Grenzwert $\gamma_n = b/(b+1)$ für die Injektion von Elektronen und $\gamma_p = 1/(b+1)$ für die Injektion von Löchern [1.4]. Hierbei bedeutet b das Verhältnis der Elektronen- zur Löcherbeweglichkeit ($b = \mu_n/\mu_p$).

Diskussion der Kennliniengleichung

Um ein Bild vom prinzipiellen Verlauf der Kennlinie zu bekommen, wollen wir den folgenden Betrachtungen die Spannungsabhängigkeit von I_{CO}^* und α_ν^* in Form der Gln.(1.43) bis (1.45) mit n=3 zugrunde legen. Die Kennliniengleichung, Gl.(1.40), nimmt dann die Gestalt an

$$I_A = \frac{M(I_{CO} + \alpha_2 I_G)}{1 - M(\alpha_1 + \alpha_2)} \; . \tag{1.46}$$

Dem Einfluß des Emitterstromes auf die Alphas soll durch einen vorgegebenen empirischen Funktionsverlauf $\alpha(I_E)$ Rechnung getragen werden.

Anhand der Gl.(1.46) wollen wir einige aufschlußreiche Fälle diskutieren und beginnen mit dem Grenzfall

1. Fall: $\quad I_G = 0; \; \alpha_1 = \alpha_2 = 0$

Dieser Fall würde z.B. vorliegen, wenn die Emittersperrschichten sehr weit von der Kollektorsperrschicht entfernt
wären und würde bedeuten, daß keine vom Emitter injizierten Minoritätsträger mehr den Kollektor erreichen würden.
Strom könnte dann nur noch in Höhe des Kollektorsperrstromes fließen.

Aus Gl.(1.46) ist unmittelbar zu erkennen, daß die Kennliniengleichung dann gemäß

$$I_A = I_{CO}M = I_{CO}^* \qquad (1.47)$$

die Sperrkennlinie der Kollektorsperrschicht beschreibt.

Bild 1.12 zeigt diese Kennlinie als unterste Kurve. Sie
gibt in der Auftragung I_A/I_{CO} nach Gl.(1.47) den Verlauf
von M wieder. Eine nennenswerte Multiplikation ist erst
oberhalb etwa $(U_A/U_{BR2})=0,5$ zu beobachten.

2. Fall: $\quad I_G=0; \quad \alpha_1=\alpha_2=\text{const.}$

Die Kennliniengleichung lautet dann

$$I_A = \frac{MI_{CO}}{1 - M(\alpha_1 + \alpha_2)} \; , \qquad (1.48)$$

bzw.

$$I_A = \frac{I_{CO}}{1 - (\alpha_1 + \alpha_2)} \qquad \text{für } M = 1 \; . \qquad (1.49)$$

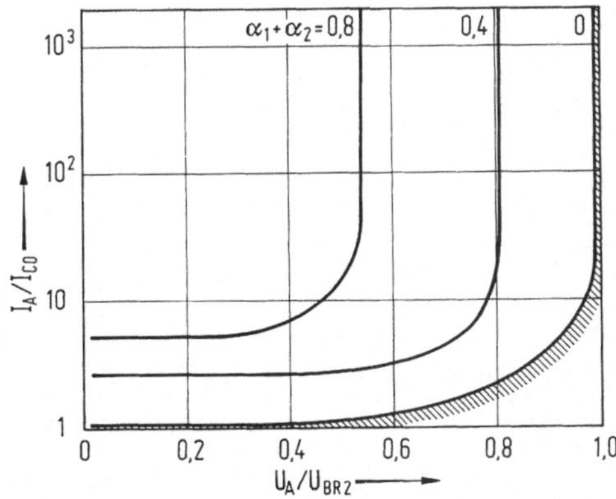

Bild 1.12. Sperrkennlinien des Thyristors in Vorwärtsrichtung für verschiedene Werte von $(\alpha_1 + \alpha_2)$.

Der Anodenstrom ist jetzt im unteren Spannungsbereich, Gl.
(1.49), im Vergleich zum vorhergehenden Beispiel größer.
Nach Gl.(1.48) strebt $I_A \to \infty$ für $M(\alpha_1 + \alpha_2) \to 1$. Als Folge verschiebt sich der Durchbruch mit $(\alpha_1 + \alpha_2) \to 1$ zu immer kleineren Spannungen $(U_A/U_{BR2} \to O)$, Bild 1.12.

Die Kurven in Bild 1.12 für $\alpha_v \neq O$ sind so ermittelt worden,
daß zunächst zu einem vorgegebenen Strom I_A der Multiplikationsfaktor berechnet wird. Nach Gl.(1.48) ist

$$M = \frac{I_A}{I_{CO}} \; \frac{1}{1 + \dfrac{I_A}{I_{CO}}(\alpha_1 + \alpha_2)} \; . \qquad (1.50)$$

Der zu M gehörige Wert von U_A/U_{BR2} kann dann entweder der
unteren Kurve von Bild 1.12 entnommen oder nach Gl.(1.45)
berechnet werden.

3. Fall: $I_G = O$

$$(\alpha_1 + \alpha_2) = \begin{cases} O & \text{für } I_A \leq I_A^* \\[2mm] 1 & \text{für } I_A > I_A^* \end{cases}$$

Die Summe der Stromverstärkungsfaktoren ist hier in Form
einer Sprungfunktion vorgegeben, Kurve b in Bild 1.13. Der

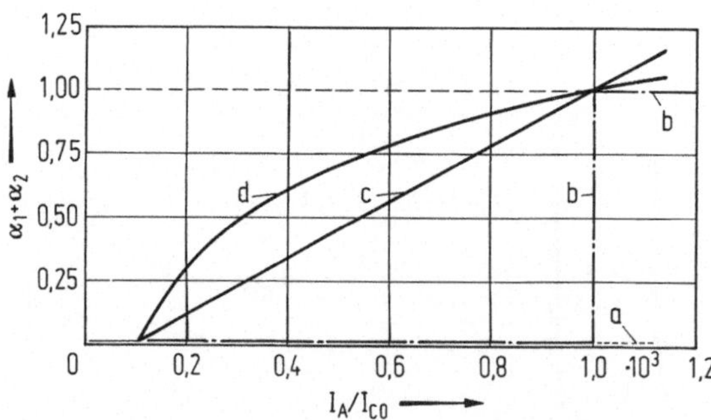

Bild 1.13. Beispiele für den Verlauf von $(\alpha_1 + \alpha_2)$ als
Funktion des Stromes. a) $\alpha_1 + \alpha_2 = O$, b) sprungförmiger An-
stieg von O auf 1 bei $I_A = 10^3 \, I_{CO}$, c) linearer Anstieg von
O bei $I_A = 10^2 \, I_{CO}$ auf 1 bei $I_A = 10^3 \, I_{CO}$, d) logarithmischer
Anstieg von O bei $I_A = 10^2 \, I_{CO}$ auf 1 bei $I_A = 10^3 \, I_{CO}$.

42

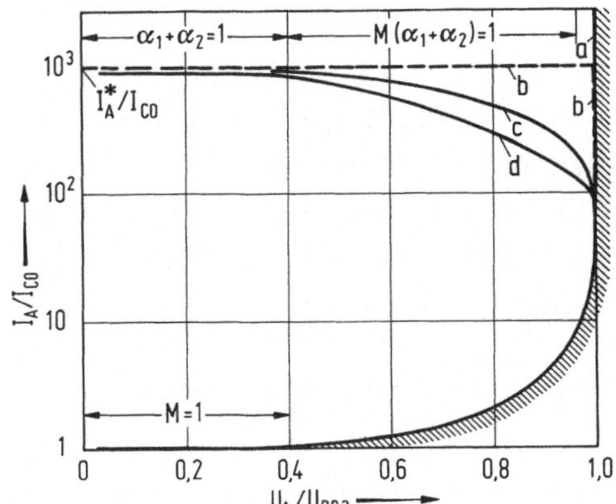

Bild 1.14. Berechnete Vorwärtssperrkennlinien für die in
Bild 1.13 dargestellten Kurven a bis d. Ordinatenmaßstab,
logarithmisch.

Kennlinienverlauf, Bild 1.14 Kurve b, läßt sich mit den
vorherigen Ergebnissen sofort übersehen.

Bis zum Strom $I_A=I_A^*=10^3 I_{CO}$ folgt die Kennlinie wegen
$\alpha_1+\alpha_2=0$ der Sperrkennlinie I_{CO}^*, Kurve a in Bild 1.14.

Wird der Strom über I_A^* erhöht, so liegt mit $(\alpha_1+\alpha_2)=1$ der
Grenzfall vor, für den nach Fall 2 der Durchbruch bei verschwindender Kollektorspannung ($U_C=0$) erfolgt. Die Kennlinie fällt daher sprungartig auf den neuen Spannungswert
$U_A \approx 1V$ ab. Dazwischen gibt es keinen stationären Kennlinienpunkt. Der fallende Kennlinienast hat mit anderen
Worten einen unendlich großen negativen differentiellen
Widerstand.

Das Ersatzmodell schaltet also bei einer Stromerhöhung
von $I_A \leq I_A^*$ auf $I_A > I_A^*$ vom sperrenden in den leitenden Zustand ohne stationären Zwischenzustand.

4. Fall: $I_G = 0$

$$\alpha_1 = \alpha_2 = \begin{cases} 0 & , \text{ für } I_A \leq 100 I_{CO} \\[2ex] \text{linear steigend nach} \\ \text{Bild 1.13, Kurve c} & , \text{ für } I_A > 100 I_{CO} \end{cases}$$

43

Bis zum Stromwert $I_A=100I_{CO}$ ist die Kennlinie, Kurve c
in Bild 1.14, wegen $\alpha_1=\alpha_2=0$ wiederum mit der Sperrkennlinie, Kurve a, identisch. Dann entsteht ein fallender
Kennlinienast, weil mit zunehmendem Strom die Summe $(\alpha_1+\alpha_2)$
im Nenner der Kennliniengleichung wächst und M infolgedessen kleiner werden muß als zur Führung des gleichen Stromes im Falle $\alpha_1+\alpha_2=0$, Kurve a in Bild 1.14.

Das sieht man etwas deutlicher, wenn man die Kennliniengleichung in der Form schreibt

$$I_A = \frac{I_{CO}}{\frac{1}{M} - (\alpha_1 + \alpha_2)} \tag{1.51}$$

und beachtet, daß im betrachteten Kennlinienteil $I_A \gg I_{CO}$
ist. Der Nenner in Gl.(1.51) ist dann nahezu Null, womit
näherungsweise gilt

$$\frac{1}{M} = \alpha_1 + \alpha_2 \, ,$$

bzw.

$$M(\alpha_1 + \alpha_2) = 1 \, . \tag{1.52}$$

Nach Gl.(1.52) muß also M in dem Maße zurückgehen wie
$(\alpha_1+\alpha_2)$ mit steigendem Strom zunimmt. Solange M noch sehr
groß ist, braucht die Spannung nur wenig zu sinken, um eine bestimmte prozentuale Änderung von M hervorzurufen.
Wenn M jedoch nur noch wenig von 1 verschieden ist, ist
dazu ein starker Spannungsrückgang erforderlich.

Die Kennlinie fällt deshalb zunächst verhältnismäßig
flach ab, wird dann immer steiler und geht schließlich
in einen nahezu abrupten Abfall über. In diesem letzten
Abschnitt gilt dann $\alpha_1+\alpha_2=1$; M=1. Bild 1.14 macht diesen Zusammenhang deutlich.

In Bild 1.15, Kurve c, ist die Kennlinie noch einmal in
linearer Darstellung wiedergegeben.

Die Berechnung der einzelnen Kennlinienpunkte läßt sich
auch hier nach der im Fall 2 beschriebenen Methode durch-

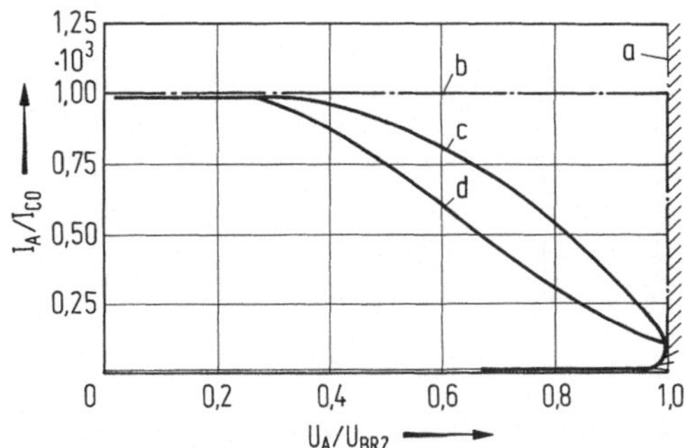

Bild 1.15. Vorwärtssperrkennlinien nach Bild 1.14 bei
linearem Ordinatenmaßstab.

führen. Man hat lediglich zu beachten, daß in Gl.(1.50)
für $(\alpha_1+\alpha_2)$ der zum vorgegebenen Strom I_A gehörige Wert
$\alpha_1(I_A)+\alpha_2(I_A)$ eingesetzt wird.

5. *Fall:* $I_G = 0$

$$(\alpha_1 + \alpha_2) = \begin{cases} 0 & \text{, für } I_A \leqq 100 I_{CO} \\[2ex] \text{steigend nach Kurve d,} \\ \text{Bild 1.13} & \text{, für } I_A > 100 I_{CO} \end{cases}$$

Im Vergleich zum vorhergehenden Fall steigt $(\alpha_1+\alpha_2)$ zunächst stärker, dann aber zunehmend langsamer mit dem
Strom an.

Das wirkt sich auf die Kennlinie - Kurve d in den Bildern
1.14 und 1.15 - so aus, daß der fallende Kennlinienast
zu Beginn steiler verläuft als in Fall 4, dann etwas fla-
cher. Am Ende zeigt sich wieder der sprunghafte Abfall,
jetzt geringfügig zu kleineren Spannungen verschoben.

6. *Fall:* $I_G = 100 I_{CO}$

$(\alpha_1 + \alpha_2)$ wie in Fall 5 mit $\alpha_1 = \alpha_2$

Die Kennlinie ist in Bild 1.16 zusammen mit der Kennlinie
für $I_G=0$ dargestellt. Man erkennt folgende Unterschiede

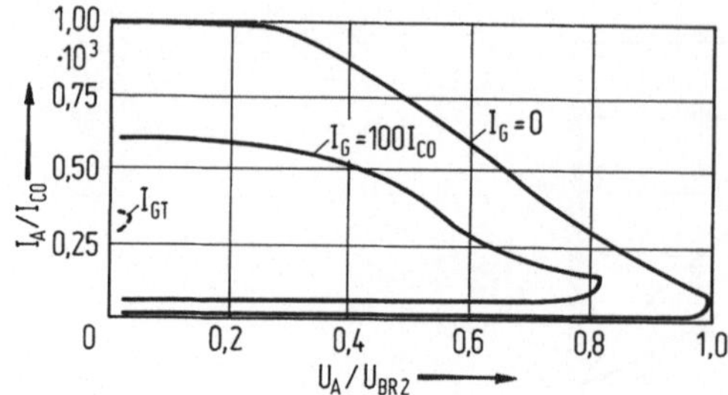

Bild 1.16. Thyristorkennlinien mit und ohne Steuerstrom.

1. der Sperrstrom ist höher,
2. die Kippspannung ist niedriger,
3. die fallende Kennlinie ist zu kleineren Strömen verschoben.

Es ist somit ersichtlich, daß ein hinreichend hoher Steuerstrom I_{GT}, genannt Zündstrom, die Sperrkennlinie ganz
zum Verschwinden bringt, wie es in der gestrichelten Kurve
angedeutet ist.

1.7 Ausgezeichnete Kennlinienpunkte

Zu den ausgezeichneten Punkten der Kennlinie gehören die
Punkte am Anfang und am Ende des fallenden Kennlinienab-
schnittes (Bild 1.17). Es sind zugleich Punkte, die einer

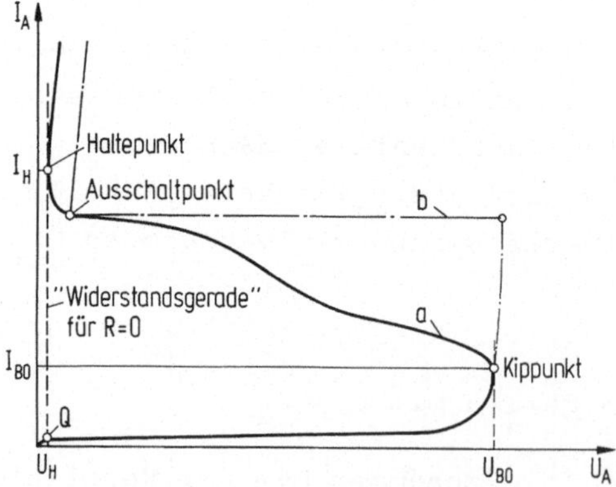

Bild 1.17. Ausgezeichnete Punkte der Thyristorkennlinie.

Messung bequem zugänglich sind und bei der üblichen oszillographischen Kennlinienmessung als Endpunkte des Sperr- und Durchlaßkennlinienastes erscheinen. Ein weiterer charakteristischer Punkt ist die Stelle der Kennlinie, an der die Kollektorspannung gerade verschwindet. Er zeichnet sich jedoch im allgemeinen weniger scharf ab.

Es soll jetzt untersucht werden, wie sich diese Punkte durch die Tranistorparameter kennzeichnen lassen.

Kippunkt

Er markiert den Beginn der fallenden Kennlinie. Die Kippspannung U_{BO} (breakover voltage) ist damit zugleich der Höchstwert der Spannung. Bei einem glatten Kennlinienverlauf, wie ihn Kurve a in Bild 1.17 zeigt, hat dann die Funktion $U_A = f(I_A)$ an der Stelle I_{BO} ein Maximum, d.h. es gilt dort

$$\frac{dU_A}{dI_A} = 0 \; , \qquad\qquad \frac{d^2U_A}{dI_A^2} < 0 \; .$$

Diese Eigenschaft wird jetzt benutzt, um aus der Kennliniengleichung, Gl.(1.46), ein Kriterium für den Kippunkt abzuleiten.

Zu diesem Zweck schreiben wir Gl.(1.46) in der Form

$$I_A = [\alpha_1 I_A + \alpha_2 (I_A + I_G) + I_{CO}]M \qquad\qquad (1.53)$$

und differenzieren nach U_A; I_G soll dabei konstant gehalten werden. Bei der Differentiation ist zu beachten, daß erstens α_1 und α_2 vom Strom abhängen mit $\alpha_1 = \alpha_1(I_A)$ und $\alpha_2 = \alpha_2(I_A + I_G)$ und daß zweitens M streng genommen eine Funktion von U_C ist, für die aber ohne allzugroßen Fehler $M(U_A) = M(U_C)$ gesetzt werden darf. Näheres in [1.5].

Die Rechnung ergibt

$$\frac{dU_A}{dI_A} = \frac{1}{\dfrac{dI_A}{dU_A}} = \frac{1 - M\left(\alpha_1 + I_A \dfrac{d\alpha_1}{dI_A}\right) - M\left(\alpha_2 + I_K \dfrac{d\alpha_2}{dI_A}\right)}{[\alpha_1 I_A + \alpha_2 I_K + I_{CO}]\dfrac{dM}{dU_A}} \qquad\qquad (1.54)$$

mit

$$I_K = I_A + I_G \ .$$

Der Differentialquotient dM/dU_A im Nenner kann zwar in der Nähe des Kippunktes groß werden, er bleibt dennoch endlich. Da auch alle anderen Größen im Nenner endlich sind, folgt aus $\dfrac{dU_A}{dI_A}\Big|_{I_{BO}} = 0$

$$M(\alpha_1 + I_A \frac{d\alpha_1}{dI_A}) + M(\alpha_2 + I_K \frac{d\alpha_2}{dI_A}) = 1 \ . \tag{1.55}$$

Die Klammerausdrücke auf der linken Seite von Gl.(1.55) lassen sich mit Hilfe der Kleinsignal-Stromverstärkungsfaktoren $\tilde{\alpha}_\nu$ weiter vereinfachen. Ausgehend von der Definitionsgleichung für den Gleichstromverstärkungsfaktor eines Transistors

$$I_C = \alpha I_E + I_{CBO} \tag{1.56}$$

erhält man nämlich

$$\tilde{\alpha} = \frac{dI_C}{dI_E} = \alpha + I_E \frac{d\alpha}{dI_E} \ . \tag{1.57}$$

Mit Gl.(1.57) nimmt Gl.(1.55) die Form an

$$M(\tilde{\alpha}_1 + \tilde{\alpha}_2) = 1 \ . \tag{1.58a}$$

Am Kippunkt ist also das Produkt aus Multiplikationsfaktor und Summe der Kleinsignal-Alphas gerade gleich eins, unabhängig davon, ob es sich um eine Kennlinie für $I_G=0$ oder $I_G\neq0$ handelt. Zu beachten ist allerdings, daß in Gl. (1.58a) α_1 von I_A abhängt und α_2 von (I_A+I_G). Die zweite Forderung $d^2U_A/dI_A^2<0$ führt auf die zusätzliche Bedingung

$$\frac{d}{dI_A}(\tilde{\alpha}_1 + \tilde{\alpha}_2) > 0 \ . \tag{1.58b}$$

Aus Gl.(1.58b) geht hervor, daß am Kippunkt die Summe der Kleinsignal-Alphas mit I_A steigen muß. Beim Überschreiten von I_{BO} muß infolgedessen M nach Gl.(1.58a) abnehmen. Da-

mit ist sichergestellt, daß es sich tatsächlich um den
Anfang der fallenden Kennlinie handelt. Ohne diese zusätzliche Bedingung ist der Kippunkt nicht eindeutig bestimmt,
denn der Gl.(1.58a) allein würde auch eine Funktion $U_A(I_A)$
genügen, die auf einer endlichen Strecke horizontal verläuft bzw. eine I_A/U_A-Kennlinie mit einem senkrechten Kur-
venstück bei U_{BO}.

Zu den Gln.(1.58a) und (1.58b) kommt man auch auf direktem Wege über eine Stabilitätsbetrachtung. Da man hierbei
einen weiteren Einblick in den Zusammenhang zwischen dem
statischen und dynamischen Verhalten des pnpn-Systems gewinnt, sei kurz darauf eingegangen.

Nehmen wir an, die Transistorkombination befinde sich in
einem Stromkreis mit verschwindendem Widerstand, R=0. Im
Kippunkt führt dann die geringste Spannungserhöhung zu
$I_A \to \infty$, denn wegen $dI_A/dU_A = \infty$ steigt I_A im Kippunkt zunächst
an und gleichzeitig sinkt wegen Gl.(1.58b) und Gl.(1.58a)
der Spannungsbedarf der Anordnung mit zunehmendem Strom
immer mehr unter die vom äußeren Stromkreis zur Verfügung
gestellte Spannung U_{BO}, so daß der Anodenstrom weiter
wächst. Es handelt sich demnach bei dem Kippunkt um einen
instabilen Zustand. Damit die Transistorkombination insta-
bil wird, muß die Verstärkung im Rückkopplungskreis $\tilde{\beta}_1\tilde{\beta}_2 = 1$
sein (s. Abschn. 1.2). Berücksichtigt man nunmehr, daß die
Stromverstärkungsfaktoren vom jeweiligen Emitterstrom und
von der Kollektorspannung abhängen, so folgt

$$\tilde{\beta}_1(I_A, U_C)\, \tilde{\beta}_2(I_K, U_C) = 1 \, , \tag{1.59}$$

bzw. die äquivalente Beziehung

$$\tilde{\alpha}_1(I_A, U_C) + \tilde{\alpha}_2(I_K, U_C) = 1 \, . \tag{1.60}$$

Wenn die Spannungsabhängigkeit der Alphas allein auf der
Lawinenmultiplikation beruht, wie es im vorhergehenden
vereinfacht angenommen worden ist, läßt sie sich in Gl.
(1.60) durch den Multiplikationsfaktor M ausdrücken, womit man für $U_C \simeq U_A$ unmittelbar die Bedingungsgleichung

$$M(U_A)\,[\tilde{\alpha}_1(I_A) + \tilde{\alpha}_2(I_K)] = 1 \qquad\qquad (1.61)$$

erhält. Gl.(1.61) stimmt mit Gl.(1.58a) überein und geht
für M=1 in das Schaltkriterium Gl.(1.9) über. Somit erweist sich Gl.(1.60) als die allgemeine Form des Schalt-
kriteriums.

Die Stabilitätsbetrachtung macht deutlich, daß es für die
Auslösung des Schaltvorganges am Kippunkt keine Rolle
spielt, ob der Anstoß durch ein kleines positives Steuersignal erfolgt, oder einen Spannungszuwachs oder einen
Photostrom oder einen Stromanstieg infolge erhöhter Temperatur. Insofern ist ohne jegliche weitere Rechnung verständlich, wenn in der Literatur für die verschiedenen Aus-
löseprozesse ($dI_A/dU_A \to \infty$; $dI_A/dI_G \to \infty$, usw.) immer die Bedingung Gl.(1.61) gefunden wird [1.5] - [1.10].

Eine andere Charakterisierung des Kippunktes ist nötig,
wenn die Kennlinie ihren höchsten Spannungswert in einem
Knickpunkt annimmt. Einen solchen Fall zeigt Bild 1.17,
Kurve b.

Zur Festlegung der Koordinaten des Kippunktes betrachten
wir wieder U_A als Funktion von I_A, denn $U_A(I_A)$ ist im Gegensatz zu $I_A(U_A)$ eine eindeutige Funktion. Am Kippunkt
muß die Kennlinie im Falle eines Knickpunktes nicht unbedingt eine verschwindende Steigung haben, d.h. es gilt
nunmehr

$$\left|\frac{dU_A}{dI_A}\right|_{I_{BO}} \geq 0 \;. \qquad\qquad (1.62)$$

Nach Durchlaufen des Kippunktes fällt die Kennlinie ab.
Daraus folgt

$$\left|\frac{dU_A}{dI_A}\right|_{(I_{BO}+0)} < 0 \;. \qquad\qquad (1.63)$$

Aus Gl.(1.54) gewinnt man dann unter Beachtung der Gln.
(1.62) und (1.63) die Beziehungen

$$M(\tilde{\alpha}_1 + \tilde{\alpha}_2)\big|_{I_{BO}} \leqq 1 \qquad\qquad (1.64)$$

und

$$M(\tilde{\alpha}_1 + \tilde{\alpha}_2)\big|_{(I_{BO} + 0)} > 1 \; . \qquad\qquad (1.65)$$

Man erkennt, daß im Falle eines Knickpunktes $(\tilde{\alpha}_1 + \tilde{\alpha}_2)$ einen endlichen Sprung aufweisen muß. Ein Beispiel hierfür gibt Fall 3 der Kennliniendiskussion (Abschn. 1.6). Es sei an dieser Stelle erwähnt, daß solche Kennlinien häufig bei Thyristoren vorkommen, bei denen eine Emittersperrschicht partielle Kurzschlüsse aufweist, sei es unbeabsichtigt oder beabsichtigt, wie in den sogenannten *Kurzschlußemitter*-Thyristoren.

Haltepunkt

Der Haltepunkt (I_H, U_H) kennzeichnet den Endpunkt der fallenden Kennlinie. An dieser Stelle hat die Funktion $U_A = U_A(I_A)$ ein Minimum. Mit den Bedingungen für ein Minimum lassen sich im Prinzip wieder aus der Kennliniengleichung die Kriterien für den Haltepunkt ableiten. Doch ist jetzt Gl.(1.46) als Kennliniengleichung nicht mehr geeignet, denn sie gilt nur für $U_C \leqq 0$. Im Haltepunkt ist aber die Kollektorsperrschicht in Flußrichtung gepolt $(U_C > 0)$. Die Kennliniengleichung hat dann auch der Injektion des Kollektors Rechnung zu tragen. Das führt jedoch zu komplizierteren Ausdrücken. Deshalb wollen wir hier nicht näher darauf eingehen und anstelle einer detaillierten Kennzeichnung des Haltepunktes einige allgemeine Merkmale erörtern.

In einem Stromkreis mit der Spannung U_H und verschwindendem Widerstand $(R=0)$ wird die Kennlinie im Haltepunkt von der "Widerstandsgeraden" tangiert (Bild 1.17). Bei einer zufälligen Stromschwankung unter I_H wird von der Transistorkombination mehr Spannung benötigt als der äußere Stromkreis zur Verfügung stellt. Somit nimmt ihr Widerstand scheinbar zu. Dies hat zur Folge, daß der Strom gedrosselt wird und die anfängliche Stromschwankung weiter

anwächst. Der Arbeitspunkt entfernt sich immer mehr vom
Haltepunkt und wandert der "Widerstandsgeraden" für R=O
entlang zum Punkt Q der Sperrkennlinie, d.h. der Thyristor
schaltet vom Ein- in den Aus-Zustand.

Da es sich bei dem Haltepunkt offensichtlich um einen instabilen Zustand handelt, muß die wirksame Verstärkung im
Rückkopplungskreis $\tilde{\beta}_{12eff}=1$ sein. Je mehr das Produkt der
normalen Stromverstärkungsfaktoren, $\tilde{\beta}_1\tilde{\beta}_2$, für $I_A=I_H$ den
Wert 1 übersteigt, um so stärker ist der Kollektor noch
in Flußrichtung gepolt, d.h. um so kleiner ist U_H. Die
Haltespannung geht demnach mit dem Überschuß $(\tilde{\beta}_1\tilde{\beta}_2-1)$,
oder was gleichwertig ist, mit $(\tilde{\alpha}_1+\tilde{\alpha}_2-1)$ monoton zurück.

Für den Fall $\alpha_1+\alpha_2=1+\varepsilon$, mit $\varepsilon\ll1$, fällt der Haltepunkt mit
dem sogenannten Ausschaltpunkt, der durch $U_C=O$ definiert
ist, zusammen.

Positiver Steuerstrom verschiebt den Haltestrom zu kleineren Strömen, negativer zu höheren (Bild 1.18). Das Ausschalten eines Stromes $I_F>I_H$ mittels negativem Steuerstrom
erfolgt dann, wenn der Haltestrom I_H, den Wert I_F erreicht
[1.11].

Dieser Einfluß des Steuerstromes ist im Falle $I_G>O$ auf die
Zunahme von $\alpha_2=\alpha_2(I_A+I_G)$ und im Falle $I_G<O$ auf die Abnahme
von α_2 zurückzuführen. Für einen vorgegebenen α_2 - Wert
wird infolgedessen für $I_G>O$ weniger, für $I_G<O$ mehr Anodenstrom benötigt.

Ausschaltpunkt

In der Literatur wird der Kennlinienpunkt für $U_C=O$, wie
bereits erwähnt, gelegentlich als Ausschaltpunkt bezeichnet [1.6], obgleich die pnpn-Struktur dort im allgemeinen nicht ausschaltet, sondern - je nach Größe von R - im
Haltepunkt (für R=O) oder in seiner Nähe. Der Name hängt
damit zusammen, daß die Kollektorsperrschicht beim Ausschalten von der Fluß- zur Sperrpolung gebracht werden muß
$(U_C=O)$.

52

Geht man zur Kennzeichnung des Ausschaltpunktes von der
Kennliniengleichung in der ursprünglichen Form, Gl.(1.40),
aus,

$$I_A = \frac{I_{CO}^* + \alpha_2^* I_G}{1 - (\alpha_1^* + \alpha_2^*)} \quad , \qquad (1.40)$$

die im Unterschied zu Gl.(1.46) auch noch für $U_C = 0$ gilt
und berücksichtigt

$$I_{CO}^*(U_C) = 0 \text{ für } U_C = 0 \quad ,$$

$$\alpha_1^* = \alpha_1 \text{ für } U_C \ll U_{BR2} \quad ,$$

so erhält man für den Ausschaltstrom

$$I_A = I_{Aus} = \frac{\alpha_2 I_G}{1 - (\alpha_1 + \alpha_2)} \quad . \qquad (1.66)$$

Für die Stromverstärkungsfaktoren ergibt sich daraus

$$\alpha_1 + \alpha_2 = 1 - \frac{\alpha_2 I_G}{I_{Aus}} \quad , \qquad (1.67)$$

bzw. für $I_G = 0$

$$\alpha_1 + \alpha_2 = 1 \quad . \qquad (1.68)$$

Der Ausschaltpunkt kennzeichnet also die Stelle der Kennlinie, an der die Summe der Großsignal Stromverstärkungsfaktoren in Basisschaltung für $I_G = 0$ gleich eins ist. Für
positiven Steuerstrom ($I_G > 0$) ist am Ausschaltpunkt, H" in
Bild 1.18, $(\alpha_1 + \alpha_2) < 1$ und für negativen (H' in Bild 1.18)
ist $(\alpha_1 + \alpha_2) > 1$.

Anhand der Gl.(1.66) läßt sich weiterhin abschätzen, wieviel negativer Steuerstrom nötig ist, um den Thyristor bei
vorgegebenem Durchlaßstrom I_F auszuschalten. Es ist dazu
erforderlich, die Flußpolung der Kollektorsperrschicht annähernd zum Verschwinden zu bringen ($U_C \approx 0$). Dazu muß der
Ausschaltstrom mindestens gleich dem Durchlaßstrom werden,
wenn auch nur für kurze Zeit. Infolgedessen gilt

$$I_F = I_{Aus} = \frac{\alpha_2 I_G}{1 - (\alpha_1 + \alpha_2)} \qquad \text{mit } I_G < 0 \text{ und } U_C = 0 \quad (1.69)$$

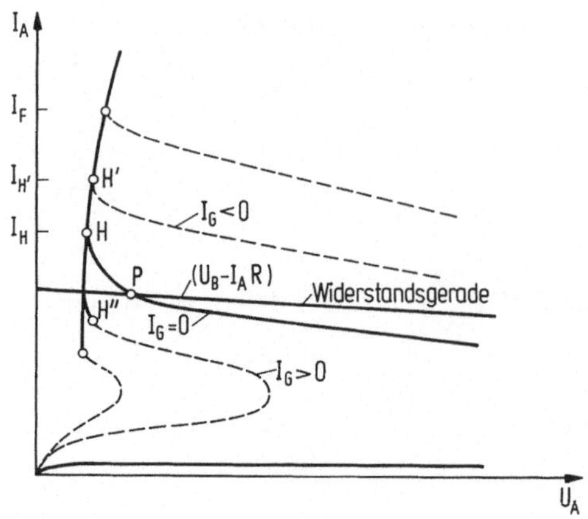

Bild 1.18. Haltepunkt H und seine Verschiebung (H' bzw. H")
mit dem Steuerstrom I_G.

bzw.

$$\frac{|I_G|}{I_F} = \frac{(\alpha_1 + \alpha_2) - 1}{\alpha_1} \tag{1.70}$$

Nach Gl.(1.70) wird um so weniger Steuerstrom benötigt, je
geringer der Überschuß $(\alpha_1+\alpha_2)-1$ ist und je näher α_2 dem
Wert 1 kommt. Im Grenzfall $(\alpha_1+\alpha_2)\to1$ strebt $I_G\to0$. Das ist
leicht einzusehen, denn wegen $U_C=0$ ist hier $\tilde{\beta}_{12eff}=\tilde{\beta}_1\tilde{\beta}_2\gtreqqless1$,
was bedeutet, daß der Zustand instabil ist und auch ohne
Steuerstrom bei der geringsten negativen Stromschwankung
in den sperrenden Zustand übergeht. Die Durchlaßkennlinie
ist dann in jedem Punkt instabil und gibt die Grenzkurve
für den Höchstwert der Durchlaßspannung an. Man erkennt,
daß sich die Ausschaltverstärkung $I_F/|I_G|$ nicht vergrößern
läßt, ohne die Durchlaßeigenschaften zu verschlechtern.

Der Ausschaltpunkt zeichnet sich in der Kennlinie nur im
Grenzfall, $\alpha_1+\alpha_2=1$ für $I_A\geqq I_{Aus}$, scharf ab; und zwar durch
einen Knickpunkt, sonst durch einen stark gekrümmten Kur-
venverlauf. Seine genaue Lage ist dann aber nicht mehr
eindeutig zu erkennen. Außerdem ist seine meßtechnische
Bestimmung dadurch erschwert, daß ein Teil der fallenden
Kennlinie ausgemessen werden muß, um diese Krümmung beur-
teilen zu können. Das erfordert in der Regel einen extrem

hochohmigen Stromkreis, da der Lastwiderstand R größer
sein muß als der Betrag des negativen differentiellen Widerstandes, damit die Widerstandsgerade die Kennlinie so
schneidet wie in Bild 1.18. Nur in diesem Fall stellt sich
ein stabilier Betriebszustand im Stromkreis ein. Das erkennt man an der Wirkung, die eine zufällige Stromschwankung hervorruft. Bei einem Stromzuwachs steigt der Spannungsbedarf gemäß der Kennlinie über die vom äußeren
Stromkreis zur Verfügung gestellte Spannung $(U_B-I_A R)$. Das
drosselt den Stromanstieg. Die Schaltung strebt zurück in
ihren Ausgangszustand P, der durch den Schnittpunkt aus
Widerstandsgeraden und Kennlinie gegeben ist. Hier decken
sich Spannungsbedarf und zur Verfügung gestellte Spannung.
Entsprechendes gilt bei negativer Stromschwankung. Damit
ist gezeigt, daß ein stabiler Betriebszustand vorliegt.

Ein hochohmiger Stromkreis, der aber dennoch Ströme von
der Größe des Ausschaltstromes liefern muß, ist meßtechnisch oft recht aufwendig. Deshalb begnügt man sich im
allgemeinen mit dem leichter zu messenden Haltepunkt.

1.8 Thyristoren-Ersatzmodell und Experiment

Noch bevor die Schalteigenschaft der pnpn-Struktur bekannt
war, hat W. Shockley [1.12] theoretisch gezeigt, daß mit
einem pnpn-Transistor in Basisschaltung Stromverstärkungsfaktoren >1 möglich sind. Im Zusammenhang mit der Aufklärung dieser Eigenschaft in Form einer zusätzlichen Verstärkung im Kollektor, der in diesem Fall aus zwei hintereinander liegenden pn-Übergängen besteht und als Hook-Kollek-
tor bezeichnet wird, hat Shockley als erster darauf hingewiesen (siehe Ebers [1.2], Fußnote 5), daß die Funktionsweise der pnpn-Struktur mit einer Kombination aus einem
pnp- und einem npn-Transistor nachgebildet werden kann.
Ein Hinweis, der wenig später von Ebers [1.2] experimentell bestätigt werden konnte. Während diese Nachbildung
keine besonderen Anforderungen an die beiden komplementären Transistoren stellt, besteht bei der experimentellen

Verwirklichung des Thyristor-Ersatzmodells aufgrund der
Schaltbedingung die Forderung nach möglichst geringen
Stromstärkungsfaktoren bei kleinen Strömen und einer star-
ken Zunahme mit wachsendem Strom.

Mit handelsüblichen Silizium-Transistoren ist das nicht
so ohne weiteres möglich. Es zeigt sich, daß die Stromverstärkungsfaktoren selbst bei Strömen von der Größenordnung der Kollektorsperrströme bereits zu groß sind.
Das scheint im Widerspruch zu stehen zu den bisherigen
Ausführungen über die Eigenschaften von Siliziumtransistoren, wird aber verständlich, wenn man beachtet, daß die
Kollektorströme durch Oberflächeneinflüsse meistens stark
gegenüber den reinen Volumenströmen erhöht sind.

Eine Verkleinerung der Stromverstärkungsfaktoren läßt sich
auf die in Bild 1.19 dargestellte Weise erzielen [1.13].
Widerstände parallel zu den Emittersperrschichten sorgen
dafür, daß der Strom vorwiegend über diese Nebenwege geführt wird, solange die jeweilige Emitterspannung niedrig
und die Impedanz der Emitter infolgedessen hoch ist. Da
jetzt nur der geringe Stromanteil, der über die Emittersperrschicht fließt, Minoritätsträger in die benachbarte

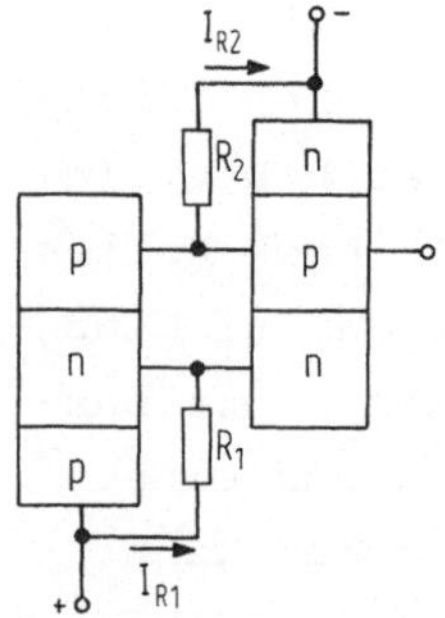

Bild 1.19. Thyristor-Ersatzmodell mit ohmschen Widerständen R_1, R_2 zwischen Emitter- und Basisanschlüssen zur Verminderung des Emitterwirkungsgrades.

Basiszone injiziert, wird der effektive Emitterwirkungsgrad

$$\gamma* = \frac{\text{Injektionsstrom zur Basis}}{\text{Emitterstrom + Parallelstrom}}$$

klein und entsprechend auch der Stromverstärkungsfaktor.
Mit zunehmender Emitterspannung steigt jedoch der Emitterstrom exponentiell an, der Strom über den Parallelwiderstand aber nur linear (Bild 1.20a). Hierdurch verschiebt
sich das Verhältnis der beiden Ströme immer mehr zugunsten
des Injektionsstromes und dementsprechend nimmt $\gamma*$ zu
(Bild 1.20b). Bei großen Strömen ist schließlich der Einfluß des Parallelwiderstandes weitgehend vernachlässigbar. α erreicht dann wieder seinen ursprünglichen Wert.

Durch geeignete Wahl der Parallelwiderstände läßt sich
damit sowohl der Sperrzustand als auch der Durchlaßzustand
realisieren.

Diese Methode hat einen kleinen Schönheitsfehler; sie
führt zu einer – wenn auch nur geringfügigen – Veränderung
des Ersatzmodells. Andererseits ist sie aber für den Aufbau von Leistungsthyristoren in Gestalt des *Kurzschlußemitters* von grundsätzlicher Bedeutung geworden.

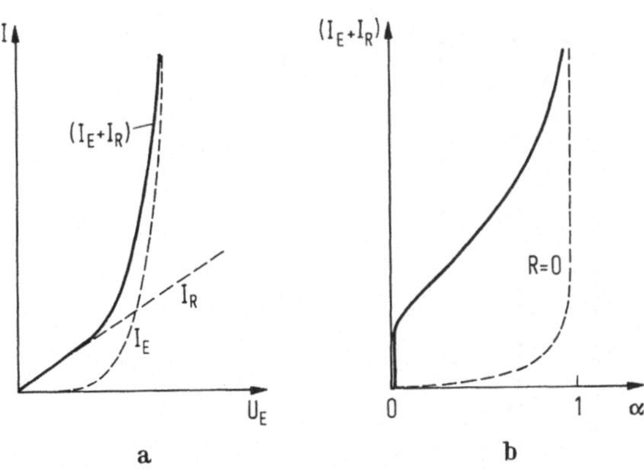

Bild 1.20. Wirkung eines ohmschen Widerstandes auf a) die
Verteilung des Stromes I auf Emitter, I_E, und Widerstand,
I_R, und b) auf die Stromabhängigkeit des Stromverstärkungsfaktors.

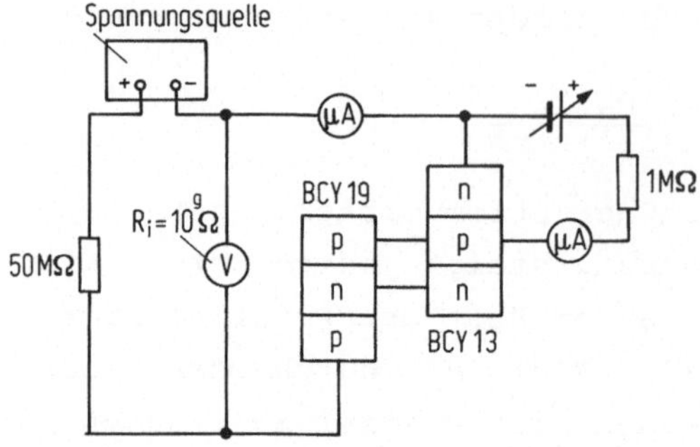

Bild 1.21. Reales Thyristor-Ersatzmodell, bestehend aus
den komplementären Transistoren BCY 19 und BCY 13, sowie
Schaltung zur Messung der Kennlinien.

Man kann das Thyristor-Ersatzmodell auch ohne Veränderung
mit kommerziellen Transistoren verwirklichen, indem man
die Stromverstärkungsfaktoren durch eine Verminderung der
Kollektorsperrströme und der Minoritätsträger-Lebensdauer
reduziert. Als eine geeignete Maßnahme hierzu hat sich die
Abkühlung der Transistoren auf eine genügend tiefe Temperatur erwiesen. Der Sperrbereich tritt dann allerdings bei
sehr niedrigen Strömen auf.

Nach dieser Methode ist die Kennlinie des Thyristor-Mo-
dells, bestehend aus dem komplementären Transistorpaar BCY

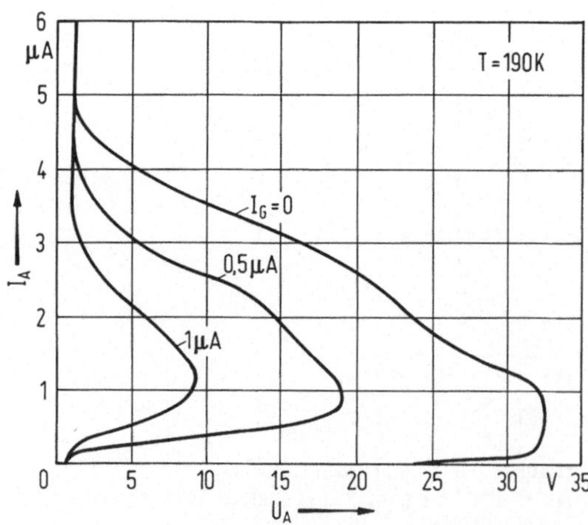

Bild 1.22. Kennlinien des Thyristor-Ersatzmodells nach
Bild 1.21 bei einer Temperatur von T = 190 K.

13, BCY 19 gemessen worden. Bild 1.21 zeigt die Meßschaltung und Bild 1.22 die Ergebnisse für eine Betriebstemperatur von T=190 K.

Die Kennlinien lassen die typischen Merkmale der Thyristorkennlinie erkennen. Aus der Ähnlichkeit der fallenden Charakteristik für $I_G=0$ mit der in Bild 1.16 würde man auf einen ähnlichen Verlauf von $(\alpha_1+\alpha_2)$ mit I_A schließen wie in Bild 1.13, Kurve d. Dies konnte durch eine gesonderte Bestimmung von $\alpha_1(I_A)$ und $\alpha_2(I_A)$ weitgehend bestätigt werden. Auch der Einfluß des Steuerstromes wird qualitativ richtig wiedergegeben.

Die Aussagen der Theorie über den Durchlaßbereich lassen sich ebenfalls mit dem Experiment vergleichen. Zu diesem Zweck sind in Bild 1.23 die gemessene Durchlaßkennlinie sowie die Spannungen an den einzelnen Sperrschichten dargestellt. Die nach der Theorie zu erwartende Flußpolung der Kollektorsperrschicht ist bei etwa 5μA zu beobachten. Darüber hinaus ergeben die gemessenen Stromverstärkungsfaktoren an dieser Stelle $\alpha_1+\alpha_2\simeq1$ in guter Übereinstimmung

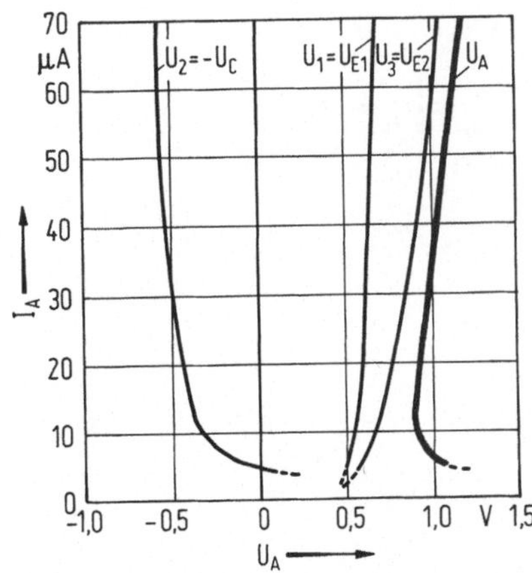

Bild 1.23. Durchlaßkennlinie des Thyristor-Ersatzmodells, Kurve U_A, und die Spannungen an den einzelnen pn-Übergängen. Die Kollektorspannung U_2 polt bei $I_A=5$ μA von Sperrrichtung, $U_2>0$, in Flußrichtung, $U_2<0$, um.

mit der Theorie. Schließlich ist deutlich zu erkennen, wie
mit zunehmendem Strom die Emitterspannung U_{E1} von der Kollektorspannung U_C nahezu kompensiert wird, so daß die re-
sultierende Gesamtspannung nur wenig größer als U_{E2} ist.
Der Haltestrom beträgt 11µA und ist damit etwa doppelt so
groß wie der Ausschaltstrom.

Die gute Übereinstimmung zwischen Theorie und Experiment
beschränkt sich nicht allein auf die statischen Eigenschaften, sondern gilt auch für die dynamischen Eigenschaften, ohne daß es an dieser Stelle näher ausgeführt
werden soll. Dem Thyristor-Ersatzmodell kommt deswegen
über seine didaktische Bedeutung hinaus auch praktische
Bedeutung zu. Es läßt sich als schneller elektronischer
Schalter im Bereich kleiner Leistungen durchaus vorteilhaft einsetzen. Für größere Leistungen eignet es sich jedoch weniger, weil - abgesehen von ökonomischen Gesichts-
punkten - die Kollektorspannungen der verfügbaren Leistungstransistoren zu niedrig und die transversalen Bahnwiderstände der Basiszonen zu hoch sind.

2 Statisches Verhalten des Thyristors bei Vorwärtspolung

Nach den vorbereitenden Betrachtungen der vorangegangenen
Abschnitte, bei denen das Geschehen im Thyristor ersatz-
weise in zwei räumlich getrennte Transistoren verlegt wurde, sollen nunmehr die Vorgänge im eigentlichen Thyristor
erklärt werden. Um möglichst übersichtliche Verhältnisse
zu bekommen, wollen wir von einer Thyristorstruktur mit
homogen dotierten Schichten ausgehen (Bild 2.1). Die Dotierungskonzentrationen N_{Ae}, N_{De} in den Emitterzonen sollen groß sein gegenüber den Dotierungskonzentrationen N_{Db},
N_{Ab} in den Basiszonen. Darüber hinaus wollen wir annehmen,
daß der Strom gleichmäßig über die Sperrschichtfläche verteilt ist. Alle für den Stromtransport wichtigen Größen -
wie z.B. p, n, grad p, grad n, E - sind dann nur Funktionen der Ortskoordinate x senkrecht zur Sperrschichtfläche,
so daß eine eindimensionale Betrachtungsweise zugrunde gelegt werden kann.

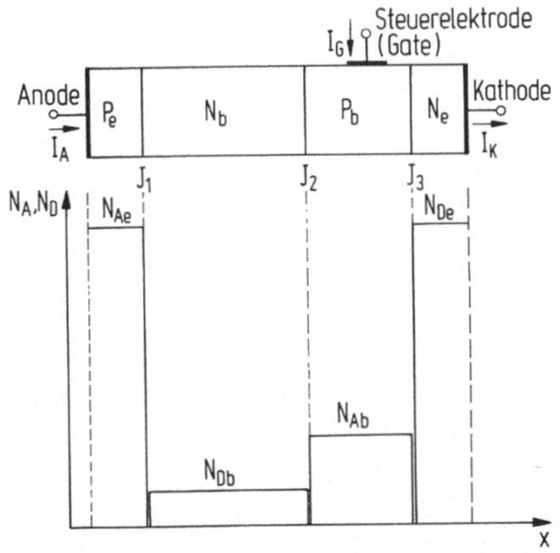

Bild 2.1. Dotierungskonzentrationen im Thyristor.

2.1 Stromloser Zustand

An den drei pn-Übergängen J_1, J_2, J_3 kommt es, wie in Bild
2.2 veranschaulicht, zur Ausbildung von Raumladungszonen.
Aufgrund des Konzentrationsgefälles diffundieren dort jeweils Löcher vom p- zum n-Gebiet und hinterlassen unkompensierte negativ geladene Akzeptoren. Entsprechend diffundieren Elektronen jeweils vom n- zum p-Gebiet und hinterlassen unkompensierte positiv geladene Donatoren. Dadurch entsteht in der einzelnen Raumladungszone ein von der
n- zur p-Zone gerichtetes elektrisches Feld. Dieses Feld
treibt einen Löcherstrom in Richtung p-Zone und wirkt dem
Wegdiffundieren der Löcher entgegen. Gleichgewicht tritt
ein, sobald der Feldstrom den Diffusionsstrom der Löcher
kompensiert. In entsprechender Weise wirkt das elektrische
Feld auf die Elektronen; es treibt einen Elektronenstrom
zur n-Zone und kompensiert so im Gleichgewicht den Diffusionsstrom der Elektronen.

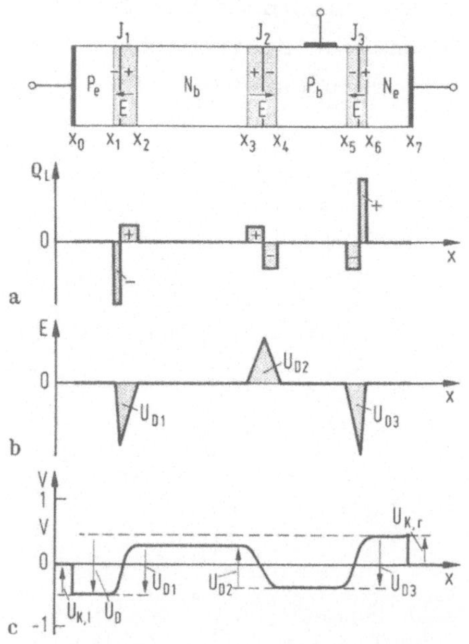

Bild 2.2. Stromloser Thyristor. a) Raumladungsdichte ρ_L
b) Feldstärke E c) Potential V.

Aus der Gleichgewichtsbedingung für den Löcherstrom

$$j_{p,\text{Feld}} = -j_{p,\text{Diff}} \; ,$$
(2.1)

bzw.

$$q\mu_p p E = q D_p \frac{dp}{dx} \; ,$$
(2.2)

ergibt sich für die Feldstärke innerhalb der Raumladungszone

$$E = \frac{D_p}{\mu_p} \frac{1}{p} \frac{dp}{dx} = \frac{D_p}{\mu_p} \frac{d}{dx}(\ln p) \; .$$
(2.3)

Durch Integration über die Breite der Raumladungszone erhält man die Diffusionsspannung $U_{D\nu}$ des pn-Überganges J_ν,
so z.B. für J_1

$$U_{D1} = - \int_{x_1}^{x_2} E dx = - \frac{D_p}{\mu_p} \ln \frac{p(x_2)}{p(x_1)} \; .$$
(2.4)

In Gl.(2.4) lassen sich die Löcherdichten $p(x_2)$, $p(x_1)$
näherungsweise durch die Dotierungskonzentrationen ersetzen. Es kann zunächst $p(x_2)$ durch $p(x_2) = n_i^2/n(x_2)$ ausgedrückt werden, da sich die Ladungsträger im thermischen
Gleichgewicht befinden. Andererseits gilt für die Majori-
tätsträgerkonzentrationen $n(x_2) \simeq N_{Db}$ und $p(x_1) \simeq N_{Ae}$. Hierbei wird vorausgesetzt, daß N_{Ae}, $N_{Db} \gg n_i$ ist und die Störstellen vollständig ionisiert sind. Aufgrund der Einstein-
Beziehung $D_p = \mu_p \frac{KT}{q}$ nimmt dann Gl.(2.4) die Form an

$$U_{D1} = \frac{KT}{q} \ln \frac{N_{Ae} N_{Db}}{n_i^2} \; .$$
(2.5)

U_{D1} ist positiv. Die Basiszone N_b befindet sich somit auf
einem höheren Potential als die Emitterzone P_e.

Entsprechend erhält man für die Diffusionsspannung der pn-
Übergänge J_2 und J_3:

$$U_{D2} = -\int_{x_3}^{x_4} E\,dx = -\frac{KT}{q}\ln\frac{N_{Ab}N_{Db}}{n_i^2} \; , \tag{2.6}$$

$$U_{D3} = -\int_{x_5}^{x_6} E\,dx = \frac{KT}{q}\ln\frac{N_{De}N_{Ab}}{n_i^2} \; . \tag{2.7}$$

Die Diffusionsspannung U_{D2} ist negativ. Das Potential wird demnach auf dem Wege von der n-Basis zur p-Basis um $|U_{D2}|$ abgesenkt. U_{D3} ist demgegenüber wieder positiv.

Insgesamt besteht dann zwischen den beiden Emitterzonen der Potentialunterschied

$$U_D = U_{D1} + U_{D2} + U_{D3} = \frac{KT}{q}\ln\frac{N_{Ae}N_{De}}{n_i^2} \; . \tag{2.8}$$

Die Basisdotierungen kommen in diesem Ausdruck nicht mehr vor; sie spielen mithin für die Gesamtdiffusionsspannung U_D keine Rolle. Für U_D erhält man den gleichen Wert wie für eine psn-Diode mit denselben Dotierungskonzentrationen in den Randzonen. Das läßt erwarten, daß der Thyristor ähnlich große Ströme zu führen vermag wie die psn-Diode, wenn es gelingt, die Diffusionsspannung durch äußere Einwirkungen weitgehend abzubauen.

Für den Zahlenwert von U_D errechnet man nach Gl.(2.8) mit den für die Emitterzonen des Thyristors typischen Dotierungskonzentrationen $N_{Ae}=N_{De}=10^{19}$ cm^{-3} sowie $n_i^2=2,25 \cdot 10^{20}$ cm^{-6} und $\frac{KT}{q}\approx 26$ mV bei $T=300$ K: $U_D=1,05$ Volt.

Zwischen den Metallelektroden und den Emitterzonen treten ebenfalls Potentialunterschiede auf. Diese Kontaktspannungen (U_{Kl},U_{Kr}) haben im Prinzip die gleiche Ursache wie die Diffusionsspannung eines pn-Überganges. Im thermischen Gleichgewicht gilt: $U_{Kl}+U_D+U_{Kr}=0$. Dies folgt aus der örtlichen Konstanz der Fermienergie. Die algebraische Summe der Kontaktspannungen ist demnach entgegengesetzt gleich der Diffusionsspannung und bringt die Klemmenspannung auf Null.

Es soll hier nicht näher auf die Eigenschaften der Metall-Halbleiter-Kontakte eingegangen werden. Wir wollen im folgenden stets Kontakte voraussetzen, die den Strom unabhängig von seiner Größe und Richtung ungehindert durchlassen. Man bezeichnet sie als Ohmsche Kontakte. Ihre Charakterisierung wird in [2.1] ausführlich dargelegt.

2.2 Spannungsaufteilung

Wenn man eine Vorwärtsspannung ($U_A > 0$) an den Thyristor legt, so entsteht im Einschaltmoment ein elektrisches Feld in den Bahngebieten, das die Löcher zum Kathodenkontakt hin und die Elektronen zum Anodenkontakt hin treibt. Wie in Bild 2.3 veranschaulicht, strömen die Majoritätsträger vom pn-Übergang J_2 weg nach außen. Zurück bleiben die im Kristallgitter fest verankerten ionisierten Störatome.

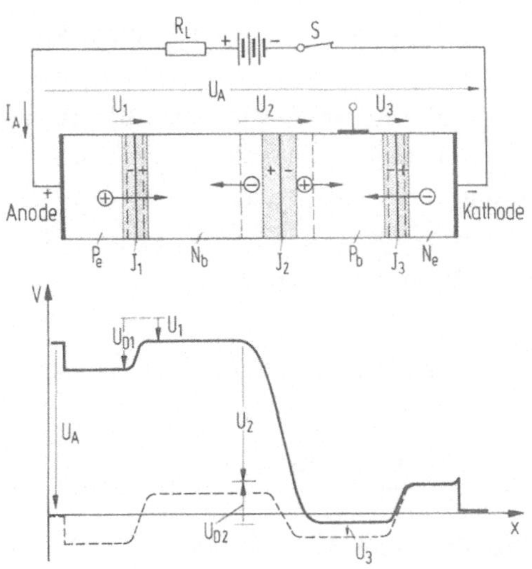

Bild 2.3. Potentialverlauf im Thyristor beim Anlegen einer Vorwärtsspannung.

Dadurch wird die Raumladungszone von J_2 verbreitert und
die elektrische Feldstärke in der Raumladungszone erhöht.
J_2 wird somit in Sperrichtung gepolt und übernimmt einen
Teil der angelegten Spannung. Das führt zu einem Rückgang
der anfänglichen Spannungen in den Bahngebieten und verkleinert dementsprechend die Bahnfeldstärke sowie die Driftströme der Ladungsträger. Auf diese Weise stellt sich letzt-
hin ein stationärer Zustand ein, in welchem die angelegte Spannung fast vollständig über J_2 abfällt ($U_2 \simeq U_A$) und
die Feldstärke in den Bahngebieten vernachlässigbar klein
ist. Die Dauer dieses Ausgleichsvorganges wird durch die
dielektrische Relaxationszeit $\tau_R = \varepsilon_o \varepsilon_r / \sigma$ der Schicht mit
der geringsten Leitfähigkeit σ bestimmt. In allen praktisch
vorkommenden Thyristorstrukturen ist $\tau_R < 10^{-10}$s. Raumladun-
gen können sich somit in den Bahngebieten nicht länger als
10^{-10}s halten. Diese Zeit ist um Größenordnungen kleiner
als die Zeitspanne, die der Thyristor zum Ein- und Ausschalten benötigt. Deswegen ist es zulässig, die Bahngebiete auch bei transienten Vorgängen als quasineutral zu
betrachten.

An den äußeren pn-Übergängen (J_1, J_3) strömen während des
Ausgleichsvorganges von beiden Seiten her Majoritätsträger in die Raumladungszone. Die Löcher neutralisieren einen Teil der negativ geladenen Akzeptoren und die Elektronen einen Teil der positiv geladenen Donatoren. Dadurch
nimmt die Breite der Raumladungszone ab, und der Potentialunterschied zwischen p- und n-Gebiet wird kleiner. Der
pn-Übergang wird somit in Flußrichtung gepolt.

Das ergibt den im Bild 2.3 dargestellten Potentialverlauf
mit den Eigenschaften:

1. das Potential in den einzelnen Bahngebieten ist konstant,
2. die Potentialschwellen der äußeren pn-Übergänge (J_1,
   J_3) sind um die Spannungen U_1, U_3 gegenüber ihren ursprünglichen Werten U_{D1}, U_{D2} verkleinert,

3. die Potentialschwelle des mittleren pn-Überganges J_2
   ist um die Spannung U_2 gegenüber U_{D2} vergrößert und
   übernimmt den überwiegenden Teil der angelegten Spannung $(U_2 \simeq U_A)$.

Den Potentialverhältnissen nach scheint die pnpn-Struktur
bei dieser Polarität der Spannung einer Reihenschaltung
aus zwei in Vorwärtsrichtung betriebenen pn-Dioden (J_1,
J_3) und einer in Rückwärtsrichtung gepolten pn-Diode (J_2)
zu entsprechen. Maßgebend für das elektrische Verhalten
einer solchen Reihenschaltung ist die sperrende Diode. Sie
blockiert weitgehend den Stromfluß. Nennenswerter Strom
kann erst fließen, wenn die äußere Spannung bis zur Durchbruchspannung der Diode J_2 erhöht wird. Die anderen beiden Dioden sind hierbei von untergeordneter Bedeutung.
Ihre Durchlaßspannungen sind, gemessen an der Durchbruchspannung der Diode J_2, im allgemeinen zu vernachlässigen
und haben mithin keinen Einfluß auf die Kennlinie der Reihenschaltung. Deshalb würde die Sperrkennlinie der Diode
J_2 zugleich die Kennlinie einer solchen pnpn-Struktur re-
präsentieren.

Diese stark vereinfachte Betrachtungsweise erklärt zwar
das Auftreten eines Sperrkennlinienzweiges in der Vorwärtskennlinie des Thyristors, sie kann jedoch nicht erklären, weshalb bei dieser Polarität auch ein Durchlaß-
kennlinienzweig auftritt. Sie kann es deshalb nicht, weil
sie die wechselseitige Beeinflussung der pn-Übergänge aus-
seracht läßt. Diesen Vorgängen wenden wir uns im nächsten
Abschnitt zu.

2.3 Wechselseitige Beeinflussung der pn-Übergänge

Durch die Sperrpolung von J_2 wird das Gleichgewicht der
Ströme in der Raumladungszone gestört. Der Feldstrom überwiegt nunmehr den Diffusionsstrom als Folge der erhöhten
Feldstärke. Es werden dadurch Löcher aus der Raumladungszone abgezogen und der p-Basis zugeführt, und entsprechend
werden Elektronen der Raumladungszone entzogen und der

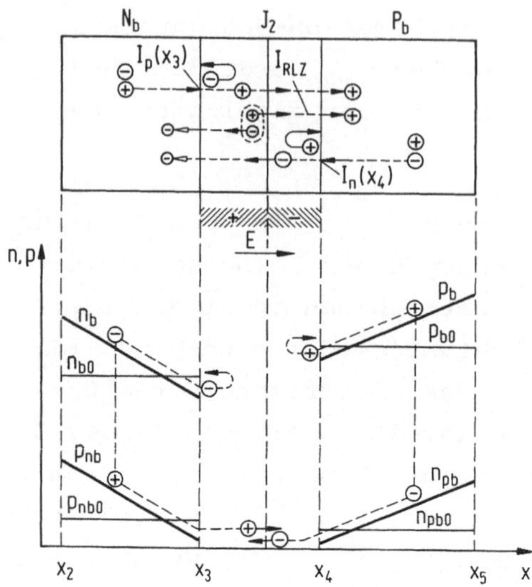

Bild 2.4. Veranschaulichung der Transportvorgänge im Bereich der Kollektorsperrschicht J_2.

n-Basis zugeführt. Das verursacht eine Absenkung der Ladungsträgerkonzentrationen unter ihre Gleichgewichtswerte und ist von einer überschüssigen Ladungsträgergeneration in der Raumladungszone begleitet. Auch in den angrenzenden Bahngebieten treten Veränderungen auf (Bild 2.4). Durch die Absenkung der Konzentrationen an den Rändern (x_3, x_4) der Raumladungszone entsteht jeweils ein Konzentrationsgefälle vom Inneren der Basis zum Sperrschichtrand verbunden mit einem entsprechenden Diffusionsstrom. Von der n-Basis diffundieren Löcher in die Raumladungszone und werden zusammen mit den dort generierten Löchern vom elektrischen Feld zur p-Basis transportiert. Ähnlich diffundieren von der p-Basis Elektronen in die Raumladungszone und werden gemeinsam mit den dort generierten Elektronen zur n-Basis gezogen.

Der Strom setzt sich somit aus drei Teilströmen zusammen:

$$I = I_p(x_3) + I_n(x_4) + I_{RLZ}. \qquad (2.9)$$

$I_p(x_3)$ ist der Diffusionsstrom der Löcher am linken Sperrschichtrand, $I_n(x_4)$ der Diffusionsstrom der Elektronen am

rechten Sperrschichtrand und I_{RLZ} der Generationsstrom der
Raumladungszone, der an der Stelle x_4 ein reiner Löcherstrom und bei x_3 ein reiner Elektronenstrom ist.

Von geringen Sperrspannungswerten an wird die Elektronen-
und Löcherdichte in der Raumladungszone auf vernachlässigbar kleine Werte abgesenkt, so daß die Generationsüber-
schußrate konstant ist. I_{RLZ} ist dann der Sperrschichtweite $w=x_4-x_3$ proportional. Im einzelnen ist $I_{RLZ}=Awqn_i/\tau_o$,
wobei τ_o die Trägerlebensdauer in der Sperrschicht und A
die Querschnittsfläche sind [2.2].

Wie Bild 2.4 veranschaulicht, besteht auch für die Majoritätsträger in den Basiszonen ein Konzentrationsgefälle
zur Sperrschicht J_2. Es stimmt sogar quantitativ mit dem
der Minoritätsträger überein. Wegen der Quasineutralität
in den Bahngebieten gilt nämlich $p-n+N_D-N_A=O$ und hieraus
folgt $dp/dx=dn/dx$, da (N_D-N_A) örtlich konstant ist.

In der p-Basis diffundieren die Löcher daher ebenfalls
zur Sperrschicht J_2. Dort werden sie aber im Gegensatz zu
den Elektronen vom elektrischen Feld zurückgedrängt. Für
jedes wegwandernde Elektron bleibt ein Loch zurück. Auf
diese Weise werden am linken Rand der p-Basis (x_4) ständig Löcher freigesetzt. Das würde natürlich im Laufe der
Zeit zu einer erheblichen Störung des Ladungsgleichgewich-
tes in der p-Basis führen, falls die Löcher nicht unmittelbar nach ihrer Freisetzung neutralisiert würden.

Im vorliegenden Fall löst die Störung des Ladungsgleich-
gewichtes folgende Gegenreaktion aus. Das elektrische Feld,
das von den unkompensierten positiven Ladungen bei x_4 ausgeht, treibt einen Löcherstrom zum pn-Übergang J_3. Löcher
dringen in die Raumladungszone von J_3 ein und kompensieren einen Teil der Akzeptoren; sie entladen, mit anderen
Worten, die Sperrschichtkapazität zu einem gewissen Teil
und bauen hierdurch die Potentialschwelle etwas ab. J_3
reagiert darauf mit einer verstärkten Injektion von Elektronen in die p-Basis bis die Löcher neutralisiert sind

und das Ladungsgleichgewicht damit wieder hergestellt ist.
Dieser Vorgang läuft in weniger als 10^{-10}s ab, d.h. er
vollzieht sich praktisch augenblicklich und begrenzt die
Störung bereits bei ihrem Entstehen auf vernachlässigbar
kleine Werte (Quasineutralität).

Unter stationären Verhältnissen muß J_3 für jedes Elektron, das die p-Basis bei x_4 verläßt, somit ein Elektron
nachliefern oder ein Loch aus der p-Basis zur n-Emitterzone N_e abführen. Wie zuvor dargelegt, sind es die frei-
gesetzten Löcher, die J_3 dazu über den schnell ablaufenden Relaxationsprozess in Vorwärtsrichtung steuern bis
sich der richtige Flußstrom einstellt. Man kann daher auch
sagen, daß J_3 für ein Loch, das der p-Basis zugeführt wird,
ein Elektron zu- oder ein Loch abführen muß und hierzu vom
Loch auf die notwendige Flußspannung gesteuert wird. So
betrachtet, ist es unerheblich, ob das Loch durch ein ab-
wanderndes Elektron freigesetzt wird, oder ob es über den
Strom $I_p(x_3)$, den Strom I_{RLZ}, oder den Steuerstrom I_G zugeführt wird; es löst jeweils die gleiche Wirkung aus.

In entsprechender Weise steuern die Elektronen, die der
n-Basis zugeführt werden, den pn-Übergang J_1 in Flußrichtung.

2.4 Ladungsgleichgewicht

Bild 2.5 zeigt eine schematische Darstellung der Ladungsträgerverteilung für den zuvor betrachteten Betriebszustand des Thyristors. Die Minoritätsträgerdichten sind an
den Rändern der Sperrschichten J_1 bzw. J_3 gegenüber ihren
Gleichgewichtswerten erhöht, u. zw. um den Boltzmannfaktor $\exp U_1/U_T$ bzw. $\exp U_3/U_T$, bedingt durch die um U_1 bzw.
U_3 verminderten Potentialschwellen. Am Rande der Sperrschicht J_2 sind sie praktisch auf Null abgesenkt, da, wegen $U_2 \gg U_T$, $\exp(-U_2/U_T) \ll 1$ ist. Den Strömen des Bildes 2.5
liegt als positive Zählrichtung die konventionelle Strom-
richtung von Anode zu Kathode, d.h. die positive x-Richtung, zugrunde. Bei einem positiven Wert des Stromes be-

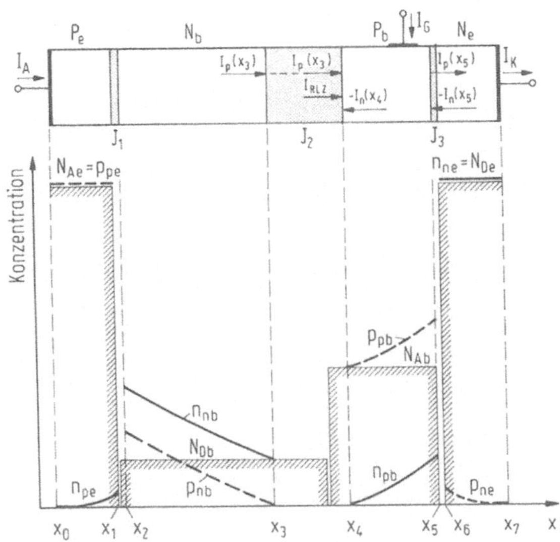

Bild 2.5. Elektronen- und Löcherkonzentrationen im Thyristor. Vorwärtssperrbereich.

wegen sich daher die Löcher in positiver, die Elektronen dagegen in negativer x-Richtung.

Der pn-Übergang J_3 möge den Elektronenstrom $I_n(x_5)=\gamma_3 I_K$ in die p-Basis injizieren, wobei γ_3 der Emitterwirkungsgrad von J_3 ist. Ein Teil dieser Elektronen diffundiert durch die p-Basis hindurch und fließt gemeinsam mit thermisch in P_b generierten Elektronen über J_2 zur n-Basis ab; ihnen entspricht der Strom $I_n(x_4)$. Die restlichen Elektronen - entsprechend $\frac{1}{q}[I_n(x_5)-I_n(x_4)]$ - rekombinieren unterwegs und entziehen bei jedem Rekombinationsakt der p-Basis ein Loch. Die in der Zeitspanne Δt aus der p-Basis verschwindende positive Ladung beträgt damit

$$\Delta Q^+_{ab} = \Delta t\{I_n(x_5) - I_n(x_4)\} + \Delta t I_p(x_5) \ , \tag{2.10}$$

wobei $I_p(x_5)$ den von P_b nach N_e abfließenden Löcherstrom bezeichnet. In der gleichen Zeitspanne wird an positiver Ladung der p-Basis zugeführt

$$\Delta Q^+_{zu} = \Delta t\{I_p(x_3) + I_{RLZ} + I_G\} \ . \tag{2.11}$$

Aufgrund der Neutralität muß nun $\Delta Q_{zu}^{+} = \Delta Q_{ab}^{+}$ erfüllt sein und daraus folgt

$$I_p(x_3) + I_{RLZ} + I_G = I_n(x_5) - I_n(x_4) + I_p(x_5) \ . \qquad (2.12)$$

Nach dem Kirchhoffschen Knotensatz gilt

$$I_K = I_A + I_G \ . \qquad (2.13)$$

Andererseits ist I_K gegeben durch

$$I_K = I_p(x_5) + I_n(x_5) \ . \qquad (2.14)$$

Damit erhält man aus Gl.(2.12)

$$I_p(x_3) + I_n(x_4) + I_{RLZ} = I_A \ . \qquad (2.15)$$

Gl.(2.15) gibt die Zusammensetzung des Gesamtstromes an der Stelle x_4 an, wie man Bild 2.5 entnimmt, und liefert damit die Strombilanzgleichung.

2.5 Kennliniengleichung

Der Strom $I_n(x_4)$ setzt sich aus zwei Anteilen zusammen

$$I_n(x_4) = \alpha_2 I_K + I_{COn} \qquad \text{mit} \quad \alpha_2 = \gamma_3 \beta_2 \ , \qquad (2.16)$$

und zwar

1. aus dem Bruchteil β_2 des injizierten Elektronenstromes, $I_n(x_5) = \gamma_3 I_K$, der den Rand x_4 der Kollektorsperrschicht J_2 erreicht und zur n-Basis geleitet wird und

2. dem Sperrstromanteil I_{COn} von J_2, hervorgerufen durch den Zustrom thermisch generierter Elektronen aus P_b.

Der Faktor β_2 definiert den Transportfaktor der p-Basis und $\alpha_2 = \gamma_3 \beta_2$ den Gleichstromverstärkungsfaktor der Transistorkonfiguration $N_e\text{-}P_b\text{-}N_b$.

Vom Löcherstrom $\gamma_1 I_A$, den der pn-Übergang J_1 aufgrund seiner Flußpolung in die n-Basis injiziert, möge der Anteil $\gamma_1 \beta_1 I_A = \alpha_1 I_A$ bis zum Rande x_3 der Sperrschicht J_2 diffundieren und dort abgesaugt werden. Dann läßt sich $I_p(x_3)$ schreiben

$$I_p(x_3) = \alpha_1 I_A + I_{COp} \quad , \tag{2.17}$$

wobei I_{COp} den Sperrstromanteil von J_2 darstellt, welcher durch den Zustrom thermisch generierter Löcher aus der n-Basis hervorgerufen wird. Hier definieren: γ_1, den Emitterwirkungsgrad von J_1, β_1, den Transportfaktor der n-Basis und α_1 den Gleichstromverstärkungsfaktor der Transistorkonfiguration P_e-N_b-P_b.

Faßt man in I_{CO2} den gesamten Sperrstrom von J_2 zusammen

$$I_{CO2} \equiv I_{RLZ} + I_{COp} + I_{COn} \quad , \tag{2.18}$$

so erhält man aus Gl.(2.15)

$$\alpha_1 I_A + \alpha_2 I_K + I_{CO2} = I_A \tag{2.19}$$

und durch Auflösung nach I_A die Kennliniengleichung

$$I_A = \frac{I_{CO2} + \alpha_2 I_G}{1 - (\alpha_1 + \alpha_2)} \quad . \tag{2.20}$$

Gl.(2.19) stellt ihrer ursprünglichen Bedeutung nach die Zusammensetzung des Stromes am Rande x_4 der Sperrschicht J_2 dar; sie zeigt, daß zum Eigenbeitrag von J_2, I_{CO2}, ein Beitrag hinzukommt, der auf der Wechselwirkung von J_2 mit J_1 beruht, $\alpha_1 I_A$, und ein weiterer, der auf die Wechselwirkung von J_2 mit J_3 zurückgeht, $\alpha_2 I_K$. Darüber hinaus bringt sie durch die Alphas zum Ausdruck, daß die Wechselwirkung durch den Transistoreffekt zustande kommt. Bild 2.6 zeigt ergänzend dazu die Einzelströme im Thy-

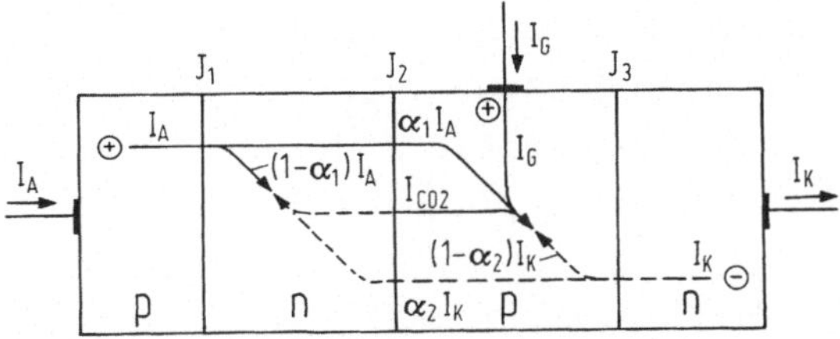

Bild 2.6. Einzelströme im Thyristor für $\gamma_1 = \gamma_3 = 1$.

ristor für den Fall $\gamma_1=\gamma_3=1$. In diesem Fall verschwinden
in der p-Basis die insgesamt zugeführten Löcher durch Rekombination mit Elektronen und in der n-Basis die insgesamt zugeführten Elektronen durch Rekombination mit Löchern. Der Elektronenstrom wird dabei jeweils quantitativ vom Löcherstrom übernommen. Bild 2.6 illustriert diesen Übergang von der einen Stromart in die andere durch
die gegeneinander stoßenden Pfeilspitzen und spiegelt
so das Gleichgewicht der Rekombinationspartner und damit
zugleich das Ladungsgleichgewicht wider.

Die Kennliniengleichung (2.20) gestattet jetzt zu präzi-
sieren, wann der Thyristor Sperr- und wann Durchlaßverhalten zeigt. Wir müssen uns dabei im Hinblick auf die
recht ausführliche Diskussion der Kennliniengleichung des
Thyristor-Ersatzmodelles, Gl.(1.46), die für M=1 mit Gl.
(2.20) formal identisch ist, zwar etwas wiederholen, wollen aber zur Wahrung des Zusammenhanges hier trotzdem noch
einmal die wesentlichen Voraussetzungen für die Schalteigenschaft des Thyristors herausstellen.

Bei fehlender Wechselwirkung ($\alpha_1=\alpha_2=0$) erhält man aus Gl.
(2.20)

$$I_A = I_{CO2} \cdot \qquad\qquad\qquad (2.21)$$

I_{CO2} ist eine eindeutige Funktion der Spannung U_2 und verkörpert die Kennlinie $I_{CO2}=I_{CO2}(U_2)$ von J_2. Für $U_2 \gg U_1$,
U_3 und $I_A>0$ entspricht die Thyristorkennlinie $I_A=f(U_A)=$
$I_{CO2}(U_2)$ damit der Sperrkennlinie von J_2. Dieses Ergebnis
hatten bereits die Potentialverhältnisse erwarten lassen.

Man erkennt, daß sich für $\alpha_1 \neq 0$, $\alpha_2 \neq 0$, jedoch $\alpha_1+\alpha_2 \ll 1$,
der Strom I_A nur unwesentlich gegenüber I_{CO2} erhöht -
vorausgesetzt $I_G=0$ - und somit ebenfalls Sperrverhalten
vorliegt.

Wenn dagegen $\alpha_1+\alpha_2=1$ ist, muß I_{CO2} für $I_G=0$ nach Gl.(2.20)
verschwinden, was nach Gl.(2.19) eine notwendige Bedin-
gung zur Wahrung der Stromkontinuität ist. Das bedeutet

$U_2 = 0$, denn nur dann liefert J_2 keinen eigenen Strombeitrag. Die Klemmenspannung setzt sich dann lediglich aus den beiden Durchlaßspannungen U_1, U_2 zusammen ($U_A = U_1 + U_2$) und ist somit von der Größenordnung 1 Volt. Für $\alpha_1 + \alpha_2 > 1$ hat J_2 nach Gl.(2.20) einen Flußstrom zu liefern ($I_{CO2} < 0$) und muß daher in Vorwärtsrichtung gepolt sein ($U_2 < 0$). Hierfür ist schließlich mit $U_A = U_1 - |U_2| + U_3 < U_1 + U_3$ die Klemmenspannung kleiner als der Spannungsabfall an den beiden Emitterdioden. Bild 2.7 zeigt schematisch die Verhältnisse für diesen Betriebszustand des Thyristors.

Damit der Thyristor bei Vorwärtspolung außer der Sperrkennlinie auch eine Durchlaßkennlinie zeigt, müssen demnach die folgenden Voraussetzungen erfüllt sein

1. für die Sperrkennlinie: $\alpha_1 + \alpha_2 \ll 1$; im Bereich kleiner Ströme

2. für die Durchlaßkennlinie: $\alpha_1 + \alpha_2 \gtrsim 1$; im Bereich höherer Ströme.

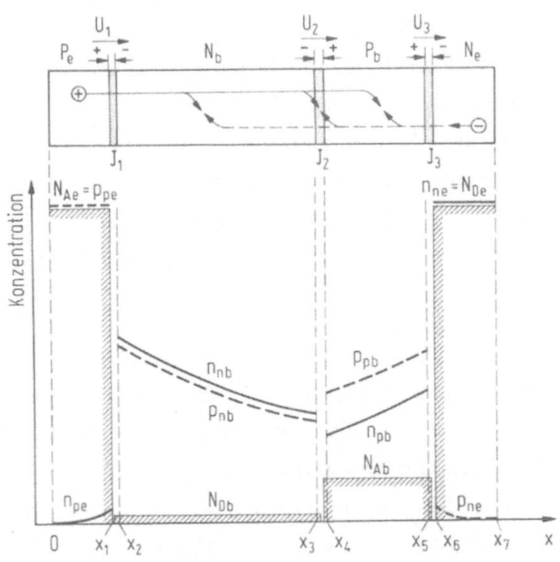

Bild 2.7. Elektronen- und Löcherkonzentration im Thyristor. Durchlaßbereich.

Für die Charakterisierung der ausgezeichneten Kennlinienpunkte gelten die in Abschn. 1.7 hergeleiteten Gesetzmäs-
sigkeiten. Auch die sonstigen Merkmale der Vorwärtskennlinie sind bereits am Thyristor-Ersatzmodell so ausführlich behandelt worden, daß hier von einer weiteren Kennliniendiskussion abgesehen werden kann, zumal die graphische Kennlinienkonstruktion, Abschn. 2.7, zusätzliche Ein-
blicke in das Entstehen der Kennlinie gewährt.

2.6 Ladungsträgermultiplikation

Beim Durchqueren der Sperrschicht J_2 werden die Ladungsträger im elektrischen Feld beschleunigt und nehmen Energie auf. Durch Stöße im Kristallgitter mit Phononen geben
sie wieder Energie ab. Da bei einem solchen Stoß die Energie aber nur in Quanten von der Größenordnung KT übertragen werden kann, übersteigt schließlich mit wachsender
Feldstärke die aufgenommene Energie die abgegebene. Der
Ladungsträger gewinnt infolgedessen nach Durchlaufen einer Wegstrecke von mehreren freien Weglängen soviel Energie, daß er durch einen Stoß ein Elektron aus seiner Git-
terbindung befreien kann. Er erzeugt bei diesem Stoßioni-
sationsprozeß ein Elektron-Lochpaar. Die neugebildeten Ladungsträger nehmen nun ebenfalls im Feld Energie auf, wobei das Loch in Feldrichtung, das Elektron entgegengesetzt
beschleunigt wird, und erzeugen nach einer gewissen Wegstrecke weitere Elektron-Lochpaare, und diese erzeugen
ebenfalls neue Ladungsträger und so weiter. Die Löcher ver-
mehren sich so lawinenartig in Richtung des Feldes und die
Elektronen in entgegengesetzter Richtung.

Der Einfluß der Ladungsträgermultiplikation auf die verschiedenen Teilströme sei an Bild 2.8 erläutert. Der bei
x_3, Bild 2.8a, in die Sperrschicht eintretende Löcherstrom
$I_p(x_3)$ wächst beim Durchqueren der Raumladungszone auf den
Wert $M_p I_p(x_3)$ an. M_p bezeichnet man als Multiplikationsfaktor für Löcher. Es werden demnach $(M_p-1) I_p(x_3)/q$ Löcher
und die gleiche Menge Elektronen pro Sekunde in der Sperr-

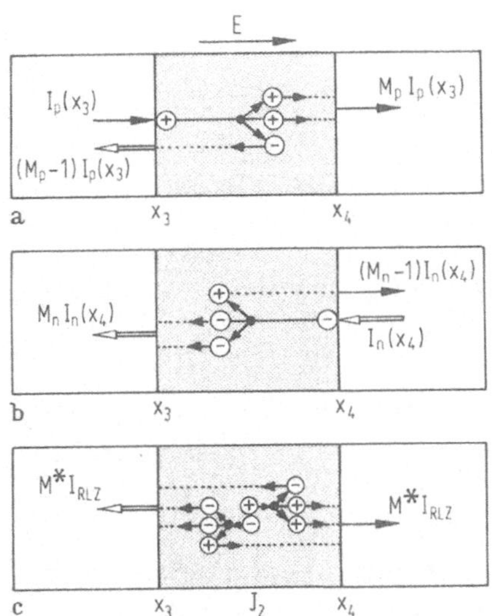

Bild 2.8. Ladungsträgermultiplikation in der Kollektorsperrschicht J_2.

schicht durch Stoßionisation neu gebildet. Die Elektronen
fließen über x_3 ab und führen den Strom $(M_p-1)\,I_p(x_3)$.

Ähnlich läßt sich die Wirkung auf den Elektronenstrom
$I_n(x_4)$ durch den Multiplikationsfaktor für Elektronen, M_n,
ausdrücken, Bild 2.8b.

Andere Verhältnisse liegen für den Generationsstrom I_{RLZ}
vor, Bild 2.8c. Hier starten die Primärteilchen nicht am
Sperrschichtrand wie bei den Strömen $I_p(x_3)$ und $I_n(x_4)$,
sondern irgendwo in der Raumladungszone. Ihnen steht damit nur eine verkürzte Wegstrecke zur Ladungsträgermultiplikation zur Verfügung. Doch kann auch hier für den Fall
einer ortsunabhängigen thermischen Ladungsträgergeneration
in der Sperrschicht die Trägervermehrung durch einen Multiplikationsfaktor, M^*, erfaßt werden [2.2], [2.3], [2.4].
Der Fall konstanter thermischer Generationsrate g_{th} in der
Sperrschicht J_2 ist in realen Thyristoren bei Sperrbe-
lastung von J_2 in guter Näherung erfüllt.

Die Multiplikationsfaktoren sind untereinander abhängig,
u. zw. gilt [2.3], [2.4]:

$$M_p = M_n \, \exp\{ \int_{x_3}^{x_4} (\alpha_p - \alpha_n)\,dx \} \; , \qquad\qquad (2.22)$$

$$M^* = M_p \, \frac{1}{(x_4 - x_3)} \int_{x_3}^{x_4} [\exp\{ \int_{x_3}^{x} (\alpha_p - \alpha_n)\,dz \}]\,dx \; , \qquad (2.23)$$

wobei α_p, α_n die Ionisationskoeffizienten für Löcher bzw. Elektronen sind. Im Grenzfall $\alpha_p = \alpha_n = \alpha$ sind alle Multiplikationsfaktoren gleich $M_n = M_p = M^*$.

Den Gesamtstrom an der Stelle x_4 erhält man nunmehr durch Addition der Einzelströme der Bilder 2.8a bis 2.8c

$$I(x_4) = I_A = M_p I_p(x_3) + (M_n - 1) I_n(x_4) + I_n(x_4) + M^* I_{RLZ}$$

$$= M_p I_p(x_3) + M_n I_n(x_4) + M^* I_{RLZ} \qquad (2.24)$$

Ersetzt man die "Kollektorströme" $I_p(x_3)$, $I_n(x_4)$ durch die Ausdrücke (2.17),(2.16), so lautet die Strombilanz-gleichung

$$I_A = M_p \alpha_1 I_A + M_n \alpha_2 I_A + I_{CO2} + M_n \alpha_2 I_G \qquad\qquad (2.25)$$

und die Kennliniengleichung

$$I_A = \frac{I_{CO2} + M_n \alpha_2 I_G}{1 - (M_p \alpha_1 + M_n \alpha_2)} \; , \qquad\qquad (2.26)$$

wobei sich I_{CO2} folgendermaßen zusammensetzt

$$I_{CO2} = M_p I_{pd} + M_n I_{nd} + M^* I_{RLZ} \; . \qquad\qquad (2.27)$$

I_{CO2} stellt den Gesamtsperrstrom von J_2 dar, den man an Basiskontakten messen würde, wie in Abschn. 2.8 gezeigt wird. I_{pd} und I_{nd} sind die Diffusionsstromanteile.

Setzt man in Gl.(2.26) $\alpha_1 M_p = \alpha_1^*$, $\alpha_2 M_n = \alpha_2^*$ und $I_{CO2} = I_{CO}^*$, so geht sie in die Kennliniengleichung des Thyristor-Ersatz-modells, Gl.(1.40), über.

Für die Abhängigkeit des Kollektorsperrstromes I_{CO}^* von der Spannung $U_C=|U_2|$ ist dort unter Beschränkung auf die Ladungsträgermultiplikation als Ursache und der Annahme gleicher Ionisationskoeffizienten für Elektronen und Löcher die Beziehung $I_{CO}^*=I_{CO}M(U_2)$ ohne Beweis eingeführt worden. Dabei bedeutete I_{CO} einen spannungsunabhängigen Sperrstrom (Sättigungssperrstrom). Diese Beziehung findet in Gl.(2.27) nunmehr ihre Bestätigung. Läßt man nämlich die thermische Generation von Ladungsträgern in der Sperrschicht als weitere Ursache für die Spannungsabhängigkeit des Kollektorsperrstromes unberücksichtigt, d.h. $I_{RLZ}=O$, so folgt mit $M_n=M_p=M$ aus Gl.(2.27)

$$I_{CO2} = (I_{pd} + I_{nd})M(U_2) = I_{CO}M(U_2) \qquad (2.27a)$$

mit

$$I_{CO} = I_{pd} + I_{nd} \ .$$

Die im Thyristor-Ersatzmodell benutzte Spannungsabhängigkeit der Stromverstärkungsfaktoren $\alpha_1^*=\alpha_1 M(U_2)$ bzw. $\alpha_2^*=\alpha_2 M(U_2)$ findet durch Gl.(2.26) ebenfalls ihre nachträgliche Bestätigung.

2.7 Kennlinien-Konstruktion

Die statische Strom-Spannungs-Kennlinie des Thyristors kann man auf verschiedene Weise graphisch konstruieren [2.5] bis [2.8]. Bei der Konstruktion läßt sich anschaulich verfolgen, wie die Kennlinie Punkt für Punkt zustande kommt und welchen Einfluß die Stromverstärkungsfaktoren, die Ladungsträgermultiplikation und der Steuerstrom im einzelnen auf die Form der Kennlinie haben. Damit erweist sich die graphische Kennlinienkonstruktion einerseits als ein nützliches didaktisches Hilfsmittel, andererseits gibt sie dem Entwicklungsingenieur von Thyristoren ein bequemes Verfahren zu einem überschlägigen Entwurf der pnpn-Struktur an die Hand. Er kann so z.B. leicht feststellen, wie die Stromverstärkungsfaktoren gewählt werden müssen, damit die Kennlinie speziellen Anforderungen genügt, etwa der Forderung nach einer möglichst hohen Temperaturstabilität der Kippspannung.

Im folgenden soll das Konstruktionsverfahren lediglich auf die Vorwärtskennlinie des Thyristors angewendet werden, obwohl es sich - geringfügig abgewandelt - auch auf die Sperrkennlinie übertragen läßt [2.6].

Vorwärtskennlinie ohne Steuerstrom

Wir wollen uns als erstes mit der Kennlinie für $I_G=0$ befassen und gehen von der Kennliniengleichung, Gl.(2.26), in der nach I_{CO2} aufgelösten Form aus

$$I_{CO2}(U_2) = I_A\{1 - M(U_2)[\alpha_1 + \alpha_2]\} \ . \tag{2.28}$$

Zur Vereinfachung ist hierbei $M_n=M_p=M$ gesetzt worden.

Vergegenwärtigen wir uns noch einmal kurz die Bedeutung der Gl.(2.28). Auf der linken Seite steht mit I_{CO2} der Strombeitrag des pn-Überganges J_2, auf der rechten Seite die Differenz aus dem zur Deckung der Rekombinationsverluste innerhalb der n-Basis (Basis 1) erforderlichen Majoritätsträgerstrom $(1 - M\alpha_1)I_A$ und dem vom npn-Transistor (T_2) tatsächlich gelieferten Strom $M\alpha_2 I_A$ oder gleichbedeutend, die Differenz aus dem zur Deckung der Rekombinationsverluste innerhalb der p-Basis (Basis 2) erforderlichen Majoritätsträgerstrom $(1 - M\alpha_2)I_A$ und dem vom pnp-Transistor (T_1) gelieferten Strom $M\alpha_1 I_A$.

Ist diese Differenz positiv, so besteht ein Defizit an zuströmenden Majoritätsträgern. I_{CO2} muß dann der p-Basis einen Löcherstrom und der n-Basis einen Elektronenstrom zuführen, der das Defizit deckt. J_2 hat demnach einen von der n-Basis zur p-Basis gerichteten Strom aufzubringen, d.h. einen Sperrstrom $(I_{CO2}>0)$.

Ist die Differenz dagegen negativ, so besteht ein überschüssiger Zustrom von Majoritätsträgern zu den Basiszonen. I_{CO2} muß dann Löcher aus der p-Basis zur n-Basis und umgekehrt Elektronen aus der n-Basis zur p-Basis abführen, um die Bilanz der Rekombinationspartner auszugleichen. In diesem Fall muß J_2 einen Durchlaßstrom ($I_{CO2} < 0$) liefern.

Die Höhe der Spannung U_2, die sich am pn-Übergang J_2 einstellt, hängt in eindeutiger Weise von Größe und Richtung des Stromes I_{CO2} ab. U_2 entspricht der Spannung, die der Strom I_{CO2} an der aus den Basiszonen bestehenden pn-Diode hervorruft. Der funktionale Zusammenhang $I_{CO2}=f_1(U_2)$ läßt sich infolgedessen durch die Kennlinie dieser Diode beschreiben. Wegen der endlichen Länge der Bahngebiete und der an den Enden angrenzenden pn-Übergänge J_1 bzw. J_3 hat diese Kennlinie prinzipiell zwar nicht mehr die Form der idealen Diodenkennlinie, doch ist sie praktisch in ihrem Charakter nur unwesentlich verändert und weist somit alle für Siliziumdioden typischen Merkmale auf. In Bild 2.9d ist ein entsprechender Kennlinienverlauf aufgezeichnet. Hierbei ist der Sperrstrom als Ordinate und die Sperrspannung als Abszisse aufgetragen. Deswegen erscheint die Sperrkennlinie im 1. Quadranten und die Durchlaßkennlinie im 3. Quadranten.

Im folgenden sei diese Kennlinie als bekannt vorausgesetzt. Außerdem sollen auch die Stromverstärkungsfaktoren sowie der Multiplikationsfaktor als bekannte Funktionen angesehen werden.

Damit kann die auf der rechten Seite der Gl.(2.28) stehende Funktion

$$f_2(I_A, U_2) = I_A\{1 - M(U_2)[\alpha_1 + \alpha_2]\} \tag{2.29}$$

unmittelbar berechnet und als einparametrige Kurvenschar $f_2(I_A, U_2 = \text{const})$ graphisch dargestellt werden. In Bild 2.9c ist f_2 in dieser Form aufgetragen. Der Berechnung von f_2 wurde - der Übersicht wegen - der stark vereinfachte α-Verlauf nach Bild 2.10 zugrunde gelegt. Weiterhin wurde die Beziehung benutzt

$$M(U_2) = \frac{1}{1 - (U_2/U_{BR2})^m} \qquad \text{mit } m = 3 \ .$$

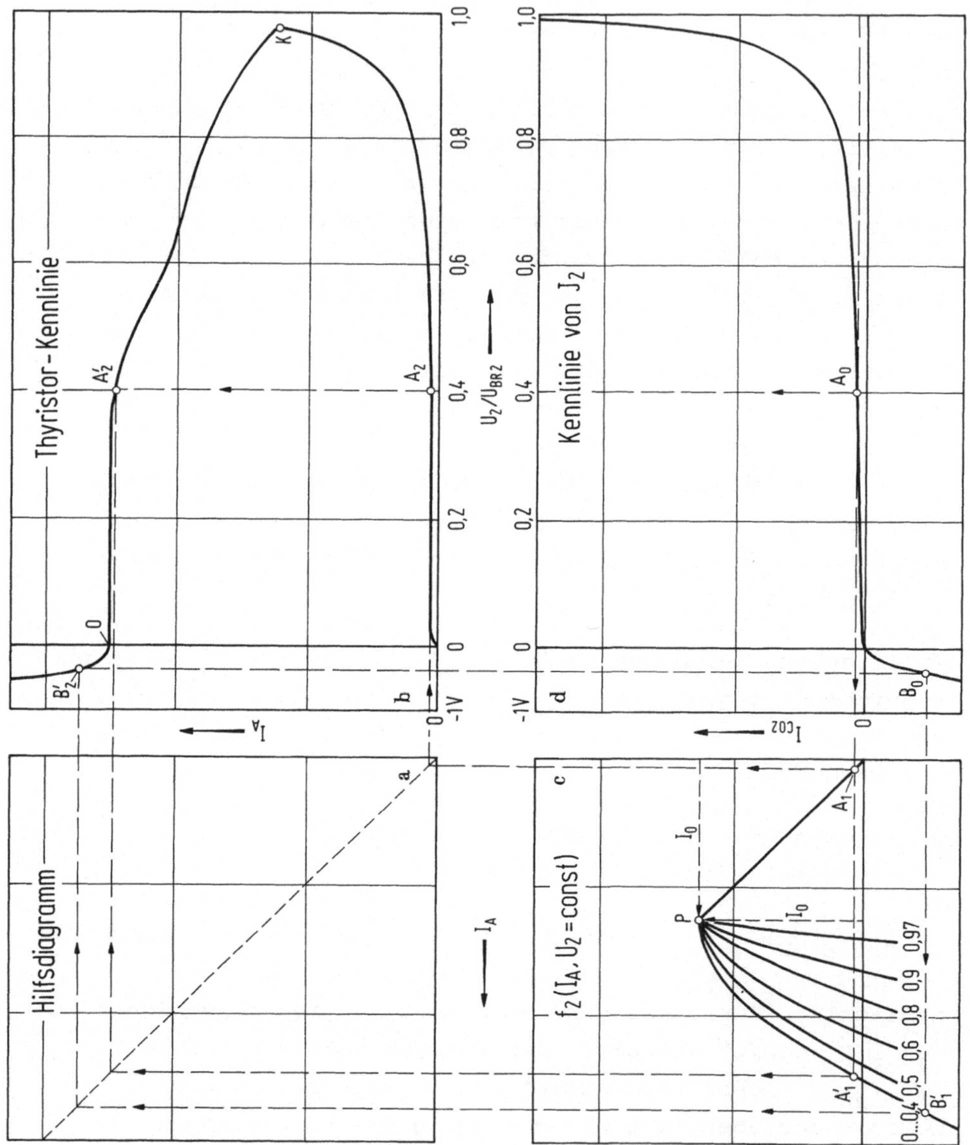

Bild 2.9. Graphische Konstruktion der Thyristorkennlinie für $I_G = 0$.

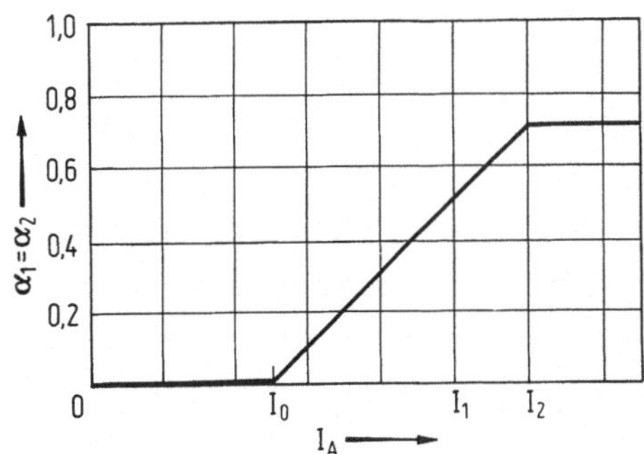

Bild 2.10. Stromverstärkungsfaktoren als Funktion des Anodenstromes. Stark vereinfachter Verlauf zur Berechnung der Funktion f_2.

Es ist leicht zu überblicken, wie der in Bild 2.9c gezeigte Verlauf der f_2-Kurven, der in seinem Charakter übrigens typisch ist für alle Thyristoren, entsteht. Solange $\alpha_1 + \alpha_2 = 0$ ist, hat der Ausdruck in der geschweiften Klammer von Gl.(2.29) den Wert 1; f_2 steigt daher linear mit I_A an

$$f_2(I_A, U_2) = I_A \qquad \text{für } 0 < I_A \leq I_O \; . \qquad (2.30)$$

In einem I_A, f_2-Diagramm mit identischem Ordinaten- und Abzissenmaßstab (Bild 2.9c) erfolgt der Anstieg somit unter 45°. Beim Überschreiten von I_O nimmt $\alpha_1 + \alpha_2$ gemäß Bild 2.10 linear mit I_A zu, und der Ausdruck in der geschweiften Klammer nimmt dementsprechend für $U_2 = \text{const}$ linear mit I_A ab

$$\{1 - M(\alpha_1 + \alpha_2)\} = 1 - M \frac{I_A - I_O}{I_1 - I_O} \qquad \text{für } I_A > I_O \; , \qquad (2.31)$$

wobei I_1 der Stromwert für $\alpha_1 + \alpha_2 = 1$ ist. Die Funktion f_2 fällt daher in Form einer allgemeinen Parabel ab

$$f_2(I_A, U_2 = \text{const}) = I_A \{1 - M \frac{I_A - I_O}{I_1 - I_O}\} \qquad (2.32)$$

$$= CI_A + DI_A^2$$

und geht an der Stelle

$$M \, \frac{I_A - I_O}{I_1 - I_O} = 1 \qquad\qquad (2.33)$$

durch Null; C und D in Gl.(2.32) sind Konstante. Man erkennt aus Gl.(2.33), daß sich die Nulldurchgänge mit zunehmendem Multiplikationsfaktor M, d.h. mit zunehmender Spannung U_2, zu kleineren Strömen (I_A) verschieben müssen.

Zur Konstruktion der Kennlinie gehen wir nunmehr so vor, daß wir zu einer vorgegebenen Spannung U_2 den zugehörigen Strom I_A ermitteln. Dazu ist mit der in Bild 2.9d empirisch gegebenen Beziehung

$$I_{CO2} = f_1(U_2)$$

gemäß Gl.(2.29) die Gleichung

$$f_1(U_2) = f_2(I_A, U_2) \qquad\qquad (2.34)$$

zu lösen. Auf graphischem Wege recht einfach. Wir brauchen dazu nur auf der $f_1(U_2)$-Kurve den Punkt aufzusuchen, der zur vorgegebenen Spannung gehört, beispielsweise B_O und horizontal herüberzuprojizieren in das f_2-Diagramm. Der Schnittpunkt B_1' der Projektionslinie mit der Parameterkurve für $U_2=U_2(B_O)$ genügt dann Gl.(2.34) und liefert damit den gesuchten Strom $I_A(B_1')$. Diesen Wert projizieren wir auf dem gestrichelt markierten Wege unter Benutzung des Hilfsdiagramms in Bild 2.9a in das Diagramm Bild 2.9b. Es ist im gleichen Strom- und Spannungsmaßstab gehalten wie das Diagramm im Bild 2.9d. Der Spannungswert $U_2(B_O)$ wird durch vertikale Projektion vom Punkt B_O aus nach oben übertragen. Aus dem Schnittpunkt der beiden Projektionslinien, B_2', erhält man den entsprechenden Punkt der I_A,U_2-Kennlinie. Durch wiederholtes Anwenden dieser Verfahrensweise mit geänderten Spannungswerten läßt sich so die gesamte I_A,U_2-Kennlinie konstruieren.

Im vorhergehenden Beispiel war der pn-Übergang J_2 in Flußrichtung ($U_2<O$) gepolt. Der zugehörige Strom ist in diesem Fall eindeutig bestimmt, denn es existiert nur ein

Schnittpunkt mit der zugehörigen Parameterkurve f_2, die
in Bild 2.9c mit der f_2-Kurve für $U_2 \leq 0,4 U_{BR2}$ zusammen-
fällt. Wie man sieht, gilt das für alle Flußspannungen von
J_2. Der Anodenstrom erweist sich somit in diesem Spannungsbereich als eine eindeutige Funktion von U_2.

Wird J_2 dagegen in Sperrichtung ($U_2 > 0$) gepolt, so gibt es
zu jedem Spannungswert zwei Stromwerte, wie das Beispiel
für A_O zeigt. Im Kippunkt fallen diese beiden Werte allerdings zusammen. Der Kippunkt entspricht dem Maximum P der
Parameterkurve f_2. Der Ausschaltpunkt, definiert durch
($U_2 = 0$, $I_A = I_{Aus}$), ist durch den Nulldurchgang von f_2 für
$U_2 = 0$ gekennzeichnet

$$f_2(I_A, U_2 = 0) = I_A[1 - M(\alpha_1 + \alpha_2)] = 0 \quad \text{mit } M = 1, \quad (2.35)$$

woraus die bekannte Beziehung folgt

$$\alpha_1 + \alpha_2 = 1 \qquad \text{für } U_2 = 0, \ I_A = I_{Aus}.$$

Somit erscheint der Strombereich des fallenden Kennlinienastes im f_2-Diagramm näherungsweise als das Stromintervall
zwischen Maximum und Nulldurchgang der Parameterkurve f_2
für $U_2 \leq 0,4 U_{BR2}$. Der letzte Teil des fallenden Kennlinienastes, unterhalb $U_2 \leq 0,5 U_{BR2}$ ($M \approx 1$), erstreckt sich dabei
über den sehr kleinen Strombereich von $I_A(A_1')$ bis zum
Nulldurchgang von f_2. In diesem Bereich ist $f_2 = 1 - (\alpha_1 + \alpha_2) \approx 0$
bzw. $\alpha_1 + \alpha_2 \approx 1$. Die Kennlinie fällt hier sehr steil ab.

Das Konstruktionsverfahren demonstriert in augenfälliger
Weise, wie aus der Sperrkennlinie des pn-Überganges J_2 die
Schaltcharakteristik des Thyristors erwächst. Man verglei-
che dazu insbesondere Bild 2.9d mit Bild 2.9b. Zwar liegt
vorerst nur die Kennlinie $I_A = f(U_2)$ vor, doch stimmt sie
für $U_A \gg 1$ Volt praktisch mit der Thyristorkennlinie $I_A = f(U_A)$
überein. Um den genauen Verlauf von $I_A = f(U_A)$ für den gesamten Spannungsbereich von U_A zu erhalten, ist $I_A = f(U_2)$
noch mit den Durchlaßkennlinien der pn-Übergänge J_1 und J_3
zu überlagern. Das ist in Bild 2.11 geschehen. Dabei wurde
angenommen, daß J_3 die Kennlinie mit dem größeren Durchlaßspannungsabfall aufweist ($U_3 > U_1$).

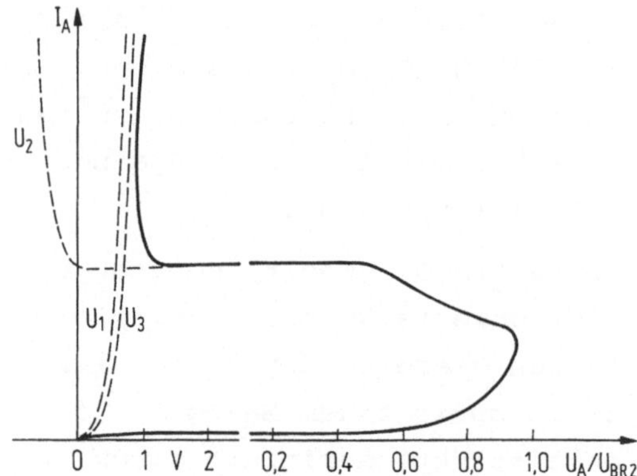

Bild 2.11. Graphische Konstruktion der Thyristorkennlinie unter Berücksichtigung der Emitterspannungen U_1, U_3.

Im Durchlaßbereich des Thyristors ist $U_2 < 0$. U_2 kann allerdings als Kollektorspannung der hier in Sättigung arbeitenden Teiltransistoren nicht die Höhe der jeweiligen Emitterspannung U_1 bzw. U_3 erreichen. Deswegen vermag U_2 die kleinere Emitterspannung (hier U_1) grundsätzlich nicht vollständig zu kompensieren. Die Durchlaßkennlinie des Thyristors verläuft infolgedessen bei etwas höherer Spannung als die Kennlinie der Emitterdiode mit dem größeren Durchlaßspannungsabfall (J_3). Die Spannungsabfälle in den Bahngebieten der Basiszonen werden bei der Konstruktion zwar implizit über die Diodenkennlinie von J_2 miterfaßt, wenn man diese Kennlinie als Resultat einer Messung über Stromzuführungen zu den emitterseitigen Rändern der Basiszonen bei offenen Emitterkreisen ansieht, doch werden hierbei die Bahnspannungen nur unvollständig berücksichtigt - abgesehen von den Schwierigkeiten einer solchen Messung. Deshalb vermag die Kennlinien-Konstruktion die Verhältnisse im oberen Bereich der Durchlaßkennlinie nur qualitativ wiederzugeben.

Vorwärtskennlinie mit Steuerstrom

Ausgangspunkt des Konstruktionsverfahrens ist wieder die Kennliniengleichung, Gl.(2.26), in der nach I_{CO2} aufgelösten Form

$$I_{CO2}(U_2) = I_A\{1 - M(U_2)[\alpha_1(I_A) + \alpha_2(I_A + I_G)]\} \qquad (2.36)$$

$$- M(U_2)\alpha_2(I_A + I_G)I_G$$

$$= f_2(I_A, I_G, U_2) \ .$$

Während die linke Seite von Gl.(2.36) im Vergleich zur vorhergehenden Betrachtung unverändert ist, treten auf der rechten Seite zwei Änderungen auf. Erstens wird ein Term subtrahiert, der dem Steuerstrom explizit proportional ist, und zweitens ist jetzt α_2 von $I_A + I_G$ abhängig im Gegensatz zu α_1, das nach wie vor nur eine Funktion von I_A ist. Dadurch wird $f_2(I_A, I_G, U_2)$ für $I_G > 0$ gegenüber $f_2(I_A, 0, U_2) \equiv f_2(I_A, U_2)$ verkleinert.

Das bewirkt, daß die entsprechenden Parameterkurven $f_2(I_A, I_G = \text{const}, U_2 = \text{const})$ unterhalb $f_2(I_A, 0, U_2 = \text{const})$ verlaufen (Bild 2.12c), sofern $\alpha_1 + \alpha_2 \neq 0$ ist. Für $\alpha_1 + \alpha_2 = 0$ fallen sie mit der Geraden $f_2 = I_A$ zusammen und für den Fall $\alpha_1 + \alpha_2 \neq 0, I_G < 0$ sind sie zu höheren f_2-Werten verschoben – in Bild 2.12c der Übersicht wegen nicht aufgetragen.

Nachdem zu einem gegebenen Steuerstrom $I_G = I_{G1}$ die zugehörige Kurvenschar $f_2(I_A, I_{G1}, U_2 = \text{const})$ graphisch dargestellt ist, läßt sich die Kennlinienkonstruktion genauso wie in Bild 2.9 durchführen. Bild 2.12 beschränkt sich auf die Konstruktion am Beispiel der f_2-Kurvenschar für $I_G = 2I^*$, wobei I^* die eingezeichnete Rastereinheit der Stromachse darstellt. Die in Bild 2.12b für andere Steuerströme gezeigten Kennlinien sind auf die gleiche Weise erhalten worden.

Eingezeichnet ist in Bild 2.12 c noch die Kurve für $I_G = 5,5I^*, U_2 = 0$, weil hier insofern eine Besonderheit auftritt, als die Kurve im Negativen beginnt und weil sich damit auch für einen gewissen Bereich negativer Spannung ($U_2 < 0$) zwei Schnittpunkte ergeben. Die Kennlinie beginnt infolgedessen nicht im Ursprung des I_A, U_2-Diagrammes, sondern im Bereich $U_2 < 0$, in dem Bereich also, in welchem die Kollektorsperrschicht J_2 in Flußrichtung gepolt ist. Dies

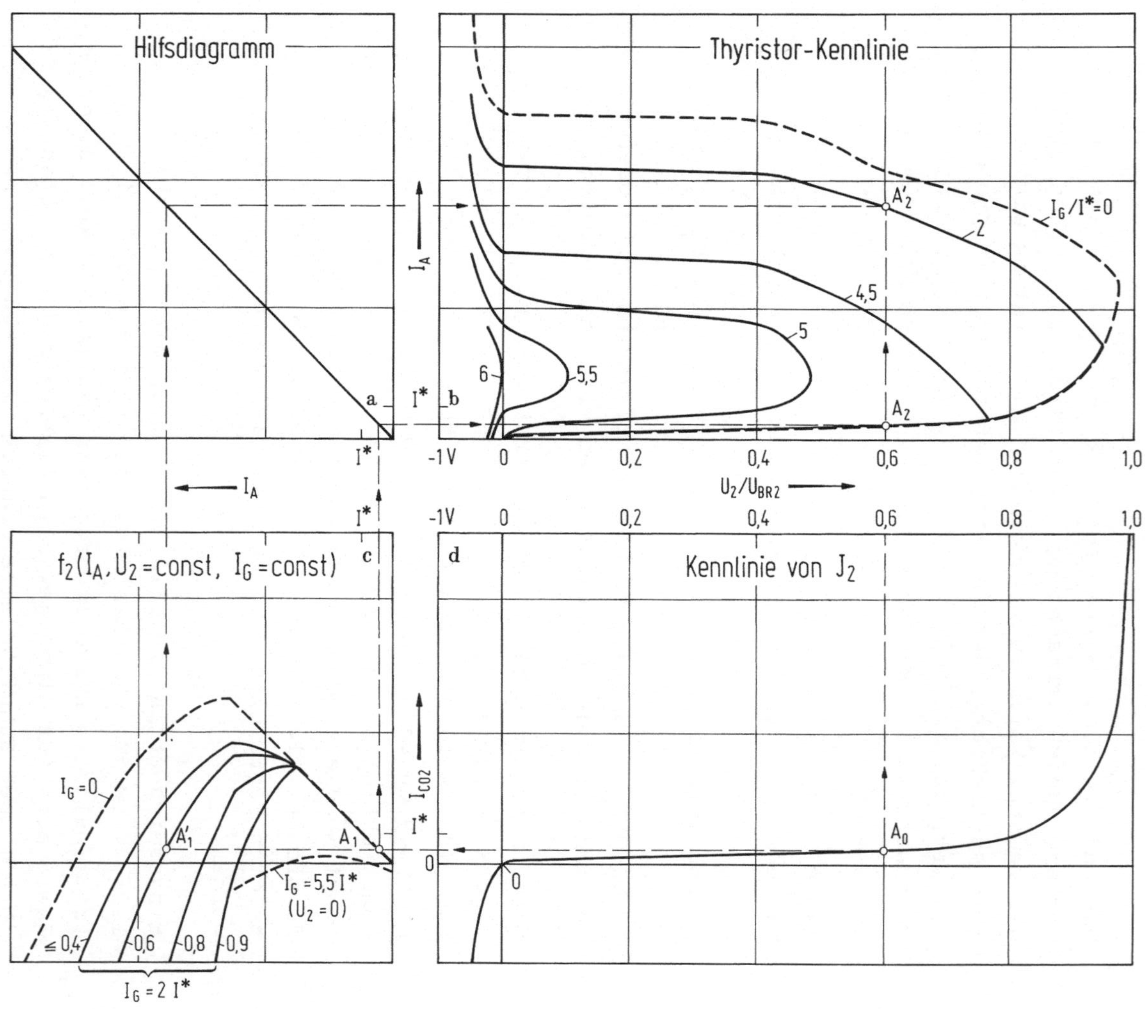

Bild 2.12. Graphische Konstruktion der Thyristorkennlinien für $I_G \neq 0$.

erinnert an die Verhältnisse in einem Transistor bei Sättigungsbetrieb, und es ist auch in der Tat der gleiche Effekt. Der Steuerstrom $I_G=5,5I^*$ ruft nämlich in der npn-Transistorstruktur für $U_2 \geqq 0$ einen Kollektorstrom

$$I_C = \frac{\alpha_2 I_G}{1 - \alpha_2}$$

hervor, der größer ist, als ihn der Anodenstromkreis zu führen vermag. Beispielsweise ergibt sich für $I_A=0$

$$I_C = \frac{0,05}{1 - 0,05}\ 5I^* = 0,28I^*\ .$$

Wegen $I_C > I_A$ wird der npn-Transistor in die Sättigung gesteuert. Es resultiert aber auch in diesem Fall insgesamt eine positive Klemmenspannung am Thyristor aus den im vorigen Abschnitt erläuterten Gründen.

Der Einfluß des positiven Steuerstromes äußert sich in einer Verschiebung des fallenden Kennlinienastes zu kleineren Anodenströmen und des ansteigenden Kennlinienastes zu höheren Strömen und bewirkt aufgrund dessen einen Rückgang der Kippspannung. Das Ausmaß der Verschiebung hängt dabei wesentlich vom Anstieg der Stromverstärkungsfaktoren mit dem Strom ab. Bei der im Bild 2.12b zu beobachtenden stärker ausgeprägten Verschiebung des fallenden Kennlinienastes handelt es sich daher nicht um eine grundsätzliche Eigenschaft. Der Rückgang der Kippspannung erfolgt von einem gewissen Steuerstrom $(I_G=4,5I^*)$ an sehr steil und führt bei einem nur wenig größeren Steuerstrom schließlich zum völligen Verschwinden der Sperrpolung von J_2. In diesem Fall verläuft die f_2-Kurve ganz im Negativen. Das tritt im vorliegenden Kennlinienfeld $I_A=f(U_2,I_G)$ für $I_G \geqq 6I^*$ ein.

Bild 2.13 zeigt das endgültige Thyristorkennlinienfeld $I_A=f(U_A,I_G)$ für positiven Steuerstrom $(I_G>0)$ als Ergebnis der Überlagerung von $I_A=f(U_2,I_G)$ mit den Kennlinien von J_1 und J_3.

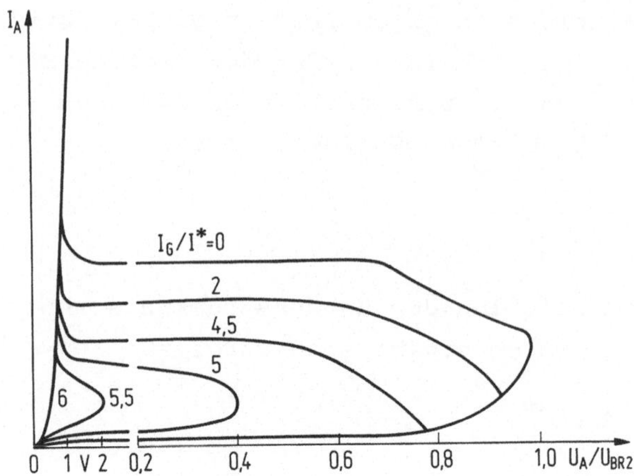

Bild 2.13. Graphische Konstruktion der Thyristorkennlinien unter Berücksichtigung der Emitterspannungen für $I_G \neq 0$.

Zur Kennlinien-Konstruktion sei abschließend noch bemerkt, daß es keinerlei Schwierigkeiten bereitet, auch die prinzipiell vorhandene Spannungsabhängigkeit der Stromverstärkungsfaktoren α_1 und α_2 zu berücksichtigen. Es erschwert weder die rechnerische noch die sich anbietende graphische Ermittlung der Funktion f_2. Und nachdem f_2 bekannt ist, verläuft ohnehin alles recht einfach. Was allenfalls Mühe macht, ist die theoretische oder experimentelle Erfassung der Spannungsabhängigkeit der α's, die vorwiegend auf der Modulation der effektiven Basisweiten beruht (Early-Effekt).

2.8 Kennlinienberechnung

Das Shockley'sche Modell des pn-Überganges ermöglicht es, die statische Strom-Spannungskennlinie der pn-Diode aus den Materialkonstanten, wie Dotierungskonzentration, Diffusionskonstante, Trägerlebensdauer, sowie den geometrischen Abmessungen zu berechnen. Durch Übertragen dieser Modellvorstellungen auf den Transistor kann man auch die Kennlinien dieses Bauelementes analytisch berechnen. Es ist aber bisher keine geschlossene analytische Kennlinienberechnung des Thyristors bekannt geworden.

Daß eine entsprechende Übertragung der Shockley'schen Modellvorstellungen auf den Thyristor zu keiner befriedigenden Lösung führen kann, zeichnet sich am Ergebnis der für
den Stromverstärkungsfaktor des Transistors erhaltenen Beziehungen ab. Der Stromverstärkungsfaktor ist danach unabhängig vom Strom. In Wirklichkeit ist er aber stark vom
Strom abhängig und gerade diese Abhängigkeit ist ja entscheidend für das Funktionsprinzip des Thyristors und den
Verlauf der Vorwärtssperrkennlinie. Es bereitet andererseits erhebliche Schwierigkeiten, die für die Stromabhängigkeit verantwortlichen Effekte in eine analytische Berechnung der Thyristorkennlinie einzubeziehen.

Eine Theorie von Moll, Tannenbaum, Goldey und Holonyak Jr.
[2.9] umgeht diese Schwierigkeiten, indem sie die Stromverstärkungsfaktoren als gegebene, stromabhängige Größen
in die Ergebnisse der Shockley'schen Theorie einordnet.
Die Grundzüge dieser Theorie sollen im folgenden dargelegt
werden.

Theorie nach Moll [2.9]

Bild 2.14 zeigt die zugrundeliegende pnpn-Struktur. Alle
vier Zonen sind mit Stromanschlüssen versehen. Die Spannungsabfälle in den Bahngebieten werden als vernachlässigbar angenommen. Spannungsabfälle treten damit lediglich
über den Sperrschichten J_1, J_2, J_3 auf. Sie werden mit
U_1, U_2, U_3 bezeichnet und positiv gezählt, wenn links plus
und folglich rechts minus ist - in Übereinstimmung mit un

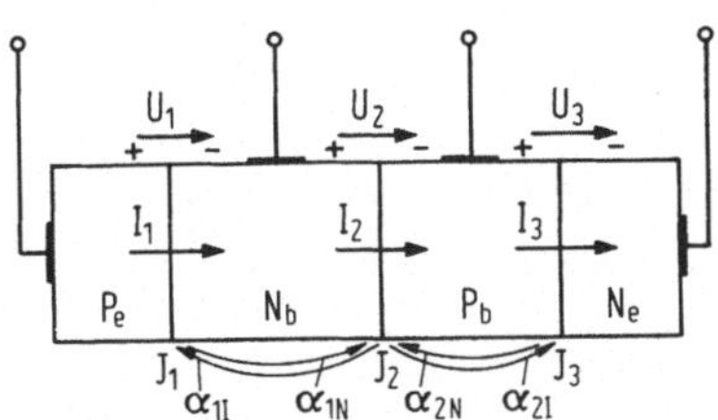

Bild 2.14. Thyristormodell mit Stromanschlüssen an den
vier Zonen.

serer bisherigen Festlegung. $U_2 > 0$ bedeutet also Sperrpolung für J_2, während für $U_1 > 0$, $U_3 > 0$ die beiden äußeren pn-Übergänge in Vorwärtsrichtung gepolt sind. Die Ströme werden, ebenfalls wie bisher, in x-Richtung positiv gezählt. Über J_1, J_2, J_3 fließen die Ströme I_1, I_2, I_3, Generations- und Rekombinationsströme werden vernachlässigt. Damit können den pn-Übergängen Sättigungssperrströme I_{S1}, I_{S2}, I_{S3} zugeordnet werden.

Das Problem besteht nun darin, zu den Strömen I_1, I_2, I_3 die Spannungen U_1, U_2, U_3 zu finden. Es vereinfacht sich, wenn man die Problemstellung umkehrt und zu getrennt angelegten Spannungen U_1, U_2, U_3 die Ströme sucht. Das ist der Grund, weshalb an allen vier Zonen Stromanschlüsse angebracht sind.

Betrachten wir zunächst, welche Ströme sich einstellen, wenn nur jeweils an einem pn-Übergang Spannung liegt und die beiden anderen kurzgeschlossen sind.

1. Fall: $U_1 > 0$, $U_2 = U_3 = 0$

Hierfür verhält sich die Schichtenfolge $P_e N_b P_b$ wie ein normaler Transistor bei Kollektorspannung Null ($U_C \triangleq U_2 = 0$). J_1 ist in Vorwärtsrichtung gepolt und injiziert Löcher in die Basis N_b. J_2 wirkt als Kollektor und transportiert die ankommenden Löcher zum Stromanschluß der p-Basis. Bild 2.15 veranschaulicht den Stromfluß sowie den Verlauf der Minoritätsträgerdichten.

Für die Ströme I_1, I_2, I_3 erhält man unter den vorliegenden Bedingungen

$$I_1 = I_{S1}(e^{U_1/U_T} - 1) \, , \tag{2.37}$$

$$I_2 = \alpha_{1N} I_{S1}(e^{U_1/U_T} - 1) \, , \tag{2.38}$$

$$I_3 = 0 \, . \tag{2.39}$$

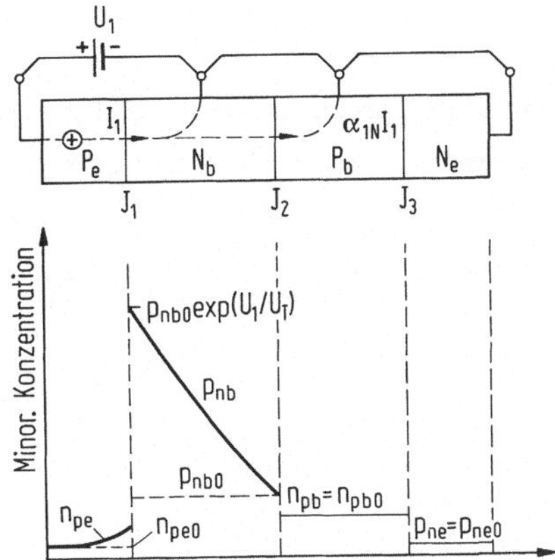

Bild 2.15. Strom- und Minoritätsträgerverteilung im Thyristor für den Fall $U_1 > 0$, $U_2 = U_3 = 0$.

Dabei bedeutet α_{1N} den normalen Stromverstärkungsfaktor des pnp-Transistors und ist nach der bisher verwendeten Bezeichnungsweise mit α_1 identisch. I_{S1} ist der Sättigungssperrstrom von J_1 bei kurzgeschlossenem Kollektor J_2, d.h. für den Fall, daß die Minoritätsträgerdichte p_{nb} am Kollektor auf dem Gleichgewichtswert p_{nbo} gehalten wird.

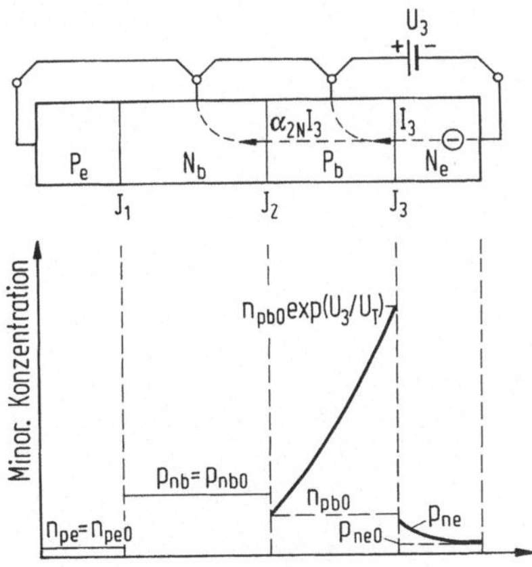

Bild 2.16. Strom- und Minoritätsträgerverteilung im Thyristor für den Fall $U_3 > 0$, $U_1 = U_2 = 0$.

2. Fall: $U_3 > 0$, $U_1 = U_2 = 0$

Jetzt injiziert J_3 Elektronen in die p-Basis und J_2 führt die zuströmenden Elektronen zum Stromanschluß der Zone N_b, Bild 2.16. Analog zu Fall 1 folgt

$$I_1 = 0 , \tag{2.40}$$

$$I_2 = \alpha_{2N} I_{S3} (e^{U_3/U_T} - 1) , \tag{2.41}$$

$$I_3 = I_{S3} (e^{U_3/U_T} - 1) , \tag{2.42}$$

wobei α_{2N} der normale Stromverstärkungsfaktor des npn-Transistors und I_{S3} der Sättigungssperrstrom von J_3 bei kurzgeschlossenem Kollektor (J_2) sind.

3. Fall: $U_2 < 0$, $U_1 = U_3 = 0$

In diesem Fall, Bild 2.17, ist J_2 in Vorwärtsrichtung gepolt und injiziert Löcher in die n-Basis, die nach J_1 diffundieren und Elektronen in die p-Basis, die nach J_3 diffundieren. J_2 wirkt als Emitter, J_3 als Kollektor im invers betriebenen npn-Transistor; der zugehörige Stromverstärkungsfaktor sei α_{2I}. Entsprechend sei α_{1I} der Stromver-

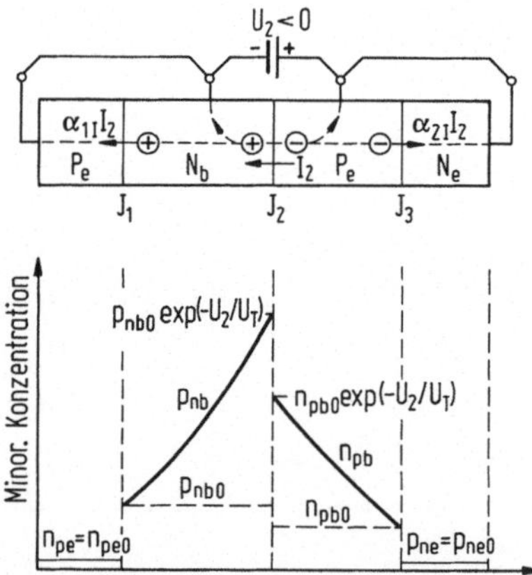

Bild 2.17. Strom- und Minoritätsträgerverteilung im Thyristor für den Fall $U_2 < 0$, $U_1 = U_3 = 0$.

94

stärkungsfaktor für den inversen Betrieb des pnp-Transistors. Dann ist

$$I_1 = - \alpha_{1I} I_{S2} (e^{-U_2/U_T} - 1) , \tag{2.43}$$

$$I_2 = - I_{S2} (e^{-U_2/U_T} - 1) , \tag{2.44}$$

$$I_3 = - \alpha_{2I} I_{S2} (e^{-U_2/U_T} - 1) . \tag{2.45}$$

I_{S2} ist der Sättigungssperrstrom von J_2 für $U_1=U_3=0$. Für die inversen Stromverstärkungsfaktoren gilt

$$\alpha_{1I} + \alpha_{2I} \leqq 1 , \tag{2.46}$$

denn die Kollektorströme über J_1, J_3 können zusammen nicht größer sein als der Emitterstrom I_2, d.h. $I_2 \geqq I_1 + I_3$.

4. Allgemeiner Fall: U_1, U_2, $U_3 \neq 0$

Alle Spannungen sind von Null verschieden, Bild 2.18. Die Gesamtströme an J_1, J_2, J_3 findet man jetzt einfach durch Addition der zuvor erhaltenen Teilströme. Dieses Super-

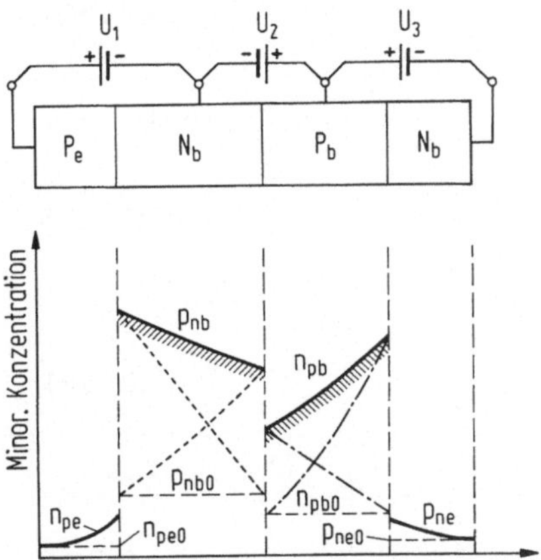

Bild 2.18. Minoritätsträgerverteilung für den allgemeinen Fall U_1, $U_3>0$; $U_2<0$.

positionsprinzip gründet sich auf die Linearität der Differentialgleichung sowie der Randbedingungen, die den Stromtransport der Minoritätsträger bestimmen, der in der vorliegenden Shockleyschen Näherung allein ausschlaggebend ist. Man erhält hiermit

$$(2.47)$$

$$I_1 = \quad I_{S1}(e^{U_1/U_T}-1) - \alpha_{1I}I_{S2}(e^{-U_2/U_T}-1) + \qquad 0$$

$$(2.48)$$

$$I_2 = \alpha_{1N}I_{S1}(e^{U_1/U_T}-1) - \quad I_{S2}(e^{-U_2/U_T}-1) + \alpha_{2N}I_{S3}(e^{U_3/U_T}-1)$$

$$(2.49)$$

$$I_3 = \qquad 0 \qquad - \alpha_{2I}I_{S2}(e^{-U_2/U_T}-1) + \quad I_{S3}(e^{U_3/U_T}-1)$$

Löst man diese Gleichungen nach den Spannungstermen auf, so ergibt dies

$$(2.50)$$

$$I_{S1}(e^{U_1/U_T}-1) = \frac{1}{A_0}[(1-\alpha_{2N}\alpha_{2I})I_1 - \alpha_{1I}I_2 + \alpha_{1I}\alpha_{2N}I_3]$$

$$(2.51)$$

$$I_{S2}(e^{-U_2/U_T}-1) = \frac{1}{A_0}[\qquad \alpha_{1N}I_1 - \quad I_2 + \quad \alpha_{2N}I_3]$$

$$(2.52)$$

$$I_{S3}(e^{U_3/U_T}-1) = \frac{1}{A_0}[\qquad \alpha_{1N}\alpha_{2I}I_1 - \alpha_{2I}I_2 + (1-\alpha_{1N}\alpha_{1I})I_3]$$

mit

$$A_0 = 1 - \alpha_{1N}\alpha_{1I} - \alpha_{2N}\alpha_{2I} \; . \qquad (2.53)$$

An Gl.(2.51) läßt sich nunmehr der Zusammenhang mit der phänomenologisch gewonnenen Kennliniengleichung, Gl.(2.20), aufzeigen. Zu diesem Zweck setzen wir $I_1=I_3=0$ und geben an J_2 eine Sperrspannung ($U_2>0$) vor. Wir erhalten auf diese Weise den Sperrstrom I_{CO2} von J_2 bei offenen Emitterkreisen, wie er sich aus einer Messung an den Basiskontakten ergeben würde. Nach Gl.(2.51) gilt dann mit $I_1=I_3=0$

$$I_2 \triangleq I_{CO2} = -A_0 I_{S2}(e^{-U_2/U_T} - 1) \ . \tag{2.54}$$

Andererseits ist zu berücksichtigen, daß im Thyristor für die Ströme gilt: $I_1=I_2=I_A$ und $I_3=I_A+I_G$. Setzt man in Gl. (2.51) $\alpha_{1N}=\alpha_1$ und $\alpha_{2N}=\alpha_2$, so erhält man mit Gl.(2.54)

$$-I_{CO2} = \alpha_1 I_A - I_A + \alpha_2(I_A + I_G) \ , \tag{2.55}$$

oder aufgelöst nach I_A

$$I_A = \frac{I_{CO2} + \alpha_2 I_G}{1 - (\alpha_1 + \alpha_2)} \ . \tag{2.56}$$

Gl.(2.56) ist mit der ursprünglichen Kennliniengleichung (2.20) identisch. I_{CO2} ist jetzt nachträglich in seiner Bedeutung durch Gl.(2.54) präzisiert.

Die weitere Betrachtung wollen wir zur Vereinfachung auf den Fall $I_G=0$ beschränken. Aus den Gln.(2.50), (2.51) und (2.52) folgt dann für die Einzelspannungen

$$U_1 = U_T \ln\left(A_1 \frac{I_A}{I_{S1}} + 1\right) \ , \tag{2.57}$$

$$U_2 = -U_T \ln\left(A_2 \frac{I_A}{I_{S2}} + 1\right) \ , \tag{2.58}$$

$$U_3 = U_T \ln\left(A_3 \frac{I_A}{I_{S3}} + 1\right) \ , \tag{2.59}$$

und damit für die Gesamtspannung

$$(2.60)$$

$$U_A = U_1 + U_2 + U_3 = U_T \ln\left[\frac{I_{S2}}{I_{S1}I_{S3}} \, \frac{(A_1 I_A + I_{S1})(A_3 I_A + I_{S3})}{A_2 I_A + I_{S2}} \right]$$

mit

$$A_1 = [1 + \alpha_{1I}\alpha_{2N} - \alpha_{2N}\alpha_{2I} - \alpha_{1I}]/A_0 \; , \tag{2.61}$$

$$A_2 = [\alpha_{1N} + \alpha_{2N} - 1]/A_0 \; , \tag{2.62}$$

$$A_3 = [1 + \alpha_{1N}\alpha_{2I} - \alpha_{1N}\alpha_{1I} - \alpha_{2I}]/A_0 \; . \tag{2.63}$$

Gl.(2.60) soll nunmehr im Hinblick auf das bistabile Verhalten des Thyristors interpretiert werden.

Sperrverhalten

Es sei

$$\alpha_{1N} + \alpha_{2N} < 1 \; . \tag{2.64}$$

Dann ist

$$A_0 > 0 \; , \; A_1 > 0 \; , \; A_3 > 0 \; ,$$

$$A_2 < 0 \; .$$

Das Argument des Logarithmus darf nicht <0 sein, wenn die Funktion "ln" einen Sinn haben soll. Deshalb muß gelten

$$I_A A_2 + I_{S2} > 0 \; . \tag{2.65}$$

Wegen $A_2 < 0$ folgt aus Gl.(2.65)

$$I_A < \frac{I_{S2}}{|A_2|} = \frac{(1 - \alpha_{2N}\alpha_{2I} - \alpha_{1N}\alpha_{1I})}{1 - (\alpha_{1N} + \alpha_{2N})} \, I_{S2} \tag{2.66}$$

Der Strom I_A bleibt nach Gl.(2.66) auf einen Wert von der Größenordnung des Sättigungssperrstromes I_{S2} begrenzt.

Durchlaßverhalten

Es sei jetzt

$$\alpha_{1N} + \alpha_{2N} > 1 \ . \tag{2.67}$$

In diesem Fall ist $A_0 > 0$, $A_1 > 0$, $A_2 > 0$, $A_3 > 0$.

Der Strom unterliegt hier nicht mehr der Einschränkung nach Gl.(2.66) und kann sehr groß werden.

Die Spannung U_2 ist nach Gl.(2.58) negativ, d.h. J_2 ist in Flußrichtung gepolt und vermindert die Gesamtspannung. Zur Abschätzung der verbleibenden Klemmenspannung sei einmal angenommen $A_1 = A_2$ und $I_{S1} = I_{S2}$. Es würden sich dann U_1 und U_2 exakt kompensieren. Übrig bleiben würde mit $U_A = U_3$ die Spannung der durchlaßbelasteten Emitterdiode J_3.

Wenn dieses Beispiel auch rein hypothetischer Natur ist, so zeigt es doch deutlich den niedrigen Spannungsbedarf des Thyristors in diesem Betriebszustand.

Für $A_\mu I_A / I_{S\mu} \gg 1$ mit $\mu = 1$, 2, 3 gilt nach Gl.(2.60) allgemein

$$U_A = U_T \ln \left(\frac{A_1 A_3}{A_2} \right) + U_T \ln \left(\frac{I_{S2}}{I_{S1}} \frac{I_A}{I_{S3}} \right) \ . \tag{2.68}$$

Der zweite Term entspricht der Durchlaßspannung einer einzelnen Diode. Die Flußspannung des Thyristors ist damit zwar größer als die einer Diode, merklich jedoch nur für A_2 nahe Null, d.h. für $\alpha_{1N} + \alpha_{2N} = 1 + \varepsilon$, mit $\varepsilon \ll 1$. Das ist der Strombereich in der Nähe des Ausschaltpunktes. Bei höheren Durchlaßströmen, wo A_2 Werte von etwa $0{,}2 \ldots 0{,}6$ annimmt, und A_1, A_3 etwa im gleichen Wertebereich liegen, liefert der erste Term nur einen Beitrag von einigen Millivolt.

Kennliniengleichung

Gl.(2.60) stellt die Kennliniengleichung der pnpn-Diode in der Form $U_A = f(I_A)$ dar und enthält im Unterschied zur

bisherigen Kennliniengleichung $I_A=f(U_2)$ auch die Spannungsabfälle über J_1 und J_3. Unberücksichtigt geblieben ist
allerdings die Ladungsträgermultiplikation in J_2. Sie kann
jedoch nachträglich in die Ergebnisse einbezogen werden.
Es ändert sich dabei im wesentlichen nur der Ausdruck für
U_2. Er nimmt im Falle $M_n=M_p=M$ die Gestalt an

$$U_2 = - U_T \ln \left[\frac{1 - M(\alpha_{1N} + \alpha_{2N})}{A_O} \frac{I_A}{MI_{S2}} + 1 \right] \qquad (2.69)$$

und läßt erkennen, daß sich die Multiplikation - wie in
Abschnitt 2.6 im einzelnen ausgeführt - nur auf den Sperrstrom von J_2 und die von J_1 bzw. J_3 nach J_2 diffundierenden Teilströme (normale α's) auswirkt. U_1 und U_3 stimmen
für $M \gg 1$ mit den angegebenen Ausdrücken, Gl.(2.57) und
Gl.(2.59), überein. Zur Behandlung des allgemeinen Falles
$M_p \neq M_n$ und $I_G \neq 0$ siehe Mackintosh [2.10].

Kennlinienverlauf

Aus den Gleichungen (2.69), (2.57), (2.59) läßt sich bei
bekannten α_{1N}, α_{2N}, α_{1I}, α_{2I}, M die Kennlinie des Thyristors
sowohl im Vorwärtssperrbereich als auch im Durchlaßbereich
berechnen. Da die Moll'sche Theorie an die Voraussetzung
schwacher Injektion gebunden ist, reicht ihr Gültigkeitsbereich jedoch bei realen Thyristoren nicht über den unteren Bereich der Durchlaßkennlinie hinaus.

Bild 2.19 zeigt den von Mackintosh [2.10] berechneten Verlauf der Kennlinien im Vorwärtssperrbereich. Der Rechnung
liegen die Annahmen zugrunde, daß die Stromverstärkungsfaktoren proportional zur Wurzel aus dem Strom ansteigen
($\alpha \sim \sqrt{I}$) und die Multiplikationsfaktoren die analytische Form
$M=[1-(U_2/U_{BR2})^m]^{-1}$ haben mit $m=2$ für Elektronen und $m=9$
für Löcher.

Die theoretischen Kennlinien in Bild 2.19 lassen die cha-
rakteristischen Merkmale der experimentellen Thyristorkennlinien erkennen. Ein detaillierter Vergleich zwischen

100

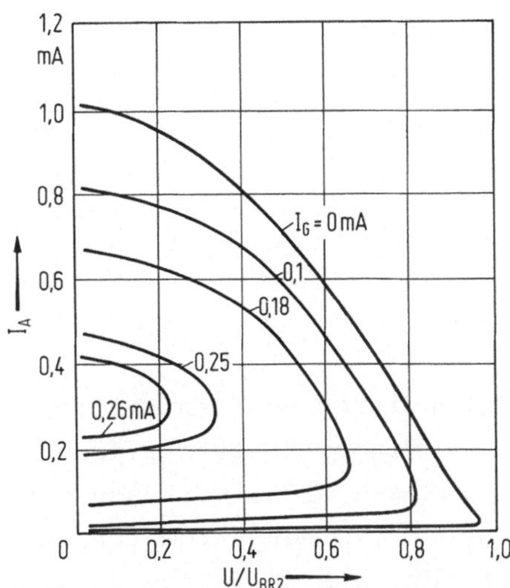

Bild 2.19. Berechnete Thyristorkennlinien im Vorwärtssperrbereich nach Mackintosh [2.10].

Theorie und Experiment fehlt aber bisher. Das hängt damit
zusammen, daß es sehr aufwendig ist, alle in die Theorie
eingehenden Parameter mit der erforderlichen Genauigkeit
experimentell zu erfassen.

Weitere Kennlinienberechnungen sind von Muss und Goldberg
[2.11] sowie von Schultz [2.12] durchgeführt worden. Die
Berechnungen von Muss und Goldberg basieren auf der Theorie von Jonscher [2.13] und berücksichtigen in unmittelbarer Form die Rekombinations- und Generationsströme in den
Sperrschichten. Schultz verwendet eine numerische Methode,
bei der von den Grundgleichungen des Stromtransports in
Halbleitern ausgehend alle Effekte einbezogen werden, die
zu einer Strom- und Spannungsabhängigkeit der Stromverstärkungsfaktoren führen, so u.a. die Rekombination in den
Emittersperrschichten und die Ausdehnung der Kollektorsperrschicht (Early-Effekt).

3 Theorie der Durchlaßcharakteristik

3.1 Allgemeine Vorbemerkungen

Im Durchlaßbereich $(\alpha_1+\alpha_2>1)$ diffundieren von den Emitter-sperrschichten J_1, J_3, (Bild 3.1a) Minoritätsträger in so hohem Maße zur Sperrschicht J_2, daß sie dort, vorausgesetzt J_2 wäre in Sperrichtung $(U_2\gtreqless 0)$ gepolt, einen Strom führen würden, der mit $(\alpha_1+\alpha_2)I_A$ größer wäre als der Strom I_A über J_1, J_2 und der scheinbar die Stromkontinuität verletzen würde.

Sehen wir uns einmal an, welche Folgen ein Ausgangszustand zur Zeit $t=t_O$ mit $(\alpha_1+\alpha_2)>1$ und $U_2(t_O)>0$ bei vorgegebenem Strom nach sich ziehen würde.

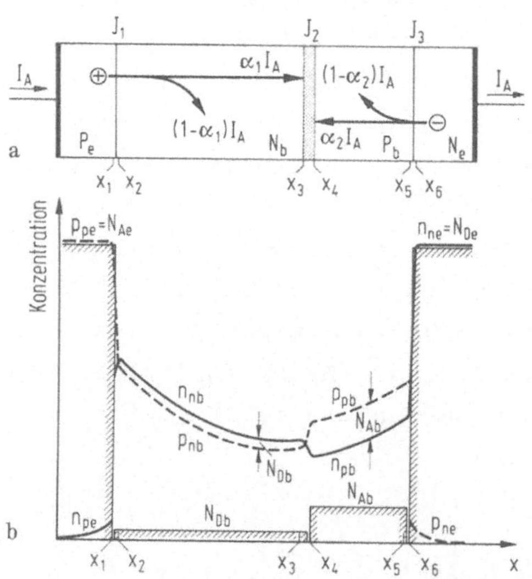

Bild 3.1. Durchlaßzustand des Thyristors. a) Ströme b) Trägerdichten bei höherem Durchlaßstrom.

102

Der p-Basis würden durch den Strom $\alpha_1 I_A$ mehr Löcher zugeführt als mit $(1-\alpha_2) I_A$ durch Rekombination verschwinden
würden und entsprechend würden der n-Basis durch $\alpha_2 I_A$ mehr
Elektronen zugeführt als mit $(1-\alpha_1) I_A$ rekombinieren würden. Auf diese Weise würde sich in der p-Basis im Zeitintervall Δt ein Löcherüberschuß bilden, verbunden mit der
positiven Ladung

$$\Delta Q_p^+ = \Delta t [\alpha_1 I_A - (1 - \alpha_2) I_A] = \Delta t (\alpha_1 + \alpha_2 - 1) I_A \qquad (3.1)$$

und in der n-Basis ein Elektronenüberschuß, verbunden mit
der negativen Ladung

$$\Delta Q_n^- = \Delta t [\alpha_2 I_A - (1 - \alpha_1) I_A] = - \Delta t (\alpha_1 + \alpha_2 - 1) I_A \; . \qquad (3.2)$$

Diese beiden entgegengesetzt gleichen Ladungen ΔQ_p^+, ΔQ_n^-
würden nun jeweils eine äquivalente Menge ionisierter Akzeptoren bzw. Donatoren in der Raumladungszone J_2 neutralisieren und die Raumladung mit der Änderungsgeschwindigkeit dQ_p^+ /dt abbauen. Die Feldstärke in der Raumladungszone und demzufolge die Höhe der Potentialschwelle würden
fortwährend verringert bis schließlich J_2 genügend in
Flußrichtung gepolt wäre und nun Löcher von der p-Basis
zur n-Basis und Elektronen von der n-Basis zur p-Basis
in gleichem Umfang reemittieren könnte wie sich an überschüssigen Trägern bilden würden. Damit wäre der stationäre Endzustand erreicht und aus der anfänglichen Sperrpolung ($U_2(t_0) \geqq 0$) eine Flußpolung ($U_2(t) < 0$) von J_2 entstanden.

Dieser Seitenblick auf den grundsätzlichen Ablauf des
Übergangsprozesses zeigt zum einen, daß in der Raumladungszone von J_2 während des Überganges ein Verschiebungs-
strom ($I_V = A \varepsilon_0 \varepsilon_r \delta E / \delta t$) auftritt, der aufgrund der Feld-
schwächung ($\delta E / \delta t < 0$) den Konvektionsströmen $\alpha_1 I_A$, $\alpha_2 I_K$
entgegengerichtet ist und so die Kontinuität des Gesamt-
stromes sicherstellt. Zum anderen zeigt er noch einmal aus
etwas anderer Sicht, daß ein stationärer Betrieb für
$\alpha_1 + \alpha_2 > 1$ nur bei Flußpolung von J_2 möglich ist. Insbeson-

dere aber läßt er erkennen, daß die Potentialschwelle von
J_2 um so mehr abgebaut wird, je größer $(\alpha_1+\alpha_2-1)I_A$ ist.

Mit zunehmendem Flußstrom steigen die Trägerdichten in
den Basiszonen an: die der Majoritätsträger - wegen der
Neutralität - um den gleichen Wert wie die der Minoritätsträger. Solange der Zuwachs noch klein ist gegenüber der
Dotierungskonzentration der betreffenden Basiszone, solange also noch schwache Injektion vorliegt, kann die
Kennlinie nach der Moll'schen Theorie berechnet werden.
Erhöht man den Strom jedoch weiter, so übersteigt die Minoritätsträgerdichte in der schwächer dotierten Basis die
Dotierungskonzentration, und man verläßt den Gültigkeitsbereich der Moll'schen Theorie. Bei noch größeren Flußströ-
men übersteigt schließlich auch in der anderen Basis die
Minoritätsträgerdichte die Dotierungskonzentration. Es bestehen dann im Thyristor Ladungsträgerverteilungen, wie
sie in Bild 3.1b skizziert sind.

Der prozentuale Unterschied zwischen Majoritäts- und Minoritätsträgerdichte wird mit wachsendem Strom jetzt immer
kleiner. Auch der Unterschied zwischen den Konzentrationswerten am linken und rechten Rand von J_2 nimmt immer mehr
ab, da die Potentialschwelle ständig weiter abgebaut wird.
Von Trägerdichten an, die 1 bis 2 Größenordnungen über den
Dotierungskonzentrationen liegen, gilt dann im gesamten
Mittelgebiet, von x_2 bis x_5, in guter Näherung $p(x)=n(x)$.
Die beiden Basiszonen einschließlich J_2 sind gleichsam von
beweglichen Ladungsträgern überschwemmt, wobei die Höhe
der Überschwemmung durch die Spannungsabfälle U_1, U_3 gesteuert wird, da sie die Randkonzentrationen gemäß der
Boltzmann-Beziehungen festlegen.

In diesem Strombereich treten somit ähnliche Konzentra-
tionsverhältnisse auf wie in einer pin-Diode [3.1], [3.2]
mit entsprechender Basisweite $w=x_5-x_2$. Man darf daher erwarten, daß die Durchlaßkennlinie des Thyristors bei höheren Strömen näherungsweise die gleichen Gesetzmäßigkeiten zeigt wie die Durchlaßkennlinie der pin-Diode [3.3].

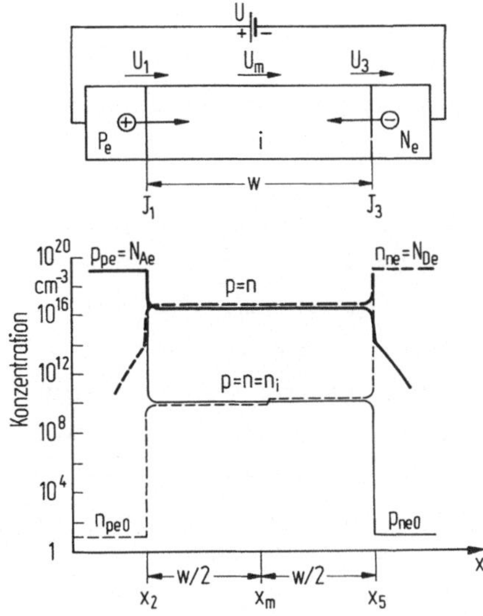

Bild 3.2. Ladungsträgerkonzentrationen in einer durchlaßbelasteten pin-Diode.

3.2 pin-Dioden-Modell

Der gesamte Bereich der Basiszonen wird als eigenleitend
angenommen, Bild 3.2. An den Übergängen J_1 und J_3 entstehen dann die Diffusionsspannungen

$$U_{D1} = U_T \ln\left(\frac{p_{pe}}{n_i}\right) = U_T \ln\left(\frac{N_{Ae}}{n_i}\right) \; , \qquad (3.3)$$

$$U_{D3} = U_T \ln\left(\frac{n_{ne}}{n_i}\right) = U_T \ln\left(\frac{N_{De}}{n_i}\right) \; . \qquad (3.4)$$

Die Gesamtdiffusionsspannung U_D beträgt damit

$$U_D = U_{D1} + U_{D3} = U_T \ln\left(\frac{N_{Ae}N_{De}}{n_i^2}\right) \; . \qquad (3.5)$$

Den gleichen Wert hatten wir auch für die Diffusionsspannung der ursprünglichen Thyristorstruktur erhalten, Gl.
(2.8).

Bei Anlegen einer Vorwärtsspannung werden die Potentialschwellen von J_1, J_3 um die Spannungen U_1, U_3 vermindert.
Über J_1 strömen dann Löcher, über J_3 Elektronen in die i-

Zone und erhöhen die Trägerdichte. Der ursprünglich hohe
Widerstand dieses Gebietes wird dadurch verringert, so daß
der Strom nur einen relativ kleinen Spannungsabfall verursacht.

Wenn über J_3 keine Löcher und über J_1 keine Elektronen aus
der i-Zone abfließen können, muß der links eintretende
Löcherstrom $I_p(x_2)=I$ ganz vom Elektronenstrom $I_n(x_5)=I$
übernommen werden. Strom fließt demnach nur in dem Maße
wie Ladungsträger im i-Gebiet rekombinieren. Bei vorgegebenem Strom wird daher die Trägerdichte um so größere Werte annehmen je größer die Trägerlebensdauer τ ist. Dementsprechend wird der Spannungsabfall U_m über dem i-Gebiet
bei Erhöhung von τ abnehmen.

Wir wollen zunächst einmal überschlägig abschätzen, welche
Form wir für die Kennlinie der pin-Diode zu erwarten haben.

U_m ist für hinreichend große Trägerlebensdauer sicher klein
gegenüber U_1, U_3 und soll deshalb vernachlässigt werden.
Außerdem sei $N_{Ae}=N_{De}$ vorausgesetzt. Dann folgt aus Symme-
triegründen $U_1=U_3=U/2$. Für die Trägerdichten an den Sperrschichträndern x_2, x_5 gilt damit gemäß der Boltzmann-Beziehung

$$p(x_2) = n(x_2) = n_i \exp(U/2U_T) \ , \tag{3.6}$$

$$p(x_5) = n(x_5) = n_i \exp(U/2U_T) \ . \tag{3.7}$$

Es sei weiterhin angenommen, daß sich die Trägerdichten in
der i-Zone nur geringfügig ändern, womit $p(x)=n(x)=\text{const}\equiv\bar{p}$
gesetzt werden darf.

Die in der Zeiteinheit im i-Gebiet rekombinierende Löchermenge ist dann gegeben durch

$$\frac{(\bar{p} - n_i)Aw}{\tau} \tag{3.8}$$

und muß vom Strom $I_p(x_2)=I$ ersetzt werden. Das führt mit

Gl.(3.6) zu dem Ergebnis

$$I = A\frac{qn_i w}{\tau}(e^{U/2U_T} - 1) \ . \qquad (3.9)$$

Zwischen Strom und Spannung besteht somit eine ähnliche exponentielle Abhängigkeit wie bei einer pn-Diode. Anstelle von U steht hier jedoch U/2; der Strom steigt also weniger steil mit der Spannung an.

Den ausführlicheren Rechnungen sollen folgende Voraussetzungen zugrunde gelegt werden:

Voraussetzungen

1. $\gamma_1 = \gamma_3 = 1$

Hiermit wird sowohl die Rekombination in den Endzonen als auch in den Raumladungszonen vernachlässigt. Das erste wegen der geringen Minoritätsträgerdichte in den hochdotierten Endzonen und das zweite wegen des zurückgehenden Einflusses der Sperrschichtrekombination mit wachsendem Strom.

2. $U_{Pe} = U_{Ne} = 0$

Spannungsabfälle in den Bahngebieten der Endzonen (U_{Pe}, U_{Ne}) werden wegen der hohen Dotierung als verschwindend angesehen.

3. τ=const im i-Gebiet

Bei starker Injektion wird die Trägerlebensdauer unabhängig von der Trägerdichte, wenn die Rekombination vorwiegend über Rekombinationszentren erfolgt [3.4], wie es in Silizium-Halbleiterbauelementen der Fall ist. τ soll die Lebensdauer für starke Injektion bedeuten.

4. p=n im i-Gebiet wegen der Quasineutralität.

Ausgangsgleichungen

Als Ausgangsgleichungen werden die Strom- und Kontinuitätsgleichungen benutzt. Sie lauten im vorliegenden Fall für zeitlich stationäre Ströme

$$j_p = q\mu_p pE - qD_p \frac{dp}{dx} \ , \tag{3.10}$$

$$j_n = q\mu_n pE + qD_n \frac{dp}{dx} \ , \tag{3.11}$$

$$O = -\frac{1}{q} \frac{dj_p}{dx} - \frac{p - n_i}{\tau} \ , \tag{3.12}$$

$$O = \frac{1}{q} \frac{dj_n}{dx} - \frac{p - n_i}{\tau} \ . \tag{3.13}$$

Rechengang

Durch Addition der beiden Stromgleichungen erhält man mit $j=j_p+j_n$ für die Feldstärke

$$E = \frac{j}{q(\mu_n + \mu_p)p} - \frac{D_n - D_p}{\mu_n + \mu_p} \frac{1}{p} \frac{dp}{dx} \ . \tag{3.14}$$

Setzt man E in j_p, Gl.(3.10), ein, so entsteht die ambipolare Form der Stromgleichung

$$j_p = \frac{\mu_p}{\mu_n + \mu_p} j - qD \frac{dp}{dx} \ , \tag{3.15}$$

wobei D als ambipolare Diffusionskonstante bezeichnet wird und gegeben ist durch

$$D = 2 \frac{\mu_p \mu_n}{\mu_p + \mu_n} U_T \ . \tag{3.16}$$

Die Kontinuitätsgleichung für Löcher, Gl.(3.12) geht dann mit Gl.(3.15) in die Differentialgleichung über

$$\frac{d^2 p}{dx^2} = \frac{p - n_i}{L^2} \ ; \tag{3.17}$$

mit $L = \sqrt{D\tau} \ \hat{=}$ ambipolare Diffusionslänge.

Diese Differentialgleichung hat die allgemeine Lösung

$$p(x) = n_i + A \cosh \frac{x}{L} + B \sinh \frac{x}{L} \tag{3.18}$$

Die Konstanten A und B lassen sich mit Hilfe der Randbedingungen $\gamma_1=\gamma_3=1$ bestimmen, die zu diesem Zweck aber erst
in Bedingungsgleichungen für p umgewandelt werden müssen.

$\gamma_1=1$ bedeutet

$$j_p(x_2) = j \ , \tag{3.19}$$

$$j_n(x_2) = 0 \ . \tag{3.20}$$

Aus Gl.(3.11) erhält man mit Gl.(3.20) sowie mit $D_n=\mu_n U_T$

$$pE\Big|_{x_2} = - U_T \frac{dp}{dx}\Big|_{x_2} \ , \tag{3.21}$$

womit aus Gl.(3.10) folgt

$$j_p(x_2) = j = - 2 \ qD_p \frac{dp}{dx}\Big|_{x_2} \ . \tag{3.22}$$

Der Gesamtstrom der Löcher ist bei $x=x_2$ doppelt so groß
wie der reine Diffusionsstrom, d.h. der Feldstrom liefert
den gleichen Beitrag wie der Diffusionsstrom. Bei den
Elektronen heben sich dagegen beide Ströme auf. Aus Gl.
(3.22) folgt als Randbedingung für die Löcher

$$\frac{dp}{dx}\Big|_{x_2} = - \frac{j}{2qD_p} \ . \tag{3.23}$$

Entsprechend ist für $\gamma_3=1$ wegen $j_p(x_5)=0$, $j_n(x_5)=j$, der
Gesamtstrom der Elektronen doppelt so groß wie der reine
Diffusionsstrom

$$j_n(x_5) = j = 2qD_n \frac{dn}{dx}\Big|_{x_5} \ , \tag{3.24}$$

so daß die Randbedingung hier lautet

$$\frac{dp}{dx}\Big|_{x_5} = \frac{dn}{dx}\Big|_{x_5} = \frac{j}{2qD_n} \ . \tag{3.25}$$

Aus der allgemeinen Lösung, Gl.(3.18), und den Randbedin-

gungen, Gl.(3.23), Gl.(3.25), erhält man für den Verlauf
der Trägerdichte im i-Gebiet

$$(3.26)$$

$$p(x) = n_i + \frac{j\tau}{2qL}\left(\frac{\cosh\frac{x-x_O}{L}}{\sinh\frac{W}{2L}} - \frac{\mu_n-\mu_p}{\mu_n+\mu_p}\frac{\sinh\frac{x-x_O}{L}}{\cosh\frac{W}{2L}}\right) \quad,$$

wo $x_O=1/2(x_2+x_5)$ die Mitte der i-Zone bedeutet. Gl.(3.26)
läßt sich auch auf die Form bringen

$$p(x) = n_i + (p(x_{min}) - n_i)\,\cosh\left(\frac{x-x_{min}}{L}\right) \quad, \qquad (3.27)$$

wenn man mit x_{min} die Koordinate des Minimums der Ladungsträgerdichte einführt. Man erkennt so deutlicher, daß die
Trägerdichte symmetrisch zum Minimum verläuft. Für $\mu_p=\mu_n$
gilt $x_{min}=x_O$. Das Minimum liegt dann in der Mitte der i-
Zone. Für $\mu_n>\mu_p$ liegt es rechts davon, wie aus einem Vergleich von Gl.(3.27) mit Gl.(3.26) hervorgeht.

Der Gl.(3.26) entnimmt man ein wichtiges Teilergebnis: *Der
Trägerüberschuß* $\Delta p=p(x)-n_i$ *ist der Stromdichte proportional*

$$\Delta p \sim j \;. \qquad (3.28)$$

Um den Zusammenhang zwischen Strom und Klemmenspannung zu
finden, drücken wir als nächstes die Randwerte $p(x_2)$, $p(x_5)$
mittels der Spannungen U_1, U_3 aus. Gemäß der Boltzmann-
Beziehung gilt

$$p(x_2) = n_i\,e^{U_1/U_T} \quad, \qquad (3.29)$$

$$p(x_5) = n_i\,e^{U_3/U_T} \;. \qquad (3.30)$$

Daraus folgt

$$p(x_2)p(x_5) = n_i^2\,e^{(U_1+U_3)/U_T} = n_i^2\,e^{(U-U_m)/U_T} \qquad (3.31)$$

mit $U=U_1+U_m+U_3$. Setzt man in Gl.(3.31) für $p(x_2)$, $p(x_5)$
die Werte nach Gl.(3.26) ein und vernachlässigt dabei n_i
gegen $p(x_2)$, $p(x_5)$, so erhält man schließlich das Ergebnis:

$$I = jA = A\ \frac{2qn_iD}{L}\ \frac{e^{-U_m/2U_T}}{\sqrt{\dfrac{1}{\tanh^2\left(\frac{w}{2L}\right)} - \left(\dfrac{\mu_n - \mu_p}{\mu_n + \mu_p}\right)^2 \tanh^2\left(\frac{w}{2L}\right)}}\ e^{U/2U_T}$$

oder etwas übersichtlicher geschrieben

$$I = \underbrace{\left\{\frac{A4qn_iD}{w}\ F\left(\frac{w}{2L}\right)\right\}}_{\equiv\ I_O}\ e^{U/2U_T} = I_O\ e^{U/2U_T}\ , \qquad (3.33)$$

wobei $F(\frac{w}{2L})$ eine Funktion definiert, die nur vom Verhältnis aus i-Zonenweite w zu doppelter ambipolarer Diffusionslänge abhängt

$$F\left(\frac{w}{2L}\right) = \frac{w}{2L}\ \frac{\tanh\left(\frac{w}{2L}\right)\ e^{-U_m/2U_T}}{\sqrt{1 - \left(\dfrac{\mu_n - \mu_p}{\mu_n + \mu_p}\right)^2 \tanh^4\left(\frac{w}{2L}\right)}}\ . \qquad (3.34)$$

Gl.(3.32) bzw. (3.33) ist die Kennliniengleichung der pin-Diode. Sie zeigt den erwarteten exponentiellen Zusammenhnag von der Form $\exp(U/2U_T)$.

In $F(w/2L)$ erscheint zwar mit U_m der Spannungsabfall über dem i-Gebiet; U_m ist aber wegen $p \simeq \Delta p \sim j$ unabhängig von j. Das sieht man unmittelbar durch Einsetzen von $p = kj$ (k=const) in Gl.(3.14). E wird unabhängig von j und damit wird auch

$$U_m = \int_{x_2}^{x_5} E(x)\,dx$$

unabhängig von j. Der Spannungsabfall über dem i-Gebiet ist infolgedessen nicht vom Strom abhängig sondern nur von den Materialgrößen.

Um eine Vorstellung von diesem funktionalen Zusammenhang zu vermitteln, sei zunächst eine Näherung für w/L<2 be-

trachtet. Dieser w/L-Bereich entspricht etwa den Verhältnissen wie sie in pin-Leistungsdioden und Leistungsthyristoren vorliegen und ist daher von besonderem praktischen
Interesse. Zur Vereinfachung der Rechnung sei $\mu_p = \mu_n = \mu$
angenommen.

Für w/L<2 zeigt p(x) gemäß Gl.(3.26) nur eine schwache Orts-
abhängigkeit (cosh $(x-x_0)/L \approx 1$). Deswegen kann man p(x) näherungsweise dem Mittelwert $\bar{p}$ gleichsetzen. Aus Gl.(3.26)
folgt dann mit sinh $\frac{w}{2L} \approx \frac{w}{2L}$ und $n_i \ll p$

$$p = \bar{p} = \frac{j\tau}{qw} \ . \tag{3.35}$$

Setzt man Gl.(3.35) in die allgemeine Beziehung für die
elektrische Feldstärke, Gl.(3.14), ein, so erhält man mit
$\mu_p = \mu_n = \mu$

$$E = \frac{w}{2\mu\tau} = \frac{U_T}{2} \frac{w}{L^2} \ . \tag{3.36}$$

Mit Gl.(3.36) ergibt sich für den Spannungsabfall über dem
i-Gebiet

$$U_m = Ew = \frac{U_T}{2}\left(\frac{w}{L}\right)^2 \ , \quad \text{für w/L<2.} \tag{3.37}$$

Nach Gl.(3.37) errechnet man beispielsweise für w/L=2: $U_m \approx 50$
mV für T=300 K. Die Spannung $U_1 + U_3$ beträgt demgegenüber bei
mittleren und höheren Strömen 0,6 ... 0,9 V. Damit erweist
sich die zu Beginn dieses Abschnitts durchgeführte Nähe-
rungsrechnung mit $U_m = 0$ als durchaus realistisch. Die Kennliniengleichung, Gl.(3.9), darf daher als eine gute Näherung für w/2L<1 angesehen werden.

Der allgemeine Ausdruck für U_m, den man bei exakter Integration der Feldstärke aus Gl.(3.14) und Gl.(3.26) erhält,
lautet

$$(3.38)$$

$$U_m = \frac{8bU_T}{(b+1)^2} \; \frac{\sinh \frac{w}{2L}}{\sqrt{1 - B^2 \tanh^2 \frac{w}{2L}}} \; \arctan \left[\left\{ \sqrt{1 - B^2 \tanh^2 \frac{w}{2L}} \right\} \sinh \frac{w}{2L} \right] +$$

$$+ \; U_T B \; \ln \frac{1 + B\tanh^2 \frac{w}{2L}}{1 - B\tanh^2 \frac{w}{2L}} \; ,$$

$$\text{mit} \qquad b = \frac{\mu_n}{\mu_p} \; ; \qquad B = \frac{\mu_n - \mu_p}{\mu_n + \mu_p} \; .$$

Der zweite Term in Gl. (3.38) stellt die Demberspannung dar. Sie ist auf den Beweglichkeitsunterschied von Elektronen und Löcher zurückzuführen und beträgt wegen $\mu_n \simeq 3\mu_p$ meist nur wenige mV; sie darf daher für $w/2L \geqq 1$ ohne großen Fehler vernachlässigt werden. Als Näherung für $w/2L \gg 1$ gilt damit

$$U_m = \frac{\pi}{2} \; U_T \; e^{w/2L} \; . \qquad\qquad (3.39)$$

Der Spannungsabfall über dem Mittelgebiet steigt dann also exponentiell mit $w/2L$ an. Er erreicht z.B. 1 Volt für $w \simeq 6,6L$.

3.3 Die verschiedenen Bereiche der Durchlaßcharakteristik

Im Durchlaßzustand des Thyristors lassen sich, wie Bild 3.3 veranschaulicht, je nach Konzentrations-Niveau der injizierten Ladungsträger 3 Bereiche unterscheiden

Bereich 1: Schwache Injektion in beiden Basiszonen.
Bereich 2: Schwache Injektion in der p-Basis und starke Injektion in der n-Basis.
Bereich 3: Starke Injektion in beiden Basiszonen.

Im folgenden sollen die Grenzen dieser Bereiche sowie die zu erwartenden Gesetzmäßigkeiten der Durchlaßcharakteristik des Thyristors in den einzelnen Bereichen betrachtet werden.

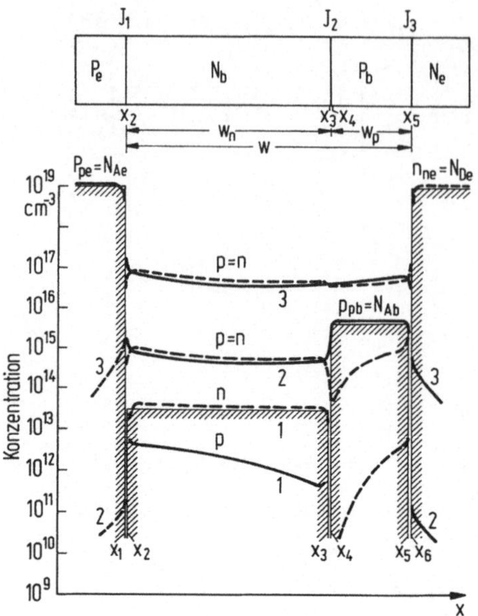

Bild 3.3. Ladungsträgerkonzentrationen in einem durchlaßbelasteten Thyristor: 1 kleiner Strom, 2 mittlerer Strom, 3 hoher Strom.

3.3.1 *Bereich 1. Schwache Injektion in beiden Basiszonen.*

Er tritt nur bei niedrigen Durchlaßströmen auf. Dazu folgende Abschätzung. Der Minoritätsträgerstrom fließt bei schwacher Injektion als reiner Diffusionsstrom. In der geringer dotierten Basis, hier N_b, gilt dann

$$j_p = - qD_p \frac{dp_{nb}}{dx} \quad , \qquad \text{für } x_2 < x < x_3 \quad . \tag{3.40}$$

Rechnet man näherungsweise mit einem linearen Konzentrationsgefälle und mit $\gamma_1 = 1$, so ist

$$j_p = j = qD_p \frac{p_{nb}(x_2)}{w_n} \quad , \text{ mit } w_n = x_3 - x_2 \quad . \tag{3.41}$$

Schwache Injektion verlangt

$$p_{nb}(x_2) = \frac{jw_n}{qD_p} < N_{Db} \quad . \tag{3.42}$$

114

Für die obere Grenze des Stromes, j_{gr1}, gilt daher mit $p_{nb}(x_2) = N_{Db}$

$$j_{gr1} = \frac{q D_p N_{Db}}{w_n} \ . \qquad (3.43)$$

Bei Verwendung von Werten wie sie in Thyristoren für Kippspannungen von etwa 1000 V vorliegen, $N_{Db} = 2 \cdot 10^{14}$ cm^{-3}, $w_n = 150$ µm, erhält man mit $D_p = 12{,}5$ cm^2/s

$$j_{gr1} \approx 27 \text{ mA/cm}^2 \ . \qquad (3.44)$$

j_{gr1} erweist sich damit nur wenig größer als der Haltestrom.

Man kann allgemein davon ausgehen, daß der Bereich 1 nur das Gebiet um den Haltestrom erfaßt. Der Gültigkeitsbereich der Moll'schen Theorie überdeckt damit nur einen kleinen Teil der Durchlaßcharakteristik. Das gleiche gilt für die Theorie von Jonscher [3.5], die ebenfalls auf der Voraussetzung schwacher Injektion aufbaut.

3.3.2 Bereich 2. Schwache Injektion in der p-Basis und starke Injektion in der n-Basis

Er erstreckt sich einer entsprechenden Abschätzung für die p-Basis zufolge bis zu dem Strom

$$j_{gr2} = \frac{q D_n N_{Ab}}{w_p} \ , \ \text{mit } w_p = x_5 - x_4 \ . \qquad (3.45)$$

Legt man der Abschätzung von j_{gr2} wiederum die Werte eines 1000 V – Thyristors zugrunde ($N_{Ab} \approx 2 \cdot 10^{16}$ cm^{-3}, $w_p \approx 40$ µm), so findet man nach Gl.(3.45) mit $D_n = 35$ cm^2/s

$$j_{gr2} = 28 \text{ A/cm}^2 \ . \qquad (3.46)$$

Dieser Strom ist etwa um den Faktor 3 kleiner als der übliche Nennstrom von rund 100 A/cm^2. Bereich 2 überdeckt somit den unteren Betriebsstrombereich.

Hoerni und Noyce [3.6] haben darauf hingewiesen, daß im
Grenzfall $\gamma_1=1$ und $\alpha_2=1$ für die Elektronen und Löcher in
der hochohmigen Basis, N_b, die gleichen Verhältnisse vorliegen wie in einer pin-Diode. Über J_1 strömen nur Löcher,
über J_2 nur Elektronen nach N_b, denn alle von J_3 injizierten Elektronen durchlaufen ohne Rekombination die Basis
P_b und gelangen über J_2 nach N_b. Der Spannungsabfall über
N_b kann dann nach Gl.(3.38) berechnet werden, wozu lediglich w durch w_n zu ersetzen ist.

Dieser Spezialfall ist von Herlet und Raithel [3.7] ausführlicher untersucht worden, insbesondere im Hinblick
auf die Dotierungsverhältnisse in realen Thyristoren, wo
die p-Zonen mittels Diffusionstechnik hergestellt werden
und die Akzeptorkonzentrationen somit einen nahezu exponentiellen Abfall zur n-Basis haben, Bild 3.4. Für den Unterschied zwischen der Spannung am Thyristor, U_{Thyr}, und
der einer Modell pin-Diode, U_{pin}, erhalten sie ([3.7],
Gl.4)

$$(3.47)$$

$$\Delta U = U_{Thyr} - U_{pin} = U_T \ln \left\{ \frac{w_p w}{L^2} \frac{N_{Ab}}{\bar{p}} \right\} \quad \text{für } N_{Ab} \gg \bar{p} \text{ und } \Delta U > 0 .$$

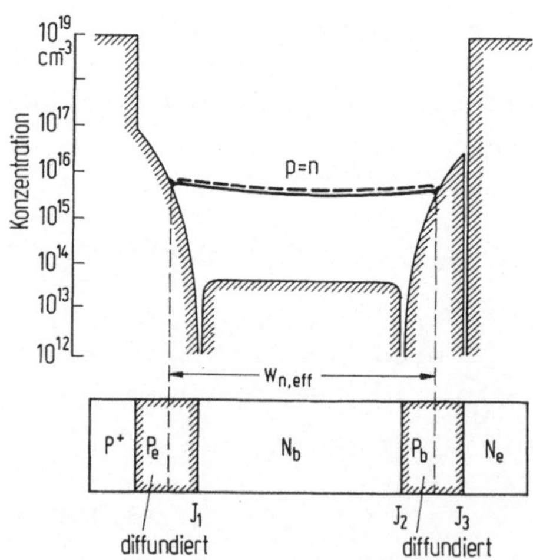

Bild 3.4. Störstellenprofil eines diffundiert-legierten
Thyristors und Trägerdichten bei starkem Durchlaßstrom,
nach [3.7].

$\bar{p}$ ist die mittlere Trägerdichte in der n-Basis, N_{Ab} die
Dotierungskonzentration der p-Basis, die bei der Rechnung vereinfachend als homogen dotiert angenommen wird,
w_p ist die p-Basisdicke, w die Dicke der beiden Basiszonen und L die ambipolare Diffusionslänge in der n-Basis.
Beim Übergang vom Bereich 2 zum Bereich 3 ($\bar{p}\rightarrow\bar{p}^*>N_{Ab}$) verschwindet ΔU ganz. Das ist leicht verständlich, weil da-
mit die p-Basis ihren Unterschied zur n-Basis verliert
und der Thyristor dann exakt dem pin-Modell mit $w=w_n+w_p$
entspricht.

Bild 3.5 zeigt eine Gegenüberstellung der Meßergebnisse
von Thyristoren und äquivalent aufgebauten pin-Dioden nach
[3.7]. Von etwa 10 Ampere an stimmen die Durchlaßkennlinien quantitativ miteinander überein.

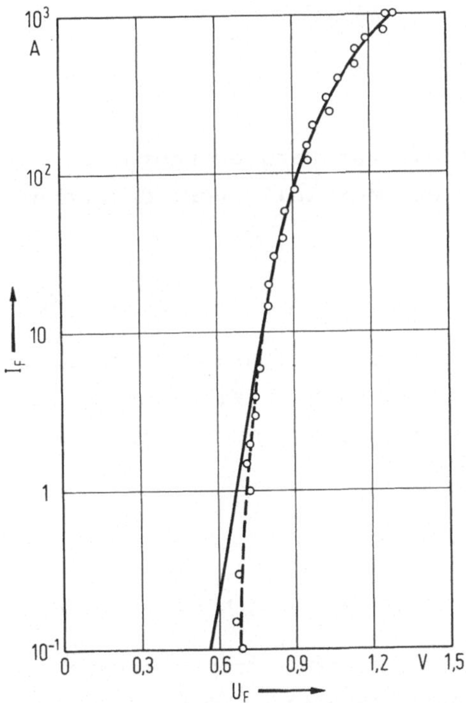

Bild 3.5. Durchlaßkennlinien des Thyristors (Meßpunkte) und
einer äquivalent aufgebauten pin-Diode (ausgezogene Linie)
nach [3.7].

Den allgemeineren Fall $\gamma_1=\gamma_3=1$, $\alpha_2<1$ haben Kuzmin [3.8]
und Otsuka [3.9] behandelt. Über J_2 strömen in diesem Fall
Löcher zur p-Basis, P_b, die dort die rekombinierenden
Löcher ersetzen. Bezeichnet man diesen Strom mit

$$I_p(x_4) = \xi I_A \ , \qquad \text{mit } 0 < \xi < 1 \ , \tag{3.48}$$

so fließt über J_2 der Elektronenstrom

$$I_n(x_2) = (1-\xi) I_A \tag{3.49}$$

zur hochohmigen Basis N_b. J_2 wirkt nun wie ein n-Emitter
mit dem Emitterwirkungsgrad

$$\gamma_2^* = (1-\xi) \ . \tag{3.50}$$

Damit ändert sich in der Theorie der pin-Diode die Randbedingung Gl.(3.25). Sie geht über in [3.8]

$$\left.\frac{dp}{dx}\right|_{x3} = \left(\frac{1 - (b+1)\,\xi}{b}\right) \frac{j}{2qD_n} \ , \qquad \text{mit } b = \frac{\mu_n}{\mu_p} \ . \tag{3.51}$$

Die Durchrechnung mit der geänderten Randbedingung, Gl.
(3.51), führt erneut auf die exponentielle Form der Kennlinie

$$I \sim \exp(U/2U_T) \ . \tag{3.52}$$

Wegen der verminderten Elektroneninjektion von J_2 entsteht
jetzt aber ein etwas größerer Spannungsabfall über N_b als
nach Gl.(3.38). Er ist aber nach wie vor unabhängig vom
Strom und der Grunddotierung N_{Db}.

3.3.3 Bereich 3. *Starke Injektion in beiden Basiszonen*

Den vorhergehenden Abschätzungen zufolge umfaßt Bereich 3
den Hauptteil des technisch genutzten Strombereiches. Es
treten Ströme von mehreren 100 A/cm^2 auf und bei Überlast-
beanspruchung bis zu einigen 1000 A/cm^2.

Der Thyristor entspricht hier völlig der pin-Diode mit der Basisweite $w=x_5-x_2$ (vergl. Bild 3.3 mit Bild 3.2). Die Kennlinie sollte daher die zuvor abgeleitete exponentielle Form aufweisen. Tatsächlich aber zeigen sich, wie aus Bild 3.5 hervorgeht, erhebliche Abweichungen vom exponentiellen Verlauf. Sie werden um so stärker je weiter der Strom ansteigt.

Das hat mehrere Gründe. Einer davon ist die Rekombination in den hochdotierten Endzonen. Dort wächst nämlich die Minoritätsträgerdichte am Sperrschichtrand x_1 bzw. x_6 (Bild 3.3) nicht linear sondern quadratisch mit dem Boltzmannfaktor

$$n_{pe}(x_1) = n_{peo} \left(e^{U_1/U_T} \right)^2 = n_{peo}\, e^{2U_1/U_T} \; , \qquad (3.53)$$

$$p_{ne}(x_6) = p_{neo} \left(e^{U_3/U_T} \right)^2 = p_{neo}\, e^{2U_3/U_T} \; .$$

Das ist darauf zurückzuführen, daß die Konzentration der Elektronen bei x_2 bzw. der Löcher bei x_5 nicht konstant bleibt. Sie steigt vielmehr linear mit dem Boltzmannfaktor an

$$n_{nb}(x_2) = n_i\, e^{U_1/U_T} \; , \qquad (3.54)$$

$$p_{pb}(x_5) = n_i\, e^{U_3/U_T} \; .$$

Substituiert man den Boltzmannfaktor in den Gl.(3.53) mittels Gl.(3.54), so erhält man

$$n_{pe}(x_1) = n_{peo}\, \frac{n_{nb}^2(x_2)}{n_i^2} \simeq \frac{n_{peo}}{n_i^2}\, \bar{p}^2 = \frac{\bar{p}^2}{N_{Ae}} \; , \qquad (3.55)$$

$$p_{ne}(x_6) = p_{neo}\, \frac{p_{pb}^2}{n_i^2} \simeq \frac{p_{neo}}{n_i^2}\, \bar{p}^2 = \frac{\bar{p}^2}{N_{De}} \; . \qquad (3.56)$$

Die Randkonzentrationen der Minoritätsträger in den Endzonen nehmen nach Gl.(3.55), Gl.(3.56) quadratisch mit der
Dichte der injizierten Ladungsträger im Basisbereich zu.
Im selben Maß erhöhen sich auch die Diffusionsströme der
Endzonen. Der Rekombinationsstrom in den Basiszonen hingegen wächst nur linear mit der Injektionshöhe. Deshalb
fallen die Diffusionsströme mit steigender Injektion immer
mehr ins Gewicht und können zum überwiegenden Teilstrom
werden.

Es liegt daher nahe, den Rekombinationsstrom in den Basiszonen gegen die Diffusionsströme der Endgebiete zu vernachlässigen. Diesen Fall hat Kleinmann [3.10] für die pin-
Diode und Nakagawa [3.11] für den Thyristor untersucht. Zu
welchen Gesetzmäßigkeiten das führt, soll an einem symmetrischen pin-Modell erörtert werden.

Es wird dazu im einzelnen angenommen, daß die Dotierungskonzentrationen und Abmessungen der Endzonen gleich groß
sind ($N_{Ae}=N_{De}=N_e$, $w_{pe}=w_{ne}=w_e$), die Beweglichkeiten ebenfalls gleich sind ($\mu_p=\mu_n=\mu_e$), die Rekombination nur an den
Ohm'schen Kontakten erfolgt und der Spannungsabfall über
den Endzonen vernachlässigt werden darf.

Aufgrund der Symmetrie gilt für die Spannungen an J_1, J_3

$$U_1 = U_3 = \frac{1}{2}(U - U_m) \qquad (3.57)$$

und für die Ströme

$$j_n = j_p = j/2 \; . \qquad (3.58)$$

Mit Gl.(3.58) erhält man durch Subtraktion der beiden
Stromgleichungen Gl.(3.10), Gl.(3.11) für das i-Gebiet wegen p=n

$$\frac{dp}{dx} = \frac{dn}{dx} = 0 \; , \qquad (3.59)$$

oder

$$p = n = const = \bar{p} \; . \qquad (3.60)$$

In den Endzonen besteht für die Minoritätsträger ein lineares Konzentrationsgefälle von den Randwerten $n_{pe}(x_1)$, $p_{ne}(x_6)$ auf die Gleichgewichtswerte an den Ohmschen Kontakten n_{peo}, p_{neo}, d.h. praktisch auf Null. Das ergibt für die Diffusionsströme

$$j_n = \frac{j}{2} = q \frac{D_e}{w_e} n_{pe}(x_1) \qquad \text{im } p^+\text{-Gebiet },\qquad (3.61)$$

$$j_p = \frac{j}{2} = q \frac{D_e}{w_e} p_{ne}(x_6) \qquad \text{im } n^+\text{-Gebiet} \qquad (3.62)$$

und mit Gl.(3.55), Gl.(3.56) jeweils

$$(3.63)$$
$$\frac{j}{2} = q \frac{D_e}{w_e} \frac{\bar{p}^2}{N_e} \qquad \text{im } p^+\text{- und } n^+\text{-Gebiet,}$$

wobei $D_e = \mu_e U_T$ die Diffusionskonstante der Ladungsträger in den Endzonen ist.

Aus Gl.(3.63) folgt für die injizierten Ladungsträger

$$\bar{p} = \bar{n} = \sqrt{\frac{w_e N_e}{2qD_e}} \; \sqrt{j} \; . \qquad (3.64)$$

Die Ladungsträgerdichte im i-Gebiet nimmt nunmehr mit $\sqrt{j}$ zu, während sie bei Vernachlässigung der Rekombination in den Endzonen proportional zu j steigt (s. Abschn. 3.2).

Aus den Stromgleichungen folgt mit $dp/dx = 0$ für die Feldstärke im i-Gebiet

$$E = \frac{1}{2q\mu\bar{p}} \; j \; . \qquad (3.65)$$

E ist örtlich konstant und verursacht im i-Gebiet den Spannungsabfall

$$U_m = Ew = \frac{w}{2q\mu} \frac{1}{\sqrt{\dfrac{w_e N_e}{2qD_e}}} \sqrt{j} \; . \qquad (3.66)$$

Die Spannungen U_1, U_3 sind im vorliegenden Strombereich
von der Größe der Diffusionsspannungen U_{D1}, U_{D3}. Die Spannung $U_a=U_1+U_3$ darf daher als annähernd unabhängig vom
Strom betrachtet werden, $U_a \simeq U_{D1}+U_{D3}$. Mit $U_m=U-U_a$ liefert
Gl.(3.66) nach j aufgelöst

$$I = Aj = 2qA \frac{w_e N_e}{D_e} \frac{\mu^2}{w^2} \left(U - U_a \right)^2 = S^2 \left(U - U_a \right)^2 , \qquad (3.67)$$

mit

$$S = \sqrt{\frac{2qAw_e N_e}{D_e}} \; \frac{\mu}{w} . \qquad (3.68)$$

Der Strom steigt also nur quadratisch mit der Spannung an.

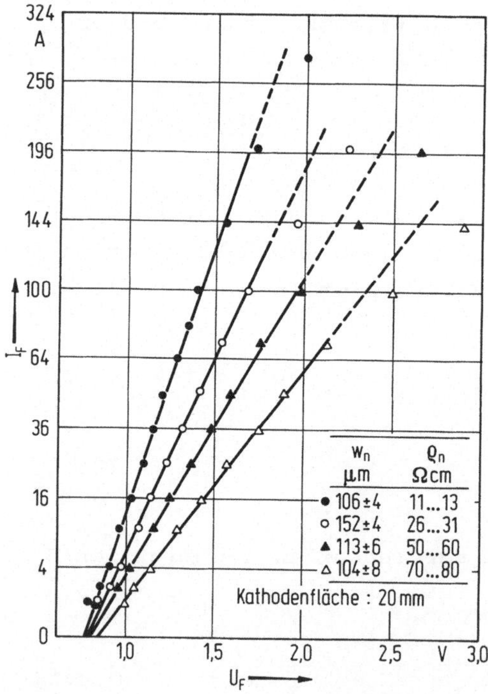

Bild 3.6. Durchlaßkennlinien von Thyristoren bei einer Auftragung von $\sqrt{I}$ über U nach [3.12].

In einem $\sqrt{I}$, U-Diagramm sollte sich hiernach für den Kennlinienverlauf des Thyristors bei hohen Strömen eine Gerade
ergeben, deren Steigung umgekehrt proportional zur Breite
der Basiszonen, w, ist.

Bild 3.6 zeigt den typischen Verlauf der von [3.12] an
einer Reihe von Thyristoren gemessenen Kennlinien in einer
$\sqrt{I}$, U-Darstellung und Bild 3.7 die entsprechende Abhängigkeit S(w). Bei den Meßobjekten handelte es sich um Thyristoren für 15 A-Nennstrom. In Bild 3.6 ist ein ausgeprägter
linearer Teil zu beobachten, der sich über einen großen Bereich des Betriebsstromes erstreckt. Auch der nach Gl.(3.68)
zu erwartende Zusammenhang $S^{-1} \sim w$ ist in Bild 3.7 gut bestätigt.

Bei hohen Strömen weichen die Meßwerte in Bild 3.6 zunehmend von der Geraden ab. Der Strom steigt hier schwächer
als quadratisch mit der Spannung. Wie eine Abschätzung für
$\bar{p}$ anhand der Gl.(3.65) zeigt, beginnen die Abweichungen
bei einer Trägerdichte von etwa $\bar{p} \approx 3 \cdot 10^{16} cm^{-3}$. Von diesen
Konzentrationen an führt die gegenseitige Streuung von
Elektronen und Löchern zu einem Abfall der Beweglichkeit
[3.13] - [3.16]. Die Beweglichkeit kann nach Howard und

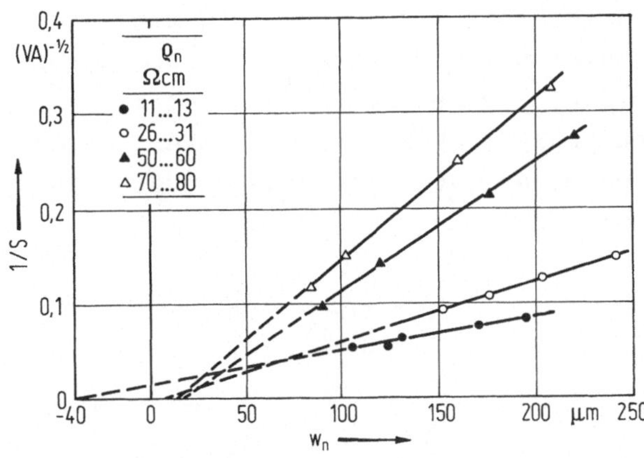

Bild 3.7. 1/S als Funktion der Basisdicke nach [3.12].

Johnson [3.17] approximiert werden durch $\mu \sim \bar{p}^{-1/2}$. Hiermit erhält man nach Gl.(3.67)

$$I \sim (U - U_a)^{4/3}. \tag{3.69}$$

Die Kennlinie verläuft in diesem Injektionsbereich nahezu linear mit der Spannung. Messungen von Howard und Johnson [3.17] an pin-Dioden haben diesen Zusammenhang zufriedenstellend bestätigt.

Unter extremer Strombelastung $j > 1000$ A/cm^2 ist zusätzlich eine Verminderung der Trägerlebensdauer infolge Auger-Rekombination zu erwarten [3.18], die nach Berechnungen von Nilsson [3.19] zu einem noch flacheren Kennlinienverlauf führen sollte; siehe hierzu auch [3.20], [3.21], [3.22]. Inwieweit dieser Effekt von praktischer Bedeutung für den Thyristor ist, kann z.Zt. noch nicht mit Sicherheit beurteilt werden. Es gibt zwar Experimente, die indirekt auf den Einfluß der Auger-Rekombination hinweisen [3.23], der direkte Nachweis anhand der Trägerlebensdauer steht jedoch noch aus [3.24].

Der Durchlaßbereich ist bis zu den höchsten zulässigen Strömen von großem praktischen Interesse, denn er liefert den überwiegenden Teil der anfallenden Verlustwärme. Er ist deshalb auch mit numerischen Methoden eingehend untersucht worden [3.25], [3.26]. Dabei hat sich gezeigt, daß die zuvor betrachteten analytischen Lösungen unter den genannten Voraussetzungen recht gute Näherungen darstellen.

4 Sperrvermögen

4.1 Sperrvermögen in Rückwärtsrichtung

4.1.1. Spannungsaufteilung

Wird an den Thyristor eine Rückwärtsspannung gelegt, Bild
4.1, so streben im Einschaltmoment die Löcher zum negativen, die Elektronen zum positiven Kontakt. Es fließt dabei
ein kurzzeitiger Verschiebungsstrom, der die Raumladungszonen von J_1 und J_3 vergrößert und die von J_2 verkleinert.
J_1 und J_3 werden somit in Sperrichtung, J_2 in Flußrichtung
beansprucht. Die angelegte Spannung U_R wird von den pn-
Übergängen J_1 und J_3 aufgenommen, $U_R \simeq U_1 + U_3$. Die Spannungen
U_1 und U_3 sind wegen der unterschiedlichen Höhe der Basisdotierungen im allgemeinen voneinander verschieden. In der

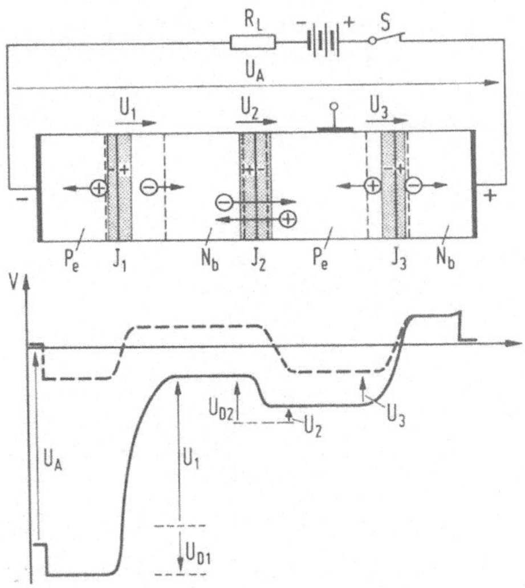

Bild 4.1. In Sperrichtung gepolter Thyristor. Sperrschicht-
ausdehnung und Potentialverlauf.

Regel ist die Steuerbasis höher dotiert, so daß J_3 eine kleinere Durchbruchspannung besitzt als J_1. Meist beträgt diese Durchbruchspannung nur wenige Volt. In Thyristoren mit Emitterkurzschlüssen kann J_3 gar keine Spannung übernehmen. Die angelegte Spannung fällt daher vorwiegend an J_1 ab.

Im stationären Sperrbetrieb, Bild 4.2, injiziert J_2 Elektronen in die Basiszone P_b, wo sie aufgrund des Konzentrationsgefälles zum pn-Übergang J_3 diffundieren. Dort werden sie vom elektrischen Feld in die Emitterzone N_e transportiert und fließen als Feldstrom über den Kathodenkontakt ab. J_2 wirkt damit als Emitter, J_3 als Kollektor der Transistorstruktur $N_eP_bN_b$. Den Stromverstärkungsfaktor für diesen inversen Betrieb hatten wir mit α_{2I} bezeichnet.

J_2 injiziert andererseits Löcher in die n-Basis, die nach J_1 diffundieren und dort vom Feld abtransportiert werden. J_2 wirkt damit gleichzeitig als Emitter des Teiltransistors $P_eN_bP_b$, der hier invers betrieben wird, gekennzeichnet durch den Stromverstärkungsfaktor α_{1I}.

In den Sperrschichten J_1, J_3 werden die eindiffundierenden Ladungsträger für Spannungen U_1, U_3 nahe der jeweiligen

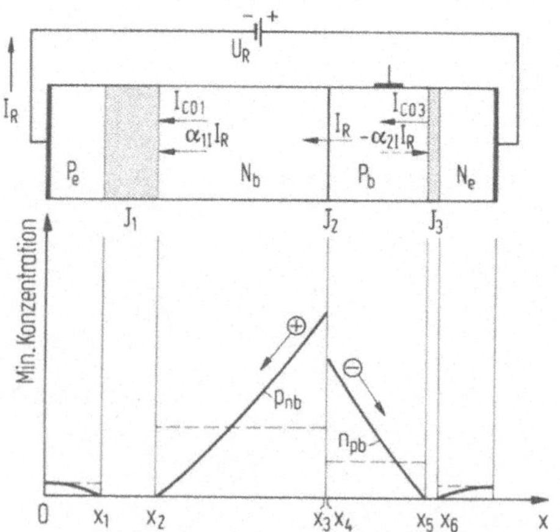

Bild 4.2. Konzentrationsverlauf der Minoritätsträger im Thyristor bei Belastung in Sperrichtung.

Durchbruchspannung U_{BR1}, U_{BR3} durch Ladungsträgermultiplikation vermehrt. Das gleiche geschieht mit den in J_1, J_3 thermisch generierten Ladungsträgern. Setzen wir wieder für Elektronen und Löcher gleiche Ionisierungskoeffizienten voraus, so verlassen die einzelnen Teilströme die Sperrschichten J_1 bzw. J_3 jweils um den Multiplikationsfaktor $M(U_1)$ bzw. $M(U_3)$ erhöht.

In Bild 4.2 ist mit I_{CO1} bzw. I_{CO3} der Sperrstrom von J_1 bzw. J_3 eingeführt worden, der in Abwesenheit von Strömen über J_2 und J_3 bzw. J_2 und J_1 fließen würde. Diesen Sperrstrom würde man bei einer Messung über Stromanschlüsse rechts und links von J_1 bzw. rechts und links von J_3 vorfinden. Er ist eindeutig durch U_1 bzw. U_3 festgelegt und enthält implizit sowohl die Generation als auch die Multiplikation von Ladungsträgern in der Sperrschicht. $I_{CO1}(U_1)$ beschreibt somit die Sperrkennlinie von J_1 unter den Voraussetzungen $I_2 = I_3 = 0$.

4.1.2. Rückwärtskennlinie

Von geringen Rückwärtsspannungen an arbeitet J_3 im Lawinendurchbruch. Bei nahezu konstanter Spannung, $U_3 \approx U_{BR3}$, vermag J_3 dann einen beliebig großen Strom zu liefern. Er wird der p-Basis überwiegend als Löcherstrom zugeführt und ist auf keinen Zustrom von Minoritätsträgern aus dem p-Basisgebiet angewiesen. J_3 wirkt hier wie ein Ohmscher Kontakt, wenn man von dem geringfügigen Unterschied absieht, daß die Minoritätsträgerdichte nicht auf ihrem Gleichgewichtswert gehalten sondern auf Null abgesenkt wird. Um das Verhalten des Thyristors zu beschreiben, kann man sich daher J_3 durch einen Ohmschen Kontakt ersetzt denken, der allerdings eine gewisse Schwellspanunng, U_{BR3}, benötigt. Maßgebend für die Rückwärtscharakteristik ist demnach nur die verbleibende Transistorstruktur $P_e N_b P_b$.

In einem solchen Transistor-Modell, Bild 4.3, erhält man für den Strom über J_1 durch eine Strombilanz an der Stelle x_1 bzw. x_2

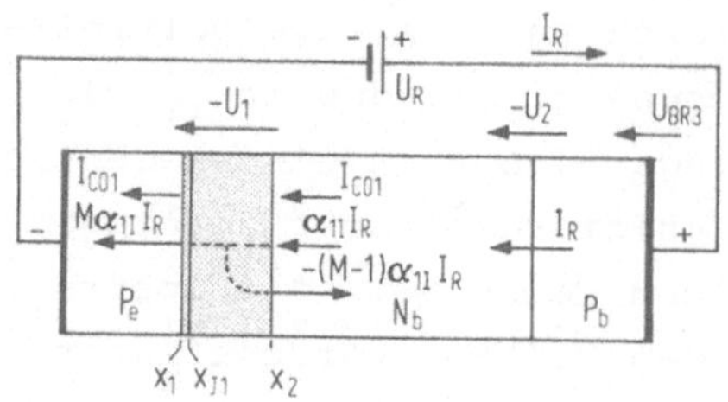

Bild 4.3. Vereinfachtes Modell des Thyristors für $U_R > U_{BR3}$.

$$I_R = I_{CO1} + M\alpha_{1I}I_R \; , \tag{4.1}$$

oder nach I_R aufgelöst

$$I_R = \frac{I_{CO1}(U_1)}{1 - M(U_1)\,\alpha_{1I}(I_R,U_1)} \; . \tag{4.2}$$

Da U_1 praktisch mit der angelegten Rückwärtsspannung identisch ist, $U_1 \simeq U_R$, stellt Gl.(4.2) die Kennliniengleichung der Rückwärts-Charakteristik dar. Durch Auflösen nach I_{CO1} erhält man eine Form, die zur unmittelbaren Anwendung des Kennlinien-Konstruktionsverfahrens, Abschn. 2.7, geeignet ist.

Aus Gl.(4.2) geht hervor, daß für $\alpha_{1I} \ll 1$ die Sperrkennlinie des Thyristors mit der Sperrkennlinie des pn-Überganges J_1, $I_R = I_{CO1}(U_1)$, übereinstimmt.

Nun wird aber α_{1I} mit zunehmender Spannung größer, weil sich die Sperrschicht von J_1 vorwiegend in die n-Basis ausdehnt und damit die effektive Basisweite reduziert (Early-Effekt). Deswegen wächst I_R auch bei deutlich unter der Durchbruchspannung U_{BR1} liegenden Spannungen stärker als I_{CO1}.

Für $M\alpha_{1I} \to 1$ strebt $I_R \to \infty$. Die maximal erreichbare Rückwärtsspannung $U_{Rmax} = U_R^*$ scheint daher durch die Bedingung festgelegt

$$M(U_R^*)\,\alpha_{1I}(U_R^*) = 1 \; .$$

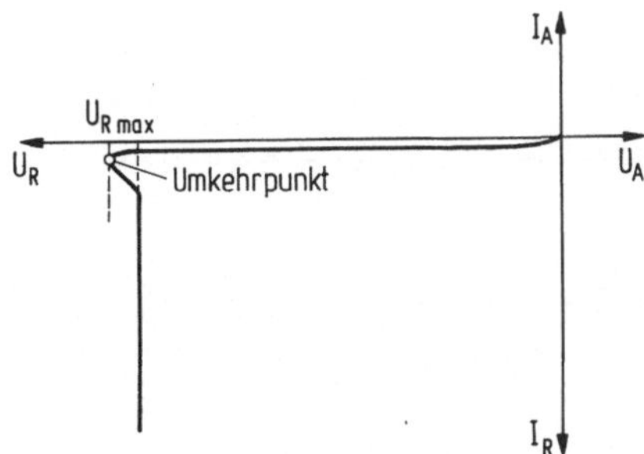

Bild 4.4. Sperrkennlinie des Thyristors.

Hierbei wird jedoch übersehen, daß α_{1I} auch vom Strom abhängt. Da α_{1I} mit dem Strom wächst, kann es schon vorher
für $U_R < U_R^*$ zu einem Umbiegen der Kennlinie kommen. Wenn
$M\alpha_{1I} \simeq 1$ ist, führt ein strombedingter α-Zuwachs zu einem
Spannungsrückgang mit steigendem Strom. Dementsprechend
wird ein fallender Kennlinienteil durchlaufen bevor die
Kennlinie nach Unendlich strebt, Bild 4.4.

Die maximal erreichbare Sperrspannung ist in diesem Fall
durch den Umkehrpunkt der Kennlinie, $dI_R/dU_R \to \infty$, gegeben.
Analog zur Vorwärtskennlinie erhält man dafür aus Gl.(4.2)

$$M\tilde{\alpha}_{1I} = 1 , \qquad\qquad (4.3)$$

wobei $\tilde{\alpha}_{1I}$ der inverse Kleinsignal-Stromverstärkungsfaktor
des pnp-Transistors ist.

Der fallende Kennlinienast tritt nicht in allen Thyristor-
typen auf, und auch dort, wo er sich zeigt, erstreckt er
sich gewöhnlich nur über einen Spannungsbereich von 10 -
50 Volt. Daraus ist auf eine geringe Stromabhängigkeit
von α_{1I} in realen Thyristoren im Gebiet des Umkehrpunktes
zu schließen.

4.1.3. Sperrspannungsgrenzen

Nunmehr soll untersucht werden, wie die maximale Sperrspannung von den Strukturparametern abhängt, insbeson-

dere vom spezifischen Widerstand ρ_n und der Breite w_n der Basiszone N_b. Nach den vorangegangenen Überlegungen darf die Stromabhängigkeit von α_{1I} dabei als vernachlässigbar angesehen werden.

Es sind zwei Effekte, die das Sperrvermögen der Transistorstruktur $P_eN_bP_b$ begrenzen:
1. der Lawinendurchbruch,
2. der Punch-Through-Effekt.

Spannungsbegrenzung durch den Lawinendurchbruch

Der Lawinendurchbruch tritt auf, wenn der Multiplikationsfaktor nach Unendlich strebt. Er definiert mit $M(U_1) \to \infty$ für $U_1 \to U_{BR1}$ die höchst mögliche Sperrspannung, U_{BR1}, von J_1 bei gegebenen Dotierungsverhältnissen.

Um den Zusammenhang der Durchbruchspannung mit der Basisdotierung zu finden, sei im Rahmen einer qualitativen Betrachtung angenommen, daß die Ionisierungskoeffizienten für Elektronen und Löcher gleich sind ($\alpha_n = \alpha_p = \alpha$) und als Funktion des elektrischen Feldes durch ein Potenzgesetz approximiert werden können [4.1], [4.2]

$$\alpha = aE^n , \tag{4.4}$$

wobei a und n Konstante sind.

Der Multiplikationsfaktor $M(U_1)$ hängt mit dem Ionisierungskoeffizienten α über die Beziehung

$$M(U_1) = \left[1 - \int_{x_1}^{x_2} \alpha\, dx \right]^{-1} \tag{4.5}$$

zusammen (siehe z.B. [4.3]). Als Bedingung für den Durchbruch ($M \to \infty$) folgt aus Gl.(4.5)

$$\int_{x_1}^{x_2} \alpha\, dx = a \int_{x_1}^{x_2} E^n(x)\, dx = 1 . \tag{4.6}$$

Da es sich bei J_1 um einen abrupten p^+n-Übergang handeln soll, kann die Ausdehnung der Raumladungszone in das p^+-Gebiet vernachlässigt werden ($x_{j1}=x_1$). Die Feldstärke hat an der Stelle x_{j1} ihren höchsten Wert und fällt zum Sperrschichtrand x_2 linear ab

$$E(x) = E(x_{j1})\left(1 - \frac{x - x_{j1}}{d_{n1}}\right), \quad \text{für } x_{j1} \le x \le x_2 . \qquad (4.7)$$

Dabei bedeutet $d_{n1}=x_2-x_{j1}$ die Breite der Raumladungszone im n-Basisgebiet. Wenn die anliegende Sperrspannung U_1 wesentlich größer ist als die Diffusionsspannung U_{D1}, ist d_{n1} gegeben durch

$$d_{n1} = \sqrt{\frac{2\varepsilon_0\varepsilon_r}{q}\frac{U_1}{N_{Db}}}, \qquad \text{für } U_1 \gg U_{D1} . \qquad (4.8)$$

Aus der Durchbruchsbedingung, Gl. (4.6), erhält man mit Gl. (4.7) für die Spitzenfeldstärke, bei der der Durchbruch erfolgt, $E_{BR}(x_{j1})=E_c$, den Wert

$$E_c = \left(\frac{n+1}{ad_{n1}}\right)^{1/n} . \qquad (4.9)$$

Für die Durchbruchspannung

$$U_{BR1} = \int_{x_1}^{x_2} E_{BR}(x)\,dx = \frac{E_c\,d_{n1}}{2} \qquad (4.10)$$

ergibt sich dann mit Gl. (4.8) und Gl. (4.9)

$$U_{BR1} = C\,N_{Db}^{-(n-1)/(n+1)} \qquad (4.11)$$

mit

$$C = \frac{1}{2}\left(\frac{n+1}{a}\right)^{\frac{2}{n+1}}\left(\frac{\varepsilon_0\varepsilon_r}{q}\right)^{\frac{n-1}{n+1}} . \qquad (4.12)$$

Setzt man den für Silizium bei Feldstärken von $1 \cdot 10^5$ V/cm bis $3 \cdot 10^5$ V/cm näherungsweise gültigen Wert n=7 ein [4.1], so folgt aus Gl.(4.11)

$$U_{BR1} = C\, N_{Db}^{-3/4} \; . \tag{4.13}$$

Dieses Ergebnis ist für $N_{Db} < 10^{16}$ cm^{-3} in guter Übereinstimmung mit experimentellen Ergebnissen. Auch strengere theoretische Berechnungen, die den Unterschied von α_n und α_p berücksichtigen und eine verbesserte Approximation für $\alpha(E)$ von der Form

$$\alpha(E) \sim e^{-\frac{A}{E}}$$

verwenden, gelangen annähernd zu derselben Konzentrationsabhängigkeit [4.2], [4.4], [4.5].

In Gl.(4.13) kann man die Dotierungskonzentration N_{Db} durch den spezifischen Widerstand ρ_n ausdrücken. Dazu darf $\rho_n = (q\mu_n N_{Db})^{-1}$ gesetzt werden, denn für $N_{Db} < 10^{16}$ cm^{-3} ist die Beweglichkeit μ_n aufgrund der vernachlässigbaren Streuung an ionisierten Störstellen konstant und ferner ist $n_{nb} \approx N_{Db}$. Die Umformung ergibt

$$U_{BR1} = C_1 \rho_n^{3/4} \; , \qquad \text{mit } C_1 = C(q\mu_n)^{3/4} \; . \tag{4.14}$$

Gl.(4.14) liefert die gesuchte Abhängigkeit $U_{BR1}(\rho_n)$.

Spannungsbegrenzung durch den Punch-Through-Effekt

Die Raumladungszone von J_1 dehnt sich praktisch nur in die Basiszone N_b aus, weil die Dotierungskonzentration N_{Ae} um mehrere Zehnerpotenzen höher ist als N_{Db} und $d_{p1} N_{Ae} = d_{n1} N_{Db}$ gilt. d_{p1} bzw. d_{n1} ist die Breite der Raumladungszone im p- bzw. n-Gebiet von J_1. Wenn sich der Sperrschichtrand x_2 mit wachsender Sperrspannung dem pn-Übergang J_2 nähert, nimmt die wirksame Basisbreite ab und das Konzentrationsgefälle der Minoritätsträger zu. Dadurch steigt der Sperrstrom und strebt schließlich für $x_2(U_1) \to x_3$ nach Unendlich. In diesem Fall begrenzt die Punch-Through-Spannung U_p die Sperrspannung. U_p ist über Gl.(4.8) mit N_{Db} und d_{n1} ver-

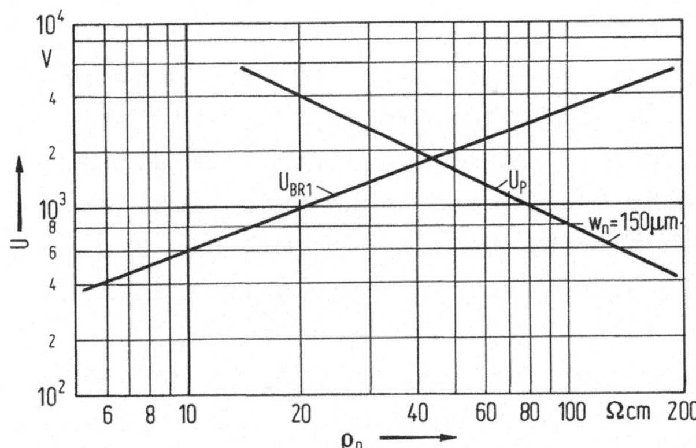

Bild 4.5. Abhängigkeit der Durchbruchspannung U_{BR1} und der Punch-Through-Spannung U_p vom spezifischen Widerstand ρ_n der n-Basis.

knüpft, und zwar gilt mit $d_{n1}(U_p) = w_n$

$$U_p = \frac{q}{2\varepsilon_0\varepsilon_r}\, N_{Db} w_n^2 = \frac{1}{2\varepsilon_0\varepsilon_r\mu_n}\, \frac{w_n^2}{\rho_n} \; . \tag{4.15}$$

Bild 4.5 zeigt U_p und U_{BR1} als Funktionen von ρ_n. Bei vorgegebener Basisbreite ist die höchst mögliche Sperrspannung durch den Schnittpunkt der Kurve U_p mit der Kurve U_{BR1} bestimmt. Der Schnittpunkt definiert somit zu jeder Basisbreite einen optimalen spezifischen Widerstand $\rho_{n,opt}$. Für $\rho_n > \rho_{n,opt}$ geht die Sperrspannung mit steigendem ρ_n zurück, weil sich die Raumladungszone von J_1 dann immer stärker mit U_1 ausdehnt. Eine hohe Sperrspannung läßt sich daher nur mit einer hinreichend breiten Basis erzielen.

4.1.4. *Optimales Sperrvermögen*

Nachdem die Grenzkurven festliegen, ist zu prüfen, wie weit sie tatsächlich erreicht werden können. Dazu greifen wir zurück auf die Bestimmungsgleichung der maximalen Sperrspannung, Gl.(4.3), und schreiben sie in der Form

$$M(U_1) = \frac{1}{\tilde{\alpha}_{1I}(U_1)} \; . \tag{4.16}$$

Man erkennt, daß M für $\tilde{\alpha}_{1I}\neq 0$ nicht Unendlich werden kann, und es somit prinzipiell nicht möglich ist, die Durchbruchspannung von J_1 zu erreichen. Solange $\tilde{\alpha}_{1I}\ll 1$ ist, bleibt der Unterschied zu U_{BR1} jedoch gering, da der Multiplikationsfaktor nahe der Durchbruchspannung sehr steil verläuft. Wenn $\tilde{\alpha}_{1I}$ dagegen Werte zwischen 0,3 und 0,6 annimmt, wie es für reale Thyristoren typisch ist, dann liegt die Sperrspannungsgrenze des Thyristors, U_{Rmax}, merklich unter U_{BR1}. Um den Verlauf von U_{Rmax} gegenüber den Grenzkurven im einzelnen zu übersehen, bedarf es einer quantitativen Analyse von Gl.(4.16). Dazu die folgende Betrachtung.

Der Multiplikationsfaktor kann explizit durch U_{BR1} ausgedrückt werden. Mit dem Potenzgesetz für den Ionisierungskoeffizienten, Gl.(4.4), führt Gl.(4.6) auf

$$M \equiv \frac{1}{1 - \int_{x_1}^{x_2} \alpha \, dx} = \frac{1}{1 - \left(\dfrac{U_1}{U_{BR1}}\right)^m} \,, \qquad (4.17)$$

wobei m durch

$$m = \frac{n+1}{2} \qquad (4.18)$$

und U_{BR1} durch Gl.(4.11) gegeben sind. Schreibt man ferner $\tilde{\alpha}_{1I}$ als Produkt aus Emitterwirkungsgrad γ_p und Transportfaktor

$$\beta_{pnp} = \frac{1}{\cosh \dfrac{w_n - d_{n1}}{L_p}} \,, \qquad (4.19)$$

wobei L_p die Diffusionslänge der Löcher in der n-Basis ist, dann geht Gl.(4.16) über in

$$U_1 = U_{BR1} \left[1 - \frac{\gamma_p}{\cosh \dfrac{w_n - d_{n1}(U_1,\rho_n)}{L_p}} \right]^{1/m} . \qquad (4.20)$$

134

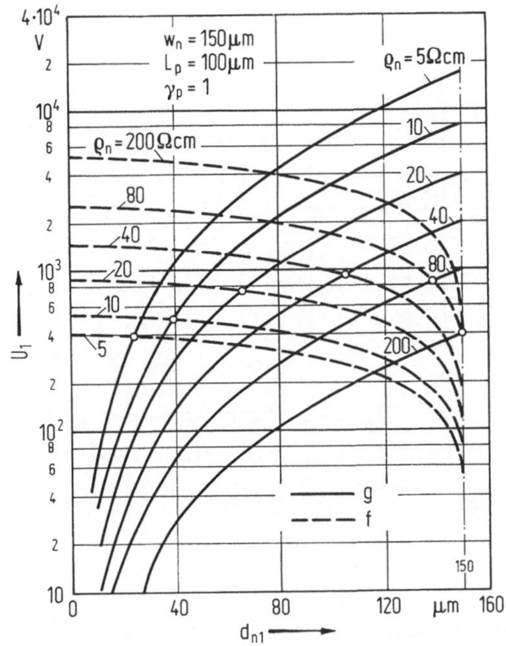

Bild 4.6. Graphische Lösung der Gl.4.20 nach Herlet [4.6].
Lösungen sind die Schnittpunkte der Parameterkurven f und
g.

Gl.(4.20) läßt sich nach Herlet [4.6] in folgender Weise graphisch lösen, Bild 4.6. Man zeichnet erstens für vorgegebene
Werte der Basisdicke ($w_n = w_n^*$), der Diffusionslänge ($L_p = L_p^*$)
sowie des Emitterwirkungsgrades ($\gamma_p = \gamma_p^*$) die Kurvenschar

$$U_1 = f(d_{n1}, \rho_n^*) = U_{BR1}(\rho_n^*) \left[1 - \frac{\gamma_p^*}{\cosh \dfrac{w_n^* - d_{n1}}{L_p^*}} \right]^{1/m} \tag{4.21}$$

mit ρ_n als Parameter ($\rho_n = \rho_n^*$) und dann zweitens nach Gl.
(4.8) die Kurvenschar

$$U_1 = g(d_{n1}, \rho^*) = \frac{d_{n1}^2}{2\varepsilon_0 \varepsilon_r \mu_n \rho_n^*} \tag{4.22}$$

ebenfalls mit ρ_n als Parameter. Die Schnittpunkte der Parameterkurven mit gleichem ρ_n genügen dann sowohl Gl.(4.21)

135

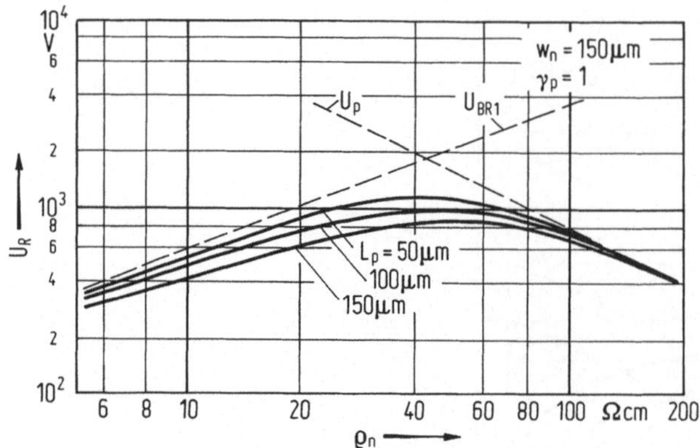

Bild 4.7. Maximale Sperrspannung U_R als Funktion des spezifischen Widerstandes der n-Basis, ρ_n, für verschiedene Werte der Diffusionslänge L_p, berechnet nach der Herlet-Methode [4.6].

als auch Gl.(4.22) und befriedigen damit auch Gl.(4.20). Mit den so zu vorbestimmten Werten $\rho_n = \rho_n^*$ ermittelten Spannungswerten U_1 erhält man die in Bild 4.7 dargestellten Kurven.

Sie zeigen die erwartete Verschiebung von U_R zu niedrigeren Spannungen. Am ausgeprägtesten ist diese Absenkung im Bereich des Maximums. Mit zunehmender Diffusionslänge, d. h. zunehmendem $\tilde{\alpha}_{1I}$, sinkt die Kurve weiter ab, auch links vom Schnittpunkt der Grenzkurven, wo der Lawinendurchbruch die Grenze bildet. Ferner ist ein Einlaufen der Kurven in die "U_p-Gerade" zu beobachten. Die Punch-Through-Spannung kann demnach im Gegensatz zur Durchbruchspannung erreicht werden.

Bild 4.8 veranschaulicht den Einfluß des Emitterwirkungsgrades γ_p. Wiederum wird deutlich, je kleiner $\tilde{\alpha}_{1I} \sim \gamma_p$ ist, umso weniger ist U_R gegen U_{BR1} verschoben.

Die hier an einer pnp-Struktur mit abrupten pn-Übergängen erläuterte Analyse ist von Herlet [4.6] an der diffundierten pnp-Struktur realer Thyristoren (Bild 3.4) durchgeführt worden. Es treten dabei keine grundsätzlichen Unter-

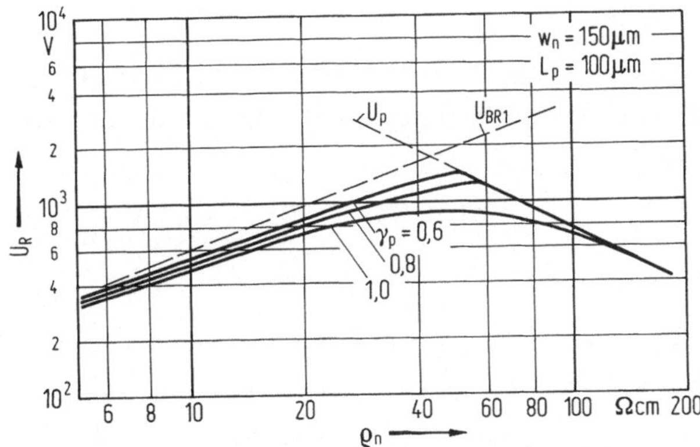

Bild 4.8. Maximale Sperrspannung U_R als Funktion des spezifischen Widerstandes der n-Basis, ρ_n, für verschiedene Werte des Emitterwirkungsgrades γ_p, berechnet nach der Herlet-Methode [4.6].

schiede auf. Doch ändern sich die quantitativen Ausdrücke für U_{BR1} und U_p, weil die maximale Feldstärke in der Sperrschicht geringer ist und weil sich die Sperrschicht zu einem gewissen Teil in die P_e-Zone ausdehnt. Bild 4.9 zeigt die Ergebnisse für verschiedene Basisdicken und Diffusionslängen nach Herlet.

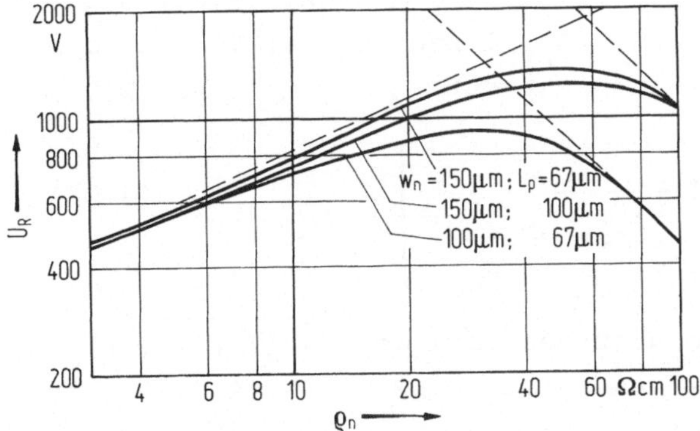

Bild 4.9. Maximale Sperrspannung U_R als Funktion des spezifischen Widerstandes ρ_n nach Herlet [4.6] für eine diffundierte pnp-Struktur.

4.2 Sperrvermögen in Vorwärtsrichtung

Eine entsprechende Analyse des Sperrvermögens in Vorwärtsrichtung hat von der Bestimmungsgleichung der Kippspannung,
Gl.(1.58a), auszugehen

$$M = \frac{1}{\tilde{\alpha}_1 + \tilde{\alpha}_2} \; . \tag{4.23}$$

Da sich die Raumladungszone von J_2 bei Aufnahme der angelegten Spannung jetzt ebenfalls nur in die Basis N_b ausdehnt, bestehen für den Transportfaktor β_{1n} die gleichen
Verhältnisse wie zuvor ($\beta_{1n}=\beta_{pnp}$). Nehmen wir zusätzlich
an: $\gamma_1=\gamma_p$, so ist $\tilde{\alpha}_1=\tilde{\alpha}_{1n}=\tilde{\alpha}_{1I}=\gamma_p \, \beta_{pnp}$. Für den Grenzfall
$\tilde{\alpha}_2=0$ wird dann Gl.(4.23) mit Gl.(4.16) identisch, denn
auch der Feldstärkeverlauf in J_2 entspricht dem vorhergehenden Verlauf von E in J_1, und damit wird $M(U_1)=M(U_2)$. In
diesem Fall stimmt die Sperrfähigkeit in Vorwärtsrichtung
quantitativ mit der in Rückwärtsrichtung überein.

Für $\tilde{\alpha}_2\neq0$ wird nach Gl.(4.23) die obere Schranke für M er-
niedrigt. Damit sinkt das Sperrvermögen in Vorwärtsrich-
tung grundsätzlich unter das Sperrvermögen in Rückwärtsrichtung.

Das Ausmaß kann man unter der vereinfachenden Annahme, $\tilde{\alpha}_2$
sei unabhängig von Strom und Spannung, wieder auf graphischem Wege finden. Gl.(4.23) wird dazu durch Substitution
von M, nach Gl.(4.17), und β_{pnp}, nach Gl.(4.19), auf die
zu Gl.(4.20) analoge Form gebracht

$$U_2 = U_{BR2} \left[(1 - \tilde{\alpha}_2) - \frac{\gamma_p}{\cosh \dfrac{w_n - d_{n1}}{L_p}} \right]^{1/m} \; . \tag{4.24}$$

Einzige Änderung gegenüber der Form der Gl.(4.20) ist hier
die Konstante $(1-\tilde{\alpha}_2)<1$ anstelle der 1 in Gl.(4.20), aber
das ist für die graphische Auswertung ohne Bedeutung.

Die graphische Auswertung führt zu den in Bild 4.10 dargestellten Ergebnissen. Die Kurve für $\tilde{\alpha}_2=0$ beschreibt zu-

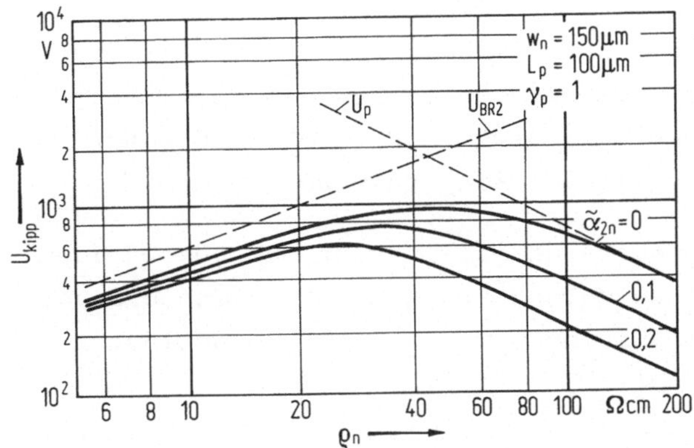

Bild 4.10. Kippspannung U_{BO} in Abhängigkeit vom spezifischen Widerstand der n-Basis, ρ_n, nach der Herlet-Methode [4.6]. Parameter: Kleinsignal-Stromverstärkungsfaktor des npn-Transistors $\tilde{\alpha}_2$.

gleich die Sperrfähigkeit in Rückwärtsrichtung. Wie die Kurven für $\tilde{\alpha}_2 = 0,1$; 0,2 zeigen, geht das Sperrvermögen in Vorwärtsrichtung empfindlich mit $\tilde{\alpha}_2$ zurück und das bereits bei relativ kleinen α-Werten. Außerdem verschiebt sich das Maximum der Kurven. Für $\tilde{\alpha}_2 \neq 0$ existiert daher kein für Vorwärts- und Rückwärtsrichtung gleichermaßen optimaler spezifischer Widerstand.

In Anbetracht des empfindlichen Spannungsrückganges muß $\tilde{\alpha}_2 \approx 0$ sein, damit der Thyristor die volle Sperrfähigkeit in Vorwärtsrichtung erreicht. Dieser Anforderung kommt die Stromabhängigkeit von $\tilde{\alpha}_2$ entgegen. Sie ist zu einem wesentlichen Teil auf die Rekombination in der Emittersperrschicht J_3 zurückzuführen und macht sich, wie bereits früher erwähnt, in einem starken Abfall des Stromverstärkungsfaktors zu kleinen Strömen hin bemerkbar. Im Sperrstromgebiet ist der Emitterwirkungsgrad $\gamma_3 \ll 1$ und $\tilde{\alpha}_2$ somit annähernd Null ($\tilde{\alpha}_2 \approx 0$).

Das gilt allerdings nur für nicht allzu hohe Sperrschichttemperaturen T_j. Mit steigender Temperatur wächst nämlich der von J_3 injizierte Elektronenstrom, $I_n(x_5)$, proportional zu $n_i^2 \sim \exp\{-(W_L-W_V)/KT\}$ der Rekombinationsstrom $I_{RLZ,3}$ aber nur proportional zu n_i. Deswegen nimmt der Emitterwirkungsgrad γ_3 mit der Temperatur zu und die Sperrfähigkeit dementsprechend ab. Bei etwa $T_j \approx 80 \ldots 100^{\circ}C$ kommt es so zu einem steilen Abfall der Kippspannung.

Diesem nachteiligen Temperatureinfluß kann man jedoch durch technologische Maßnahmen entgegenwirken. Als besonders vorteilhaft hat sich das Anbringen von Emitterkurzschlüssen erwiesen.

4.3 Verbesserung der Vorwärtssperrfähigkeit durch Emitterkurzschlüsse

Das Prinzip geht auf eine Arbeit von Aldrich und Holonyak [4.7] zurück. Es besteht, wie Bild 4.11 zeigt, darin, daß der pn-Übergang J_3 an einigen Stellen mit der p-Basis kurzgeschlossen ist. Über diese Stellen fließt ein Teil des Löcherstromes ab, der bei J_2 gleichmäßig über die Fläche verteilt der p-Basis zuströmt. Solange der Spannungsabfall am transversalen Schichtwiderstand der p-Basis, U_{Tr}, kleiner als etwa $U_{Tr}^* = 0,5$ V bleibt [4.8], fließt praktisch der gesamte Strom zu den Ohmschen Basiskontakten, denn der Strom über J_2 ist selbst bei solchen Durchlaßspannungen erst von der Größenordnung $2 \cdot 10^{-6} \ldots 10^{-4}$ A/cm^2. Der pn-Übergang J_3 injiziert infolgedessen nur in vernachlässigbarem Umfang Elektronen in die p-Basis. Daher wird der effektive Emitterwirkungsgrad annähernd Null.

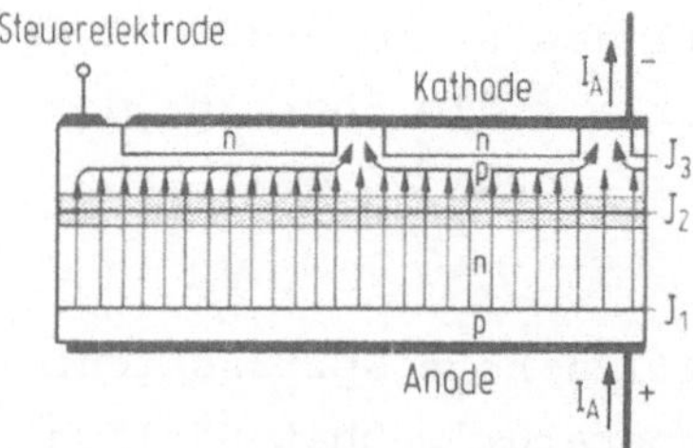

Bild 4.11. Prinzip des Kurzschlußemitters.

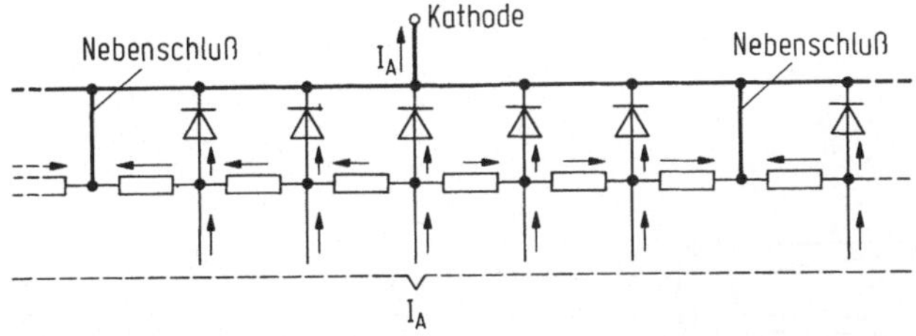

Bild 4.12. Ersatzmodell des Kurzschlußemitters.

Bild 4.12 verdeutlicht die Wirkung der Nebenschlüsse an einem Ersatzmodell.

Wenn die Durchlaßspannung U_3 bei weiterer Stromerhöhung größer wird als der genannte Schwellwert U_{Tr}^*, so überwiegt aufgrund des exponentiellen Anstieges des Durchlaßstromes mit U_3 der Strom über J_3. Der Emitterwirkungsgrad erreicht dann schnell seinen normalen Wert, und zwar zuerst an der am weitesten von den Nebenschlüssen entfernten Stelle, anschließend bis in unmittelbare Nähe der Kurzschlußstellen. Der Strom über die Nebenwege ist dann für den Emitterwirkungsgrad unerheblich.

Durch geeignete Wahl des Schichtwiderstandes der p-Basis und des Abstandes der Nebenschlüsse [4.9], [4.10], [4.11] kann der Emitterwirkungsgrad bis zu einem gewissen Strom I_z annähernd auf Null gehalten werden, ohne die Injektionseigenschaften von J_3 bei höheren Strömen zu beeinträchtigen. An einer Kombination aus einer Einzeldiode und einem Parallelwiderstand wurde bereits in Abschn. 1.8 auf diese Möglichkeit hingewiesen. Es wurde dort auch der zu erwartende Verlauf des Großsignal-Stromverstärkungsfaktors α erörtert. Der Übergang von $\alpha \approx 0$ auf den regulären Wert vollzieht sich danach sehr steil. Noch steiler verläuft er für den differentiellen Stromverstärkungsfaktor $\tilde{\alpha}$ (wegen $\tilde{\alpha} = \alpha + I \frac{d\alpha}{dI}$). Diesem Analogiebeispiel ist zu entnehmen, daß $\tilde{\alpha}_2$ bei Überschreiten von I_z nahezu sprungartig ansteigt.

Wählt man I_z größer als den Sperrstrom bei der höchsten angestrebten Sperrschichttemperatur, so verlaufen die

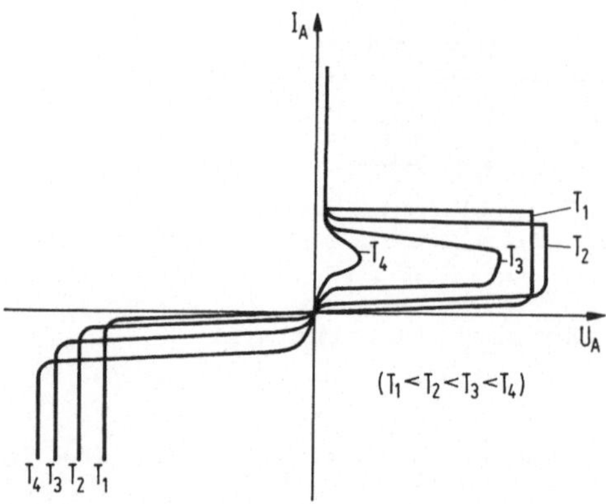

Bild 4.13. Einfluß der Temperatur auf die Thyristorkennlinie.

Sperrkennlinien in Vorwärts- und Rückwärtsrichtung, Bild
4.13, bis zu dieser Temperatur (T_2) zueinander symmetrisch.
Erst oberhalb $T_j=T_2$ kommt es zu dem erwähnten Abfall der
Kippspannung. Davor nimmt U_{Kipp} im Einklang mit der maximalen Rückwärtsspannung sogar schwach mit der Temperatur
zu. Ursache hierfür ist der positive Temperaturkoeffizient
des Lawinendurchbruches bedingt durch den Rückgang der
freien Weglänge und damit der vom Ladungsträger zwischen
zwei Stößen aufgenommenen Energie.

In Bild 4.14 ist für einen Thyristor, dessen pn-Übergänge
alle mittels Diffusionstechnik hergestellt wurden und der
deswegen als voll diffundierter Thyristor bezeichnet wird,
die Kippspannung in Abhängigkeit von der Temperatur aufgetragen, und zwar einmal ohne - und zum anderen mit Kurzschlüssen. Die Verbesserung des Sperrvermögens durch die
Emitterkurzschlüsse ist erheblich. Betrachtet man z.B. den
Abfall von U_{Kipp} um 10% gegenüber der Spannung bei Zimmertemperatur als Grenze der zulässigen Sperrschichttemperatur, so wäre der Thyristor ohne Kurzschlüsse nur bis
$T_j \approx 90^{\circ}C$ einsetzbar, der mit Kurzschlüssen jedoch bis
$T_j \approx 150^{\circ}C$.

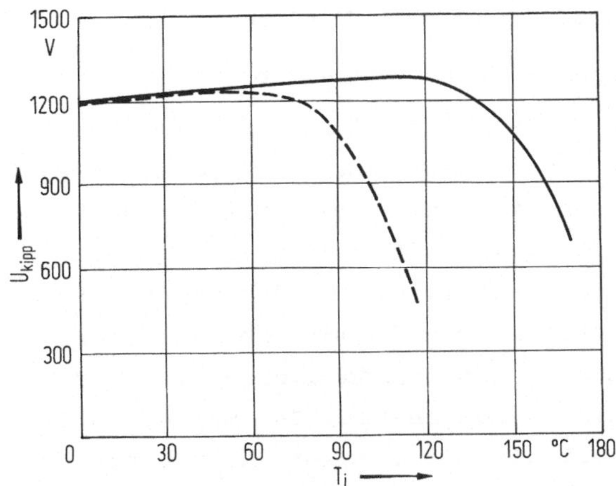

Bild 4.14. Kippspannung als Funktion der Sperrschichttemperatur T_j. Gestrichelte Kurve ohne und ausgezogene Kurve mit Emitterkurzschlüssen.

Diesen Vorteil nutzt man heute in allen Thyristoren für den Leistungsbereich aus und erzielt damit gleichzeitig eine Verbesserung der zulässigen Spannungsanstiegsgeschwindigkeit. Die Temperaturgrenze ist in solchen Thyristoren weniger durch die Kippspannung als vielmehr durch dynamische Eigenschaften festgelegt.

Erkauft wird dieser Vorteil zunächst einmal mit einem Verlust an effektiver Emitterfläche. Dadurch geht zwar die Strombelastbarkeit zurück, doch läßt sich diese Einbuße in engen Grenzen halten, weil sich der Flächenverlust nur auf die eigentliche Kurzschlußfläche und eine schmale Randzone des umgebenden Emittergebietes beschränkt, und weil darüber hinaus die Kurzschlußfläche sehr klein gemacht werden kann. Gebräuchlich sind Kreisflächen von wenigen Zehntel Millimeter Durchmesser.

Weit wichtiger als der Verlust an effektiver Emitterfläche aber ist die nachteilige Auswirkung der Kurzschlüsse auf die transversale Ausbreitung des Zündvorganges. Von einer gewissen Dichte der Kurzschlußstellen an wird die Ausbreitung der Zündung stark behindert. Auf diesen Zusammenhang und seine Bedeutung für großflächige Thyristoren wird später ausführlicher eingegangen.

4.4 Einfluß der Halbleiteroberfläche auf die Sperrfähigkeit

4.4.1. Ideale und reale Halbleiteroberfläche

Bei der Betrachtung der einzelnen pn-Übergänge des Thyristors sind wir bisher davon ausgegangen, daß die Raumladungszone jeweils ungeändert vom Volumen bis zur Halbleiteroberfläche verläuft (Bild 4.15). Parallel zum pn-Übergang (y-Richtung) treten somit weder Änderungen der Trägerdichte noch des Potentials und damit der Feldstärke auf. Die Feldstärke hat dementsprechend auch unmittelbar an der Oberfläche nur eine x-Komponente. Das Streufeld in den Außenraum wird hierbei wie bei einem idealen Plattenkondensator vernachlässigt. Aber dies ist nicht die einzige Idealisierung. Auch die Halbleiteroberfläche selbst wird hierbei idealisiert, insofern nämlich als sie ohne Einfluß auf die Breite der Raumladungszone und die Höhe des Sperrstromes ist. Und das setzt voraus, daß von den Atomlagen des Halbleiterkristalls an der Oberfläche die gleichen Wirkungen auf die beweglichen Ladungsträger ausgehen wie von den Atomlagen im Volumen. Dies ist aber im allgemeinen nicht der Fall.

Während auf Atome im Volumen die anziehenden Kräfte der allseitig umgebenden Nachbaratome einwirken, sind die Oberflächenatome nur den anziehenden Kräften der Nachbaratome des Kristallhalbraumes ausgesetzt. Sie erfahren infolgedessen eine einseitig gerichtete Kraftwirkung zum Vo-

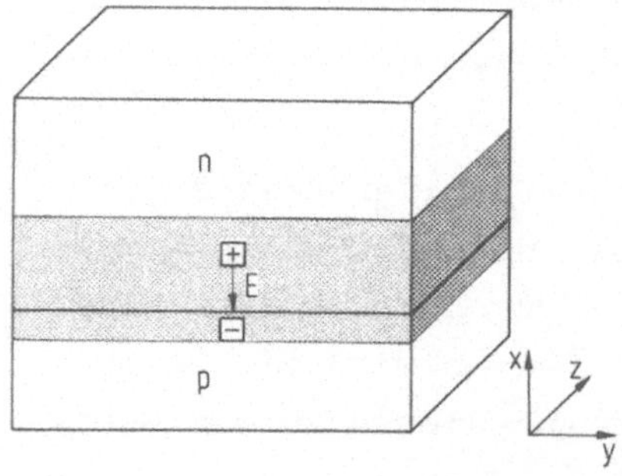

Bild 4.15. Sperrschicht einer idealen pn-Diode.

lumen hin und rücken etwas näher an die Nachbaratome heran. Die Verkleinerung des Atomabstandes beschränkt sich dabei nicht auf die oberste Atomlage allein, sondern macht sich auch noch in den dicht darunter liegenden Atomlagen bemerkbar.

Wie bei jeder Abweichung der Atome von der idealen Gitterposition des Kristalls entstehen dadurch Veränderungen in der Bandstruktur. Eine Verkleinerung des Atomabstandes in einem sonst perfekten Kristall verursacht, wie in der Theorie des Bändermodells gezeigt wird, eine Aufspreizung der erlaubten Energiebänder, eine lokale Störung der strengen Gitterperiodizität führt zu erlaubten Energietermen in der verbotenen Zone.

Die durch den Abbruch der Gitterperiodizität an der Oberfläche entstehenden Energieterme in der verbotenen Zone des Bänderschemas nennt man Oberflächenzustände oder etwas spezieller "schnelle" Oberflächenzustände.

Ihre Anzahl entspricht der Zahl der Oberflächenatome mit unterbrochener Bindung oder freier Valenz. Für Silizium mit einer Oberfläche vom [111]-Typ ist eine Dichte N_s der Oberflächenzustände von annähernd $N_s=10^{15}$ cm^{-2} zu erwarten. Die Bezeichnung "schnelle Oberflächenzustände" ist darauf zurückzuführen, daß diese Energieterme in sehr kurzer Zeit Ladungen mit dem Halbleitervolumen austauschen können, ähnlich den Energietermen in der verbotenen Zone im Inneren des Kristalls (Akzeptor-, Donator-, Rekombinationszentren-Niveaus). Durch den Übergang eines Elektrons vom Halbleitervolumen in eine freie Valenz eines Oberflächenatoms, Bild 4.16 a, wird die Achterschale der Valenzelektronen des Oberflächenatoms voll aufgefüllt. Das Oberflächenatom ist dann mit einer stabilen Elektronenkonfiguration umgeben und wird durch die Aufnahme des Elektrons zu einem einfach negativ geladenen Ion. Am Ursprungsort des Elektrons bleibt ein Loch zurück. Die freie Valenz führt damit zu einem Oberflächenzustand mit Akzeptor-Charakter.

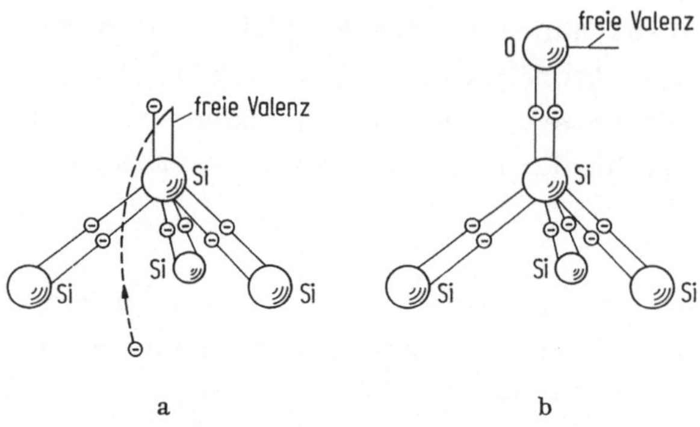

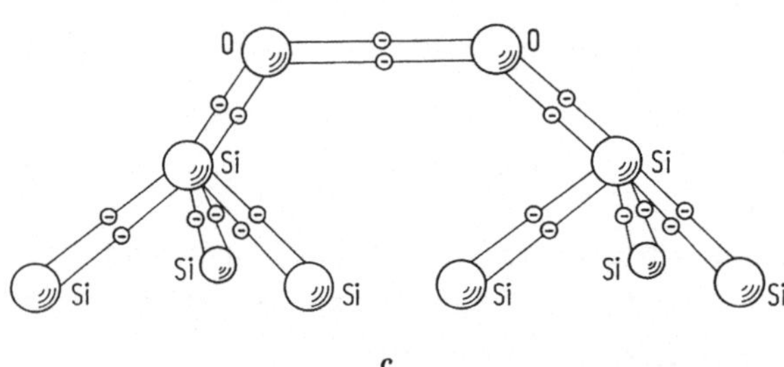

Bild 4.16. Bindungsmodelle an der Halbleiteroberfläche nach [4.12].

Nun grenzt die Halbleiteroberfläche im allgemeinen aber nicht an Vakuum, sondern ist von anderen Substanzen umgeben, mit deren Atomen sie in Wechselwirkung tritt. Dadurch können sich Zahl und Charakter der Oberflächen-Niveaus ändern.

In Anwesenheit von Sauerstoff kann eine freie Valenz zunächst durch ein Valenzelektron eines Sauerstoffatoms abgesättigt werden, Bild 4.16b. Das Sauerstoffatom ist damit über eine Valenzbindung an das Siliziumatom gebunden und hat seinerseits eine freie Valenz, die zur Aufnahme eines Elektrons aus dem Halbleitervolumen fähig ist. Es wirkt daher ebenfalls als Akzeptor. Das zugehörige Energieniveau im verbotenen Band sowie die Geschwindigkeit des Ladungsaustausches mit dem Halbleitervolumen werden sich

146

aber vom Oberflächenzustand der freien Siliziumvalenz unterscheiden. Liegen zwei SiO-Gruppen räumlich nahe beieinander, so kann es nunmehr zu einer Valenzbindung zwischen den beiden Sauerstoffatomen kommen, Bild 4.16c, womit die freien Sauerstoffvalenzen verschwinden. Insgesamt wird so durch die Oxydation der Siliziumoberfläche die Zahl der Oberflächenzustände verringert.

Andererseits ist zu beachten, daß die Oxydbindung stärker ist als die Si/Si-Bindung. Dadurch entstehen in der Oberflächenschicht des Siliziums erhebliche mechanische Spannungen, durch die Bindungen gelockert oder ganz aufgelöst werden. Dies führt zu Umordnungen der Oberflächenatome und verursacht neue Oberflächenzustände, die nicht unbedingt Akzeptor-Charakter zu haben brauchen.

Die Eigenschaften der Si/SiO-Grenzschichten lassen sich durch zwei Arten von Oberflächenzuständen charakterisieren:

1. *Schnelle Oberflächenzustände*, lokalisiert unmittelbar an der Phasengrenze Si/SiO, die Akzeptor- oder Donator-Charakter haben können,

2. *Langsame Oberflächenzustände*, lokalisiert im Oxyd oder auf dessen Oberfläche und hervorgerufen beispielsweise durch positive Ionen.

An Luft überzieht sich eine frische Siliziumoberfläche bei Zimmertemperatur in wenigen Minuten mit einer zwei bis drei Atomlagen dicken Oxydschicht. Auch Siliziumoberflächen, wie sie in Halbleiterbauelementen nach einer Ätzung in CP_4 vorliegen, sind stets mit einer mehrere Angström dicken Oxydschicht bedeckt. Häufig wird die Siliziumoberfläche von Bauelementen auch absichtlich mit einer Oxydschicht versehen, um die Oberfläche zu passivieren. Wir wollen daher im folgenden stets von der Existenz einer Siliziumoxydschicht auf der realen Siliziumoberfläche des Thyristors ausgehen.

Der Einfluß der Halbleiteroberfläche auf die Sperreigen-
schaften eines pn-Überganges ist in erster Linie auf geladene Oberflächenzustände zurückzuführen. Sie bilden eine
positive oder negative Flächenladung und erzeugen im Halbleiter eine entsprechende Gegenladung. Bild 4.17 zeigt einen p^+n-Übergang mit einer für Si/SiO-Grenzschichten typischen positiven Oberflächenladung.

Im n-Gebiet besteht die Gegenladung aus Elektronen. Diese
zusätzlichen Elektronen bewirken eine Anreicherungsrandschicht im Halbleiter und bilden mit den positiven Oberflächenladungen eine Dipolschicht.

Im p^+-Gebiet besteht die Gegenladung aus negativen Akzeptoren, die durch die abstoßende Wirkung der positiven Oberflächenladungen von ihren Löchern entblößt sind oder -
bei sehr großer positiver Flächenladungsdichte - aus Elektronen, die zur Halbleiteroberfläche gezogen werden und
dort zu einer Inversionsschicht (n-leitende Schicht) führen.
Auch hierbei kommt es zur Ausbildung einer dünnen Dipolschicht zwischen negativen Ladungen im Halbleiter und den
positiven Ladungen auf der Oberfläche.

Im Bereich der Raumladungszone sieht es etwas anders aus.
Dadurch, daß dieses Gebiet praktisch frei ist von beweglichen Ladungsträgern, fehlen im n-Bereich der Raumladungszone die Elektronen als Gegenladungen für die positiven

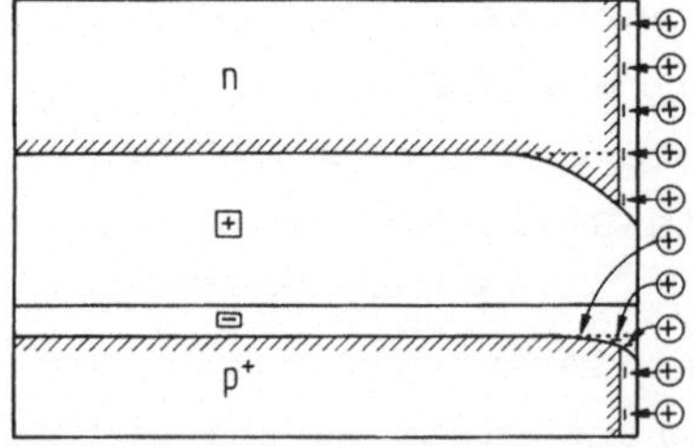

Bild 4.17. Einfluß einer positiven Oberflächenladung auf
die Sperrschicht eines p^+n-Überganges.

Oberflächenladungen. Solange die Oberflächenladungen aber noch ohne Gegenladungen, also noch nicht in ihrer Wirkung neutralisiert sind, ziehen sie die Elektronen am oberen Sperrschichtrand an und stoßen die Löcher am unteren Sperrschichtrand ab.

Am oberen Sperrschichtrand werden dadurch Elektronen aus dem n-Gebiet in den Bereich der ohne Oberflächenladung vorliegenden Raumladungszone (gestrichelte Linie) hereingezogen, wo sie die Donatoren neutralisieren und eine Anreicherungsrandschicht aufbauen. Der Sperrschichtrand krümmt sich infolgedessen nach unten.

Am unteren Sperrschichtrand werden die Löcher weiter in die p^+-Zone zurückgedrängt, womit sich auch hier der Sperrschichtrand abwärts krümmt. Die Absenkung ist jedoch aufgrund der hohen Dotierung weitaus geringer.

Diese Vorgänge hören auf, sobald jede Oberflächenladung ihre Gegenladung gefunden hat. Insgesamt wird die Raumladungszone dabei an der Oberfläche schmaler.

Bild 4.18 zeigt das mit Hilfe einer numerischen Rechnung [4.13] gewonnene Ausmaß dieses Effektes an einem abrupten p^+n-Übergang für eine häufig an realen Siliziumoberflächen

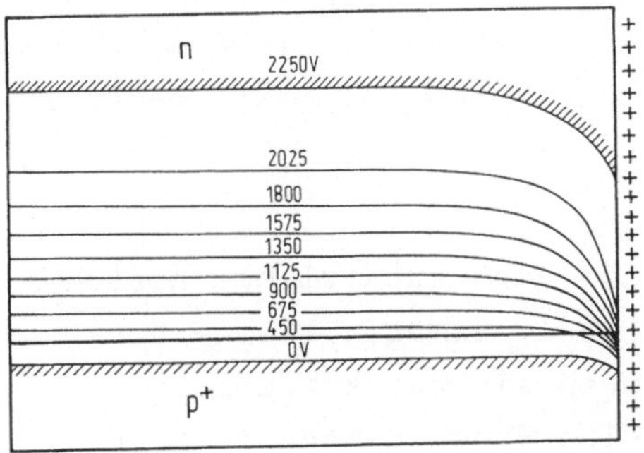

Bild 4.18. Numerisch berechneter Verlauf der Raumladungszone eines p^+n-Überganges bei einer positiven Oberflächenladung von 10^{12} Elementarladungen pro cm^2, nach [4.13].

vorgefundene positive Oberflächenladung von 10^{12} Elementarladungen pro cm^2.

Durch die Abnahme der Sperrschichtweite an der Oberfläche nimmt die Feldstärke in der Sperrschicht zu, in Bild 4.18 deutlich am immer dichteren Zusammenrücken der Äquipotentialflächen zu erkennen. Im vorliegenden Beispiel erreicht die Feldstärke an der Oberfläche das Dreifache der Spitzenfeldstärke im Volumen. Aus dem Beginn der Krümmung des Sperrschichtrandes im n-Gebiet wird ferner deutlich, daß sich das Gebiet erhöhter Feldstärke bis in eine Tiefe von der Größenordnung der Sperrschichtweite unter die Oberfläche erstreckt.

Aufgrund der erhöhten Feldstärke im Oberflächenbereich der Raumladungszone kommt es dort bereits zu einem Lawinendurchbruch, bevor die angelegte Sperrspannung die Volumendurchbruchspannung erreicht [4.14]. Den Lawinendurchbruch an der Oberfläche bezeichnet man kurz als *Oberflächendurchbruch*. Er ist wie der Lawinendurchbruch im Volumen ein Vorgang, der nicht unmittelbar zu einer Zerstörung des Bauelementes führt. Im Gegensatz zum Volumendurchbruch kann es der Oberflächendurchbruch aber leicht werden, weil er sich auf eine sehr schmale Zone direkt unter der Oberfläche beschränkt. In dieser Zone treten dann sehr hohe Stromdichten auf, die zur thermischen Zerstörung dieses Kristallbereiches führen können, falls der Sperrstrom nicht durch den äußeren Stromkreis auf hinreichend niedrige Werte begrenzt wird.

Schaltungstechnisch bedeutet das eine zusätzliche Absicherung des Bauelementes gegen verhältnismäßig kleine Überströme in Sperrichtung, auch wenn sie nur kurzzeitig auftreten. In Schaltungen mit vielen Bauelementen in Reihe entsteht dadurch erheblicher Mehraufwand gegenüber Bauelementen mit Volumendurchbruch, die Sperrverluste in der Größenordnung der Durchlaßverluste vertragen.

4.5 Maßnahmen zur Verhinderung des Oberflächendurchbruchs

Es liegt nahe, dem Oberflächendurchbruch dadurch zu begeg-
nen, daß man die Zahl der geladenen Oberflächenzustände hinreichend reduziert oder ihre Wirkung durch geeignete Ober-
flächendeckschichten kompensiert. Im Prinzip ist das möglich. Aber diese Maßnahmen haben sich bisher nicht durch-
setzen können. Gebräuchlich sind derzeit hauptsächlich Maßnahmen, die den Einfluß der geometrischen oder strukturel-
len Gestalt der Halbleiteroberfläche auf die Raumladungszone ausnutzen, um die Raumladungszone an der Oberfläche
aufzuweiten und so die Oberflächenfeldstärke herabzusetzen.

4.5.1 Randabschrägung

Die Siliziumscheibe wird am Rande schräg angeschliffen
(Bild 4.19). Wenn der Schliff so angebracht wird, daß
sich die Scheibe an der Austrittstelle des pn-Überganges von der höher dotierten zur schwächer dotierten Seite
verjüngt, wie in Bild 4.19, bezeichnet man die Abschrägung und den Winkel zwischen Oberflächenkontur und pn-
Übergang als positiv, im entgegengesetzten Fall als negativ.

Positive Abschrägung

Wie Bild 4.19 zeigt, bewirkt die positive Randabschrägung eine Aufwölbung der Sperrschichtränder an der Oberfläche [4.15]. Die Aufwölbung ist im schwächer dotierten

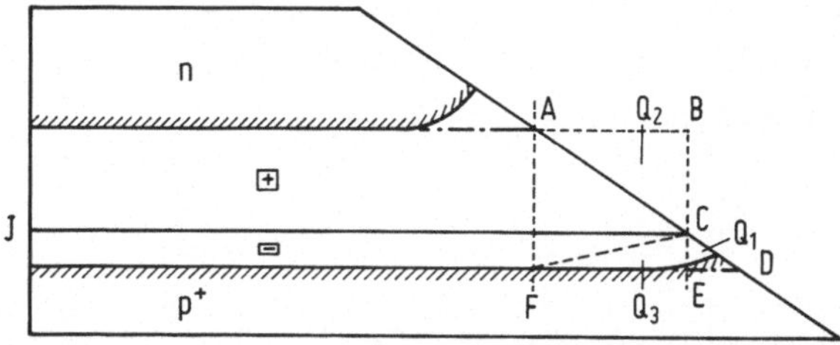

Bild 4.19. pn-Übergang mit Randschliff. Positive Abschrägung.

Gebiet größer als im stärker dotierten Gebiet. Deshalb
kommt es zu einer Verbreiterung der Raumladungszone und damit zu einer Verminderung der Feldstärke.

Dieser Effekt läßt sich folgendermaßen erklären. Bei ge-
radlinigem Verlauf der Sperrschichtränder bis zur Oberfläche (strichpunktierte Linien in Bild 4.19) übersteigt
die negative die positive Ladung. Der Ladungsüberschuß Q^-
setzt sich aus zwei Anteilen zusammen:

1. aus der Akzeptorladung Q_1 im Dreieck CDE und
2. aus der negativen Ladung, die im ungestörten Bereich
   der Raumladungszone zur Neutralisation der Donatorladung Q_2 im Dreieck ABC notwendig ist.

In einem abrupten pn-Übergang ist Q_2 betragsmäßig gleich
der Ladung Q_3 im Dreieck CEF. Mithin gilt für die Überschußladung $Q^-=Q_1+Q_3$; sie entspricht der Akzeptorladung
im Dreieck CDF.

Die unkompensierte Ladung Q^- zieht die Löcher im p^+-Gebiet
an und stößt die Elektronen im n-Gebiet ab. Von der unteren Seite strömen daher Löcher in das Dreieck CDF und neutralisieren fortschreitend Akzeptoren und am oberen Sperrschichtrand weichen Elektronen zurück und setzen zunehmend
positive Donatorladungen frei. Beide Vorgänge vermindern
den Überschuß an negativer Ladung und dauern an, bis er abgebaut ist. Dabei entsteht die Aufwölbung der Sperrschichtränder. Die Form des Sperrschichtrandes stellt sich so ein,
daß an jeder Stelle des Randes die Summe der Kräfte, die
von den Donatoren und Akzeptoren der gesamten Raumladungszone ausgehen, Null ist. Denn nur dann wird dort ein beweg-
licher Ladungsträger gerade nicht mehr verschoben, und es
tritt statisches Gleichgewicht ein.

Negative Abschrägung

Bei negativer Abschrägung der Halbleiteroberfläche ist
eine Abwölbung der Sperrschichtränder zu erwarten. Den
Nachweis kann man genauso führen wie zuvor. Wir wollen je-

doch eine abgeänderte Betrachtungsweise wählen, die gleichzeitig eine direkte Gegenüberstellung mit einem winkelgleichen positiven Randschliff erlaubt.

Dazu gehen wir von einem pn-Übergang aus, an dem Sperrspannung anliegt und dessen Sperrschichtränder geradlinig bis zur Oberfläche verlaufen. Wir denken uns den pn-Übergang in diesem Zustand "eingefroren", so daß Elektronen und Löcher starr an ihrem Platz verharren. Weiter denken wir uns die Halbleiterscheibe anschließend schräg durchgeschnitten und die beiden Teilstücke wie in Bild 4.20 a auseinandergezogen.

Dann spannt sich ein elektrisches Feld zwischen der unkompensierten Akzeptorladung in der positiv abgeschrägten, unteren Scheibenhälfte und der entgegengesetzt gleichen unkompensierten Donatorladung in der negativ abgeschrägten, oberen Scheibenhälfte auf. Dieses Feld entspricht bei grosser Ausdehnung der Scheibe senkrecht zur Papierebene (z-Richtung) und hinreichendem Abstand der beiden Ladungen dem Feld zweier entgegengesetzt gleicher Linienladungen und ist in dieser Form in Bild 4.20 a dargestellt. Es durchsetzt zum Teil die Bahngebiete und versucht, in der negativ abgeschrägten, oberen Scheibenhälfte die Löcher vom Sperrschichtrand im p-Gebiet wegzuziehen und im n-Gebiet die Elektronen über den Sperrschichtrand in den Bereich der positiven Überschußladung hineinzuziehen. Entsprechendes gilt für die untere Scheibenhälfte.

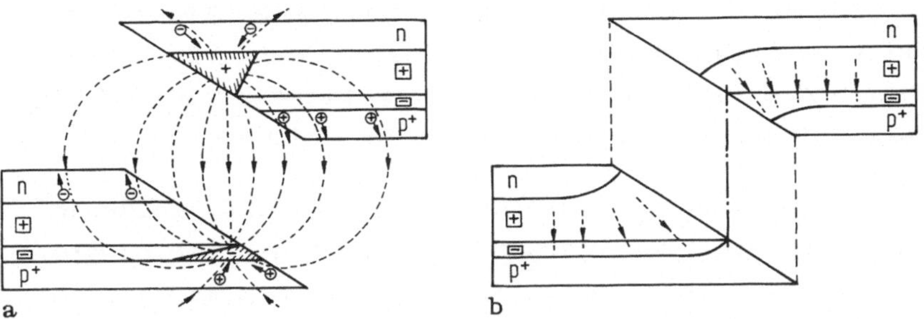

Bild 4.20. Modell zur Veranschaulichung der Wirkung, die eine negative Randabschrägung auf den Verlauf der Raumladungszone hat.

Nehmen wir nun an, daß der "eingefrorene" Zustand aufgehoben wird, dann folgen die beweglichen Ladungsträger dem Feld. In der oberen Scheibenhälfte verschiebt sich dabei der Sperrschichtrand im p-Gebiet nach unten und gleichzeitig lädt sich die Oberfläche durch den Löcherzustrom positiv auf. Das gleiche passiert im n-Gebiet, nur erfolgt hier die positive Aufladung der Oberfläche durch die zurückbleibenden Donatoren. Diese Umverteilung der Elektronen und Löcher hält an, bis die Feldstärke in den Bahngebieten Null geworden ist. Die überschüssige Ladung ist danach auf der Oberfläche verteilt, in der Hauptsache auf der Schnittfläche und ihrer nächsten Umgebung.

Auf der unteren Scheibenhälfte biegen sich die Sperrschichtränder nach oben und die Schnittfläche lädt sich negativ auf. Die beiden Scheibenhälften bilden somit einen geladenen Kondensator mit entgegengesetzt gleicher "Plattenladung".

Bild 4.20b zeigt die Verhältnisse nach erfolgtem Ladungsausgleich. Die beiden Scheibenhälften führen nach wie vor die ursprüngliche Sperrspannung und wirken jetzt, wie die ehemals unzerteilte Scheibe, nach außen hin neutral. Der unterschiedliche Einfluß der Randabschrägung auf Sperrschichtbreite und Feldstärke kommt deutlich zum Ausdruck.

Aus Untersuchungen [4.15] an Proben mit diffundiertem pn-Übergang geht hervor, daß der Spitzenwert der Randfeldstärke bei negativer Abschrägung mit abnehmendem Winkel zunächst erwartungsgemäß ansteigt, daß er dann aber wieder abfällt und unterhalb eines gewissen Winkels kleiner wird als der Spitzenwert der Feldstärke im Volumen.

Die Abnahme der Randfeldstärke hat nach [4.15] folgende Ursache. Der Sperrschichtrand im hochohmigen Gebiet erreicht bei einem bestimmten Winkel φ die metallurgische pn-Grenze (Bild 4.21). Dort wird er bei weiterer Winkelverkleinerung festgehalten, während sich der andere pn-Übergang immer mehr in das diffundierte p^+-Gebiet aufwölbt.

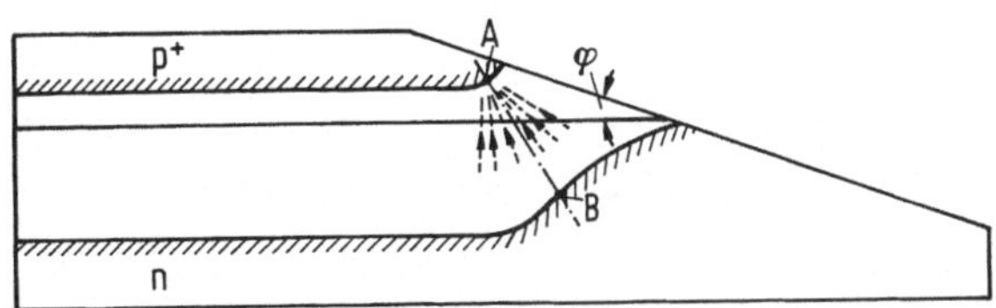

Bild 4.21. Sperrschicht in einem pn-Übergang mit diffundierter p-Zone bei kleinem negativen Schliffwinkel, nach
[4.19].

Damit wächst der Abstand der Sperrschichtgrenzen an der
Oberfläche und die Randfeldstärke nimmt infolgedessen ab.
Sie wird schließlich für einen Winkel φ_O kleiner als die
Feldstärke im Volumen.

Der Winkel φ_O ist näherungsweise dadurch bestimmt, daß
die Raumladungszone im p^+-Gebiet auf einer Länge geschnit-
ten werden muß, die größer ist als die Sperrschichtbreite
im Volumen. Deshalb sind in pn-Übergängen für hohe Sperr-
spannungen wegen der großen Sperrschichtbreite sehr kleine
Winkel erforderlich. Nach experimentellen Ergebnissen [4.16]
beträgt z.B. $\varphi_O=-5°$ für $U_{BR}=2KV$ und $\varphi_O=-1°$ für $U_{BR}=3,5KV$.

Der Oberflächendurchbruch kann somit für $|\varphi|<|\varphi_O|$ verhin-
dert werden. Doch kommt es infolge der starken Krümmung
des oberen Sperrschichtrandes zu einer Feldstärkeüberhö-
hung in einer Tiefe von ca. 30 μm unter der Oberfläche
[4.17], [4.18], [4.19]. Damit begrenzt der Lawinendurchbruch längs der Feldlinien durch dieses Gebiet maximaler
Feldstärke (Strecke A-B) die Sperrspannung. Dieser Durchbruch wird zwar noch durch die Oberflächenladung sowie die
Dotierungsverhältnisse beeinflußt, läßt sich aber durch
entsprechende Winkelverkleinerung so steuern, daß sich die
Durchbruchspannung um weniger als 10% von der Volumendurchbruchspannung unterscheidet.

Anwendung im Thyristor

Bild 4.22 zeigt verschiedene Ausführungsformen mit positiver Anschrägung beider für die Spannungsübernahme ver-
antwortlicher pn-Übergänge (J_1,J_2).

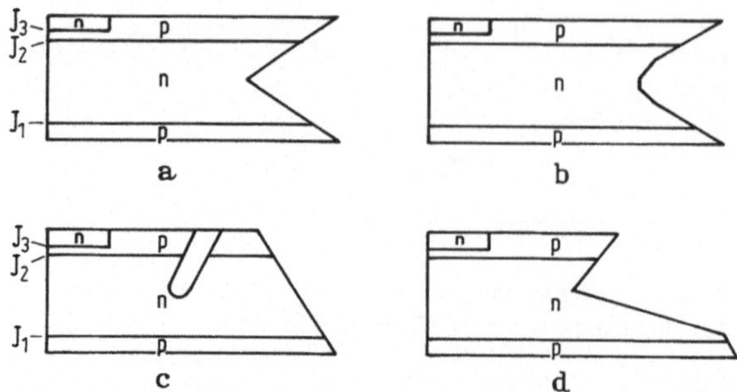

Bild 4.22. Ausführungsformen mit positiver Anschrägung der pn-Übergänge J_1 und J_2.

Das symmetrische Schwalbenschwanzprofil [4.16] (Bild 4.22a) erfordert eine Überdimensionierung der n-Basis um nahezu den Faktor zwei, weil die positive Anschrägung nur bis zur Basismitte reicht, und der andere Teil dann für die Raumladungszone eine negativ angeschrägte Kontur darstellt.

Mit den modifizierten Schwalbenschwanzprofilen, Bilder 4.22b und 4.22d, läßt sich die Überdimensionierung verringern. In Bild 4.22b durch eine doppelpositive Anschrägung [4.20], bei der durch die steilere Kontur im Mittelbereich der n-Basis die Auswirkung der negativen Anschrägung gemindert wird. In Bild 4.22d durch eine unsymmetrische Form des Schwalbenschwanzes [4.21], wobei die Differenz der Durchmesser von J_1 und J_2 ausgenutzt wird, um in den Raumladungszonen der p-Zonen jeweils eine Ladungsverteilung zu erzeugen, die den Einfluß des negativ angeschrägten Basisbereiches kompensiert.

In der Thyristorstruktur nach Bild 4.22c wird die positive Randkontur des pn-Überganges J_2 durch eine schräge Rille bis etwa zur Mitte der n-Basis erzeugt [4.22].

Bild 4.23 zeigt verschiedene Ausführungsformen mit kombiniertem Flach-, Steil-Schliff. Der pn-Übergang J_2 wird hierbei flach, d.h. unter kleinem negativen Winkel, angeschliffen, J_1 unter einem relativ steilen, positiven Winkel.

156

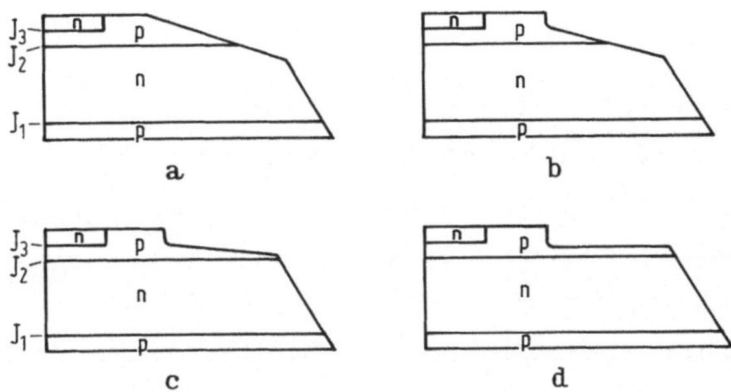

Bild 4.23. Ausführungsformen mit kombiniertem Flach-, Steilschliff.

In der Struktur nach Bild 4.23a entsteht durch den Flachschliff ein Verlust an aktiver Thyristorfläche, der in hochsperrenden Thyristoren wegen der sehr kleinen Winkel beträchtlich ist. Die Bilder 4.23b und 4.23c stellen Versionen mit geringerem Flächenverlust dar. Die Version nach Bild 4.23b verwendet dazu eine mesaförmige Randkontur [4.23] mit steil zur Oberseite aufsteigender Stufe außerhalb der Raumladungszone. In der Version nach Bild 4.23c wird noch mehr an Schlifffläche dadurch eingespart, daß der Flachschliff nicht über die metallurgische pn-Grenze hinausreicht [4.24].

Die Thyristorstruktur nach Bild 4.23d [4.25] verwendet anstelle des Flachschliffs eine planparallele p-Schicht, die dünner gewählt wird als die maximale Breite der Raumladungszone im p-Gebiet. Von einer gewissen Vorwärtsspannung an ist diese Schicht ganz von Löchern geräumt. Bei weiterer Spannungserhöhung wölbt sich der obere Sperrschichtrand am Fuße der Stufe auf, während der andere die pn-Grenze am Ende von J_2 nicht überschreiten kann. Die Raumladungszone erstreckt sich somit über die Länge der dünnen p-Zone. Bei geeigneter Dimensionierung dieser Zone kann die Oberflächenfeldstärke unter der Durchbruchfeldstärke gehalten werden.

4.5.2 *Feldbegrenzungsring*

Bei dieser Methode [4.26] wird der zu schützende p^+n-Übergang mit einem konzentrischen p^+-Ring umgeben (Bild 4.24). Der Abstand zwischen Ring und Anodenzone (r_2-r_1) wird dabei kleiner gewählt als die Sperrschichtbreite w_{BR} für den Volumendurchbruch. Damit wird erreicht, daß die Raumladungszone bei einer Sperrspannung $U=U_1<U_{BR}$ gegen die Ringzone anstößt (punch through). Die Spannung U_1 ist somit festgelegt durch $w(U_1)\hateq w_1=r_2-r_1$ und läßt sich durch den Ringabstand einstellen.

Am Anstoßpunkt $(r=r_2)$ wird bei weiterer Spannungserhöhung $(U>U_1)$ die Feldstärke in der Raumladungszone zwischen n-Gebiet und p^+-Ring durch die entgegengesetzte Richtung des Feldes in der Anodensperrschicht (siehe Feldverlauf in Bild 4.24) verkleinert. Dies bewirkt einen Abbau der Diffusionsspannung verbunden mit einer Flußpolung des Ringes an der Stelle $r=r_2$. Die Folge ist ein Abfließen von Löchern aus dem p^+-Ring. Da dem Ringgebiet von außen keine Löcher zuströmen, werden sie vom Sperrschichtrand abgesaugt, so daß dieser Bereich der Ringperipherie bis hin zum Punkt $r=r_3$ in Sperrichtung gepolt wird.

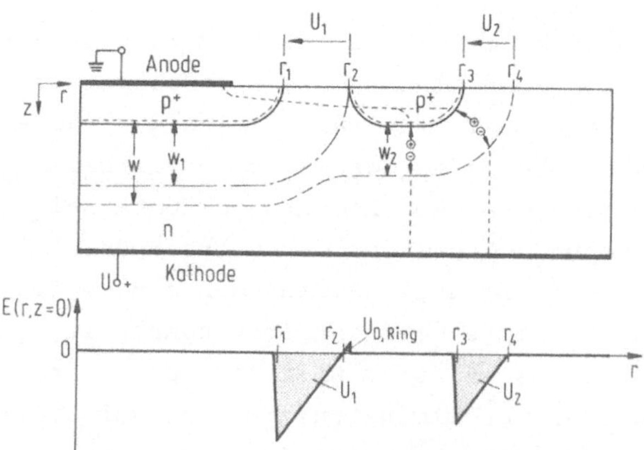

Bild 4.24. p^+n-Übergang mit Feldbegrenzungsring.

Der Flußstrom bei $r=r_2$ ist demnach anfangs der Ladestrom
für die Sperrschichtkapazität des p^+-Ringes, die sich auf
die Spannung $U-U_{Ring}$ auflädt. Anschließend führt dieser
Strom den statischen Sperrstrom der Ringzone ab, der vorwiegend aus den in der Sperrschicht generierten Löchern
besteht. Der Ring bleibt bei $r=r_2$ infolgedessen schwach in
Flußrichtung gepolt. Seine Spannung gegenüber der Anode
(U_{Ring}) ist somit nur um wenige Zehntel Volt größer als
U_1, ein Unterschied, der für die hier interessierende Frage der Spannungsgrenze unbedeutend ist, so daß $U_{Ring}=U_1$
gesetzt werden darf.

Der Ring wirkt wie ein Spannungsteiler an der Oberfläche.
Der Spannungsabfall U_1 über der Strecke von r_1 bis r_2
bleibt allerdings konstant, die restliche Spannung $U_2=U-U_1$
fällt an der äußeren Ringperipherie (r_3 bis r_4) ab. Aufgrund der Auftrennung wird die Raumladungszone an der Oberfläche insgesamt breiter und die Feldstärke dementsprechend
kleiner als im Volumen. Bei geeigneter Wahl des Ringabstan-
des läßt sich so die Oberflächenfeldstärke stark herab-
setzen. Welcher Ringabstand optimal ist, und wie er von
der Oberflächenladung, der Dotierung sowie der Randkrüm-
mung des planaren p^+n-Überganges abhängt, wird in [4.27]
untersucht.

In hochsperrenden Bauelementen verwendet man meistens mehrere Ringe. Über eine erfolgreiche Anwendung der Feldbe-
grenzungsringe in 5 KV-Thyristoren zum Schutze des pn-
Überganges J_2 vor dem Oberflächendurchbruch wird in [4.21]
berichtet.

5 Methoden zur Analyse der Schaltvorgänge

5.1 Quasistatische Behandlung

Wenn der Thyristor von einem stationären Zustand in einen
anderen stationären Zustand übergeht, ändern sich die
Überschußträgerdichten in den Neutralgebieten. Diese Änderungen erfolgen zum Teil durch Generations-Rekombinationsprozesse, zum Teil durch Ladungsträgertransport und
hier vorwiegend durch Diffusion. Das dauert eine gewisse
Zeit und führt somit grundsätzlich zu einem Nachhinken der
Ladungsträgerverteilung hinter der stationären Verteilung,
welche dem momentanen Strom entspricht. Die zeitliche Verzögerung ist von der Größenordnung der Ladungsträgerlebensdauer, sofern nur Generations-Rekombinationsprozesse
an der Einstellung der neuen stationären Verteilung betei-
ligt sind und von der Größenordnung der Trägerlaufzeiten
durch die Basisgebiete, falls Transportvorgänge die Haupt-
rolle spielen.

Für den Fall, daß sich der Strom während dieser Ausgleichs-
zeiten nur wenig ändert, ist der Unterschied zwischen der
tatsächlichen Ladungsträgerverteilung zum Zeitpunkt t_0,
$\Delta p(t_0)$, und der stationären Verteilung Δp_{stat} praktisch
zu vernachlässigen

$$\Delta p(t_0) \simeq \Delta p_{stat}\left(I(t_0)\right) . \tag{5.1}$$

Es liegen damit zum Zeitpunkt t_0 Verhältnisse vor wie im
statischen Zustand bei einem Strom $I_{stat}=I(t_0)$. Der Strom
über den pn-Übergang J_2 kann daher wie im statischen Fall
durch eine Strombilanz ermittelt werden, Bild 5.1. Bei
Vernachlässigung der Ladungsträgermultiplikation in der

160

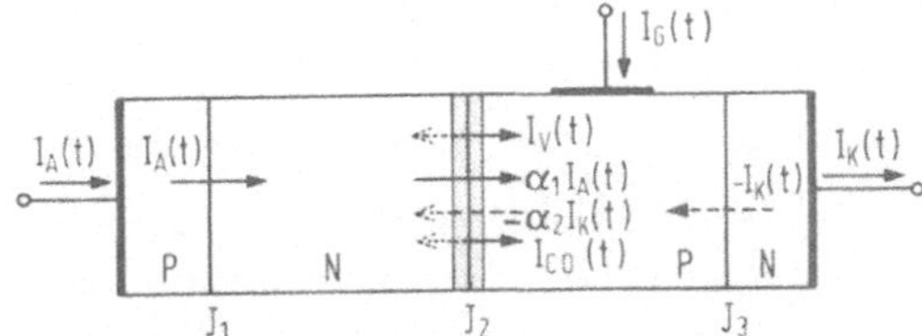

Bild 5.1. Ströme im Thyristor für den Fall, daß sich der Anodenstrom innerhalb der Ladungsträgerlaufzeiten nur wenig ändert.

Sperrschicht von J_2 ergibt dies

$$I_A(t) = \alpha_1 I_A(t) + \alpha_2 I_K(t) + I_{CO}\Big(U_2(t)\Big) + I_V(t) \ . \qquad (5.2)$$

Neu gegenüber dem rein statischen Fall ist in der Bilanzgleichung (5.2) der Verschiebungsstrom $I_V(t) = \varepsilon_0 \varepsilon_r \partial E/\partial t$. Er berücksichtigt die Umladung der Sperrschichtkapazität von J_2; α_1 und α_2 bedeuten die Gleichstromverstärkungsfaktoren für die Momentanwerte von Strom und Spannung

$$\alpha_1 = \alpha_1\Big(I_A(t),\ U_2(t)\Big) \ , \qquad (5.3)$$

$$\alpha_2 = \alpha_2\Big(I_K(t),\ U_2(t)\Big) \ .$$

Hierbei ist angenommen worden, daß die kapazitiven Ströme über die Sperrschichtkapazitäten von J_1 und J_3 vernachlässigbar sind, und I_V somit voll zur Injektion von Ladungsträgern über J_1 und J_3 beiträgt.

Aus Gl.(5.2) erhält man dann für den Anodenstrom

$$I_A(t) = \frac{I_{CO}\Big(U_2(t)\Big) + I_V(t) + \alpha_2 I_G(t)}{1 - (\alpha_1 + \alpha_2)} \ . \qquad (5.4)$$

Gl.(5.4) beschreibt die Kennlinie für langsam veränderlichen Strom, d.h. unter der Voraussetzung, daß die relative Änderung des Stromes innerhalb der Zeit τ_T, welche die Ladungsträger zum Durchlaufen der Basiszonen benötigen, klein gegen 1 ist

$$\frac{1}{I_A} \frac{dI_A}{d(t/\tau_T)} \ll 1 \ . \qquad (5.5)$$

161

Mit ansteigender Anodenspannung, $dU_A/dt>0$, verläuft die
Kennlinie prinzipiell oberhalb der statischen Kennlinie,
denn der Verschiebungsstrom ($I_V=\varepsilon_0\varepsilon_r\partial E/\partial t>0$) vergrößert
den Zähler und verkleinert gleichzeitig über α_1, α_2 den
Nenner, da die Stromverstärkungsfaktoren mit wachsendem
Strom zunehmen. Der Einfluß des Verschiebungsstromes kann
so stark werden, daß der Thyristor auch ohne Steuerstrom
($I_G=0$) weit unterhalb der statischen Kippspannung zündet.
Dann nämlich, wenn I_V einen Wert erreicht, für den $\alpha_1+\alpha_2\rightarrow 1$
strebt. Man bezeichnet dies als dU/dt-Zündung, weil

$$I_V = C_2 dU_A/dt$$

ist.

Im Durchlaßbereich fällt die quasistatische Kennlinie mit
der statischen Kennlinie zusammen; I_V ist hier stets klein
gegenüber den anderen Stromkomponenten.

Der zeitliche Verlauf von Strom und Spannung *während des
eigentlichen Schaltvorganges* läßt sich jedoch mit Gl. (5.4)
im allgemeinen nicht erfassen. Dazu sind die tatsächlich
auftretenden Änderungsgeschwindigkeiten des Stromes zu groß,
so daß die Bedingungsgleichung (5.5) nicht erfüllt ist.

5.2 Strombilanz bei schnell veränderlichem Strom

Aus den Maxwell'schen Gleichungen folgt ganz allgemein,
daß der Gesamtstrom divergenzfrei ist. Zur Zeit t ist daher
an jeder Stelle x des Thyristors die Summe aus Konvektions-
strom der Ladungsträger und Verschiebungsstrom gleich groß.
Bezeichnen wir nach Bild 5.2 den Löcherstrom, der zur Zeit t
aus der n-Basis über x_3 in die Raumladungszone von J_2 diffundiert mit $I_p(x_3,t)$ und entsprechend den Elektronenstrom,
der aus der p-Basis über x_4 nach J_2 strömt, mit $I_n(x_4,t)$
und nehmen wir an, daß die Laufzeit der Ladungsträger in
der Sperrschicht J_2 verschwindend klein ist, so ergibt die
Bilanz an der Stelle x_{J2}

$$I_A(t) = I_p(x_3,t) + I_n(x_4,t) + I_{CO}\big(U_2(t)\big) + I_V(t) \ . \qquad (5.6)$$

162

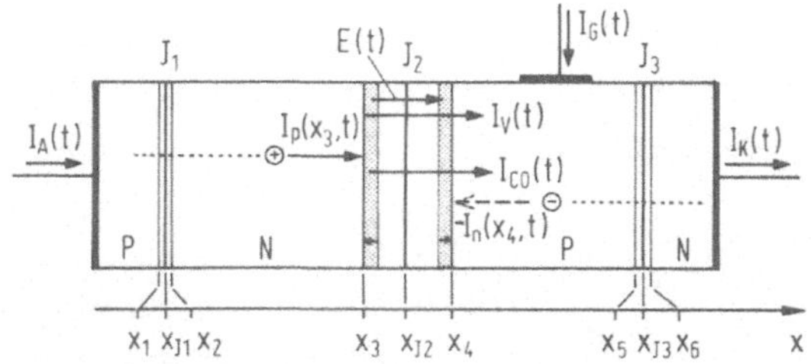

Bild 5.2. Transiente Ströme im Thyristor. Allgemeiner Fall.

Unter quasistatischen Verhältnissen kann $I_p(x_3,t)$ dem momentanen Emitterstrom von J_1, $I(x_2,t)$, zugeordnet werden, vermöge $I_p(x_3,t)=\alpha_1 I(x_2,t)$. Bei raschen Stromänderungen haben sich aber zur Zeit t die unmittelbar vorausgegangenen Emitterstromänderungen aufgrund der endlichen Laufzeit der Ladungsträger noch nicht voll auf das Konzentrationsgefälle am Rande x_3 der Kollektorsperrschicht J_2 ausgewirkt. Deswegen wird der Löcherstrom $I_p(x_3,t)$ in erheblichem Maße vom vorausgegangenen Emitterstromverlauf bestimmt. Entsprechendes gilt für $I_n(x_4,t)$.

Um die Zuordnung von $I_p(x_3,t)$, $I_n(x_4,t)$ zum vorausgegangenen Emitterstromverlauf zu finden, greifen wir den Gedankengang auf, den wir in Abschnitt 1.2 zur Beschreibung des Einschaltvorganges anhand des Thyristor-Ersatzmodells benutzt haben. Dort war zur Vereinfachung angenommen worden, daß der Kollektor auf eine sprungförmige Basisstromerhöhung mit einer zeitlich verzögerten sprungförmigen Kollektorstromerhöhung antwortet. Das wollen wir jetzt verallgemeinern.

Wir nehmen dazu an, daß uns die Antwort des Kollektors auf einen Einheitssprung (unit step) des Basisstromes zur Zeit τ,

$$I_B(t) = u(t-\tau) = \begin{cases} 0 & \text{für } t-\tau < 0 \\ 1 & \text{für } t-\tau > 0 \end{cases} \tag{5.7}$$

bekannt sei und bezeichnen sie mit $y_u(t-\tau)$. Man nennt y_u die "Sprungantwort" oder auch "Übergangsfunktion" eines

Systemes, weil sie angibt, wie das System unter der Einwirkung einer sprunghaften Erregung aus dem Ruhezustand in den neuen Zustand "übergeht".

Der Basisstrom des npn-Transistors setzt sich aus dem Steuerstrom $I_G(t)$ und dem über J_2 zufließenden Löcherstrom zusammen. Er möge den in Bild 5.3 skizzierten Verlauf haben. Den Stromverlauf kann man sich, wie angedeutet, aus nacheinander eingeschalteten kleinen Gleichströmen entstanden denken (siehe z.B. [5.1]). Die zur Zeit τ eingeschaltete Stromstufe läßt sich in der Form schreiben

$$\Delta I_{B2,\tau} u(t-\tau).$$

Sie ruft im Kollektor zur Zeit t den Strom $\Delta I_{B2,\tau} y_u(t-\tau)$ hervor.

Den gesamten Kollektorstrom zur Zeit t erhält man dann durch Aufsummieren der Strombeiträge aller Stromstufen vom Beginn des Einschaltvorganges zur Zeit $t = 0$ bis zum Zeitpunkt t

$$I_{C2}(t) = I_{B2}(0)\,y_u(t) + \sum_{\tau=0}^{t} \Delta I_{B2,\tau} y_u(t-\tau) \tag{5.8}$$

$$= I_{B2}(0)\,y_u(t) + \sum_{\tau=0}^{t} \frac{dI_{B2}}{d\tau}\Delta\tau\, y_u(t-\tau)\ .$$

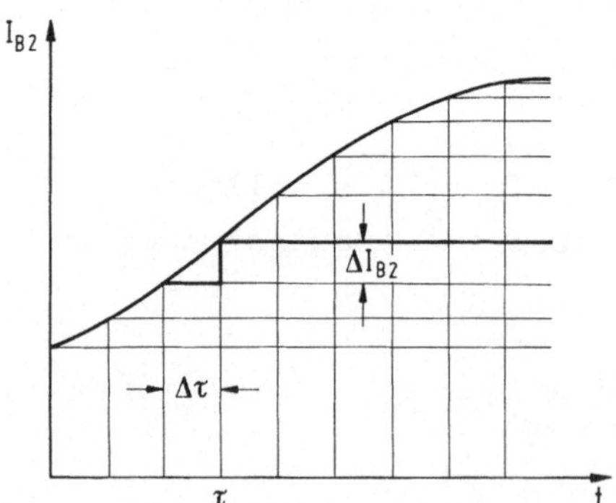

Bild 5.3. Zerlegung des Basisstromes $I_{B2}(t)$ in differentielle Stromstufen.

Für den Grenzfall $\Delta\tau \to 0$ geht die Summe in ein Integral über

$$I_{C2}(t) = I_{B2}(0)y_u(t) + \int_0^t \frac{dI_{B2}(\tau)}{dt} y_u(t-\tau)\,d\tau \ . \qquad (5.9)$$

Gl.(5.9) kann auch in der Form geschrieben werden

$$(5.10)$$

$$I_{C2}(t) = \frac{d}{dt}\int_0^t I_{B2}(\tau)y_u(t-\tau)\,d\tau = \frac{d}{dt}\int_0^t I_{B2}(t-\tau)y_u(\tau)\,d\tau ,$$

wie man durch Ausführen der Differentiation bestätigt.

Die Beziehung 5.10 wird als "Duhamel'sche Formel" [5.1] oder "Duhamel'scher Satz" bezeichnet. Sie stellt bei bekannter Sprungantwort $y_u(t)$ die gesuchte Verknüpfung des Kollektorstromes $I_{C2}(t) = I_n(x_4,t)$ mit dem vorausgegangenen Basisstrom $I_{B2}(\tau)$ her $(0 < \tau \le t)$. Der entsprechende Ausdruck für den pnp-Transistor lautet

$$I_{C1}(t) = I_p(x_3,t) = \frac{d}{dt}\int_0^t I_{B1}(\tau)y_u(t-\tau)\,d\tau \ . \qquad (5.11)$$

5.3 Übergangsfunktion

In der Theorie des Transistors [5.2] wird gezeigt, daß der zeitliche Verlauf des Kollektorstromes nach Einschalten eines konstanten Basisstromes der Höhe ΔI_B näherungsweise beschrieben werden kann durch

$$\Delta I_C(t) = \Delta I_B \tilde{\beta}\,(1 - e^{-\frac{t}{\tau^*}}) \ . \qquad (5.12)$$

Voraussetzung ist, daß der Kollektor dabei in Sperrichtung gepolt bleibt. $\tilde{\beta}$ ist der Kleinsignal-Stromverstärkungsfaktor in Emitterschaltung und τ^* eine Zeitkonstante. Aus Gl.(5.12) folgt dann

$$y_u(t) = \frac{\Delta I_C(t)}{\Delta I_B} = \tilde{\beta}(1 - e^{-\frac{t}{\tau^*}}) \ . \tag{5.13}$$

Zu Gl.(5.12) sei noch bemerkt, daß sie den tatsächlichen Verlauf des Kollektorstromes für $t \geq \tau^*$ recht gut wiedergibt, daß sie aber für $t < \tau^*$ ungenau wird. Nach Gl.(5.12) steigt der Kollektorstrom sofort im Einschaltmoment mit endlicher Steigung an, während er in Wirklichkeit wegen der endlichen Trägerlaufzeit verzögert einsetzt und das mit der Steigung Null. Der Übergangsfunktion, Gl.(5.13), liegt demnach eine Näherung zugrunde, welche die Einschaltverzugszeit weitgehend ignoriert. Deswegen gelten die mit der Übergangsfunktion nach (5.13) erzielten Ergebnisse nur im Zeitbereich $t \geq \tau^*$ mit hinreichender Genauigkeit.

Dem Verhalten des Bauelementes in diesem Zeitbereich kommt aber in den meisten Fällen eine größere praktische Bedeutung zu als dem Verhalten während der Verzugszeit, wo der Strom ja nahezu Null ist.

Sieht man von dieser grundsätzlichen Unzulänglichkeit der Übergangsfunktion (5.13) ab, so hat man mit der Bilanzgleichung (5.6) und den Gln.(5.10),(5.11) ein komplettes Gleichungssystem zur Hand, das zur Berechnung des Schaltvorganges eines Thyristors geeignet ist [5.3]. Da I_{CO} und I_V während des Schaltens im allgemeinen klein sind gegenüber $I_p(x_3,t)$, $I_n(x_4,t)$, vereinfacht sich das Gleichungssystem zu

$$I_A(t) = I_p(x_3,t) + I_n(x_4,t) \ , \tag{5.14}$$

$$I_p(x_3,t) = \frac{d}{dt} \int\limits_0^t I_{B1}(\tau)\,\tilde{\beta}_1\,(1 - e^{-(t-\tau)/\tau_1^*})\,d\tau \ , \tag{5.15}$$

$$I_n(x_4,t) = \frac{d}{dt} \int\limits_0^t I_{B2}(\tau)\,\tilde{\beta}_2\,(1 - e^{-(t-\tau)/\tau_2^*})\,d\tau \ , \tag{5.16}$$

166

mit

$$I_{B1}(t) = I_n(x_4,t) \ , \tag{5.17}$$

$$I_{B2}(t) = I_p(x_3,t) + I_G(t) \ . \tag{5.18}$$

Zum praktischen Gebrauch dieses Gleichungssystems ist es
von Vorteil, sich der Laplace-Transformation zu bedienen.
Die Laplace-Transformation ordnet einer Funktion f(t)
der Variablen t im sogenannten Originalbereich oder Origi-
nalraum eine Funktion F(s) im Bereich der Variablen s,
dem Bildbereich oder Bildraum, zu vermöge der Transfor-
mationsgleichung

$$F(s) = \int_0^\infty e^{-st} f(t)\,dt \equiv \mathscr{L}\{f(t)\} \ . \tag{5.19}$$

Dabei gehen die Rechenoperationen des Originalraumes in
einfachere Rechenoperationen im Bildraum über. Es läßt
sich daher im Bildraum sehr viel leichter rechnen. Am
Ende der Rechnung können die Ergebnisse anhand von Tabellen korrespondierender Funktionen [5.4] in den Origi-
nalraum zurückübersetzt werden.

Die Anwendung dieser Rechenmethode ist heute in der Literatur bei der Behandlung von Schaltvorgängen in Halbleiterbauelementen allgemein üblich. Wir werden sie im
folgenden ebenfalls des öfteren benutzen, müssen aber auf
eine Herleitung der Rechenregeln hier verzichten. Dazu
sei auf [5.5] verwiesen.

Unterziehen wir die Gln.(5.14) bis (5.18) der Laplace-
Transformation, so gehen sie über in

$$\hat{I}_A(s) = \hat{I}_p(x_3,s) + \hat{I}_n(x_4,s) \ , \tag{5.20}$$

$$\hat{I}_p(x_3,s) = \hat{I}_{B1}(s)\ \frac{\tilde{\beta}_1}{1 + \tau_1^* s} \ , \tag{5.21}$$

$$\hat{I}_n(x_4,s) = \hat{I}_{B2}(s)\ \frac{\tilde{\beta}_2}{1 + \tau_2^* s} \ , \tag{5.22}$$

$$\hat{I}_{B1}(s) = \hat{I}_n(x_4,s) \ , \qquad\qquad\qquad (5.23)$$

$$\hat{I}_{B2}(s) = \hat{I}_p(x_3,s) + \hat{I}_G(s) \ . \qquad\qquad (5.24)$$

Die Funktion $\hat{I}_A(s)$ ist dabei die Laplacetransformierte von $I_A(t)$

$$\hat{I}_A(s) = \int_0^\infty e^{-st} \, I_A(t)dt \ .$$

Analoges gilt für die übrigen "überdachten" Funktionen.

Durch Elimination der Basisströme gewinnt man aus diesen fünf Gleichungen die Beziehung

$$\hat{I}_A(s) = \frac{(1 + \tilde{\beta}_1^*)\,\tilde{\beta}_2^*}{1 - \tilde{\beta}_1^*\tilde{\beta}_2^*} \, \hat{I}_G(s) \ , \qquad\qquad (5.25)$$

mit den Abkürzungen

$$\tilde{\beta}_1^* = \frac{\tilde{\beta}_1}{1 + \tau_1^* s} \ , \qquad\qquad\qquad (5.26)$$

$$\tilde{\beta}_2^* = \frac{\tilde{\beta}_2}{1 + \tau_2^* s} \ . \qquad\qquad\qquad (5.27)$$

Die Beziehung (5.25) hat formal die gleiche Gestalt, wie die statische Stromgleichung des Thyristor-Ersatzmodells bei Verwendung der Stromverstärkungsfaktoren in Emitterschaltung (Gl.1.22). Sie lautete

$$I_A = I_{AO} + \frac{1/\tilde{\beta}_1 + 1}{1/\tilde{\beta}_{12} - 1} \delta I_G \ , \qquad\qquad (1.22)$$

woraus mit $I_{AO} \approx 0$ und der Substitution $\delta I_G \triangleq I_G$ sowie $\tilde{\beta}_{12} = \tilde{\beta}_1\tilde{\beta}_2$ folgt

$$I_A = \frac{(1 + \tilde{\beta}_1)\,\tilde{\beta}_2}{1 - \tilde{\beta}_1\tilde{\beta}_2} \, I_G \ . \qquad\qquad\qquad (5.28)$$

Von dieser formalen Übereinstimmung zwischen der Stromgleichung im Bildraum und der statischen Kennliniengleichung wird häufig Gebrauch gemacht, gelegentlich in der folgenden etwas abgewandelten Form.

5.4 Frequenzgang

Die Berechnung der Schaltvorgänge stützt sich dabei auf den Frequenzgang der Stromverstärkungsfaktoren. Darunter versteht man die Abhängigkeit der $\tilde{\beta}$'s bzw. $\tilde{\alpha}$'s von der Frequenz ω eines *sinusförmigen* Eingangssignals. Nach der Theorie des Transistors gilt für den Frequenzgang der Stromverstärkungsfaktoren in guter Näherung

$$\tilde{\beta} = \frac{\tilde{\beta}_O}{1 + j\omega/\omega_\beta} , \qquad (5.29)$$

bzw.

$$\tilde{\alpha} = \frac{\tilde{\alpha}_O}{1 + j\omega/\omega_\alpha} , \qquad (5.30)$$

wobei ω_β die Grenzfrequenz in Emitterschaltung und ω_α die Grenzfrequenz in Basisschaltung bedeuten, definiert durch

$$|\tilde{\beta}(\omega_\beta)| = \frac{\tilde{\beta}_O}{\sqrt{2}} \qquad \text{mit } \tilde{\beta}_O = \lim_{\omega \to O} \beta(\omega) ,$$

bzw.

$$|\tilde{\alpha}(\omega_\alpha)| = \frac{\tilde{\alpha}_O}{\sqrt{2}} \qquad \text{mit } \tilde{\alpha}_O = \lim_{\omega \to O} \alpha(\omega) .$$

Setzt man in Gl.(5.29) $j\omega=s$, $1/\omega_\beta=\tau_1^*$ sowie $\tilde{\beta}_O=\tilde{\beta}_1$, so erkennt man, daß sie mit Gl.(5.26) identisch ist.

Eine Behandlung des Schaltvorganges ausgehend von der statischen Kennliniengleichung, Gl.(5.28), und Substitution der statischen Stromverstärkungsfaktoren durch die frequenzabhängigen Größen nach Gl.(5.29) ist daher der zuvor durch Gl.(5.25) bis (5.27) beschriebenen Methode äquivalent. Genaugenommen ist es ein Spezialfall dieser Methode, denn die Variable s ist im allgemeinen eine komplexe

Zahl und $\beta^*(s)$ somit eine Funktion in der komplexen Zahlenebene. Der Frequenzgang berücksichtigt dagegen nur die Werte dieser Funktion auf der imaginären Achse.

Was an der Stromgleichung in β-Schreibweise erläutert worden ist, gilt auch für die Stromgleichung in α-Schreibweise

$$I_A = \frac{\tilde{\alpha}_2 I_G}{1 - (\tilde{\alpha}_1 + \tilde{\alpha}_2)} \quad , \tag{5.31}$$

wenn man $\tilde{\alpha}_\gamma$ gemäß Gl.(5.30) durch $\tilde{\alpha}_\gamma(\omega)$ ersetzt:

$$\tilde{\alpha}_1 = \frac{\tilde{\alpha}_{10}}{1 + j\omega/\omega_{\alpha 1}} \;\widehat{=}\; \frac{\tilde{\alpha}_{10}}{1 + s/\omega_{\alpha 1}} \quad , \tag{5.32}$$

$$\tilde{\alpha}_2 = \frac{\tilde{\alpha}_{20}}{1 + j\omega/\omega_{\alpha 2}} \;\widehat{=}\; \frac{\tilde{\alpha}_{20}}{1 + s/\omega_{\alpha 2}} \quad . \tag{5.33}$$

Dieser Weg ist von Misawa [5.6] bei der Untersuchung des Einschaltvorganges beschritten worden.

5.5 Ladungssteuerungsmodell

Das Ladungssteuerungsmodell des pn-Überganges verknüpft die Überschußladungen in den Bahngebieten, Bild 5.4, mit dem Strom. Es basiert auf den Kontinuitätsgleichungen

$$\frac{\partial p(x,t)}{\partial t} = - \frac{1}{q} \operatorname{div} j_p(x,t) - \frac{p(x,t) - p_{no}}{\tau_p} \quad \text{im n-Gebiet,} \tag{5.34}$$

$$\frac{\partial n(x,t)}{\partial t} = \frac{1}{q} \operatorname{div} j_n(x,t) - \frac{n(x,t) - n_{po}}{\tau_n} \quad \text{im p-Gebiet,} \tag{5.35}$$

die nach Integration über den Bereich des jeweiligen Bahngebietes unter Berücksichtigung des Gauß'schen Satzes ($\iiint \operatorname{div} j \, dv = \iint j \, d\vec{f}$) übergehen in Gleichungen für die Speicherladungen Q_p bzw. Q_n

170

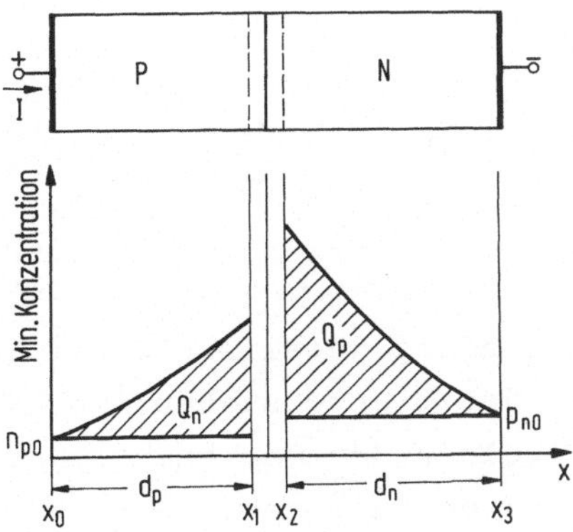

Bild 5.4. Überschußladungen in den Bahngebieten der pn-
Diode.

$$\frac{dQ_p(t)}{dt} = \{I_p(x_2,t) - I_p(x_3,t)\} - \frac{Q_p(t)}{\tau_p} , \quad x_2 \leqq x \leqq x_3 , \tag{5.36}$$

$$\frac{dQ_n(t)}{dt} = \{I_n(x_1,t) - I_n(x_0,t)\} - \frac{Q_n(t)}{\tau_n} , \quad x_0 \leqq x \leqq x_1 , \tag{5.37}$$

mit

$$Q_p = qA \int_{x_2}^{x_3} (p - p_{no})\,dx , \tag{5.38}$$

$$Q_n = qA \int_{x_0}^{x_1} (n - n_{po})\,dx . \tag{5.39}$$

Die Speicherladungen entsprechen den schraffierten Flächen
in Bild 5.4. Es ist dabei angenommen worden, daß der pn-
Übergang an den Stellen x_0, x_3 mit Ohmschen Kontakten versehen ist. Im stationären Zustand, $dQ_p/dt = dQ_n/dt = 0$, stehen nach Gln.(5.36) und (5.37) die Speicherladungen mit
den Strömen in folgendem Zusammenhang

$$\frac{Q_p}{\tau_p} = I_p(x_2) - I_p(x_3) \; , \qquad\qquad\qquad (5.40)$$

$$\frac{Q_n}{\tau_n} = I_n(x_1) - I_n(x_0) \; . \qquad\qquad\qquad (5.41)$$

Hiernach ergibt sich die Speicherladung jeweils als Differenz zweier Ströme. Wir wollen jetzt untersuchen, in welcher Beziehung sie zu den einzelnen Strömen steht. Der Einfachheit halber betrachten wir den Fall schwacher Injektion und beschränken uns auf das Bahngebiet der n-Zone. Der Löcherstrom fließt dann als reiner Diffusionsstrom. Für den örtlichen Verlauf der Löcherkonzentration folgt aus der Theorie des pn-Überganges (siehe z.B. [5.7])

$$p_n(x) - p_{no} = (p_n(x_2) - p_{no}) \; \frac{\sinh\left(\dfrac{x_3 - x}{L_p}\right)}{\sinh\left(\dfrac{d_n}{L_p}\right)} \; . \qquad\qquad (5.42)$$

Damit erhält man für die Speicherladung

$$Q_p = qAL_p \{p_n(x_2) - p_{no}\} \; \frac{\cosh\left(\dfrac{d_n}{L_p}\right) - 1}{\sinh\left(\dfrac{d_n}{L_p}\right)} \qquad\qquad (5.43)$$

und für die Ströme

$$I_p(x_2) = - AqD_p \left.\frac{dp}{dx}\right|_{x_2} = \frac{AqD_p}{L_p} \{p_n(x_2) - p_{no}\} \; \frac{\cosh\left(\dfrac{d_n}{L_p}\right)}{\sinh\left(\dfrac{d_n}{L_p}\right)}$$

$$= \frac{1}{\tau_p\left(1 - \dfrac{1}{\cosh\dfrac{d_n}{L_p}}\right)} Q_p \; , \qquad\qquad\qquad (5.44)$$

$$I_p(x_3) = -\, AqD_p \left.\frac{dp}{dx}\right|_{x_3} = \frac{AqD_p}{L_p}\{p_n(x_2) - p_{no}\}\,\frac{1}{\sinh\left(\dfrac{d_n}{L_p}\right)}$$

$$= \frac{1}{\tau_p\left(\cosh\left(\dfrac{d_n}{L_p}\right) - 1\right)}\,Q_p\;.\tag{5.45}$$

Die Ströme sind also der Speicherladung direkt proportional, wobei die Proportionalitätskonstanten nur von Strukturparametern abhängen

$$\tag{5.46}$$

$$I_p(x_2) = \frac{Q_p}{\tau_{p2}}\qquad\text{mit}\qquad \tau_{p2} = \tau_p\left(1 - \frac{1}{\cosh\left(\dfrac{d_n}{L_p}\right)}\right)\;,$$

$$\tag{5.47}$$

$$I_p(x_3) = \frac{Q_p}{\tau_{p3}}\qquad\text{mit}\qquad \tau_{p3} = \tau_p\left(\cosh\left(\dfrac{d_n}{L_p}\right) - 1\right)\;.$$

Dieses Ergebnis wird im Ladungssteuerungsmodell verallgemeinert. Es wird dazu angenommen, daß die Proportionalität zwischen Strom und Speicherladung, Gln.(5.46) und (5.47) auch bei dynamischen Vorgängen gültig ist. Das bedeutet mit anderen Worten: die Überschußladung soll zu jedem Zeitpunkt t die Form der Gleichgewichtsverteilung haben, welche im statischen Fall zur Speicherladung $Q_p(t)$ gehören würde.

Bild 5.5 dient zur Verdeutlichung dieser Grundannahme. Es zeigt in den Kurven 1 jeweils eine willkürliche Verteilung und in den Kurven 2 die jeweilige statische Verteilung mit der gleichen Speicherladung, d.h. mit demselben Flächeninhalt unter der Kurve.

In Bild 5.5a sind die Unterschiede gering. In solchen Fällen werden die dynamischen Vorgänge durch das Ladungssteuerungsmodell gut erfaßt. Die Bilder 5.5b, 5.5c dagegen veranschaulichen Verteilungen, für die das Ladungssteuerungsmodell zu falschen Aussagen führt. So würde es

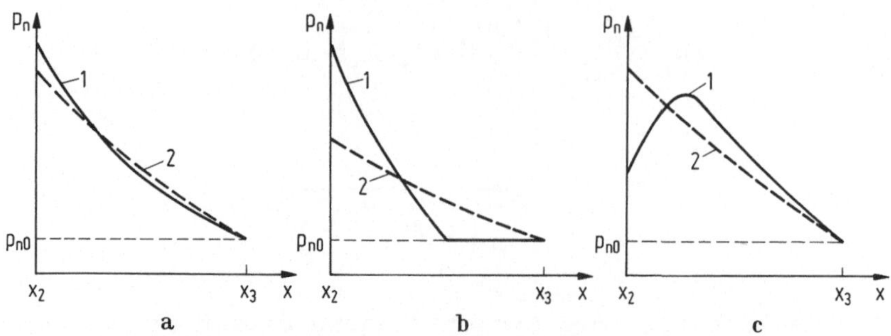

Bild 5.5. Minoritätsträgerverteilungen im n-Gebiet:
1 transiente, 2 stationäre Verteilung.

nach Bild 5.5b einen endlichen Löcherstrom über x_3 voraussagen, wohingegen der tatsächliche Löcherstrom wegen $(dp/dx)_{x3}=0$ dort Null ist. Verteilungen dieser Art können kurz nach dem Einschalten des Stromes auftreten. In der Situation nach Bild 5.5c würde das Ladungssteuerungsmodell an der Stelle x_3 einen nach rechts gerichteten Löcherstrom ergeben, der aufgrund des merklich geringeren Gefälles wesentlich kleiner wäre als der wirkliche Löcherstrom. Solche Verhältnisse können bei schneller Kommutierung des Stromes von Vorwärts- in Rückwärtsrichtung auftreten.

In Fällen, wie sie in Bild 5.5b und 5.5c dargestellt sind, ist die Beschreibung mit Hilfe des Ladungssteuerungsmodells weitgehend ungeeignet; sie erfordern die Lösung der zeit- und ortsabhängigen Stromtransportgleichungen (Abschnitt 5.7). Bis auf diese in den Anfangsphasen des Ein- und Ausschaltvorganges möglichen Gegebenheiten erfaßt aber das Ladungssteuerungsmodell die dynamischen Vorgänge mit einer für die Klärung der typischen Gesetzmäßigkeiten vollends ausreichenden Genauigkeit.

Sehen wir uns nunmehr an, wie sich die Ladungsdynamik durch die getroffene Grundannahme beschreiben läßt.

Mit der Proportionalität des Löcherstromes $I_p(x_2,t)$ bzw. $I_p(x_3,t)$ zur Speicherladung $Q_p(t)$

$$I_p(x_2,t) = \frac{Q_p(t)}{\tau_{p2}} , \tag{5.48}$$

174

$$I_p(x_3,t) = \frac{Q_p(t)}{\tau_{p3}} \quad , \qquad\qquad\qquad (5.49)$$

und den analogen Beziehungen für die Elektronenströme im p-Gebiet

$$\qquad\qquad\qquad\qquad\qquad\qquad\qquad (5.50)$$

$$I_n(x_1,t) = \frac{Q_n(t)}{\tau_{n1}} \qquad \text{mit} \quad \tau_{n1} = \tau_n\left(1 - \frac{1}{\cosh\frac{d_p}{L_n}}\right) \quad ,$$

$$\qquad\qquad\qquad\qquad\qquad\qquad\qquad (5.51)$$

$$I_n(x_0,t) = \frac{Q_n(t)}{\tau_{no}} \qquad \text{mit} \quad \tau_{no} = \tau_n\left(\cosh\frac{d_p}{L_n} - 1\right) \quad ,$$

erhält man aus Gln.(5.36) und (5.37)

$$I_p(x_2,t) = \frac{dQ_p}{dt} + \frac{Q_p}{\tau_p^*} \qquad \text{mit} \quad \frac{1}{\tau_p^*} = \frac{1}{\tau_p} + \frac{1}{\tau_{p3}} \quad , \qquad (5.52)$$

$$I_n(x_1,t) = \frac{dQ_n}{dt} + \frac{Q_n}{\tau_n^*} \qquad \text{mit} \quad \frac{1}{\tau_n^*} = \frac{1}{\tau_n} + \frac{1}{\tau_{no}} \quad . \qquad (5.53)$$

Unter Vernachlässigung der Rekombination in der Sperrschicht folgt dann für den Gesamtstrom $I(t)=I_p(x_2,t)+I_n(x_1,t)$:

$$I(t) = \frac{d(Q_p + Q_n)}{dt} + \frac{Q_p}{\tau_p^*} + \frac{Q_n}{\tau_n^*} \quad . \qquad\qquad (5.54)$$

Gl. (5.54) bildet die Grundgleichung der Ladungsdynamik des pn-Überganges: *Der Strom I dient zur Änderung der Gesamtspeicherladung* $(\frac{d}{dt}(Q_p+Q_n))$, *zur Deckung der Rekombinationsverluste im n-Gebiet und der über den rechten Metallkontakt abfließenden Löcher* $(Q_p/\tau_p^*=Q_p/\tau_p+Q_p/\tau_{p3})$, *sowie zur Deckung der Rekombinationsverluste im p-Gebiet und der über den linken Kontakt abfließenden Elektronen* $(Q_n/\tau_n^*=Q_n/\tau_n+Q_n/\tau_{no})$.

Wegen der Quasineutralität in den Bahngebieten sind jeweils genau so viele Majoritätsträger wie Minoritätsträger gespeichert. Es erübrigt sich damit, zwischen der Speicherladung der Minoritäts- und Majoritätsträger in dem

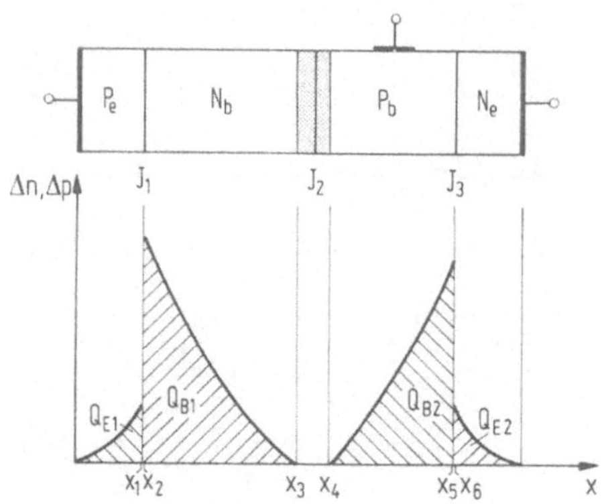

Bild 5.6. Speicherladungen im Thyristor. Kollektor J_2 in Sperrichtung gepolt.

betreffenden Bahngebiet zu unterscheiden. Geben wir den Speicherladungen im Thyristor die Bezeichnungen nach Bild 5.6, so lautet die sinngemäße Übertragung des vorhergehenden Ergebnisses auf den Thyristor: *Die Majoritätsladung, die z.B. einer Basiszone zugeführt wird, rekombiniert zum Teil in der Basis* (Q_B/τ_B), *zum Teil wird sie dort gespeichert* (dQ_B/dt); *ein weiterer Teil strömt in die angrenzende Emitterzone, wo er rekombiniert* (Q_E/τ_E) *oder gespeichert wird* (dQ_E/dt).

Das kann man gewissermaßen als "Erhaltungssatz" der Majoritätsladung auffassen. Beim Thyristor ergeben sich dann die beiden "Erhaltungssätze" [5.8]

$$I_{C2} = \frac{dQ_{B1}}{dt} + \frac{Q_{B1}}{\tau_{B1}} + \frac{Q_{E1}}{\tau_{E1}} + \frac{dQ_{E1}}{dt} \, , \tag{5.55}$$

$$I_G + I_{C1} = \frac{dQ_{B2}}{dt} + \frac{Q_{B2}}{\tau_{B2}} + \frac{Q_{E2}}{\tau_{E2}} + \frac{dQ_{E2}}{dt} \, . \tag{5.56}$$

I_{C1} ist der Löcherstrom, der über J_2 in die p-Basis einströmt, und I_{C2} der über J_2 in die n-Basis eintretende Elektronenstrom. Diese Ströme lassen sich nun wieder durch die Speicherladungen ausdrücken. Um hierbei auch Betriebszustände berücksichtigen zu können, bei denen J_2 in Flußrichtung gepolt ist, die beiden Teiltransistoren also im

176

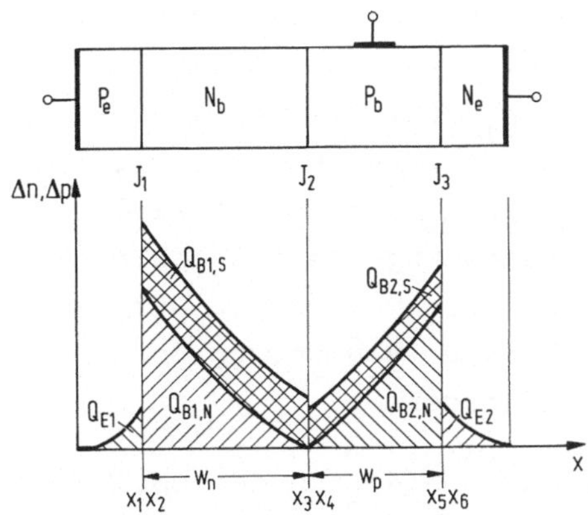

Bild 5.7. Speicherladungen im Thyristor. Kollektor J_2 in Flußrichtung gepolt.

Sättigungsbetrieb arbeiten, wird zwischen normaler Speicherladung, Index N, und Sättigungsladung, Index S, unterschieden (Bild 5.7).

Unter der normalen Speicherladung eines Basisgebietes soll diejenige Speicherladung verstanden werden, die den Kollektorstrom eindeutig bestimmt

$$I_{C1} = \frac{Q_{B1,N}}{\tau_{C1}} = \frac{1}{\tau_{C1}}(Q_{B1} - Q_{B1,S}) \ , \tag{5.57}$$

$$I_{C2} = \frac{Q_{B2,N}}{\tau_{C2}} = \frac{1}{\tau_{C2}}(Q_{B2} - Q_{B2,S}) \ . \tag{5.58}$$

Die hier eingeführten Zeitkonstanten τ_{C1}, τ_{C2} geben die Zeit an, in der eine Ladung von der Größe $Q_{B1,N}$ bzw. $Q_{B2,N}$ gerade einmal aus der Basis 1 bzw. 2 über den Kollektor abgeflossen ist; sie entsprechen der mittleren Laufzeit der Minoritätsträger durch die betreffende Basis.

Die Sättigungsladung $Q_{B\nu,S} = Q_{B\nu} - Q_{B\nu,N}$ mit $\nu=1,2$ nimmt mit der Höhe der Flußpolung von J_2 zu. Für Sperrpolung, $U_2 > 0$, ist $Q_{B1,S} = Q_{B2,S} = 0$ und damit $Q_{B1} = Q_{B1,N}$ und $Q_{B2} = Q_{B2,N}$. Unter diesen Bedingungen erreichen die inneren Rückkopplungsströme I_{C1}, I_{C2} nach Gln.(5.57), (5.58) ihre größtmöglichen

177

Werte. Sobald J_2 in Durchlaßrichtung umpolt, wird die innere Rückkopplung geschwächt, weil jetzt der Strom, der gemäß der Gesamtspeicherladung Q_{B1}, Q_{B2} fließen könnte, wenn J_2 noch in Sperrichtung gepolt wäre $(Q_{B1}/\tau_{C1}, Q_{B2}/\tau_{C2})$ um den Strom $Q_{B1,S}/\tau_{C1}$ bzw. $Q_{B2,S}/\tau_{C2}$ verringert wird. Dieses Verhalten war bei der Behandlung des Einschaltvorganges am Thyristor-Ersatzmodell durch effektive Stromverstärkungsfaktoren, die mit wachsender Flußpolung von J_2 abnehmen, zum Ausdruck gebracht worden.

Den Anodenstrom I_A findet man durch Addition der beiden ladungsgesteuerten Ströme I_{C1} und I_{C2}, die den Gesamtstrom über J_2 bilden

$$I_A = I_{C1} + I_{C2} = \frac{Q_{B1}}{\tau_{C1}} + \frac{Q_{B2}}{\tau_{C2}} - \left(\frac{Q_{B1,S}}{\tau_{C1}} + \frac{Q_{B2,S}}{\tau_{C2}} \right) . \qquad (5.59)$$

Die Sättigungsladung $Q_{B1,S}$ und $Q_{B2,S}$ sind nicht unabhängig voneinander; sie sind vielmehr über die Randwerte der Trägerdichten an den Sperrschichtgrenzen von J_2 miteinander verkoppelt. Aufgrund der Boltzmann-Beziehung

$$\frac{n_n(x_3)}{n_p(x_4)} = \frac{p_p(x_4)}{p_n(x_3)} = e^{+ (U_{D2} - U_2)/U_T} \qquad (5.60)$$

sind sie damit eindeutig durch U_2 bestimmt. Einfache Verhältnisse ergeben sich für einen linearen pn-Übergang; hier gilt [5.8]

$$Q_{B1,S} \simeq \frac{w_n}{w_p} Q_{B2,S} . \qquad (5.61)$$

Die Gleichungen (5.55), (5.56), (5.59), (5.61) bilden ein vollständiges Grundgleichungssystem zur Berechnung der dynamischen Vorgänge in einem Thyristormodell nach Bild 5.7 und linearem pn-Übergang J_2.

5.6 Ladungssteuermodell im Vergleich mit den beiden vorhergehenden Analysenmethoden

Zur Vereinfachung sei angenommen, daß J_2 in Sperrichtung gepolt ist und die Rekombination in den Emitterschichten vernachlässigt werden darf. Damit ist:

1. $Q_{B1,S} = Q_{B2,S} = 0$,
2. $Q_{E1}/\tau_{E1} = Q_{E2}/\tau_{E2} = 0$,
3. $dQ_{E1}/dt = dQ_{E2}/dt = 0$.

Die Grundgleichungen des Ladungssteuerungsmodells lauten dann

$$\frac{dQ_{B1}}{dt} = \frac{Q_{B2}}{\tau_{C2}} - \frac{Q_{B1}}{\tau_{B1}} \ , \tag{5.62}$$

$$\frac{dQ_{B2}}{dt} = \frac{Q_{B1}}{\tau_{C1}} - \frac{Q_{B2}}{\tau_{B2}} + I_G \ , \tag{5.63}$$

$$I_A = \frac{Q_{B1}}{\tau_{C1}} + \frac{Q_{B2}}{\tau_{C2}} \ . \tag{5.64}$$

Zur Festlegung der Anfangsbedingungen wählen wir den Einschaltvorgang. Hierfür gilt $Q_{B1}(0) = Q_{B2}(0) = 0$. Mit diesen Anfangswerten erhält man aus den Gln. (5.62) bis (5.64) durch Anwendung der Laplace-Transformation

$$s\hat{Q}_{B1} = \frac{\hat{Q}_{B2}}{\tau_{C2}} - \frac{\hat{Q}_{B1}}{\tau_{B1}} \ , \tag{5.65}$$

$$s\hat{Q}_{B2} = \frac{\hat{Q}_{B1}}{\tau_{C1}} - \frac{\hat{Q}_{B2}}{\tau_{B2}} + \hat{I}_G \ , \tag{5.66}$$

$$\hat{I}_A = \frac{\hat{Q}_{B1}}{\tau_{C1}} + \frac{\hat{Q}_{B2}}{\tau_{C2}} \ . \tag{5.67}$$

Eliminiert man in diesen Gleichungen die Laplace-Transformierten der Speicherladungen, $\hat{Q}_{B1}$, $\hat{Q}_{B2}$, so gewinnt man die Beziehung

$$\hat{I}_A = \frac{(1 + \tilde{\beta}_1)\,\tilde{\beta}_2}{1 - \tilde{\beta}_1\tilde{\beta}_2}\,\hat{I}_G \quad , \tag{5.68}$$

mit

$$\tilde{\beta}_1 = \frac{\tau_{B1}/\tau_{C1}}{1 + \tau_{B1}s} = \frac{\tilde{\beta}_{10}}{1 + \tau_{B1}s} \quad , \tag{5.69}$$

$$\tilde{\beta}_2 = \frac{\tau_{B2}/\tau_{C2}}{1 + \tau_{B2}s} = \frac{\tilde{\beta}_{20}}{1 + \tau_{B2}s} \quad . \tag{5.70}$$

In den Gln. (5.69), (5.70) ist berücksichtigt worden, daß
der Stromverstärkungsfaktor in Emitterschaltung für $\gamma=1$
unter statischen Verhältnissen die Gestalt annimmt

$$\tilde{\beta}_{10} = \frac{I_{C1}}{I_{B1}} = \frac{Q_{B1}/\tau_{C1}}{Q_{B1}/\tau_{B1}} = \frac{\tau_{B1}}{\tau_{C1}}$$

und entsprechend

$$\tilde{\beta}_{20} = \frac{\tau_{B2}}{\tau_{C2}} \quad .$$

Das Ladungssteuerungsmodell führt mit den Gleichungen
(5.68) bis (5.70) formal zu denselben Beziehungen im Bildbereich wie die beiden vorhergehenden Betrachtungsweisen.
Es entsprechen sich dabei

$$\tau_{B1} \;\hat{=}\; \tau_1^* \;\hat{=}\; \frac{1}{\omega_{\beta1}} \quad , \tag{5.71}$$

$$\tau_{B2} \;\hat{=}\; \tau_2^* \;\hat{=}\; \frac{1}{\omega_{\beta2}} \quad . \tag{5.72}$$

Mathematisch sind diese Methoden demnach völlig äquivalent,
wenn auch ihre physikalische Ausdrucksweise und das zugrundeliegende physikalische Bild scheinbar sehr verschieden sind. Damit steht von vornherein fest, daß diese Methoden alle das Gleiche leisten, und daß sie auch weitgehend über den gleichen Gültigkeitsbereich verfügen. Welche
von ihnen zur Lösung einer konkreten Aufgabe herangezogen
wird, ist daher von untergeordneter Bedeutung. Wir werden

derjenigen den Vorzug geben, deren Ergebnisse in der über-
sichtlichsten Form erscheinen.

5.7 Lösung der zeitabhängigen Strom- und Kontinuitätsgleichung

Nach den Näherungsmethoden soll nunmehr der exakte Weg zur
Behandlung der dynamischen Vorgänge des Thyristors betrachtet werden.

Ausgangspunkt sind die allgemeinen Strom- und Kontinuitätsgleichungen für Löcher und Elektronen sowie die Poissongleichung. In den Bahngebieten kann nach wie vor an der
Gültigkeit der Quasineutralität festgehalten werden, da
die Relaxationszeiten mit $\tau_R \leqq 10^{-10}$ sec wesentlich kürzer
sind als die Zeiten, in denen sich die Schaltvorgänge des
Thyristors abspielen ($\geqq 10^{-7}$ sec). Die Poissongleichung
braucht deswegen nicht mehr extra berücksichtigt zu werden.
Für Löcher sind dann unter gegebenen Rand- und Anfangsbedingungen die beiden Gleichungen zu lösen

$$j_p = q\mu_p pE - qD_p \frac{\partial p}{\partial x} \ , \tag{5.73}$$

$$\frac{\partial p}{\partial t} = -\frac{1}{q} \frac{\partial j_p}{\partial x} - \frac{p - p_0}{\tau_p} \ , \tag{5.74}$$

wobei $p=p(x,t)$ und $E=E(x,t)$ Funktionen des Ortes und der
Zeit sind. Ein entsprechendes Gleichungspaar gilt für die
Elektronen.

Die Lösung dieser Aufgabe wollen wir zunächst an einem
möglichst einfachen Beispiel behandeln.

Beispiel 1:

Wir betrachten dazu einen p^+n-Übergang mit langem Bahngebiet d_n, d.h. mit $d_n/L_p \ll 1$, an den zum Zeitpunkt $t=0$ eine
Gleichspannung U in Vorwärtsrichtung angelegt wird, Bild
5.8. Beim Anlegen der Spannung steigt die Randkonzentration $p_n(0,t)$ der Löcher an der Sperrschichtgrenze $x=0$

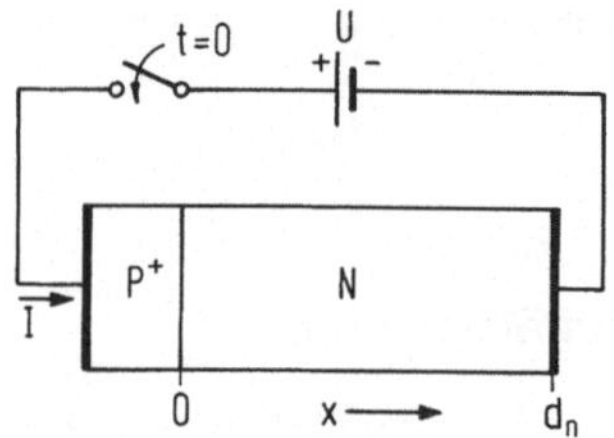

Bild 5.8. Einschalten einer p^+n-Diode zum Zeitpunkt $t = 0$ mit $U = \mathrm{const.}$

sprunghaft auf den Wert

$$p_n(0,t) = p_{no}\, e^{U/U_T} \qquad \text{für } t > 0 \ . \qquad (5.75)$$

Die Höhe der Spannung sei so gewählt, daß schwache Injektion vorliegt, $p_n(0) \ll N_D$. Ferner sei die Rekombination in der Sperrschicht verschwindend klein.

Es gelten damit die Voraussetzungen, wie sie dem Shockley'schen Modell des pn-Überganges zugrunde liegen. Der Gesamtstrom j ist in diesem Fall an der Stelle x=0 ein reiner Löcherstrom und weiterhin kann im n-Gebiet der Feldstrom der Löcher gegenüber dem Diffusionsstrom vernachlässigt werden

$$j(t) = j_p(0,t) \qquad (5.76)$$

$$j_{p,\mathrm{Feld}} \ll j_{p,\mathrm{Diff}} \qquad \text{für } 0 \le x \le d_n \ . \qquad (5.77)$$

Die Ausgangsgleichungen (5.73), (5.74) führen dann zu der partiellen Differentialgleichung

$$\frac{\partial p_n}{\partial t} = D_p\, \frac{\partial^2 p_n}{\partial x^2} - \frac{p_n - p_{no}}{\tau_p} \ , \qquad (5.78)$$

mit folgenden Rand- und Anfangsbedingungen

Anfangswert

$$p_n(x, +0) = p_{no} \ , \qquad (5.79)$$

182

$$p_n(0,t) = p_{no} + (p_n(0) - p_{no})u(t) \qquad\qquad (5.80)$$

mit $u(t)$ = Einheitssprungfunktion ,

$$p_n(d_n,t) = p_{no} \; . \qquad\qquad (5.81)$$

Zur Lösung der partiellen Differentialgleichung kann man
wiederum die Vorteile der Laplace-Transformation nutzen.
Der Hauptvorteil besteht jetzt darin, daß die partielle
Differentialgleichung in eine gewöhnliche Differentialgleichung im Bildbereich übergeht, die in der Regel um ein
Vielfaches einfacher zu lösen ist. Die Laplace-Transformation einer Funktion $f(x,t)$ erstreckt sich nur auf eine
Variable. Wählen wir hierzu die Zeit t, so bedeutet dies
eine Integration über die Zeit, wobei man sich den Ort x
festgehalten zu denken hat

$$\mathscr{L}\{f(x,t)\} = \int_0^\infty e^{-st} f(x,t)\,dt \equiv F(x,s) \; . \qquad (5.82)$$

Die Laplace-Transformierte $F(x,s)$ hängt nunmehr außer von
der Variablen s des Bildraumes noch von dem Parameter x
ab. Die Ableitung von $f(x,t)$ nach der Zeit geht bei der
Transformation über in

$$(5.83)$$

$$\mathscr{L}\left\{\frac{\partial f(x,t)}{\partial t}\right\} = \int_0^\infty e^{-st}\,\frac{\partial f(x,t)}{\partial t}\,dt = sF(x,s) - f(x,+0) \; ,$$

und die zweite Ableitung nach x geht über in

$$\mathscr{L}\left\{\frac{\partial^2 f(x,t)}{\partial x^2}\right\} = \int_0^\infty e^{-st}\,\frac{\partial^2 f(x,t)}{\partial x^2}\,dt = \frac{\partial^2 F(x,s)}{\partial x^2} \; . \qquad (5.84)$$

Gl.(5.84) setzt voraus, daß die Differentiation nach x mit
der Integration nach t vertauschbar ist.

Um die Berechnung übersichtlicher zu gestalten, führen wir anstelle von $p_n(x,t)$ die Überschußträgerdichte der Löcher, $\overset{*}{p}(x,t)=p_n(x,t)-p_{no}$, als gesuchte Funktion ein. Die Gln. (5.78) bis (5.81) schreiben sich dann

Partielle Differentialgleichung

$$\frac{\partial \overset{*}{p}}{\partial t} = D_p \frac{\partial^2 \overset{*}{p}}{\partial x^2} - \frac{\overset{*}{p}}{\tau_p} \, , \tag{5.85}$$

Anfangswert

$$\overset{*}{p}(x, +0) = 0 \, , \tag{5.86}$$

Randwerte

$$\overset{*}{p}(0,t) = \overset{*}{p}(0)u(t) \, , \tag{5.87}$$

$$\overset{*}{p}(\infty,t) = 0 \, . \tag{5.88}$$

Unterzieht man Gl.(5.85) der Laplace-Transformation und bezeichnet die Laplace-Transformierte von $\overset{*}{p}$ mit
$$\hat{p}(x,s) \triangleq \mathscr{L}\{\overset{*}{p}\},$$
so entsteht im Bildraum die gewöhnliche Differentialgleichung einer Funktion von x, $\hat{p}(x,s)=g(x)\big|_s$, mit s in der Rolle eines Parameters

$$- \overset{*}{p}(x, +0) + s\hat{p}(x,s) = D_p \frac{\partial^2 \hat{p}(x,s)}{\partial x^2} - \frac{\hat{p}(x,s)}{\tau_p} \, . \tag{5.89}$$

Bei Beachtung des Anfangswertes, Gl.(5.86) wird daraus eine homogene Differentialgleichung 2. Ordnung

$$\frac{\partial^2 \hat{p}}{\partial x^2} = \frac{1 + \tau_p s}{L_p^2} \, \hat{p} \qquad \text{mit } L_p = \sqrt{D_p \tau_p} \, . \tag{5.90}$$

Nun müssen auch die Randwerte, die ja ebenfalls Funktionen der Zeit sind, in den Bildraum transformiert werden. Das führt zu den folgenden Randbedingungen für $\hat{p}(x,s)$

$$\hat{p}(0,s) = \mathcal{L}\{\overset{*}{p}(0,t)\} = \overset{*}{p}(0)\,\mathcal{L}\{u(t)\} = \frac{\overset{*}{p}(0)}{s}\,, \qquad (5.91)$$

$$\hat{p}(\infty,s) = \mathcal{L}\{\overset{*}{p}(\infty,t)\} = 0. \qquad (5.92)$$

Die Differentialgleichung (5.90) besitzt die allgemeine Lösung

$$\hat{p}(x,s) = A\,e^{-\frac{x}{L_p}\sqrt{1+\tau_p s}} + B\,e^{+\frac{x}{L_p}\sqrt{1+\tau_p s}}\,. \qquad (5.93)$$

Für die Konstanten A, B erhält man aus den Randbedingungen (5.91), (5.92)

$$\hat{p}(0,s) = \frac{\overset{*}{p}(0)}{s} = A\,, \qquad (5.94)$$

$$\hat{p}(\infty,s) = 0 = B\,. \qquad (5.95)$$

Die Lösung der Differentialgleichung im Bildraum lautet damit

$$\hat{p}(x,s) = \frac{\overset{*}{p}(0)}{s}\,e^{-\frac{x}{L_p}\sqrt{1+\tau_p s}}\,. \qquad (5.96)$$

Für die Rücktransformation von Gl.(5.96) in den Original-
raum findet man anhand von Tabellen korrespondierender
Funktionen ([5.4], Korrespondenz 5.129, S. 264) sowie
in [5.9]

$$\overset{*}{p}(x,t) = \mathcal{L}^{-1}\{\hat{p}(x,s)\} \qquad (5.97)$$

$$= \frac{\overset{*}{p}(0)}{2}\left[e^{-\frac{x}{L_p}}\,\mathrm{erfc}\left\{\frac{x}{2\sqrt{D_p t}} - \sqrt{\frac{t}{\tau_p}}\right\}\right.$$

$$\left. + e^{\frac{x}{L_p}}\,\mathrm{erfc}\left\{\frac{x}{2\sqrt{D_p t}} + \sqrt{\frac{t}{\tau_p}}\right\}\right]\,.$$

Die Funktion erfc z bedeutet die komplementäre Fehler-

funktion (englisch: $\underline{e}$rror $\underline{f}$unction $\underline{c}$omplement) und liegt
tabelliert vor, siehe z.B. Jahnke, Emde, Lösch [5.10]

$$\operatorname{erfc} z \equiv 1 - \underbrace{\frac{2}{\sqrt{\pi}} \int_{0}^{z} e^{-y^2}\, dy}_{\equiv\, \operatorname{erf} z} = \frac{2}{\sqrt{\pi}} \int_{z}^{\infty} e^{-y^2}\, dy \ . \qquad (5.98)$$

Die Funktion erf z in Gl.(5.98) ist die Gauß'sche Fehler-
funktion (error function).

Mit Gl.(5.97) erhält man für den zeitlichen Verlauf des
Stromes

$$j(t) = j_p(0,t) = - qD_p \left. \frac{\partial \overset{*}{p}(x,t)}{\partial x} \right|_{x=0} \qquad (5.99)$$

$$= \frac{qD_p \overset{*}{p}(0)}{L_p} \left[\operatorname{erf}\left(\sqrt{\frac{t}{\tau_p}}\right) + \frac{e^{-\frac{t}{\tau_p}}}{\sqrt{\pi}\sqrt{\frac{t}{\tau_p}}} \right] \ .$$

Die Ergebnisse, Gl.(5.97) bzw. Gl.(5.99), sind in den Bildern 5.9 und 5.10 dargestellt; $\overset{*}{p}(x,t)$ ist dabei auf den
Randwert $\overset{*}{p}(0)$ und der Strom auf den stationären Wert
$j_{stat}=j_p(0,\infty)=q\overset{*}{p}(0)D_p/L_p$ normiert.

Im Einschaltmoment, t=0, besteht am Sperrschichtrand x=0
ein unendlich steiles Konzentrationsgefälle für Löcher.
Verbunden damit ist ein unendlich großer Löcherdiffusionsstrom, der zu einem raschen Anstieg des Löcherüberschusses
nahe x=0 führt. Auf diese Weise wird das Konzentrationsgefälle rasch abgebaut, und der Strom klingt schnell auf
seinen stationären Wert ab. Nach einer Zeit von etwa einer
Lebensdauer (τ_p) hat sich die Löcherüberschußträgerdichte
im Bereich $0 \leq x \leq L_p$ bis auf wenige Prozent ihrem stationären Wert genähert.

Daß der Löcherstrom zu Beginn unendlich groß ist, kommt
durch unsere Annahme einer sprunghaften Erhöhung der Lö-

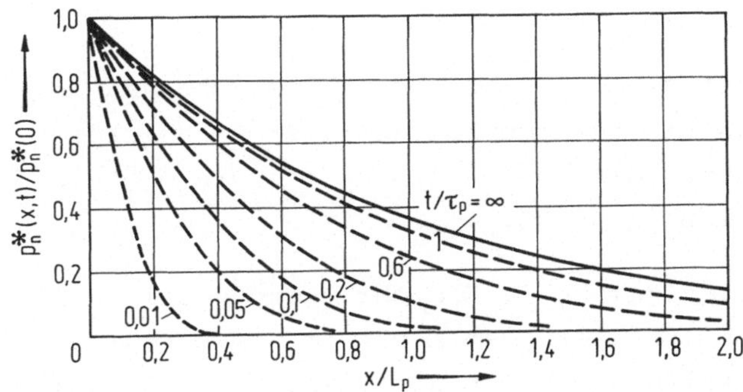

Bild 5.9. Überschußträgerdichte der Löcher, p_n^*, im n-Gebiet der p^+n-Diode zu verschiedenen Zeiten nach dem Einschalten der Flußspannung $U = \text{const.}$

cherkonzentration. Sie bedeutet den Zustrom einer endlichen Löchermenge in einer unendlich kurzen Zeit, also einen unbegrenzten Strom. Das ist insofern unrealistisch, als es verschwindend kleine Bahnwiderstände im n- und p-Gebiet voraussetzt und ferner eine Spannungsquelle mit Innenwiderstand Null. In Wirklichkeit wird j(O) beim Anlegen einer Gleichspannung zwar einen großen aber doch endlichen Wert annehmen. An den Kurvenverläufen in Bild 5.9 und 5.10 ändert das allerdings wenig.

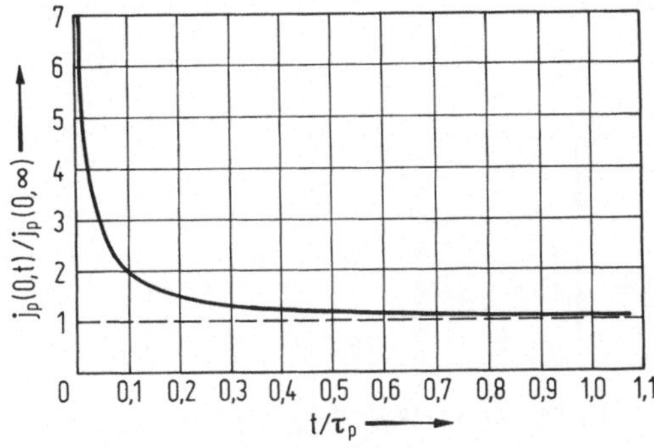

Bild 5.10. Transienter Strom der p^+n-Diode beim Einschalten mit $U = \text{const.}$

Beispiel 2:

Betrachten wir jetzt eine Variante des vorhergehenden Bei-
spiels, die für das Einschaltverhalten einer Transistorstruktur und damit für das Zünden des Thyristors mittels
Steuerstrom aufschlußreich ist.

Wir lassen hierzu lediglich die Einschränkung des langen
Bahngebietes, $d_n \gg L_p$, fallen. Damit bleibt die Formulie-
rung der Aufgabenstellung bis auf die Fassung der 2. Randbedingung unverändert. Statt $\overset{*}{p}(\infty,t)=0$ lautet die 2. Randbedingung jetzt

$$\overset{*}{p}(d_n,t) = 0 \ . \tag{5.100}$$

Für den entsprechenden Randwert im Bildraum erhält man

$$\hat{p}(d_n,s) = 0 \ , \tag{5.101}$$

womit sich für die Konstanten A und B ergibt

$$\hat{p}(0,s) = \frac{\overset{*}{p}(0)}{s} = A + B \ , \tag{5.102}$$

$$\hat{p}(d_n,s) = 0 = A \, e^{-\frac{d_n}{L_p}\sqrt{1+\tau_p s}} + B \, e^{\frac{d_n}{L_p}\sqrt{1+\tau_p s}} \ . \tag{5.103}$$

Die Lösung der gewöhnlichen Differentialgleichung im Bildraum heißt dann

$$\hat{p}(x,s) = \frac{\overset{*}{p}(0)}{s} \ \frac{\sinh\left\{\dfrac{d_n-x}{L_p}\sqrt{1+\tau_p s}\right\}}{\sinh\left\{\dfrac{d_n}{L_p}\sqrt{1+\tau_p s}\right\}} \ . \tag{5.104}$$

Die Rücktransformation von Gl.(5.104) in den Zeitbereich
mit Hilfe des Residuensatzes nach dem in Abschnitt 6 erläuterten Verfahren ergibt

188

$$\overset{*}{p}(x,t) = \overset{*}{p}(0) \; \frac{\sinh \dfrac{d_n - x}{L_p}}{\sinh \dfrac{d_n}{L_p}} \tag{5.105}$$

$$+ \; 2\overset{*}{p}(0) \; \frac{L_p^2}{d_n^2} \sum_{\nu=1}^{\infty} \frac{(-1)^{\nu} \, \nu\pi \, \sin\left\{\dfrac{\nu\pi(d_n - x)}{d_n}\right\} e^{-\frac{t}{\tau_\nu}}}{c_\nu}$$

mit

$$c_\nu = 1 + \left(\frac{\nu\pi L_p}{d_n}\right)^2 , \tag{5.106}$$

$$\tau_\nu \equiv \frac{\tau_p}{c_\nu} = \frac{\tau_p}{1 + \left(\dfrac{\nu\pi L_p}{d_n}\right)^2} . \tag{5.107}$$

Der erste Term in Gl.(5.105) stellt die stationäre Verteilung dar, denn für t→∞ geht

$$\sum_{\nu=1}^{\infty} \rightarrow 0 .$$

Da c_ν quadratisch mit ν zunimmt, und die Abklingkonstante
$\tau_\nu \sim 1/c_\nu$ deswegen rasch kleiner wird, konvergiert die Reihe
schnell und kann meist nach wenigen Gliedern abgebrochen
werden.

Mit Gl.(5.105) erhält man für den Löcherstrom am Metallkontakt ($x=d_n$) den Ausdruck

$$j_p(d_n,t) = - \, qD_p \; \frac{\partial \overset{*}{p}}{\partial x}\bigg|_{x=d_n} , \tag{5.108}$$

$$= \frac{qD_p \overset{*}{p}(0)}{L_p \sinh \dfrac{d_n}{L_p}} + \frac{2qD_p \overset{*}{p}(0)}{d_n\left(\dfrac{d_n}{L_p}\right)^2} \sum_{\nu=1}^{\infty} \frac{(-1)^{\nu} (\nu\pi)^2 e^{-\frac{t}{\tau_\nu}}}{c_\nu} .$$

Hier entspricht der erste Term wieder dem stationären
Wert, $j_p(d_n,\infty)$.

Grenzfall $d_n \ll L_p$:

Dieser Grenzfall [5.11] ist im Hinblick auf die Verhältnisse in der Steuerbasis des Thyristors von besonderem
Interesse. Es gelten dann die Näherungen

$$\sinh \frac{d_n}{L_p} \simeq \frac{d_n}{L_p} \; , \qquad\qquad (5.109)$$

$$c_\nu \simeq \left(\frac{\nu \pi L_p}{d_n} \right)^2 \; , \qquad\qquad (5.110)$$

$$\tau_\nu \simeq \tau_p \frac{d_n^2}{\nu^2 \pi^2 L_p^2} = \frac{1}{\nu^2} \frac{d_n^2}{\pi^2 D_p} = \frac{1}{\nu^2} \tau_T \qquad \text{mit} \quad \tau_T = \frac{d_n^2}{\pi^2 D_p} \; .$$

$$(5.111)$$

Damit vereinfachen sich die Ergebnisse zu

$$\frac{\overset{*}{p}(x,t)}{\overset{*}{p}(0)} = (1 - \frac{x}{d_n}) + 2 \sum_{\nu=1}^{\infty} \frac{(-1)^\nu \sin \left\{ \frac{\nu \pi (d_n - x)}{d_n} \right\} e^{-\nu^2 \frac{t}{\tau_T}}}{\nu \pi} \; ,$$

$$(5.112)$$

$$\frac{j_p(d_n,t)}{j_p(d_n,\infty)} = 1 + 2 \sum_{\nu=1}^{\infty} (-1)^\nu e^{-\nu^2 \frac{t}{\tau_T}} \; . \qquad\qquad (5.113)$$

Bild 5.11 zeigt den Verlauf der Löcherüberschußkonzentration nach Gl. (5.112) und Bild 5.12 den Stromverlauf nach
Gl. (5.113).

Es geht daraus hervor, daß die Löcherdichte nach einer
Dauer von etwa $2\tau_T$ ihre stationäre Verteilung weitgehend
erreicht hat, und der Strom $j_p(d_n,t)$ verzögert einsetzt
und anschließend, für $t > \tau_T$, in guter Näherung dem Verlauf

$$j_p(d_n,t) = j_p(d_n,\infty) \, (1 - 2 \, e^{-t/\tau_T}) \qquad\qquad (5.114)$$

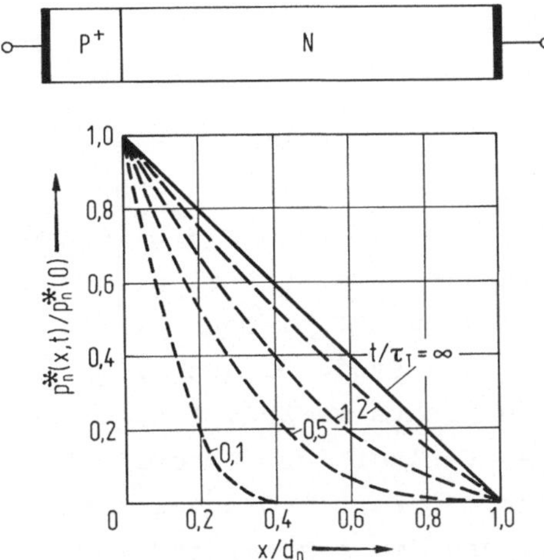

Bild 5.11. Überschußträgerdichte der Löcher, p_n^*, im n-Gebiet der p^+n-Diode zu verschiedenen Zeiten. Bahnlänge d_n kleiner als Diffusionslänge L_p der Löcher. Einschalten mit $U = \text{const}$.

folgt. Diesen Verlauf kann man auch in der Form schreiben

$$j_p(d_n,t) = j_p(d_n,\infty)\ (1 - e^{-(t - t_v)/\tau_T}) \qquad (5.115)$$

mit $t_v = \tau_T \ln 2 \simeq 0{,}7\ \tau_T$.

Das bringt die zeitliche Verzögerung des Löcherstromes am Metallkontakt deutlich zum Ausdruck. Die Verzögerungszeit

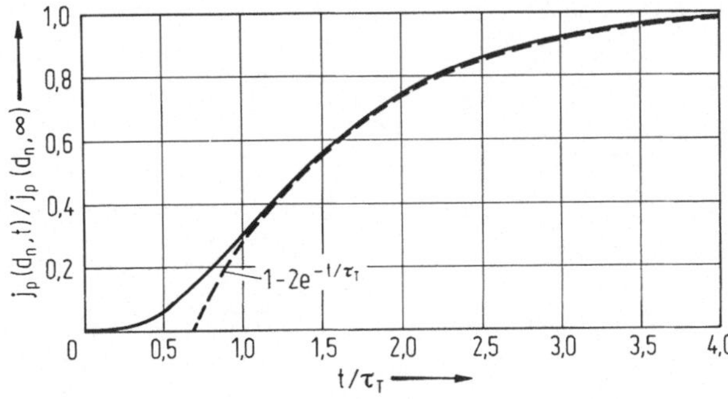

Bild 5.12. Transienter Löcherstrom der p^+n-Diode an der Stelle d_n (für $d_n \ll L_p$) beim Einschalten mit $U = \text{const}$.

t_v ist annähernd gleich der Zeit τ_T, die sich somit als
Laufzeit der Löcher durch das n-Gebiet interpretieren läßt.

Die vorhergehenden Ergebnisse können leicht auf die Verhältnisse in einem Transistor übertragen werden. Dazu braucht man sich nur den Metallkontakt an der Stelle $x=d_n$ durch die Sperrschicht eines Kollektors ersetzt zu denken und die Kollektorspannung Null anzunehmen. Dann gilt für die Löcherdichte exakt die gleiche Randbedingung wie zuvor, $p_n(d_n,t)=p_{no}$, so daß sich nichts verändert hat. Damit gibt Bild 5.11 unmittelbar den Verlauf der Löcherdichte im Basisgebiet für den Fall einer zur Zeit $t=0$ angelegten Emitter-Basisspannung wieder, und dementsprechend beschreibt Bild 5.12 den Verlauf des Kollektorstromes.

Ein Vergleich der beiden Kurven in Bild 5.12 läßt nun auch erkennen, wie weit es gerechtfertigt ist, den wirklichen Kollektorstromverlauf durch eine Beziehung von der Form $I_c(t)=I_{c,stat}[1-\exp(-t/\tau)]$ zu approximieren, eine Fragestellung, die uns bei der Herleitung der Übergangsfunktion begegnet war.

6 Einschaltverhalten

6.1 Qualitative Beschreibung

Der Thyristor kann auf sehr unterschiedliche Weise eingeschaltet werden:

1. durch Überschreiten der Kippspannung: Kippspannungs-
   Zündung,
2. mittels Steuerstrom: Steuerstrom- oder Gate-Zündung,
3. durch steil ansteigende Anodenspannung: $\frac{dU}{dt}$ - Zündung,
4. durch Lichteinstrahlung: Lichtzündung,
5. durch Temperaturerhöhung.

Am häufigsten wird die Steuerstrom- oder Gate-Zündung benutzt. Bei Leistungsthyristoren ist es die ausschließlich
praktizierte Zündart. Bei Thyristoren geringerer Leistung
kommen daneben noch in beschränktem Umfang die Kippspan-
nungs- oder "Überkopf"-Zündung sowie die Lichtzündung zur
Anwendung.

Die Vorgänge beim Einschalten des Thyristors sollen im
folgenden in erster Linie für den Fall der Steuerstrom-
Zündung behandelt werden, nicht nur, weil es die technisch
wichtigste Zündart ist, sondern weil wir dabei auch an die
prinzipiellen Überlegungen anknüpfen können, die in Abschnitt 1 am Thyristor-Ersatzmodell erörtert wurden.

6.1.1 Zündbedingung

Die Untersuchung des Einschaltvorganges am Thyristor-Ersatzmodell ergab als Zünd- oder Schaltbedingung

$$\tilde{\beta}_1 \tilde{\beta}_2 = 1 \, , \qquad\qquad \text{bzw.} \qquad\qquad (1.8)$$

$$\tilde{\alpha}_1 + \tilde{\alpha}_2 = 1 \, . \qquad\qquad\qquad\qquad (1.9)$$

Außerdem war im Rahmen einer allgemeinen Stabilitätsbetrachtung deutlich geworden, daß diese Bedingung unabhängig von der Art der Auslösung des Schaltvorganges gelten
muß, also unabhängig ist von der Zündart, sofern die Abhängigkeit der Stromverstärkungsfaktoren von Strom und
Spannung entsprechend berücksichtigt wird.

Die Schaltbedingung läßt sich auch direkt am eindimensionalen Thyristormodell herleiten [6.1]. Da es sich hierbei lediglich um die Frage handelt, wann ein Steuersignal, auch wenn es noch so langsam ansteigt, den Anodenstrom unbegrenzt wachsen läßt, genügt eine quasistatische
Betrachtungsweise.

Angenommen, ΔI_G sei der differentielle Zuwachs des Steuerstromes und ΔI_A der entsprechende Zuwachs des Anodenstromes, dann liefert die quasistatische Strombilanz an J_2
bei konstant gehaltener Spannung U_2

$$\Delta I_A = \tilde{\alpha}_1 (I_A, U_2) \, \Delta I_A + \tilde{\alpha}_2 (\{I_A + I_G\}, \, U_2) \, (\Delta I_A + \Delta I_G) \ ,$$

bzw. (6.1)

$$\frac{\Delta I_A}{\Delta I_G} = \frac{\tilde{\alpha}_2 (\{I_A + I_G\}, U_2)}{1 - [\tilde{\alpha}_1 (I_A, U_2) + \tilde{\alpha}_2 (\{I_A + I_G\}, U_2)]} \ . \qquad (6.2)$$

Nach Gl.(6.2) schaltet der Thyristor vom Sperr- in den
Durchlaßzustand $(\Delta I_A / \Delta I_G \to \infty)$, wenn

$$\tilde{\alpha}_1 (I_A, U_2) + \tilde{\alpha}_2 (\{I_A + I_G\}, U_2) \to 1 \qquad (6.3)$$

strebt in Übereinstimmung mit der Zündbedingung (1.9).

6.1.2 Aufbau der Speicherladung

Bild 6.1 veranschaulicht den grundsätzlich ablaufenden
Vorgang beim Einschalten des Steuerstromes. Vor der Zündung fällt die äußere Spannung U_a praktisch über J_2 ab.
Die Raumladungszone von J_2 erstreckt sich in die Basisgebiete und verkürzt die effektiven Basisweiten.

194

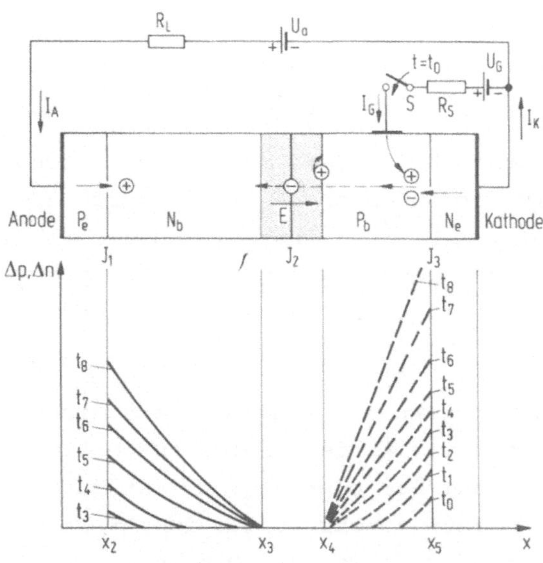

Bild 6.1. Vorgänge beim Einschalten des Thyristors und Verlauf der Überschußträgerdichten Δp, Δn zu Beginn des Einschaltvorgangs.

Wird der Schalter S zur Zeit $t=t_O$ geschlossen, so strömen über den Steuerkontakt Löcher in die p-Basis. Sie steuern den pn-Übergang J_3 stärker in Flußrichtung und bewirken somit die Injektion zusätzlicher Elektronen. Die zusätzlich injizierten Elektronen werden von den einströmenden Löchern neutralisiert. Am Basisrand x_5 baut sich so allmählich ein immer größerer Trägerüberschuß auf. Es entsteht ein Dichtegefälle, das sich nach einer gewissen Zeit über die gesamte Basiszone erstreckt. In diesem Dichtegefälle diffundieren die Elektronen und die sie neutralisierenden Löcher zur Sperrschicht J_2.

Dort werden die Elektronen vom elektrischen Feld E zur n-Basis transportiert. Die Löcher dagegen werden zur p-Basis zurückgedrängt. Würde in diesem Moment die äußere Stromzufuhr unterbrochen, so würden die vom Feld getrennten Ladungsträger jeweils einen Teil der Raumladung von J_2 neutralisieren, die Elektronen einen Teil der Donatorladung am Rande x_3 und die Löcher einen Teil der Akzeptorladung am Rande x_4. Das würde eine Abnahme der Spannung U_2 nach sich ziehen, oder anders ausgedrückt, die Sperrschichtkapazität von J_2 würde entladen.

Die Spannung U_2 bleibt demnach nur dann unverändert, wenn die vom Feld zur n-Basis getriebenen Elektronen durch einen äquivalenten Zustrom von Löchern über J_1 und die in der p-Basis zurückgehaltenen Löcher durch einen entsprechenden Zustrom von Elektronen über J_3 quantitativ neutralisiert werden.

Sobald die ersten Ladungsträgerpaare in der Sperrschicht J_2 getrennt werden, beginnt der Anodenstrom anzusteigen. Das geschieht in Bild 6.1 zum Zeitpunkt t_3. Es ist der Augenblick, in dem das Konzentrationsgefälle in der Steuerbasis den Sperrschichtrand x_4 erreicht. Die Zeit t_3 entspricht etwa der Trägerlaufzeit durch die p-Basis, τ_{T2}. Über J_1 fließen von t_3 an Löcher in die n-Basis und erzeugen, analog zur p-Basis, ein Konzentrationsgefälle, dem die Löcher folgen und zur Sperrschicht J_2 diffundieren.

Wenn sie dort, verzögert um die Laufzeit in der n-Basis, τ_{T1}, zur Zeit t_6 ankommen, werden sie vom Feld E zur p-Basis gezogen, während jetzt die neutralisierenden Elektronen zurückgehalten werden. Die über J_2 der p-Basis zugeführten Löcher steuern den pn-Übergang J_3 nun noch stärker in Durchlaßrichtung und erhöhen den Strom I_K und damit die Zahl der injizierten Elektronen. Zu diesem Zeitpunkt wird die "innere Stromrückkopplung" in der p-Basis wirksam. Der Basisstrom beginnt, sich zu regenerieren. Von nun an wiederholt sich das gleiche Spiel wie zuvor beim Einschalten des Steuerstromes.

Damit setzt eine neue Phase des Einschaltvorganges ein. Speicherladung und Strom wachsen, sofern die Zündbedingung erfüllt ist, lawinenartig an und streben nach Unendlich. Der Strom folgt dabei einem exponentiellen Verlauf. Die Überschußträgerdichten an den Sperrschichtgrenzen von $J_2(x_3, x_4)$ bleiben zunächst noch auf dem Wert Null. Mit zunehmendem Strom fällt aber ein Teil der angelegten Spannung am Widerstand der Bahngebiete und dem Lastwiderstand R_L ab. Dadurch sinkt die Sperrspannung an J_2, die Sperrschichtkapazität C_{S2} wird mehr und mehr entladen, weil nicht mehr alle in J_2 getrennten Ladungsträgerpaare durch den notwendigen erhöhten Zustrom von Löchern über J_1 und Elektronen über J_3 neutralisiert werden. Die Breite der Raumladungszone geht infolgedessen zurück, Bild 6.2. Schließlich wird der Spannungsabfall so groß, daß J_2 von Sperr- in Flußrichtung umpolt.

Das beendet den zweiten Zeitabschnitt des Einschaltvorganges und leitet den letzten ein, in welchem der Strom in seinen stationären Endwert einläuft. Bis zum Ende des zweiten Abschnittes sind die Widerstandsverhältnisse des äußeren Stromkreises ohne Einfluß auf den Stromverlauf. Er wird allein durch Eigenschaften der Thyristorstruktur bestimmt, u. zw. durch die Höhe der Rückkoppelverstärkung $\tilde{\beta}_1 \tilde{\beta}_2$ (siehe Abschn. 1.4). Im letzten Zeitabschnitt dagegen hängt der Stromverlauf entscheidend von der Impedanz des äußeren Stromkreises ab. Bei Ohmscher Last zum Beispiel, Bild 6.1, wird der Strom annähernd auf den Wert $I_A = U_a/R_L$ begrenzt. Nach der Umpolung, t_{10} in Bild 6.2, nimmt der

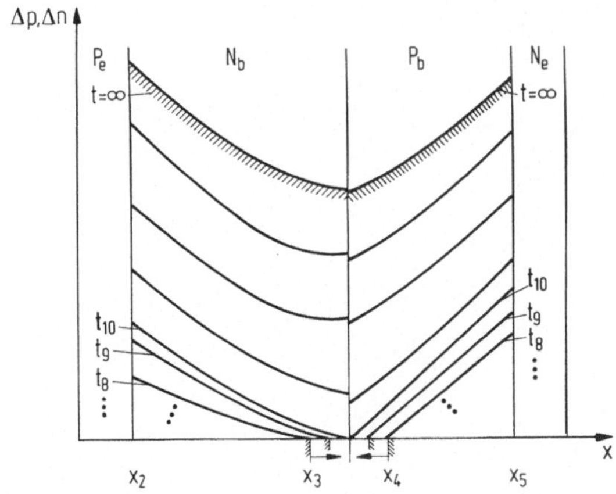

Bild 6.2. Überschußträgerdichten Δp, Δn im Thyristor während des Überganges in den stationären Durchlaßzustand.

Strom dann nur noch wenig zu, so daß die Stromkurve scharf
in eine Horizontale umbiegt. Das Konzentrationsgefälle an
den Stellen x_2 und x_5 bleibt nach der Umpolung trotz wachsender Trägerdichte weitgehend konstant. Mit steigender
Überschußträgerdichte nimmt die Rekombinationsrate zu.
Schließlich wird die Rekombinationsrate so groß, daß sie
dem Nettozustrom der Ladungsträger in der jeweiligen Basiszone die Waage hält. Damit stellt sich dann eine stationäre Trägerverteilung ein.

6.1.3 *Strom- und Spannungsverlauf*

Bild 6.3 zeigt den Strom- und Spannungsverlauf während
des Einschaltvorganges bei Ohmscher Last. Die Zeit vom
Beginn des Steuerstromimpulses, $t=t_O$, bis zum Abfall der
Anodenspannung U_A auf 90% ihres Anfangswertes $U_A(O)=U_a$
bezeichnet man als *Zündverzug* t_{gd} und das anschließende
Zeitintervall bis zum Abfall auf 10% des Anfangswertes

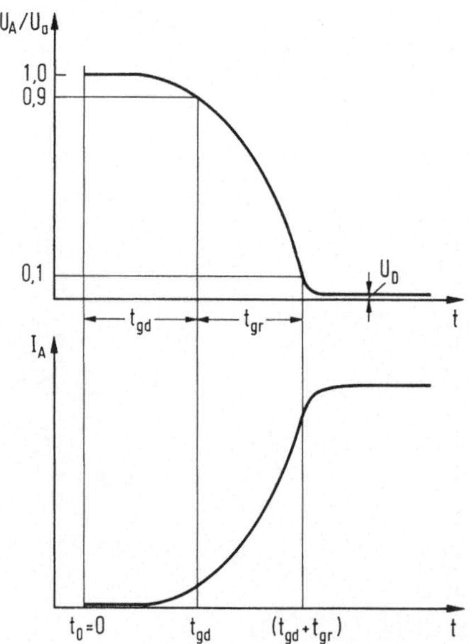

Bild 6.3. Verlauf von Spannung und Strom beim Einschalten.

als *Durchschaltzeit* t_{gr}. Bei Ohmscher Last ist t_{gd} gleichbedeutend mit der Zeit bis zum Anstieg des Anodenstromes auf 10% des Endwertes und t_{gr} mit der Zeit zwischen dem 10% - und 90% - Wert des Stromes. Die so mit einer gewissen Willkür festgelegten Zeitabschnitte sind im allgemeinen verschieden von den beiden zuvor beschriebenen ersten Abschnitten des Einschaltvorganges.

Der Zündverzug hängt von der Höhe des Steuerstromes ab. Bei schwacher Ansteuerung, worunter man eine Ansteuerung mit einem Strom I_G versteht, der nur wenig größer ist als der zur Zündung des Thyristors notwendige Mindest-Steuerstrom I_{GT}, kurz *Zündstrom* genannt, kann der Zündverzug bis zu 10 µs und mehr betragen. Bei starker Ansteuerung,

$$I_G/I_{GT} \gg 1,$$

sinkt er im allgemeinen auf Werte unter 1 Mikrosekunde ab. Bild 6.4 zeigt den typischen Verlauf des Zündverzugs als Funktion des Steuerstromes.

Im Gegensatz zum Zündverzug erweist sich die Durchschaltzeit als weitgehend unabhängig von der Höhe des Steuerstromes. Bei kleinflächigen Thyristoren mit Kippspannungen

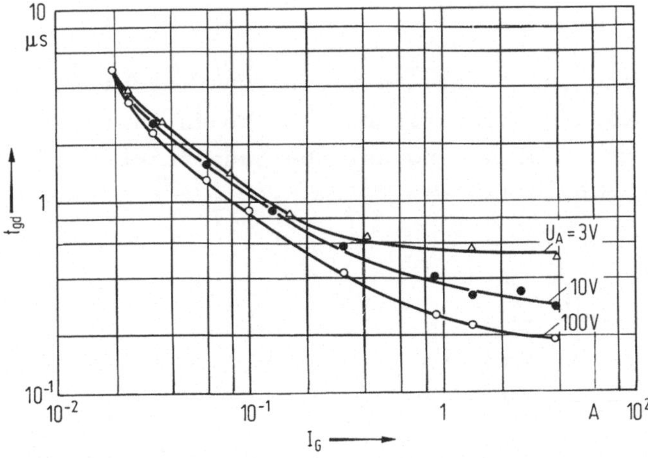

Bild 6.4. Zündverzug t_{gd} in Abhängigkeit vom Steuerstrom für verschiedene Werte der Anodenspannung nach [6.31].

von etwa 2000 V ist t_{gr} von der Größenordnung weniger Mikrosekunden. Die Beschränkung der Angaben auf kleinflächige Thyristoren ist notwendig, weil bei ihnen von der seitlichen Ausbreitung des Zündvorganges abgesehen werden kann, die mit wachsender Thyristorfläche zu einer beträchtlichen Vergrößerung der Durchschaltzeit führt.

6.2 Berechnung des Einschaltvorganges bei schwacher Injektion in den Basiszonen

6.2.1 Problemstellung

Um den Einfluß der Thyristorparameter sowie des äußeren Stromkreises auf den Einschaltvorgang zu untersuchen, gehen wir wieder von einem eindimensionalen Thyristormodell (Bild 6.5) aus. Wenn wir das verzögerte Einsetzen des Anodenstromes als Folge der endlichen Laufzeit der Ladungsträger durch die Basisgebiete miterfassen wollen, bleibt uns in der Wahl der Analysenmethode nur der Weg der exakten Lösung der Strom- und Kontinuitätsgleichungen. Mit diesem Problem beschäftigen sich zahlreiche Arbeiten [6.2] bis [6.10]. Die grundlegenden Beiträge [6.2] bis [6.6] gehen vor allem auf Lebedev, Uvarov und Chelnokov zurück. Im folgenden wollen wir uns zunächst dieser weitgehend strengen theoretischen Behandlung des Einschaltvorganges widmen.

Daneben gibt es eine Reihe Arbeiten, die den Einschaltvorgang sowohl mit Hilfe quasistationärer Methoden [6.11] bis [6.14], als auch unter Benutzung der Übergangsfunktion und des Frequenzgangs [6.15] bis [6.20] sowie des Ladungs-

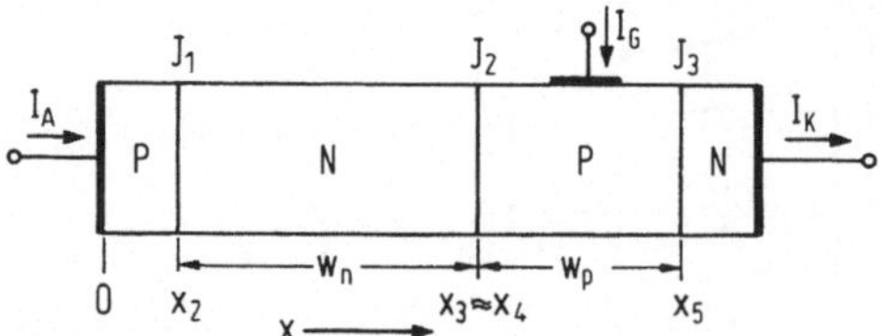

Bild 6.5. Thyristormodell zur Berechnung des Einschaltvorgangs.

steuerungsmodells [6.21] bis [6.24] untersuchen. Darauf
wollen wir erst später eingehen. Im Abschnitt 6.4 soll
hierzu am Beispiel des Ladungssteuerungsmodells gezeigt
werden, inwieweit die mit der strengen Rechnung gefundenen
Gesetzmäßigkeiten auf einfachere Weise gewonnen werden
können.

Um die Rechnungen im folgenden zu erleichtern, wird von
der Strom- und Spannungsabhängigkeit der Stromverstärkungsfaktoren abgesehen. Das mag zwar auf den ersten Blick als
unzulässig erscheinen, weil die Schalteigenschaft des Thyristors ja gerade auf der Stromabhängigkeit der Stromverstärkungsfaktoren beruht, ist aber dennoch für den Einschaltvorgang keine allzu einschneidende Beschränkung.
Denn bei hinreichend großem Steuerstrom wird $\alpha_2 = \alpha_2(I_A + I_G)$
gleich beim Einschalten des Steuerstromes in einen Strombereich gesteuert, wo der Stromverstärkungsfaktor weitgehend unabhängig vom Strom ist. Wenig später trifft dies
dann auch für $\alpha_1 = \alpha_1(I_A)$ zu. Die Stromabhängigkeit von α_1,
α_2 wirkt sich demnach nur auf die Dauer des Zündverzuges
aus. Am prinzipiellen Verlauf des Einschaltvorganges ändert sie wenig.

Annahmen

Wir wollen von folgenden Annahmen ausgehen:

1. die Emitterwirkungsgrade der äußeren pn-Übergänge sind
   gleich eins: $\gamma_1 = \gamma_3 = 1$,

2. in den Bahngebieten besteht Quasineutralität,

3. in den Basiszonen liegt schwache Injektion vor:
   $$p_{nb} \ll N_{Db}; \quad n_{pb} \ll N_{Ab},$$

4. die Sperrschichtweite des pn-Überganges J_2 ist vernachlässigbar: $x_4 - x_3 \approx 0$,

5. der pn-Übergang J_2 bleibt während des Einschaltvorganges in Sperrichtung gepolt: $U_2 > 0$,

6. der Sperrstrom von J_2 ist verschwindend klein: $I_{CO} \approx 0$,

7. der Steuerstrom hat die Form einer Sprungfunktion:

$$I_G(t) = I_G u(t) .$$

Ausgangsgleichungen

Wegen der vorausgesetzten schwachen Injektion darf der
Feldstrom der Minoritätsträger gegenüber ihrem Diffusionsstrom vernachlässigt werden. Damit gehen die Kontinuitätsgleichungen für Minoritätsträger in die Ausgangsgleichungen über

<u>n-Basis</u>

$$\frac{\partial p_{nb}^*}{\partial t} = D_p \frac{\partial^2 p_{nb}^*}{\partial x^2} - \frac{p_{nb}^*}{\tau_p} \; , \qquad \text{mit } p_{nb}^* = p_{nb} - p_{nbo} \; , \tag{6.4}$$

<u>p-Basis</u>

$$\frac{\partial n_{pb}^*}{\partial t} = D_n \frac{\partial^2 n_{pb}^*}{\partial x^2} - \frac{n_{pb}^*}{\tau_n} \; , \qquad \text{mit } n_{pb}^* = n_{pb} - n_{pbo} \; . \tag{6.5}$$

Rand- und Anfangsbedingungen

Aus der Forderung der Quasineutralität in den Basisgebieten folgt jeweils die Gleichheit des Netto zugeführten
Löcher- und Elektronenstromes. Mit $\gamma_1 = \gamma_3 = 1$ ergibt das die
beiden Randbedingungen

<u>n-Basis</u> $\qquad I_p(x_2) - I_p(x_3) = I_n(x_3) \; , \qquad$ bzw.

$$- D_p \left. \frac{\partial p_{nb}^*}{\partial x} \right|_{x_2} + D_p \left. \frac{\partial p_{nb}^*}{\partial x} \right|_{x_3} = D_n \left. \frac{\partial n_{pb}^*}{\partial x} \right|_{x_3} \tag{6.6}$$

<u>p-Basis</u> $\qquad I_n(x_5) - I_n(x_3) = I_G + I_p(x_3) \; , \qquad$ bzw.

$$D_n \left. \frac{\partial n_{pb}^*}{\partial x} \right|_{x_5} - D_n \left. \frac{\partial n_{pb}^*}{\partial x} \right|_{x_3} = \frac{I_G}{q} - D_p \left. \frac{\partial p_{nb}^*}{\partial x} \right|_{x_3} \; . \tag{6.7}$$

Aufgrund der Sperrpolung von J_2 erhält man bei Vernachlässigung der Gleichgewichtsdichten an den Sperrschichträndern

die beiden zusätzlichen Randbedingungen

$$p^*_{nb}(x_3,t) = 0 \; , \qquad\qquad (6.8)$$

$$n^*_{pb}(x_3,t) = 0 \; . \qquad\qquad (6.9)$$

Da zu Beginn des Einschaltvorganges (t=0) die Überschußträgerdichten in den Basisgebieten Null sind, gelten die Anfangsbedingungen

$$p^*_{nb}(x,0) = 0 \; , \qquad\qquad (6.10)$$

$$n^*_{pb}(x,0) = 0 \; . \qquad\qquad (6.11)$$

6.2.2 Lösungsmethode

Durch Anwendung der Laplace-Transformation werden die beiden partiellen Differentialgleichungen, Gln.(6.4) und (6.5), in die folgenden beiden gewöhnlichen Differentialgleichungen überführt

$$\frac{\partial^2 \hat{p}(x,s)}{\partial x^2} = \frac{1+s\tau_p}{L_p^2}\,\hat{p}(x,s) \qquad \text{mit } L_p^2 = D_p\tau_p \; , \qquad (6.12)$$

$$\frac{\partial^2 \hat{n}(x,s)}{\partial x^2} = \frac{1+s\tau_n}{L_n^2}\,\hat{n}(x,s) \qquad \text{mit } L_n^2 = D_n\tau_n \; , \qquad (6.13)$$

wobei $\hat{p}$ und $\hat{n}$ die Laplace-Transformierten von p^*_{nb} und n^*_{pb} sind:

$$\hat{p}(x,s) = \int_0^\infty e^{-st}\, p^*_{nb}(x,t)\,dt \; ,$$

$$\hat{n}(x,s) = \int_0^\infty e^{-st}\, n^*_{pb}(x,t)\,dt \; .$$

Die Laplace-Transformation der Randbedingungen, Gln. (6.6) bis (6.9), ergibt als Randbedingungen für $\hat{p}$ und $\hat{n}$ im Bildraum

$$- D_p \left.\frac{\partial \hat{p}}{\partial x}\right|_{x_2} + D_p \left.\frac{\partial \hat{p}}{\partial x}\right|_{x_3} = D_n \left.\frac{\partial \hat{n}}{\partial x}\right|_{x_3} \quad , \tag{6.14}$$

$$D_n \left.\frac{\partial \hat{n}}{\partial x}\right|_{x_5} - D_n \left.\frac{\partial \hat{n}}{\partial x}\right|_{x_3} = \frac{I_G}{q}\frac{1}{s} - D_p \left.\frac{\partial \hat{p}}{\partial x}\right|_{x_3} \quad , \tag{6.15}$$

$$\hat{p}(x_3,s) = 0 \quad , \tag{6.16}$$

$$\hat{n}(x_3,s) = 0 \quad . \tag{6.17}$$

Die allgemeinen Lösungen der Gln. (6.12) und (6.13) sind von der Form

$$\tag{6.18}$$

$$\hat{p}(x,s) = A \sinh\left(\frac{x - x_2}{L_p}\sqrt{1 + s\tau_p}\right) + B \cosh\left(\frac{x - x_2}{L_p}\sqrt{1 + s\tau_p}\right)$$

für $x_2 \leqq x \leqq x_3$ und

$$\tag{6.19}$$

$$\hat{n}(x,s) = C \sinh\left(\frac{x - x_3}{L_n}\sqrt{1 + s\tau_n}\right) + D \cosh\left(\frac{x - x_3}{L_n}\sqrt{1 + s\tau_n}\right)$$

für $x_3 \leqq x \leqq x_5$.

A, B, C, D sind Konstante, für die man aus den Randbedingungen die Bestimmungsgleichungen gewinnt

$$\frac{D_p}{L_p^*}\left[\cosh\left(\frac{w_n}{L_p^*}\right) - 1\right] A + \frac{D_p}{L_p^*}\sinh\left(\frac{w_n}{L_p^*}\right) B - \frac{D_n}{L_n^*} C = 0 \quad , \tag{6.20}$$

$$\tag{6.21}$$

$$\frac{D_p}{L_p^*}\cosh\left(\frac{w_n}{L_p^*}\right) A + \frac{D_p}{L_p^*}\sinh\left(\frac{w_n}{L_p^*}\right) B + \frac{D_n}{L_n^*}\left[\cosh\left(\frac{w_p}{L_n^*}\right) - 1\right] C = \frac{I_G}{q}\frac{1}{s} \quad , $$

$$\sinh\left(\frac{w_n}{L_p^*}\right) A + \cosh\left(\frac{w_n}{L_p^*}\right) B = 0 \quad , \tag{6.22}$$

$$D = 0 \quad , \tag{6.23}$$

mit den Abkürzungen

$$L_p^* = \frac{L_p}{\sqrt{1 + s\tau_p}} \quad ; \tag{6.24a}$$

$$L_n^* = \frac{L_n}{\sqrt{1 + s\tau_n}} \quad . \tag{6.24b}$$

Nach Auflösen dieses linearen Gleichungssystems erhält man
für $\hat{p}$ und $\hat{n}$ die Ausdrücke

$$\hat{p}(x,s) = \frac{I_G}{q} \frac{\sinh\left(\frac{x_3 - x}{L_p^*}\right)}{s \frac{D_p}{L_p^*} \cosh\left(\frac{w_n}{L_p^*}\right) \cosh\left(\frac{w_p}{L_n^*}\right) \left[1 - \frac{1}{\cosh\left(\frac{w_n}{L_p^*}\right)} - \frac{1}{\cosh\left(\frac{w_p}{L_n^*}\right)}\right]} \quad ; \tag{6.25}$$

$$\hat{n}(x,s) = \frac{I_G}{q} \frac{\left[\cosh\left(\frac{w_n}{L_p^*}\right) - 1\right] \sinh\left(\frac{x - x_3}{L_n^*}\right)}{s \frac{D_n}{L_n^*} \cosh\left(\frac{w_n}{L_p^*}\right) \cosh\left(\frac{w_p}{L_n^*}\right) \left[1 - \frac{1}{\cosh\left(\frac{w_n}{L_p^*}\right)} - \frac{1}{\cosh\left(\frac{w_p}{L_n^*}\right)}\right]} \quad . \tag{6.26}$$

Für den Anodenstrom

$$I_A(t) = -qD_p \left.\frac{\partial p_{nb}^*(x,t)}{\partial x}\right|_{x_2} \tag{6.27}$$

ergibt sich nach der Transformation in den Bildraum die Darstellung

$$\hat{I}_A(s) = -qD_p \left.\frac{\partial \hat{p}(x,s)}{\partial x}\right|_{x_2} \quad , \tag{6.28}$$

aus der mit Gl.(6.25) folgt

$$\hat{I}_A(s) = I_G \frac{1}{s \cosh\left(\frac{w_p}{L_n^*}\right)\left[1 - \frac{1}{\cosh\left(\frac{w_n}{L_p^*}\right)} - \frac{1}{\cosh\left(\frac{w_p}{L_n^*}\right)}\right]} \cdot \tag{6.29}$$

Durch Rücktransformation der Gln.(6.29), (6.26), (6.25) in den Zeitbereich erhält man die gesuchten Funktionen $I_A(t)$, $n_{pb}^*(x,t)$, $p_{nb}^*(x,t)$.

6.2.3 Verlauf von Strom und Trägerdichte für einen symmetrischen Thyristor

Die Beschränkung der Berechnung auf den Spezialfall eines völlig symmetrisch aufgebauten Thyristors soll dazu dienen, die Rücktransformation in den Zeitbereich möglichst einfach und übersichtlich zu gestalten.

Für die Thyristorparameter gilt in diesem Fall

$$\tau_n = \tau_p = \tau \ , \qquad L_n = L_p = L \ ,$$

$$D_n = D_p = D \ , \qquad L_n^* = L_p^* = L^* \ , \tag{6.30}$$

$$w_n = w_p = w \ .$$

Die Gln.(6.25), (6.26), (6.29) gehen damit über in

$$\hat{p}(x,s) = \frac{I_G}{q}\frac{\sinh\left(\frac{x_3 - x}{L^*}\right)}{s\,\frac{D}{L^*}\cosh\left(\frac{w}{L^*}\right)\left[\cosh\left(\frac{w}{L^*}\right) - 2\right]} \ ; \qquad x_2 \leq x \leq x_3 \ , \tag{6.31}$$

$$\hat{n}(x,s) = \frac{I_G}{q}\frac{\left[\cosh\left(\frac{w}{L^*}\right) - 1\right]\sinh\left(\frac{x - x_3}{L^*}\right)}{s\,\frac{D}{L^*}\cosh\left(\frac{w}{L^*}\right)\left[\cosh\left(\frac{w}{L^*}\right) - 2\right]} \ ; \qquad x_3 \leq x \leq x_5 \ , \tag{6.32}$$

$$\hat{I}_A(s) = I_G \frac{1}{s\left[\cosh\left(\frac{w}{L^*}\right) - 2\right]} \cdot \tag{6.33}$$

Zur Berechnung der Originalfunktion $I_A(t)$ aus der Bildfunktion $\hat{I}_A(s)$ gilt die Umkehrformel [6.25]

$$I_A(t) = \mathcal{L}^{-1}\{\hat{I}_A(s)\} = \frac{1}{2\pi j} \int_{c-j\infty}^{c+j\infty} e^{st}\hat{I}_A(s)\,ds \ , \quad t > 0 \ . \tag{6.34}$$

Sie stellt ein Integral in der komplexen s-Ebene über eine analytische Funktion dar und läßt sich beispielsweise mit Hilfe der Residuenrechnung auswerten [6.26]

$$I_A(t) = \sum_\nu \operatorname{res}_{s_\nu}\left[\hat{I}_A(s)\,e^{st}\right] \ , \quad t > 0 \ . \tag{6.35}$$

Dazu ist die Summe der Residuen (Σres) der Funktion
$$\hat{I}_A(s)\exp(st)$$
zu berechnen, wobei sich die Summation über sämtliche Pole s_ν von $\hat{I}_A(s)$, definiert durch $|\hat{I}_A(s)| \to \infty$ für $s \to s_\nu$, erstreckt.

Dieser Weg der Rücktransformation soll hier kurz skizziert werden, um die Übertragung der Ergebnisse auf den realen unsymmetrischen Thyristor zu erleichtern.

Wir suchen zuerst die Pole von $\hat{I}_A(s)$ auf. Es sind dies die Nullstellen des Nenners

$$N(s) = s\left[\cosh\left(\tfrac{W}{L}\sqrt{1+s\tau}\right) - 2\right] \tag{6.36}$$

und damit neben

$$s = 0 \tag{6.37}$$

die Lösungen der Gleichung

$$\cosh\left(\tfrac{W}{L}\sqrt{1+s\tau}\right) = 2 \ . \tag{6.38}$$

Da cosh z eine periodische Funktion ist

$$\cosh z = \cosh(z + 2\pi j\nu) \ , \quad \nu = 0, \pm 1, \pm 2 \ldots \pm\infty \ ,$$

hat Gl.(6.38) die Lösungen

$$\pm \frac{w}{L}\sqrt{1 + s\tau} = \text{arc cosh } 2 + 2\pi j\nu \; , \tag{6.39}$$

woraus mit arc cosh $2 \triangleq a = 1,317$ und dem vom Transistor her bekannten Ausdruck für die Trägerlaufzeit $\tau_T = w^2/2D$ folgt

$$s_\nu = \frac{a^2}{2\tau_T} - \frac{1}{\tau} - \frac{2\pi^2\nu^2}{\tau_T} + j\,\frac{2\pi a\nu}{\tau_T} \; . \tag{6.40}$$

Die Nullstellen setzen sich also zusammen aus der reellen Nullstelle

$$s_o = \frac{a^2}{2\tau_T} - \frac{1}{\tau} \tag{6.41}$$

und den konjugiert komplexen Nullstellen

$$s_{1\nu} = s_o - \frac{2\pi^2\nu^2}{\tau_T} + j\,\frac{2\pi a\nu}{\tau_T} \; , \tag{6.42}$$

$$s_{2\nu} = s_o - \frac{2\pi^2\nu^2}{\tau_T} - j\,\frac{2\pi a\nu}{\tau_T} \qquad \nu = 1, 2, 3 \ldots + \infty \; . \tag{6.43}$$

Als nächstes bestimmen wir die Residuen an den Stellen s_ν. Hierzu machen wir Gebrauch von der für Pole 1. Ordnung gültigen Beziehung [6.26]

$$\text{res}_{s_\nu}\left[\frac{Z(s)}{N(s)}\right] = \left.\frac{Z(s)}{\dfrac{dN(s)}{ds}}\right|_{s\,=\,s_\nu} \tag{6.44}$$

Aus Gl.(6.44) erhält man die in Tabelle 6.1 zusammengestellten Werte.

Im letzten Rechenschritt setzen wir die ermittelten Residuen in die Gl.(6.35) ein und erhalten nach einer einfachen Umformung als Ergebnis der Rücktransformation

$$I_A(t) = \frac{I_G}{\cosh\left(\frac{w}{L}\right) - 2} + \frac{I_G a\,e^{s_o t}}{\tau_T s_o \sqrt{3}} + \tag{6.45}$$

$$+ \frac{2 I_G}{\tau_T \sqrt{3}}\, e^{s_o t} \sum_{\nu=1}^{\infty} \frac{e^{-2\pi^2 \nu^2 t / \tau_T}}{\left(s_o - \frac{2\pi^2 \nu^2}{\tau_T}\right)^2 + \left(\frac{2\pi a \nu}{\tau_T}\right)^2}\left[a\left(s_o + \frac{2\pi^2 \nu^2}{\tau_T}\right)\right.$$

$$\left. \cos\left(\frac{2\pi a \nu t}{\tau_T}\right) + 2\pi\nu\left(s_o + \frac{2}{\tau} + \frac{2\pi^2 \nu^2}{\tau_T}\right)\sin\left(\frac{2\pi a \nu t}{\tau_T}\right)\right] .$$

Tabelle 6.1: Residuen der Funktion $\hat{I}_A(s)\exp(st)$

s_ν	$\operatorname{res}_{s\nu}\left[\dfrac{I_G \exp(st)}{N(s)}\right]$
0	$\dfrac{I_G}{\cosh\left(\frac{w}{L}\right) - 2}$
$s_o = \dfrac{a^2}{2\tau_T} - \dfrac{1}{\tau}$	$\dfrac{I_G\, a \exp(s_o t)}{s_o \tau_T \sqrt{3}}$
$s_{1\nu} = s_o - \dfrac{2\pi^2 \nu^2}{\tau_T} + j\dfrac{2\pi a \nu}{\tau_T}$	$\dfrac{I_G(a + 2\pi j\nu)\exp(s_{1\nu} t)}{s_{1\nu} \tau_T \sqrt{3}}$
$s_{2\nu} = s_o - \dfrac{2\pi^2 \nu^2}{\tau_T} - j\dfrac{2\pi a \nu}{\tau_T}$	$\dfrac{I_G(a - 2\pi j\nu)\exp(s_{2\nu} t)}{s_{2\nu} \tau_T \sqrt{3}}$
$\nu = 1,\ 2,\ 3\ \ldots\ \infty$	

Die Glieder der Reihe sind proportional zu $\exp(-2\pi^2\nu^2 t/\tau_T)$.
Sie sind daher für Zeiten, die vergleichbar mit der Trägerlaufzeit oder größer sind, $t \geq \tau_T$, sehr klein. Der Beitrag
der Reihe kann dann vernachlässigt werden, so daß man die
Näherungslösung erhält

$$I_A(t) = \frac{I_G}{\cosh(\frac{w}{L}) - 2} + \frac{I_G a}{\tau_T s_0 \sqrt{3}} \, e^{s_0 t} \qquad \text{für } t \geq \tau_T \ . \quad (6.46)$$

Nach Gl.(6.46) strebt der Anodenstrom exponentiell nach
Unendlich, wenn $s_0 > 0$ ist, d.h. für

$$\frac{a^2}{2\tau_T} > \frac{1}{\tau} \ , \qquad\qquad\qquad\qquad\qquad (6.47)$$

bzw. mit $a = \text{arc cosh } 2$ und $2\tau_T/\tau = w^2/L^2$

$$a > \frac{w}{L} \ , \qquad\qquad \text{bzw.} \qquad\qquad\qquad (6.48)$$

$$\frac{1}{\cosh \frac{w}{L}} > \frac{1}{2} \ . \qquad\qquad\qquad\qquad\qquad (6.49)$$

Gl.(6.49) entspricht wegen $\gamma=1$ und somit $\alpha=[\cosh(w/L)]^{-1}$
der Zündbedingung $\tilde{\alpha}_1+\tilde{\alpha}_2 \geq 1$, denn im vorliegenden symmetrischen Fall ist $\alpha_1=\alpha_2=\alpha$ und außerdem gilt $\tilde{\alpha}\equiv\alpha+I_E \, d\alpha/dI_E=\alpha$,
weil α nicht vom Strom abhängt. Da die Zündbedingung er-
füllt sein muß, wenn wir den Einschaltvorgang betrachten
wollen, ist nachträglich noch $s_0 > 0$ in die Voraussetzungen
aufzunehmen.

Bild 6.6a zeigt in Kurve A den Stromverlauf nach Gl.(6.45)
und in Kurve B den nach Gl.(6.46). Man erkennt, daß die
Näherungsfunktion, Kurve B, den genauen Stromverlauf bereits von etwa $t = 0,3 \, \tau_T$ an sehr gut approximiert. Der
Nulldurchgang der Kurve B charakterisiert praktisch die
Verzögerung des Anodenstromes gegenüber dem Steuersignal,
er definiert somit die *innere Verzögerungszeit* des Thyristors und soll im folgenden mit t_d bezeichnet werden.
Die innere Verzögerungszeit ist im allgemeinen erheblich
kleiner als die Verzugszeit t_{gd}, die aufgrund ihrer Defini-

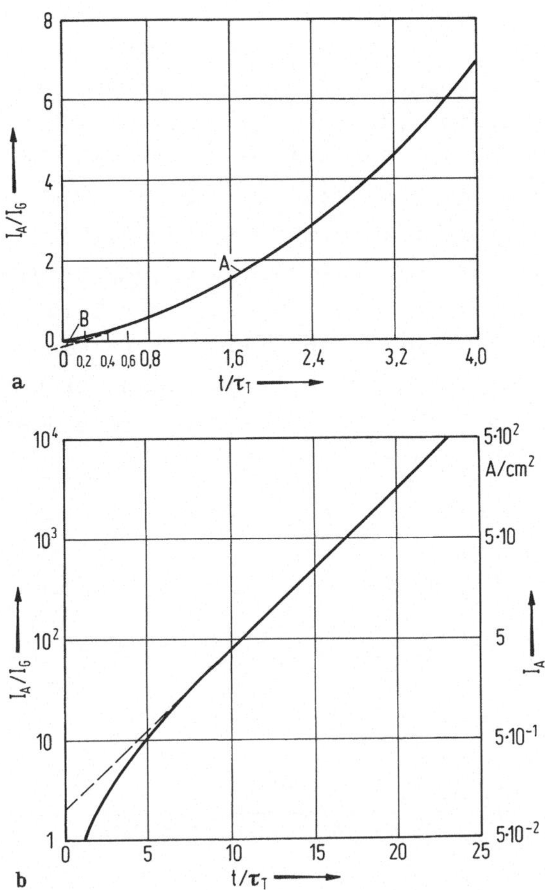

Bild 6.6. Stromverlauf. A exakte Lösung Gl.6.45, B Näherungslösung Gl.6.46. Ordinatenmaßstab: a) linear, b) logarithmisch.

tion wesentlich von den Verhältnissen des äußeren Stromkreises abhängt. Bei induktiver Last ist t_{gd} z.B. kleiner als bei kapazitiver Last, weil die Anodenspannung bei gleichem dI/dt schneller zusammenbricht.

Die innere Verzögerungszeit beträgt nach Bild 6.6a etwa $t_d = 0,15\ \tau_T$ und ist unabhängig von der Höhe des Steuerstromes, wie aus Gl.(6.46) mit $I_A(t)=0$ unmittelbar hervorgeht.

Abschließend sei noch auf einen wichtigen Punkt hingewiesen, was die Zusammensetzung der Näherungslösung Gl.(6.46) betrifft. Es gehen hier offensichtlich nur die beiden reellen Polstellen der Funktion $\hat{I}_A(s)$ an den Stellen $s=0$ und $s=s_0$ ein. Das sind zugleich diejenigen Polstellen, die dem Nullpunkt der komplexen s-Ebene am nächsten kommen. Darin spiegelt sich eine allgemeine Gesetzmäßigkeit der Laplace-Transformation wider: Das Verhalten der Originalfunktion für $t\to\infty$ wird durch das Verhalten ihrer Bildfunktion für $s\to 0$ bestimmt. Wenn wir uns daher im folgenden auf den Zeitbereich $t\geq\tau_T$ beschränken, brauchen wir nur die Polstellen der Bildfunktion in unmittelbarer Nähe des Nullpunktes der s-Ebene zu berücksichtigen.

Verlauf der Trägerdichten

Es soll zuerst der Verlauf der Löcherdichte in der n-Basis betrachtet werden.

Dazu ist die Bildfunktion

$$\hat{p}(x,s) = \frac{I_G L}{qD} \frac{\sinh\left(\frac{x_3 - x}{L}\sqrt{1 + s\tau}\right)}{s\sqrt{1 + s\tau}\,\cosh\left(\frac{w}{L}\sqrt{1 + s\tau}\right)\left[\cosh\left(\frac{w}{L}\sqrt{1 + s\tau}\right) - 2\right]}$$

$$\equiv \frac{I_G L}{qD}\frac{Z_1(s)}{sN_1(s)} \tag{6.50}$$

in den Zeitbereich zurückzutransformieren.

Die Bildfunktion $\hat{p}(x,s)$ hat neben den Polstellen der Bildfunktion $\hat{I}_A(s)$ jetzt weitere Polstellen dort, wo $\sqrt{1+s\tau}$ und $\cosh\{(w/L)\sqrt{1+s\tau}\}$ Nullstellen besitzen. Das sind die Orte

$$s_1 = -\frac{1}{\tau} \tag{6.51}$$

und

$$s_{3\nu} = -\frac{\left(\frac{\pi}{2} + \pi\nu\right)^2}{2\tau_T} - \frac{1}{\tau} \qquad \nu = -\infty \ldots + \infty \quad . \tag{6.52}$$

Alle diese Stellen liegen auf der negativen reellen s-Achse und führen nach Gl.(6.35) zu abklingenden e-Funktionen. Sie

212

liefern für $t \geq t_d$ nur einen verschwindenden Beitrag zu $p_{nb}^*(x,t)$ und können deshalb außeracht gelassen werden. Bei Beschränkung auf Zeiten $t \geq t_d$ genügt es somit, wiederum nur die beiden Polstellen $s=o$ und $s=s_o$ der Funktion $\hat{I}_A(s)$ heranzuziehen.

Mit den in Gl.(6.50) eingeführten Abkürzungen $Z_1(s)$ und $N_1(s)$ erhält man dann für den Verlauf der Löcherdichte in der n-Basis

$$p_{nb}^*(x,t) = \frac{I_G L}{qD} \frac{Z_1(0)}{N_1(0)} + \frac{I_G L}{qD} \frac{Z_1(s_o)}{s_o \left.\frac{dN_1}{ds}\right|_{s_o}} e^{s_o t} \qquad (6.53)$$

$$= \frac{-I_G L}{qD} \frac{\sinh \frac{x_3 - x}{L}}{\cosh(\frac{w}{L}) \left[2 - \cosh(\frac{w}{L}) \right]} + \frac{I_G L \, \sinh\left(\frac{x_3 - x}{w/a}\right)}{qws_o \sqrt{3}} e^{s_o t} .$$

Auf entsprechende Weise findet man für den Verlauf der Elektronendichte in der p-Basis

$$n_{pb}^*(x,t) = - \frac{I_G L}{qD} \frac{\left[\cosh(\frac{w}{L}) - 1\right] \sinh \frac{x - x_3}{L}}{\cosh(\frac{w}{L}) \left[2 - \cosh(\frac{w}{L}) \right]} \qquad (6.54)$$

$$+ \frac{I_G \, \sinh\left(\frac{x - x_3}{w/a}\right)}{qws_o \sqrt{3}} e^{s_o t} .$$

Die Ladungsträgerdichten folgen an jeder Stelle innerhalb der Basiszonen dem gleichen exponentiellen Wachstumsgesetz wie der Anodenstrom. Ihre örtliche Verteilung wird wie im stationären Fall durch den hyperbolischen Sinus beschrieben, doch steht anstelle der Diffusionslänge L jetzt mit w/a eine "transiente" Diffusionslänge, L_{tr}, die kürzer als L ist, denn es ist

$$L_{tr} = \frac{w}{a} = \frac{w/L}{a} L , \qquad (6.55)$$

und andererseits gilt der Zündbedingung Gl.(6.48) zufolge
a>w/L. Die Ladungsträgerdichten, Bild 6.7, fallen infolgedessen steiler vom jeweiligen Emitter zum Kollektor J_2
ab als im stationären Fall bei in Sperrichtung gepoltem
Kollektor. Sie behalten aber dieses Profil, nachdem es
sich einmal eingestellt hat, solange bei, wie sich der
Anodenstrom in dieser regenerativen Phase unbehindert vom
äußeren Stromkreis entwickeln kann. Das Einstellen dieser
"pseudostationären" Verteilung, die in ähnlicher Form auch
in pin-Dioden auftritt [6.27], vollzieht sich im Bereich
der Steuerbasis innerhalb einer Zeit von weniger als einer Trägerlaufzeit. In der n-Basis dagegen dauert es länger. Aber auch hier liegt die Zeit in der Größenordnung
weniger Laufzeiten.

Das steilere Gefälle der Trägerdichte im Vergleich zum
stationären Verlauf kommt dadurch zustande, daß jetzt ein

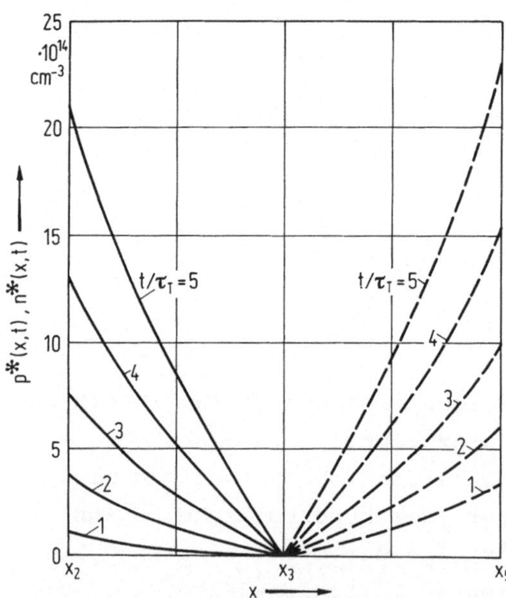

Bild 6.7. Verlauf der Überschußträgerdichten p^*, n^* zu
Beginn des Einschaltvorgangs. Berechnet nach Gln. 6.53,
6.54 mit den Daten der Tabelle 6.2.

214

Teil der in die Basisgebiete einströmenden Ladungsträger
zur Erhöhung der Speicherladung dient. Die Anhebung der
Trägerdichte beginnt am Emitter und pflanzt sich wegen
der endlichen Trägerlaufzeit erst allmählich durch die
Basis fort.

Bild 6.7 ist für einen Modellthyristor mit den Daten nach
Tabelle 6.2 berechnet. Es veranschaulicht den Aufbau der
Ladungsträgerdichten in den ersten 5 Trägerlaufzeiten. Das
zeitliche Nachhinken der Löcherdichte $(x_2 \leq x \leq x_3)$ hinter der
Elektronendichte $(x_3 \leq x \leq x_5)$ zeigt sich besonders deutlich
in der Anfangsphase des Einschaltvorganges. Im Laufe der
Zeit verwischt sich dieser prinzipielle Unterschied mehr
und mehr, und $p_{nb}^{*}(x,t)$ und $n_{pb}^{*}(x,t)$ verlaufen symmetrisch
zur Mitte $x=x_3$. In guter Näherung gilt dann

$$p_{nb}^{*}(x,t) = \frac{I_G}{qws_o\sqrt{3}} \, \sinh\left(\frac{x_3 - x}{L_{tr}}\right) e^{s_o t} \, , \tag{6.56}$$

$$n_{pb}^{*}(x,t) = \frac{I_G}{qws_o\sqrt{3}} \, \sinh\left(\frac{x - x_3}{L_{tr}}\right) e^{s_o t} \, , \tag{6.57}$$

$$I_A(t) = \frac{I_G a}{\tau_T s_o \sqrt{3}} \, e^{s_o t} \, . \tag{6.58}$$

Tabelle 6.2: Daten des Modellthyristors

Trägerlebensdauer	τ	10 µs
Diffusionskonstante	D	10 cm^2/s
Diffusionslänge	L	100 µm
Basisdicke	w	100 µm
Steuerstrom	I_G	50 mA/cm^2

Mit Gl.(6.58) lassen sich die Trägerdichten schließlich in der Form schreiben

$$p_{nb}^{*}(x,t) = \frac{I_A(t)}{2qD/L_{tr}} \sinh \frac{x_3 - x}{L_{tr}} , \qquad (6.59)$$

$$n_{pb}^{*}(x,t) = \frac{I_A(t)}{2qD/L_{tr}} \sinh \frac{x - x_3}{L_{tr}} . \qquad (6.60)$$

Das zeigt, daß die Trägerdichten dem Anodenstrom direkt proportional sind.

6.2.4 Der Übergang zur stationären Trägerverteilung

Der exponentielle Anstieg des Anodenstromes wird früher oder später durch den äußeren Stromkreis gestoppt. Bei einem Ohmschen Lastwiderstand R_L, der groß gegenüber dem inneren Widerstand des Thyristors ist, geschieht das relativ abrupt. Der Strom wird hierbei auf den Wert

$$I_A = I_D = U_a/R_L$$

begrenzt. Bezeichnen wir den Zeitpunkt, zu dem der Anodenstrom diesen Wert erreicht mit t_E, so gilt

$$I_D \equiv I_A(t_E) = \frac{I_G a}{\tau_T s_o \sqrt{3}} \, e^{s_o t_E} \qquad (6.61)$$

und für t_E somit

$$\qquad (6.62)$$

$$t_E = \frac{1}{s_o} \ln\left\{ \frac{I_D}{I_G} \frac{\sqrt{3}\,\tau_T s_o}{a} \right\} = \frac{2\tau_T}{a^2 - (\frac{w}{L})^2} \ln\left\{ \frac{I_D}{I_G} \frac{\sqrt{3}}{2a}\left[a^2 - (\frac{w}{L})^2\right] \right\} .$$

Mit den Thyristordaten nach Tabelle 6.2 errechnet man mittels Gl.(6.62) beispielsweise für die Zeit bis zum Anstieg des Stromes auf $I_D = 1000 \; I_G = 50 \; A/cm^2$: $t_E = 17 \; \tau_T$ (Bild 6.6b). Für verschwindende Rekombination in den Basiszonen, d.h. $\tau \to \infty$ oder $w/L \to 0$, verkürzt sich die Zeit auf $t_E = 8\tau_T$.

Zum Zeitpunkt $t = t_E$ verlassen wir den Gültigkeitsbereich der bisherigen Rechnung. Die Behinderung der freien Stromentwicklung zieht nämlich, wie eingangs erläutert, die Umpolung von J_2 von Sperr- in Flußrichtung nach sich. Und das bedeutet, daß jetzt die Randbedingung

$$p_{nb}^*(x_3,t) = n_{pb}^*(x_3,t) = 0$$

nicht mehr erfüllt ist. Sie ist zu ersetzen durch die allgemeinere Form der Boltzmann-Beziehung

$$\frac{p_{nb}(x_3,t)}{p_{nbo}} = \frac{n_{pb}(x_3,t)}{n_{pbo}} \quad . \tag{6.63}$$

Im vorliegenden Fall des symmetrischen Thyristors folgt daraus wegen $p_{nbo}=n_{pbo}$ für die Überschußträgerdichten

$$p_{nb}^*(x_3,t) = n_{pb}^*(x_3,t) \quad . \tag{6.64}$$

Bis auf diese Randbedingung ändert sich nichts an den bisherigen Ausgangsgleichungen. Es ist aber zu beachten, daß der Anodenstrom jetzt konstant vorgegeben ist:

$$I_A(t) = I_D = \text{const für } t > t_E .$$

Die Berechnung von $p_{nb}^*(x,t)$ für $t > t_E$ läßt sich ebenfalls mit Hilfe der Laplace-Transformation durchführen [6.3]. Dazu wählen wir den Zeitpunkt $t=t_E$ als Nullpunkt einer neuen Zeitskala, $t'=t-t_E$. Zu Beginn des neuen Zeitabschnittes, $t'=0$, liegen die Trägerdichteverteilungen nach Gl.(6.59) und (6.60) für $t=t_E$ vor. Die Anfangsbedingungen lauten dementsprechend

$$p_{nb}^*(x,t')\Big|_{t'=0} = \frac{I_D w}{2qDa} \sinh \frac{x_3 - x}{w/a} \qquad x_2 \leqq x \leqq x_3 \; , \tag{6.65}$$

$$n_{pb}^*(x,t')\Big|_{t'=0} = \frac{I_D w}{2qDa} \sinh \frac{x - x_3}{w/a} \qquad x_3 \leqq x \leqq x_5 \; . \tag{6.66}$$

Bild 6.8 illustriert die Ausgangssitutation und den zu erwartenden Endzustand der Trägerverteilung.

Der zeitlich konstante Verlauf des Anodenstromes für $t'>0$ läßt sich mit der Einheitssprungfunktion $u(t')$ in der Form

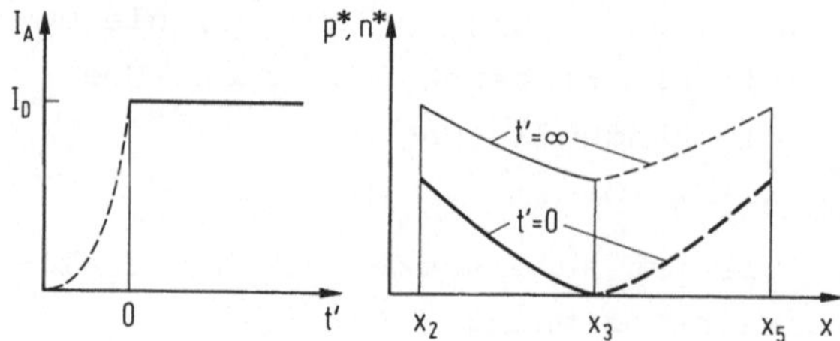

Bild 6.8. Verhältnisse beim Übergang der Trägerverteilung in den stationären Endzustand. I_D stationärer Durchlaßstrom.

schreiben

$$I_A(t') = I_D u(t') \ . \tag{6.67}$$

Der Steuerstrom spielt im vorliegenden Zeitbereich $t'>0$ nur eine geringe Rolle, denn er ist hier im allgemeinen klein gegenüber dem Löcherstrom, welcher der Steuerbasis über den Kollektor J_2 zufließt. Er darf daher vernachlässigt werden

$$I_G(t') = 0 \qquad \text{für} \qquad t' > 0 \ . \tag{6.68}$$

Damit erhält man durch Transformation der Stromgleichungen Gl.(6.4), Gl.(6.5) unter Beachtung der Anfangsbedingungen (6.65), (6.66)

$$\frac{d^2\hat{p}}{dx^2} - \frac{(1+s\tau)}{L^2}\,\hat{p} = -\frac{p^*_{nb}(x,0)}{D} \tag{6.69}$$

$$= -\frac{I_D w}{2qD^2 a}\ \sinh\frac{x_3 - x}{L_{tr}} \qquad x_2 \le x \le x_3 \ ,$$

$$\frac{d^2\hat{n}}{dx^2} - \frac{(1+s\tau)}{L^2}\,\hat{n} = -\frac{n^*_{pb}(x,0)}{D} \tag{6.70}$$

$$= -\frac{I_D w}{2qD^2 a}\ \sinh\frac{x - x_3}{L_{tr}} \qquad x_3 \le x \le x_5 \ .$$

Die Randbedingungen nehmen unter Berücksichtigung von Gl. (6.63), (6.64) und (6.67) sowie $I_G=0$ die Form an

218

$$I_p(x_2,t') = -\,qD\,\left.\frac{\partial p^*_{nb}}{\partial x}\right|_{x_2} = I_D u(t') \; , \qquad (6.71a)$$

$$I_n(x_5,t') = qD\,\left.\frac{\partial n^*_{pb}}{\partial x}\right|_{x_5} = I_D u(t') \; , \qquad (6.72a)$$

$$I_p(x_3,t') + I_n(x_3,t')$$

$$= -\,qD\,\left.\frac{\partial p^*_{nb}}{\partial x}\right|_{x_3} + qD\,\left.\frac{\partial n^*_{pb}}{\partial x}\right|_{x_3} = I_D u(t') \; , \qquad (6.73a)$$

$$\left. p^*_{nb}\right|_{x_3} = \left. n^*_{pb}\right|_{x_3} \qquad (6.74a)$$

und gehen bei der Laplace-Transformation über in

$$\left.\frac{d\hat{p}}{dx}\right|_{x_2} = -\,\frac{I_D}{qD}\,\frac{1}{s} \; , \qquad (6.71)$$

$$\left.\frac{d\hat{n}}{dx}\right|_{x_5} = \frac{I_D}{qD}\,\frac{1}{s} \; , \qquad (6.72)$$

$$-\left.\frac{d\hat{p}}{dx}\right|_{x_3} + \left.\frac{d\hat{n}}{dx}\right|_{x_3} = \frac{I_D}{qD}\,\frac{1}{s} \; , \qquad (6.73)$$

$$\left. \hat{p}\right|_{x_3} = \left. \hat{n}\right|_{x_3} \; . \qquad (6.74)$$

In den gewöhnlichen Differentialgleichungen (6.69) und
(6.70) treten jetzt im Unterschied zu den entsprechenden
Gleichungen des vorigen Abschnittes inhomogene Glieder
auf. Die allgemeine Lösung ist nunmehr von der Form

$$\hat{p}(x,s) = A\,\sinh\!\left(\frac{x_3-x}{L^*}\right) + B\,\cosh\!\left(\frac{x_3-x}{L^*}\right) + C_p\,\sinh\!\left(\frac{x_3-x}{L_{tr}}\right) \; ,$$

$$\tag{6.75}$$

$$\hat{n}(x,s) = C\,\sinh\left(\frac{x-x_3}{L^*}\right) + D\,\cosh\left(\frac{x-x_3}{L^*}\right) + C_n\,\sinh\left(\frac{x-x_3}{L_{tr}}\right)\,,$$

$$\tag{6.76}$$

wobei C_p, C_n die Konstanten der partikulären Lösungen der inhomogenen Differentialgleichungen sind

$$C_p = C_n = -\,\frac{I_D}{2qD}\,\frac{w\tau}{a}\,\frac{1}{\dfrac{a^2L^2}{w^2} - (1+s\tau)}\,. \tag{6.77}$$

Die übrigen Konstanten A, B, C, D ergeben sich aus den Randbedingungen. Aufgrund der Symmetrie der Trägerdichten zu $x = x_3$ folgt unmittelbar, daß $A = C$ und $B = D$ gelten muß. Es genügt daher, wenn wir unsere Betrachtungen beispielsweise auf die Löcherdichte beschränken.

Man findet als Bildfunktion der Löcherdichte

$$\hat{p}(x,s) = \frac{I_D}{2qD}\left[\frac{L\left(\dfrac{a^2L^2}{w^2}-1\right)\sinh\dfrac{x_3-x}{L^*}}{s\sqrt{1+s\tau}\left\{\left(\dfrac{a^2L^2}{w^2}-1\right)-s\tau\right\}}\right. \tag{6.78}$$

$$+\,\frac{L\left(\dfrac{a^2L^2}{w^2}-1\right)\left(2-\cosh\dfrac{w}{L^*}\right)\cosh\dfrac{x_3-x}{L^*}}{s\sqrt{1+s\tau}\left\{\left(\dfrac{a^2L^2}{w^2}-1\right)-s\tau\right\}\sinh\dfrac{w}{L^*}}$$

$$\left.-\,\frac{w\tau\,\sinh\dfrac{x_3-x}{L_{tr}}}{a\left\{\left(\dfrac{a^2L^2}{w^2}-1\right)-s\tau\right\}}\right]\,.$$

Die Rücktransformation von $\hat{p}(x,s)$ in den Zeitbereich kann erneut mittels Residuenrechnung nach dem Muster des Abschnittes 6.2.3 durchgeführt werden. Es zeigt sich, daß

jetzt nur die Pole bei s=o und s_1=-1/τ einen merklichen
Beitrag liefern, während sich die Beiträge des 1. und 3.
Terms von $\hat{p}(x,s)$ an der Polstelle

$$s = (1/\tau)(a^2 L^2/w^2 - 1) = a^2/2\tau_T - 1/\tau \equiv s_o,$$

die in der regenerativen Phase für den exponentiellen
Stromanstieg maßgebend war, auslöschen. Unter den Polen
des 2. Terms in Gl.(6.78), die von den Nullstellen des
$\sinh(w/L^*)=\sinh\{(w/L)\sqrt{1+s\tau}\}$ im Nenner verursacht werden
und an den Stellen $s_{4\nu}=-(\pi^2\nu^2/2\tau_T+1/\tau)$ der negativen reellen s-Achse auftreten, mit $\nu = 0$, 1, 2, ... ∞, führen
die Pole mit $\nu = 1$, 2, 3 ... zu wesentlich schneller abklingenden e-Funktionen als der Pol $s_{40}=-1/\tau\equiv s_1$. Wir lassen sie daher weg, beschränken uns also auf den langsam
ablaufenden Vorgang und erhalten für $p_{nb}^*(x,t')$ im Rahmen
dieser Näherung

$$(6.79)$$

$$p_{nb}^*(x,t') = \frac{I_D L}{2qD}\left[\sinh\frac{x_3 - x}{L} + \frac{[2 - \cosh(w/L)]}{\sinh(w/L)}\cosh\frac{x_3 - x}{L}\right]$$

$$- \frac{I_D}{2qD}\frac{w}{a^2}\left(\frac{a^2 L^2}{w^2} - 1\right)e^{-\frac{t'}{\tau}}$$

$$= p_{St}^*(x) - p_O^*\, e^{-\frac{t'}{\tau}}, \qquad \text{mit}$$

$$(6.80)$$

$$p_{St}^*(x) = \frac{I_D L}{2qD}\left[\sinh\frac{x_3 - x}{L} + \frac{[2 - \cosh(w/L)]}{\sinh(w/L)}\cosh\frac{x_3 - x}{L}\right],$$

$$p_O^* = \frac{I_D}{2qD}\frac{w}{a^2}\left(\frac{a^2 L^2}{w^2} - 1\right). \qquad (6.81)$$

Die Löcherdichte $p_{nb}^*(x,t)$ nähert sich nach Gl.(6.79) an
jedem Ort x ihrem stationären Wert $p_{St}^*(x)$ in Form einer
abklingenden Exponentialfunktion mit der Trägerlebensdauer
als Abklingkonstanten und einer vom Ort unabhängigen "Amplitude" p_O^*. Das bedeutet, daß sich das Profil der Trägerverteilung während des Überganges in den stationären

Zustand (t'>O) nicht ändert. Es ist jedoch verschieden
vom Profil der Trägerverteilung am Ende der exponentiellen Wachstumsphase, wo es durch die transiente Diffusionslänge $L_{tr}=w/a<L$ charakterisiert ist.

Bild 6.9 zeigt den Verlauf der Trägerdichten für den Modellthyristor nach Tabelle 2 zu verschiedenen Zeiten bei
einem Anodenstrom von $I_D = 80\ I_G = 4$ A/cm^2 und veranschaulicht in Kurve A die Verteilung am Ende der regenerativen
Wachstumsphase nach Gl.(6.59) mit $I_A(t)=I_A(t_E)=I_D$. Kurve
A repräsentiert andererseits die Anfangsverteilung der
Ladungsträger, wie sie der Rechnung zugrunde gelegt worden ist. Die Kurve für t'=O stellt die quasistationäre
Trägerverteilung nach Gl.(6.79) für den gleichen Zeitpunkt
dar. Daß sie nicht stetig an die Kurve A anschließt, beruht auf der Vernachlässigung der schnell ablaufenden Ausgleichsvorgänge in der obigen Rechnung. Diese schnellen

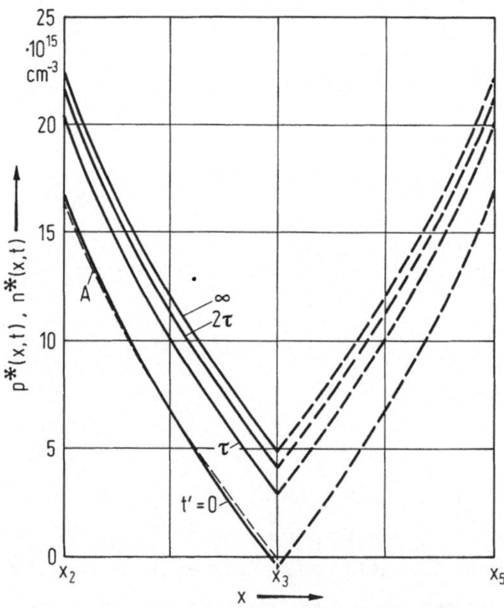

Bild 6.9. Überschußträgerdichten p^*, n^* während des
Überganges in den stationären Zustand. Berechnet nach
Gl. 6.79 mit den Daten der Tabelle 6.2.

Ausgleichsvorgänge führen zu einer raschen Umverteilung der Ladungsträger, sobald der Kollektor J_2 in Flußrichtung umpolt. Innerhalb von Bruchteilen der Trägerlaufzeit ($\approx 0,2\tau_T$) stellt sich hierdurch die neue, quasistationäre Form der Trägerverteilung ein, die dann bei der exponentiellen Annäherung an die stationäre Verteilung erhalten bleibt.

Wie man weiter an Bild 6.9 erkennt, sind die Flächen unter der Kurve für t'=0 und der Kurve A annähernd gleich, ein Zeichen dafür, daß sich die Speicherladung bei der Einstellung der *quasistationären* Verteilung aus der vorhergehenden *pseudostationären* Verteilung nicht merklich ändert und die Umverteilung der Ladungsträger in sehr kurzer Zeit erfolgt.

Was Bild 6.9 qualitativ zu erkennen gibt, läßt sich auch direkt durch Integration der Gl.(6.65) bzw. der Gl.(6.79) über das n-Basisgebiet quantitativ beweisen. In beiden Fällen ergibt sich für die Speicherladung der Löcher

$$Q_p = A\,q \int_{x_2}^{x_3} p_{nb}^*(x,t_E)\,dx = A\,\frac{I_D}{2D}\left(\frac{w}{a}\right)^2 , \qquad t_E \triangleq t' = 0 , \tag{6.82}$$

wobei A die Querschnittsfläche des Thyristors bedeutet. Von diesem Anfangswert strebt die Speicherladung $Q_p=|Q_n|$ nach dem Zeitgesetz

$$Q_p(t) = \frac{AI_D L^2}{2D}\left[1 - \left\{1 - \left(\frac{w/a}{L}\right)^2\right\}e^{-\frac{t'}{\tau}}\right] \tag{6.83}$$

gegen den Grenzwert

$$Q_p(\infty) = \frac{AI_D L^2}{2D} . \tag{6.84}$$

Sie nimmt dabei um den Faktor

$$\frac{Q_p(\infty)}{Q_p(0)} = \left(\frac{L}{w/a}\right)^2 = \left(\frac{L}{L_{tr}}\right)^2$$

zu. Im vorliegenden Beispiel, mit $w/L=1$, um den Faktor $a^2 = 1.73$.

6.2.5 *Spannungsverlauf während des Überganges in den stationären Zustand*

Im Zeitbereich $t'>0$ ist der Anodenstrom zwar konstant, die Anodenspannung dagegen ändert sich noch, weil die Trägerdichten noch steigen. Den stärksten Einfluß hat dabei die Anhebung der Ladungsträgerdichte am Kollektor J_2, durch die J_2 weiter in Flußrichtung polt und der äußeren Spannung entgegen wirkt. Die Thyristorspannung U_A nimmt daher weiter ab.

Da in den Bahngebieten $E = 0$ vorausgesetzt worden ist, besteht die Thyristorspannung nur aus den Spannungen an den pn-Übergängen

$$U_A = U_1 + U_2 + U_3 \ . \tag{6.86}$$

Diese Spannungen lassen sich mit Hilfe der Boltzmann-Beziehung durch die Ladungsträgerdichten an den Sperrschichträndern ausdrücken. Mit Gl.(6.79) erhält man

$$U_1(t') = \frac{KT}{q} \ln\left\{\frac{p_{St}^*(x_2)}{p_{nbo}} - \frac{p_O^*}{p_{nbo}} \ e^{-\frac{t'}{\tau}}\right\} , \tag{6.87}$$

$$U_2(t') = -\frac{KT}{q} \ln\left\{\frac{p_{St}^*(x_3)}{p_{nbo}} - \frac{p_O^*}{p_{nbo}} \ e^{-\frac{t'}{\tau}}\right\} , \tag{6.88}$$

$$U_3(t') = \frac{KT}{q} \ln\left\{\frac{n_{St}^*(x_5)}{n_{pbo}} - \frac{n_O^*}{n_{pbo}} \ e^{-\frac{t'}{\tau}}\right\} , \tag{6.89}$$

wobei anstelle der wirklichen Randkonzentration wegen $p_{nb}>>p_{nbo}$ bzw. $n_{pb}>>n_{pbo}$ die Überschußträgerdichte ver-

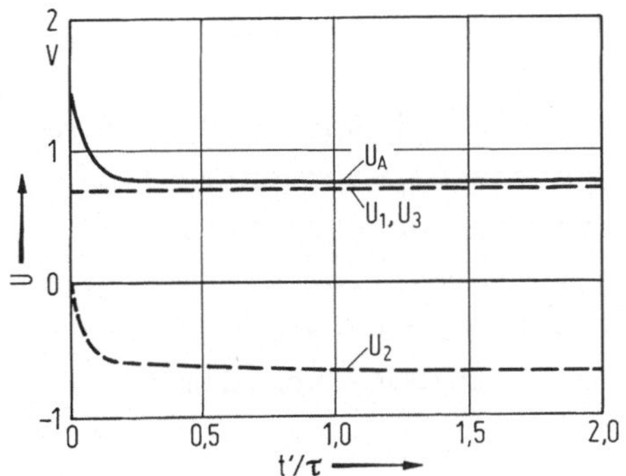

Bild 6.10. Verlauf der Spannung beim Übergang in den stationären Zustand.

wendet werden darf. Der Symmetrie der Trägerdichten zufolge ist $U_1(t')=U_3(t')$.

Bild 6.10 veranschaulicht den zeitlichen Verlauf der Spannung. Man erkennt, daß im Thyristor vom Umpolen des Kollektors bis zum Erreichen der stationären Durchlaßspannung eine Zeit von etwa $0,2\tau$ vergeht.

6.3 Berechnung des Einschaltvorganges bei starker Injektion in der n-Basis

6.3.1 Problemstellung

Im realen Thyristor ist eine der Basiszonen - in der Regel die n-Basis - aus Gründen einer möglichst hohen Kippspannung schwach dotiert. Die Dotierungskonzentration liegt dort meist bei Werten von $N_{Db} \leqq 10^{14}$ cm^{-3}. Konzentrationen dieser Größenordnung werden von den injizierten Ladungsträgern beim Einschalten eines Flußstromes, der groß gegenüber dem Haltestrom ist, kurz nach dem Einsetzen der regenerativen Phase erreicht. So zeigt z.B. Bild 6.7, daß die Elektronendichte den Wert 10^{14}cm^{-3} nach einer Zeit von nur einer Trägerlaufzeit von der Stelle x_5 bis über die Mitte der p-Basis hinaus überschritten hat und daß ihn die Löcherdichte am Rande der n-Basis zu diesem Zeitpunkt auch

225

schon erreicht hat. Der Fall schwacher Injektion liegt daher in der hochohmigen Basis des realen Thyristors nur während der Verzögerungszeit ($t_d \simeq 0,2\tau_T$) und zu Beginn der regenerativen Phase vor. Für den anschließenden Teil des Einschaltvorganges trifft stattdessen der Fall starker Injektion zu. Denn bereits nach einer Zeit von $4 - 5\,\tau_T$ ist die Löcherüberschußkonzentration in der n-Basis - wie Bild 6.7 zeigt - bis auf eine schmale Zone vor dem Kollektor groß gegenüber $N_{Db} = 10^{14}\ cm^{-3}$.

In der p-Basis dagegen bleibt es bei der schwachen Injektion, solange keine allzu großen Ströme eingeschaltet werden, da hier normalerweise Dotierungskonzentrationen von etwa $10^{17}\ cm^{-3}$ vorliegen.

Im Hinblick auf die wirklichen Verhältnisse im Thyristor wollen wir im folgenden den Einschaltvorgang unter der Voraussetzung starker Injektion in der n-Basis und schwacher Injektion in der p-Basis betrachten und dabei von unterschiedlich dicken Basiszonen ausgehen ($w_n \neq w_p$). An den sonstigen Voraussetzungen des Abschnittes 6.2 soll festgehalten werden.

Ausgangsgleichungen

n-Basis:

Aufgrund der starken Injektion ($p_{nb} \simeq n_{nb}$) darf der Feldstrom der Minoritätsträger nun nicht mehr gegenüber dem Diffusionsstrom vernachlässigt werden. Strom- und Kontinuitätsgleichung lauten jetzt mit $\mu_n = \mu_p = \mu$ und folglich $D_n = D_p = D$

$$I_p = \frac{I}{2} - qD\,\frac{\partial p_{nb}^*}{\partial x}\ , \qquad\qquad\qquad (6.90)$$

$$\frac{\partial p_{nb}^*}{\partial t} = D\,\frac{\partial^2 p_{nb}^*}{\partial x^2} - \frac{p_{nb}^*}{\tau_h} \qquad \text{mit}\ p_{nb}^* = p_{nb} - p_{nbo}\ . \qquad (6.91)$$

226

In Gl.(6.91) bedeutet τ_h die Lebensdauer der Löcher für
hohe Injektion; sie ist im allgemeinen verschieden von
der Lebensdauer τ bei schwacher Injektion. Gl.(6.90) ergibt sich aus den allgemeinen Stromgleichungen für Elektronen und Löcher durch Elimination der Feldstärke unter
Berücksichtigung von $I = I_p + I_n = 2q\mu p_{nb} E$.

p-Basis:

Hier gelten Strom- und Kontinuitätsgleichung in der bisherigen Form

$$I_n = qD \, \frac{\partial n_{pb}^*}{\partial x} \, , \qquad\qquad (6.92)$$

$$\frac{\partial n_{pb}^*}{\partial t} = D \, \frac{\partial^2 n_{pb}^*}{\partial x^2} - \frac{n_{pb}^*}{\tau} \qquad \text{mit } n_{pb}^* = n_{pb} - n_{pbo} \, . \qquad (6.93)$$

Rand- und Anfangsbedingungen

Aus der Forderung der Quasineutralität in den Basiszonen
ergeben sich die beiden Randbedingungen

$$I_p\Big|_{x_2} - I_p\Big|_{x_3} = I_n\Big|_{x_3} \, , \qquad\qquad (6.94)$$

$$I_n\Big|_{x_5} - I_n\Big|_{x_3} = I_G + I_p\Big|_{x_3} \, , \qquad\qquad (6.95)$$

die mit den Stromgleichungen, Gl.(6.90), Gl.(6.92) in die
Beziehungen übergehen

$$- \frac{\partial p_{nb}^*}{\partial x}\Big|_{x_2} = - \frac{\partial p_{nb}^*}{\partial x}\Big|_{x_3} + \frac{\partial n_{pb}^*}{\partial x}\Big|_{x_3} \, , \qquad\qquad (6.96)$$

$$\frac{\partial n_{pb}^*}{\partial x}\Big|_{x_5} = - 2 \frac{\partial p_{nb}^*}{\partial x}\Big|_{x_3} + 2 \frac{\partial n_{pb}^*}{\partial x}\Big|_{x_3} + \frac{I_G}{qD} \, . \qquad\qquad (6.97)$$

Am Kollektor kommen die beiden Randbedingungen hinzu

$$p_{nb}^{*}\Big|_{x_3} = 0 \; , \tag{6.98}$$

$$n_{pb}^{*}\Big|_{x_3} = 0 \; ,$$

gültig, solange J_2 in Sperrichtung gepolt ist, wobei die Gleichgewichtsträgerdichten vernachlässigt worden sind.

Vor dem Einschalten des Steuerstromes sind die Überschußträgerdichten in den Basiszonen sehr klein, so daß wir näherungsweise als Anfangsbedingungen wieder

$$p_{nb}^{*}(x,0) = n_{pb}(x,0) = 0 \tag{6.100}$$

setzen dürfen.

6.3.2 Stromverlauf

Durch Anwendung der Laplace-Transformation erhält man aus den Gln.(6.91), (6.93) und (6.96) bis (6.100) für die Bildfunktion der Löcher- und Elektronendichte

$$\hat{p}(x,s) = \frac{I_G L_h^{*}}{qD} \; \frac{\sinh \dfrac{x_3 - x}{L_h^{*}}}{s\left[\cosh \dfrac{w_p}{L^{*}} \cosh \dfrac{w_n}{L_h^{*}} - \cosh \dfrac{w_p}{L^{*}} - 2 \cosh \dfrac{w_n}{L_h^{*}}\right]} \; , \tag{6.101}$$

$$\hat{n}(x,s) = \frac{I_G L^{*}}{qD} \; \frac{\left(\cosh \dfrac{w_n}{L_h^{*}} - 1\right) \sinh \dfrac{x - x_3}{L^{*}}}{s\left[\cosh \dfrac{w_p}{L^{*}} \cosh \dfrac{w_n}{L_h^{*}} - \cosh \dfrac{w_p}{L^{*}} - 2 \cosh \dfrac{w_n}{L_h^{*}}\right]} \; , \tag{6.102}$$

und für die Bildfunktion des Anodenstromes

$$\hat{I}_A(s) = - 2qD \; \frac{\partial \hat{p}}{\partial x}\Big|_{x_2} \tag{6.103}$$

$$= I_G \; \frac{2 \cosh \dfrac{w_n}{L_h^{*}}}{s\left[\cosh \dfrac{w_p}{L^{*}} \cosh \dfrac{w_n}{L_h^{*}} - \cosh \dfrac{w_p}{L^{*}} - 2 \cosh \dfrac{w_n}{L_h^{*}}\right]} \; ,$$

228

wobei L^* und L_h^* definiert sind durch

$$L^* = \frac{L}{\sqrt{1+s\tau}} \qquad \text{mit} \qquad L = \sqrt{D\tau} \quad , \tag{6.104}$$

$$L_h^* = \frac{L_h}{\sqrt{1+s\tau_h}} \qquad \text{mit} \qquad L_h = \sqrt{D\tau_h} \quad . \tag{6.105}$$

Die Rücktransformation von $\hat{I}_A(s)$ in den Zeitbereich läßt sich wieder mittels Residuenrechnung durchführen. Dazu kann man nach dem gleichen Schema vorgehen wie bei schwacher Injektion. Von einer Ausführung der einzelnen Rechenschritte sei deswegen abgesehen, doch soll zum besseren Verständnis des Ergebnisses noch einmal kurz an den ersten Schritt der Rechnung erinnert werden. Er bestand in der Bestimmung der Pole von $\hat{I}_A(s)$ und bedeutete das Aufsuchen der Nullstellen des Nenners im Ausdruck für $\hat{I}_A(s)$, Gl. (6.33). Das ist im jetzigen Ausdruck für $\hat{I}_A(s)$, Gl.(6.103), genauso. Nullstellen sind hier außer s=o die Nullstellen oder Wurzeln s_ν der transzendenten Gleichung

$$\cosh\left(\frac{w_n}{L_h}\sqrt{1+s\tau_h}\right)\cosh\left(\frac{w_p}{L}\sqrt{1+s\tau}\right) - \cosh\left(\frac{w_p}{L}\sqrt{1+s\tau}\right)$$

$$- 2\cosh\left(\frac{w_n}{L_h}\sqrt{1+s\tau_h}\right) = 0 \quad . \tag{6.106}$$

Führt man in Gl.(6.106) die Abkürzungen ein

$$a_1 = a_1(s) = \frac{w_n}{L_h}\sqrt{1+s\tau_h} \quad , \tag{6.107}$$

$$a_2 = a_2(s) = \frac{w_p}{L}\sqrt{1+s\tau} \quad , \tag{6.108}$$

so besteht zwischen a_1 und a_2 der Zusammenhang

$$\frac{a_2^2}{2\tau_{T2}} - \frac{a_1^2}{2\tau_{T1}} = \frac{1}{\tau} - \frac{1}{\tau_h} = \frac{1}{\tau^*} \quad , \tag{6.109}$$

mit

$$\frac{1}{\tau^*} \equiv \frac{1}{\tau} - \frac{1}{\tau_h} \quad ,$$

$$\tau_{T1} \equiv \text{Trägerlaufzeit in der n-Basis} \quad ,$$

$$\tau_{T2} \equiv \text{Trägerlaufzeit in der p-Basis} \quad .$$

Mit den Funktionen a_1 und a_2 läßt sich die Lösung der transzendenten Gleichung (6.106) auf die simultane Lösung der folgenden beiden Gleichungen übertragen

$$\cosh a_1 \cosh a_2 = \cosh a_2 + 2 \cosh a_1 \quad , \tag{6.110}$$

$$\frac{a_2^2}{2\tau_{T2}} - \frac{a_1^2}{2\tau_{T1}} = \frac{1}{\tau^*} \quad . \tag{6.111}$$

Konkrete Lösungen der Gln.(6.110), (6.111) für den einen oder anderen Spezialfall werden wir etwas später betrachten. Zunächst soll angenommen werden, a_1 und a_2 seien bekannt. Dann liegen die Nullstellen an den folgenden Orten der s-Ebene

$$s_o = \frac{a_2^2}{2\tau_{T2}} - \frac{1}{\tau} = \frac{a_1^2}{2\tau_{T1}} - \frac{1}{\tau_h} \quad , \tag{6.112}$$

$$s_\nu = \left(\frac{a_2^2}{2\tau_{T2}} - \frac{1}{\tau} \right) - \frac{2\pi^2\nu^2}{\tau_{T2}} + j \, \frac{2\pi a_2}{\tau_{T2}} \nu \qquad \nu = \pm1, \pm2, \pm3 \ \ldots \ . \tag{6.113}$$

Von diesen Stellen ist für den Einschaltvorgang nur die Nullstelle s_o mit $s_o > 0$ von Interesse, sofern wir uns auf den Zeitbereich $t \geq 0, 2\tau_{T2}$ beschränken.

Mit Gl.(6.112) und (6.111) läßt sich s_o auch auf die Form bringen

$$s_o = \frac{1}{2} \left[\sqrt{\frac{a_1^2}{\tau_{T1}} \frac{a_2^2}{\tau_{T2}} + \frac{1}{\tau^{*2}}} - \left(\frac{1}{\tau} + \frac{1}{\tau_h} \right) \right] \quad . \tag{6.114}$$

In diesem Ausdruck treten die a-Werte, gekoppelt jeweils
mit der Laufzeit der Ladungsträger in der entsprechenden
Basiszone, sowie die Lebensdauerwerte in den beiden Basiszonen gleichberechtigt nebeneinander auf.

Mit den Residuen der Bildfunktion $\hat{I}_A(s)$ an den Stellen
s=o und s=s$_o$ lautet das Ergebnis der Rücktransformation

$$I_A(t) = I_G \frac{2 \cosh \frac{w_n}{L_h}}{\cosh \frac{w_p}{L} \cosh \frac{w_n}{L_h} - \cosh \frac{w_p}{L} - 2 \cosh \frac{w_n}{L_h}} \tag{6.115}$$

$$+ \frac{2 \cosh a_1 \, I_G \, e^{s_o t}}{s_o \tau_{T2} \frac{\sinh a_2}{a_2}(\cosh a_1 - 1) + s_o \tau_{T1} \frac{\sinh a_1}{a_1}(\cosh a_2 - 2)}$$

Der zeitliche Verlauf des Anodenstromes soll wieder am Beispiel des Modellthyristors (Tabelle 6.2) demonstriert werden. Zur weiteren Vereinfachung sei zusätzlich angenommen,
daß sich die Lebensdauer der Löcher in der n-Basis beim
Übergang zur starken Injektion nicht ändert $\tau_h = \tau$ bzw. $L_h = L$.
Es ist dann

$$\frac{1}{\tau^*} = \frac{1}{\tau_h} - \frac{1}{\tau} = 0 \, , \tag{6.116}$$

womit aus Gl.(6.111) folgt

$$a_1 = a_2 \, , \tag{6.117}$$

und mit (6.117) aus Gl.(6.110)

$$\cosh a_1 = 3 \, . \tag{6.118}$$

Für a_1 erhält man damit den Zahlenwert

$$a_1 = \text{arc cosh } 3 = 1{,}763 \, . \tag{6.119}$$

Nachdem nun a_1, a_2 bekannt sind, kann der Strom I_A nach
Gl.(6.115) als Funktion der Zeit berechnet werden.

Bild 6.11 veranschaulicht in Kurve A den entsprechenden
Verlauf des Anodenstromes und in Kurve B den Stromverlauf
für schwache Injektion. Der Strom steigt jetzt bedeutend
schneller an als bei schwacher Injektion, obwohl sämtliche
Thyristorparameter beim Übergang zur starken Injektion ihre
ursprünglichen Werte behalten.

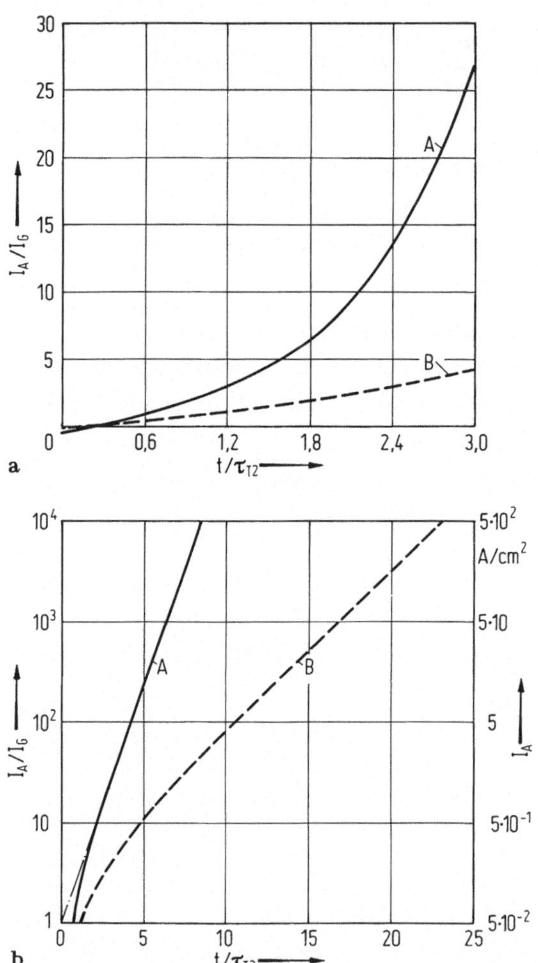

Bild 6.11. Stromverlauf. A starke Injektion, B schwache
Injektion. τ_{T2} Laufzeit in der p-Basis. Daten nach Tabelle 6.2, zusätzlich $\tau_h = \tau$.

Der Grund für den rascheren Ablauf des Einschaltvorganges
ist leicht zu erkennen, denn im vorliegenden Beispiel besteht der einzige Unterschied gegenüber dem Fall schwacher
Injektion in der Berücksichtigung des elektrischen Feldes
in der n-Basis. Dieses Feld, hervorgerufen vom Majoritätsträgerstrom, der über den Kollektor J_2 der n-Basis zufließt,
beschleunigt die Löcher in Richtung J_2 und verkürzt so die
Zeit zum Überqueren der n-Basis.

Prinzipiell ist dieser Effekt auch bei schwacher Injektion
vorhanden. Doch ist das auftretende elektrische Feld so
klein, daß es die Bewegung der Minoritätsträger nur unwesentlich beschleunigt. Die Laufzeit beruht dann allein auf
der Diffusion der Minoritätsträger. Demgegenüber durchlaufen die Löcher bei starker Injektion einen großen Teil der
n-Basis durch Drift im elektrischen Feld.

6.3.3 Verlauf der Trägerdichte und der Feldstärke in der n-Basis

Aus der Bildfunktion der Löcherdichte, Gl.(6.101), erhält
man nach Rücktransformation in den Zeitbereich unter Vernachlässigung der kurzzeitig ($t \leq 0{,}2\ \tau_{T2}$) ablaufenden Ausgleichsvorgänge

$$
\begin{aligned}
p_{nb}^{*}(x,t) = {} & \frac{I_G}{qD}\; \frac{L_h\ \sinh \dfrac{x_3 - x}{L_h}}{\cosh \dfrac{w_p}{L} \cosh \dfrac{w_n}{L_h} - \cosh \dfrac{w_p}{L} - 2\cosh \dfrac{w_n}{L_h}} \\[2ex]
& + \frac{I_G}{qD}\; \frac{\left\{ \left(\dfrac{w_n}{a_1}\right) \sinh \left(\dfrac{x_3 - x}{w_n/a_1}\right)\right\}\ e^{s_o t}}{s_o \tau_{T2}\ \dfrac{\sinh a_2}{a_2}(\cosh a_1 - 1) + s_o \tau_{T1}\ \dfrac{\sinh a_1}{a_1}(\cosh a_2 - 2)}
\end{aligned}
\tag{6.120}
$$

Für große Zeiten, $t \gg \tau_{T2}$, überwiegt der zweite Term in
Gl.(6.120), so daß näherungsweise gilt

$$p_{nb}^*(x,t) = \frac{I_G}{qD} \; \frac{\left\{ (\frac{w_n}{a_1}) \sinh\left(\frac{x_3 - x}{w_n/a_1}\right) \right\} \, e^{s_o t}}{s_o \tau_{T2} \frac{\sinh a_2}{a_2}(\cosh a_1 - 1) + s_o \tau_{T1} \frac{\sinh a_1}{a_1}(\cosh a_2 - 2)} \qquad (6.121)$$

bzw. mit (6.115)

$$p_{nb}^*(x,t) = \frac{I_A(t)}{2qD} \; \frac{(\frac{w_n}{a_1}) \, \sinh \frac{x_3 - x}{w_n/a_1}}{\cosh a_1} \quad ; \qquad \text{für } t \gg \tau_{T2} \, . \qquad (6.121a)$$

Die Löcherdichte ist wie bei schwacher Injektion an jeder
Stelle der n-Basis dem momentanen Anodenstrom proportional,
die neue pseudostationäre Verteilung der Löcher wird jedoch
durch eine veränderte transiente Diffusionslänge

$$L_{tr,h} = w_n/a_1$$

charakterisiert.

In Bild 6.12 ist in Kurve A die Trägerdichteverteilung nach
Gl.(6.121) zum Zeitpunkt $t = 5\tau_{T2}$ dargestellt und in Kurve B
die Verteilung bei schwacher Injektion zum gleichen Zeitpunkt. Die Trägerdichte ist im Falle hoher Injektion etwa
um den Faktor 6,5 größer. In der normierten Darstellung,

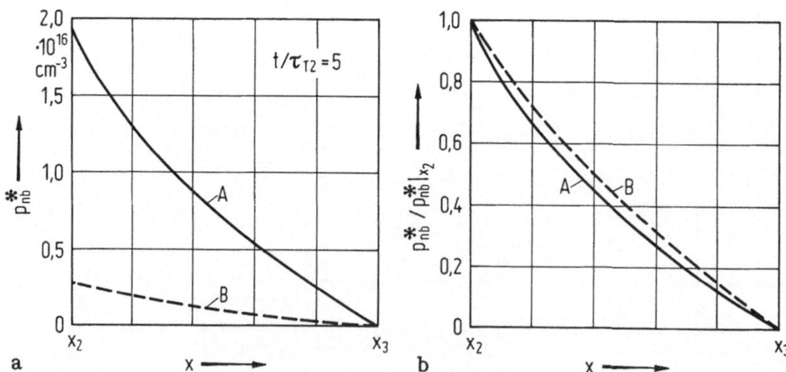

Bild 6.12. Überschußträgerdichte in der n-Basis zur Zeit
$t = 5\tau_{T2}$. A starke Injektion, B schwache Injektion. Daten
wie zu Bild 6.11.

Bild 6.12b, äußert sich im stärkeren Durchhängen der Kurve
A die kleiner gewordene transiente Diffusionslänge:
$L_{tr,h}=w_n/a_1<L_{tr}=w/a$; mit $a_1 = 1,763$ und $a = 1,317$.

Für die elektrische Feldstärke erhält man aus den Stromgleichungen mit $\mu_n=\mu_p=\mu$ und $p_{nbo}<<N_{Db}$ den Ausdruck

$$E(x,t) = \frac{I_A(t)}{q\mu\{2p_{nb}^*(x,t) + N_{Db}\}} \; . \qquad (6.122)$$

Setzt man in Gl.(6.122) $p_{nb}^*(x,t)$ nach Gl.(6.121a) ein, so
wird der Feldstärkeverlauf in der n-Basis beschrieben durch

$$E(x,t) = \frac{K_O}{\sinh \dfrac{x_3 - x}{w_n/a_1} + K_1} \; ; \qquad \text{für } t>>\tau_{T2} \; , \qquad (6.123)$$

mit

$$K_O = U_T \frac{\cosh a_1}{w_n/a_1} \qquad\qquad \text{mit } U_T = \frac{KT}{q} \; , \qquad (6.124)$$

$$K_1 = \frac{\cosh a_1}{w_n/a_1} \frac{qD\,N_{Db}}{I_A(t)} \; . \qquad (6.125)$$

Bild 6.13 zeigt den Feldverlauf für $t = 3\tau_{T2}$ und $5\,\tau_{T2}$. Der
Unterschied zwischen beiden Kurven ist im größten Teil der
Basis unbedeutend. Lediglich kurz vor dem Kollektor (x_3)
laufen die Kurven zunehmend auseinander. Die Fläche unter
den Kurven nimmt jedoch nur wenig zu. Und das bedeutet,
daß der Spannungsabfall über der n-Basis

$$U_n = \int_{x_2}^{x_3} E \, dx$$

nur schwach mit dem Strom ansteigt. Man erkennt ferner,
daß der größte Teil des Spannungsabfalles in der Nähe des
Kollektors entsteht, was unmittelbar einleuchtet, weil dort
die Leitfähigkeitsmodulation am geringsten ist.

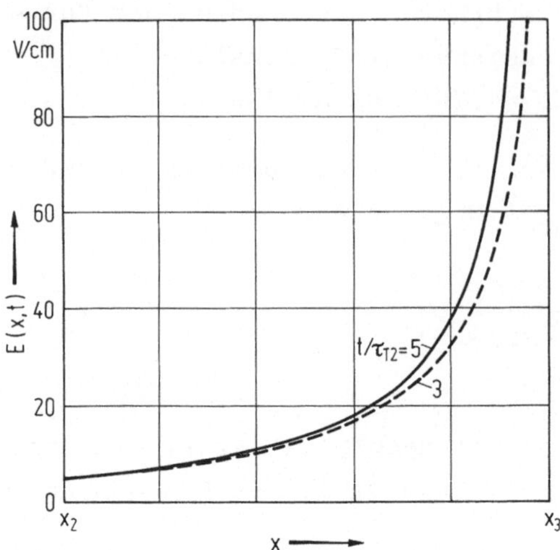

Bild 6.13. Feldstärkeverlauf in der n-Basis. Berechnet nach Gl. 6.123 mit den Daten der Tabelle 6.2 und $N_{Db} = 10^{14}$ cm^{-3}.

6.3.4 Spannungsabfall in der n-Basis

Die Berechnung des Spannungsabfalles U_n führt mit dem Feldstärkeverlauf nach Gl.(6.123) zu

$$U_n = U_T \frac{\cosh a_1}{\sqrt{1 + K_1^2}} \ln \left\{ \frac{(1 + K_1 + \sqrt{1 + K_1^2})}{(1 + K_1 - \sqrt{1 + K_1^2})} \frac{(e^{a_1} + K_1 - \sqrt{1 + K_1^2})}{(e^{a_1} + K_1 + \sqrt{1 + K_1^2})} \right\}$$

$$(6.126)$$

Von mäßigen Strömen an ist K_1 wegen $K_1 \sim 1/I_A(t)$ klein gegen 1, so daß sich Gl.(6.126) vereinfacht zu

$$U_n = U_T \cosh a_1 \ln (\frac{2}{K_1}) \qquad (6.127)$$

$$= U_T \cosh a_1 \ln \left[\frac{2(w_n/a_1)}{qD\, N_{Db}\, \cosh a_1} I_A(t) \right] .$$

Der Spannungsabfall über der n-Basis nimmt nach Gl.(6.127) nur logarithmisch mit dem Strom zu, zeigt demnach eine

236

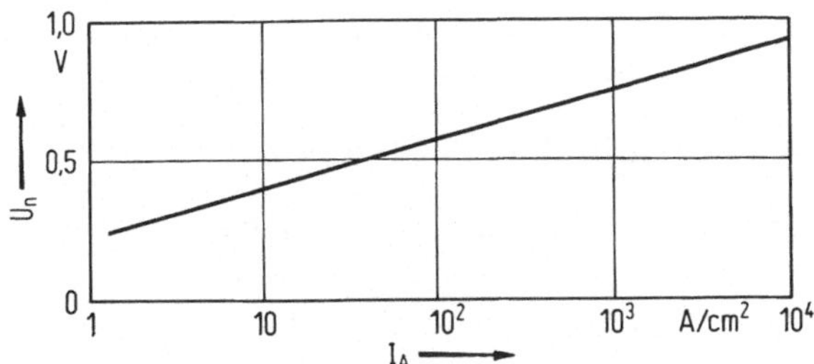

Bild 6.14. Spannungsabfall in der n-Basis, U_n, in Abhängigkeit vom Strom I_A. Daten wie zu Bild 6.13.

verhältnismäßig schwache Stromabhängigkeit. Das ist auf die mit dem Strom wachsende Leitfähigkeitsmodulation der n-Basis zurückzuführen.

Den quantitativen Verlauf von U_n als Funktion des Stromes I_A zeigt Bild 6.14. Im vorliegenden Beispiel ist der Spannungsabfall wegen der relativ geringen Basisdicke (w_n=100µm) recht klein. Selbst bei einer Stromdichte von 10^4 A/cm^2 beträgt er nur O,95 V. Es ist jedoch zu erwarten, daß er bei Vergrößerung der Basisweite wesentlich höhere Werte annimmt.

6.3.5 Einfluß der Basisdicke auf den Spannungsabfall in der n-Basis

Um die Auswirkungen der Basisdicke auf den Einschaltvorgang verfolgen zu können, soll zunächst ein konkretes Beispiel betrachtet werden. Wir wollen annehmen, daß die n-Basis viermal so dick ist wie die p-Basis

$$\frac{w_n}{w_p} = 4 \ . \tag{6.128}$$

Alle anderen Daten sollen unverändert beibehalten werden.

Als erstes bestimmen wir a_1, a_2. Mit $\tau_h = \tau$ und $w_n/w_p = 4$ folgt aus Gl.(6.111)

$$a_1 = \frac{w_n}{w_p} a_2 = 4a_2 \ . \tag{6.129}$$

237

Gl.(6.129) ergibt mit Gl.(6.110) als Bestimmungsgleichung für a_2

$$\cosh (4a_2) \cosh a_2 = \cosh a_2 + 2 \cosh (4a_2) \ , \qquad (6.130)$$

aus der man auf numerischem oder graphischem Wege den Wert

$$a_2 = 1{,}328 \qquad (6.131)$$

ermittelt. Für a_1 erhält man damit den Wert

$$a_1 = 4a_2 = 5{,}312 \ . \qquad (6.132)$$

Nachdem a_1 und a_2 gefunden sind, kann der Strom $I_A(t)$ nach Gl.(6.115) explizit berechnet werden. Bild 6.15 zeigt den

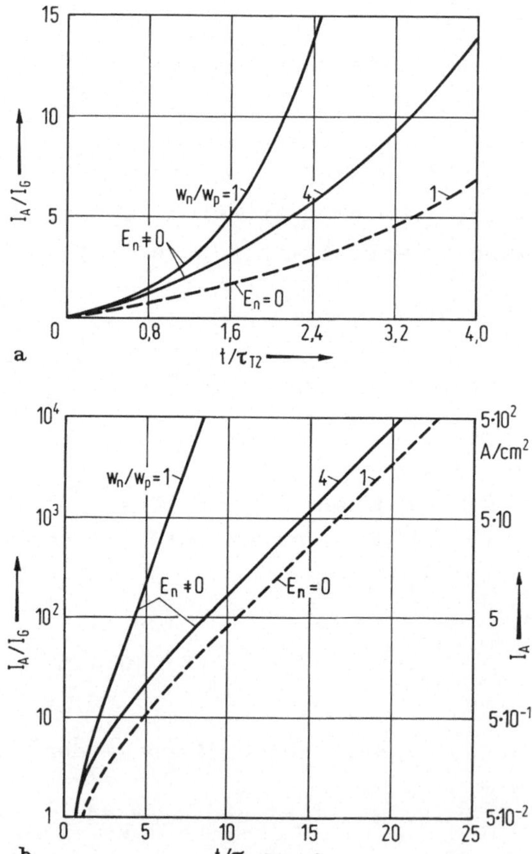

Bild 6.15. Zeitlicher Verlauf des Anodenstromes. a) linearer -, b) logarithmischer Ordinatenmaßstab. Daten nach Tabelle 6.2 mit $w_p = w$.

238

berechneten Stromverlauf und im Vergleich dazu einmal den
Stromverlauf für $w_n/w_p=1$ bei starker Injektion ($E_n\neq0$) und
zum anderen den Stromverlauf für $w_n/w_p=1$ bei schwacher Injektion ($E_n=0$).

Wie zu erwarten steigt der Strom wegen der größeren n-Basisdicke jetzt wesentlich langsamer an als im Falle $w_n=w_p$.
Der Anstieg vollzieht sich aber trotz der vierfachen n-Basisdicke noch immer schneller als bei schwacher Injektion
für $w_n=w_p$. Bei halblogarithmischer Auftragung, Bild 6.15b,
verläuft die Stromkurve annähernd parallel zur unteren
Kurve. Daraus geht hervor, daß die ralative Anstiegsgeschwindigkeit des Stromes ziemlich genau den gleichen Wert
hat wie die für schwache Injektion, d.h. bei Vernachlässigung des elektrischen Feldes in der n-Basis.

Mit wachsender n-Basisdicke strebt der Stromverlauf gegen eine Grenzkurve, die der Stromkurve für schwache Injektion exakt parallel läuft und um genau den Faktor 2
höher liegt.

Dieser Zusammenhang ergibt sich folgendermaßen. Nach Gl.
(6.129) ist $a_1=(w_n/w_p)a_2$. Für $w_n\gg w_p$ gilt

$$\cosh a_1 \gg \cosh a_2 \, , \qquad\qquad (6.133)$$

und die Bestimmungsgleichung für a_2 vereinfacht sich zu

$$\cosh \left(\frac{w_n}{w_p}a_2\right) \cosh a_2 = 2 \cosh \left(\frac{w_n}{w_p}a_2\right) \, . \qquad (6.134)$$

Aus Gl.(6.134) erhält man

$$\cosh a_2 = 2 \, , \qquad\qquad (6.135)$$

oder

$$a_2 = \text{arc cosh } 2 \mathrel{\widehat{=}} a \, . \qquad\qquad (6.136)$$

Da die Laufzeit in der p-Basis unverändert bleibt, $\tau_{T2}=\tau_T$,
folgt für die Konstante in der Exponentialfunktion des

Stromes

$$s_o = \frac{a_2^{\,2}}{2\tau_{T2}} - \frac{1}{\tau} = \frac{a^2}{2\tau_T} - \frac{1}{\tau} \ . \qquad\qquad (6.137)$$

Damit ist gezeigt, daß s_o für $(w_n/w_p)\to\infty$ in den Wert bei schwacher Injektion, Gl.(6.41), übergeht. Weiterhin ergibt sich aus Gl.(6.115) für den Stromverlauf mit $\cosh a = 2$ und $\cosh a_1 \gg 1$

$$I_A(t) \equiv I_{A,h}(t) = \frac{I_G\, e^{s_o t}\, 2\cosh a_1}{s_o\tau_T\, \dfrac{\sinh a}{a}\,(\cosh a_1 - 1)} \qquad (6.138)$$

$$= \frac{2a\, I_G}{s_o\tau_T\,\sqrt{3}}\, e^{s_o t} \qquad \text{für } t \gg \tau_T \ .$$

Der Strom nach Gl.(6.138) ist genau doppelt so groß wie der Strom $I_A(t)\equiv I_{A,1}(t)$ bei schwacher Injektion für $w_n=w_p$, Gl.(6.58).

Die physikalische Ursache für dieses Verhalten wird durch einen Vergleich der Trägerdichten deutlich. Hierzu sind in Bild 6.16 in den Kurven A_1, A_2 die Überschußträgerdichten

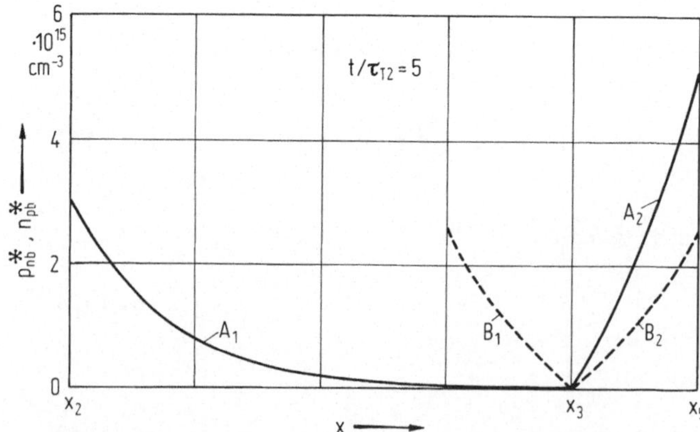

Bild 6.16. Überschußträgerdichten zur Zeit $t = 5\tau_{T2}$. A_1, A_2 für $w_n = 4\,w_p$; B_1, B_2 für $w_n = w_p$. Daten nach Tabelle 6.2 mit $w_p = w$.

für starke Injektion im Falle $w_n=4w_p$ und in den Kurven B_1, B_2 die Überschußträgerdichten für schwache Injektion und $w_n=w_p$ dargestellt.

In der p-Basis ($x_4 \leq x \leq x_5$) hat der Konzentrationsverlauf der Elektronen bei starker Injektion in der n-Basis ($E_n \neq 0$) die Form

$$(6.139)$$

$$n_{pb}^*(x,t) = \frac{I_{A,h}(t)}{qD} \frac{w_p/a_2}{\cosh a_2} \sinh \frac{x-x_3}{w_p/a_2} \quad \text{für } t \gg \tau_{T2} .$$

Gl.(6.139) folgt aus der Rücktransformation der Gl.(6.102). Wegen $a_2=a$ und $I_{A,h}(t)=2I_{A,1}(t)$ für $w_n \gg w_p$ ist die Elektronenkonzentration und das Konzentrationsgefälle jeweils doppelt so groß wie im Falle schwacher Injektion.

In der n-Basis ist das Konzentrationsgefälle der Löcher am Kollektor, x_3, für Kurve A_1 um rund 2 Zehnerpotenzen kleiner als für Kurve B_1. Das bedeutet, daß der Beitrag der Diffusion zum Gesamtstrom der Löcher an der Stelle x_3 bei starker Injektion und $w_n=4w_p$ zu vernachlässigen ist. Der Löcherstrom fließt demnach als reiner Feldstrom und hat nach Gl.(6.90) die Größe

$$I_p(x_3,t) = \frac{I_A(t)}{2} . \qquad (6.140)$$

Mit anderen Worten, der Stromverstärkungsfaktor des pnp-Transistors,

$$\alpha_{pnp} = \frac{I_p|x_3}{I|x_2} = \frac{I_p|x_3}{I_A} ,$$

nimmt den Wert $\alpha_{pnp}=\frac{1}{2}$ an.

Der p-Basis wird somit von der n-Basis her ein Löcherstrom zugeführt, der halb so groß ist wie der gesamte Anodenstrom. Er hat damit den gleichen Wert wie im symmetrischen Thyristor bei schwacher Injektion. Da er als Feldstrom fließt, stellt er sich jedoch praktisch ohne Zeitverzögerung ein, sobald der n-Basis über x_3 Elektronen zuströmen.

Die Anstiegsgeschwindigkeit wird demnach allein durch die Laufzeit der Elektronen in der p-Basis bestimmt. Demgegenüber muß sich im Falle schwacher Injektion in der n-Basis erst das entsprechende Konzentrationsgefälle aufbauen, bevor ein Löcherstrom aus der n- in die p-Basis übertritt. Dadurch verzögert sich der Stromanstieg zu Beginn um eine Zeit von der Größenordnung der Trägerlaufzeit. Anschliessend erfolgt das Anwachsen der Trägerdichte in den Basiszonen mit der durch die Laufzeit in der p-Basis begrenzten Geschwindigkeit.

Gl.(6.138) läßt sich durch Einführen der Anklingkonstanten des Stromes

$$\tau_a = \frac{1}{s_o} \qquad (6.141)$$

sowie der Verzögerungszeit

$$t_v = \tau_a \ln 2 \approx 0,7\ \tau_a \qquad (6.142)$$

in der Form schreiben

$$I_{A,h}(t) = I_G\ \frac{a\tau_a}{\tau_T\ \sqrt{3}}\ e^{\frac{t+t_v}{\tau_a}} = I_{A,l}(t+t_v)\ . \qquad (6.143)$$

Gl.(6.143) bringt das zeitliche Vorauseilen von $I_{A,h}$ gegenüber $I_{A,l}$ zum Ausdruck und enthält mit t_v die Zeit zum Aufbau des Konzentrationsgefälles in der n-Basis, wie sie sich ähnlich beim Einschaltvorgang des pn-Überganges ergab, Abschnitt 5.7, Beispiel 2.

Die Berechnung des Spannungsabfalles in der n-Basis anhand der Gl.(6.127) führt mit $a_1 = 5,312$ zu dem in Bild 6.17 veranschaulichten Ergebnis. Wie man sieht, hängt die Spannung U_n wieder annähernd logarithmisch vom Strom ab. Lediglich im unteren Teil weicht die Kurve etwas von einer Geraden ab. Bei einem Strom von 10^4 A/cm^2 beträgt U_n jetzt aber 24 V und ist damit rund 25 mal so groß wie für $w_n = w_p$.

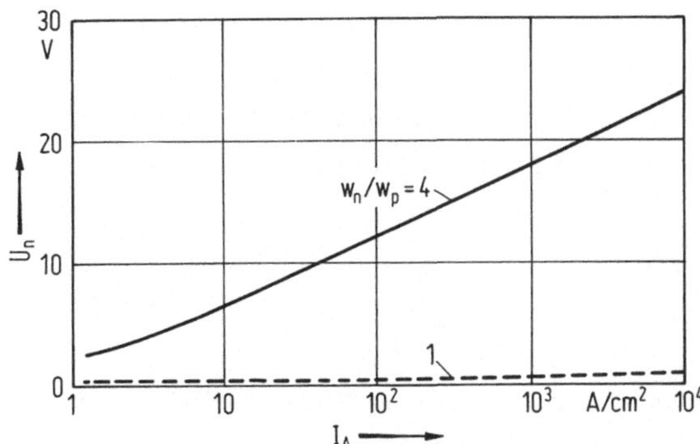

Bild 6.17. Spannungsabfall in der n-Basis, U_n, als Funktion des Stromes I_A für $w_n = 4\,w_p$ und $w_n = w_p$ nach Gl.6.127. Daten nach Tabelle 6.2 mit $w_p = w$.

In Bild 6.18 ist U_n als Funktion von w_n/w_p aufgetragen, und zwar für einen Strom von 10^3 A/cm². Es zeigt, daß U_n weitgehend exponentiell mit w_n/w_p ansteigt. Diese Gesetzmäßigkeit kann man auch direkt an Gl.(6.127) erkennen.

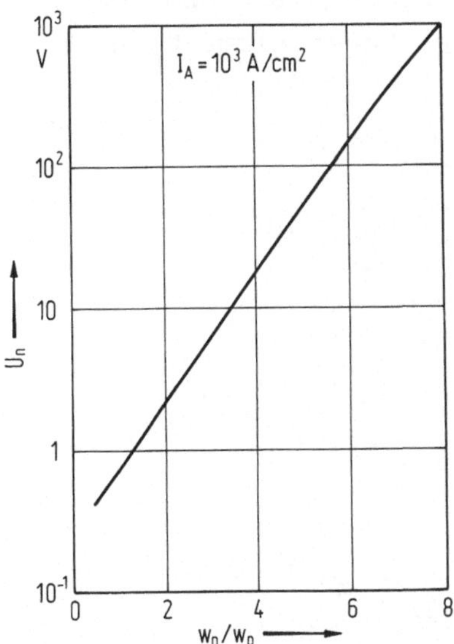

Bild 6.18. Spannungsabfall in der n-Basis, U_n, bei einem Strom von $I_A = 1000$ A/cm² in Abhängigkeit vom Verhältnis der Basisdicken w_n/w_p. Daten nach Tabelle 6.2 mit $w_p = w$.

Das Basisdickenverhältnis ist in ihr über $a_1 = a_2(w_n/w_p)$ enthalten. Da die Abhängigkeit des logarithmischen Termes in Gl.(6.127) von a_1 für $a_1 > 1$ schwach ist im Vergleich zu der des Faktors $\cosh a_1$, gilt näherungsweise

$$U_n \sim \cosh a_1 \simeq \frac{e^{a_2\, w_n/w_p}}{2} \qquad \text{für } a_1 > 1 \ . \qquad (6.144)$$

Mit Gl.(6.144) erhält man eine ähnliche Gesetzmäßigkeit wie für den stationären Spannungsabfall über dem Mittelgebiet der psn-Diode im Falle $(w/2L) > 1$, Gl.(3.39).

6.3.6 Der Übergang in den stationären Durchlaßzustand

Bild 6.19 veranschaulicht den Weg des Arbeitspunktes im Kennlinienfeld während des Einschaltvorganges sowie die Zusammensetzung der Klemmenspannung U_A aus dem Spannungsabfall über der hochohmigen n-Basis, U_n, und dem Gesamtspannungsabfall über den drei pn-Übergängen, U_J. Der Arbeitspunkt wandert der Widerstandsgeraden entlang vom Ausgangszustand A in den Endzustand B. Dabei nimmt U_n nähe-

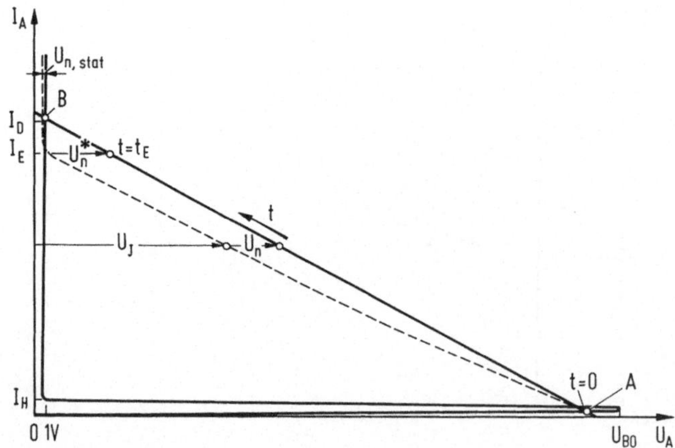

Bild 6.19. Weg des Arbeitspunktes im Kennlinienfeld bei ohmscher Last und jeweilige Zusammensetzung der Klemmenspannung.

rungsweise logarithmisch mit dem Strom zu, solange der
pn-Übergang J_2 in Sperrichtung arbeitet. Sobald J_2 jedoch
in Flußrichtung umpolt, verlangsamt sich der Stromanstieg.
Die Umpolung erfolgt zu einem Zeitpunkt, wo U_J auf etwa
1 V gesunken ist. Dieser Zeitpunkt ist in Bild 6.19 mit
$t = t_E$ gekennnzeichnet.

Wenn die Klemmenspannung des Thyristors zur Zeit t_E groß
gegenüber der stationären Durchlaßspannung ist, entstehen
bis zum Abbau der Spannung U_n auf ihren stationären Wert
$U_{n,St}$ hohe elektrische Verluste in der n-Basis. Sie können einen merklichen Teil der gesamten Einschaltverluste
ausmachen. Deswegen ist dieser letzte Abschnitt des Einschaltvorganges nunmehr auch von großem praktischen Interesse.

Um den Spannungsverlauf $U_n(t)$ nach dem Umpolen von J_2
$(t \geq t_E)$ zu berechnen, sei angenommen, daß der Spannungsabfall in der n-Basis zur Zeit t_E, $U_n(t_E) \equiv U_n^*$, klein gegenüber der Thyristorspannung im Ausgangszustand ist. Dann
unterscheidet sich der stationäre Durchlaßstrom nur wenig
vom Strom im Umpolmoment, I_E, und es gilt näherungsweise

$$I_A(t) = I_E = I_D \qquad \text{für } t \geq t_E \ . \qquad (6.145)$$

Mit dieser Voraussetzung kann die Berechnung der Trägerverteilung [6.7] genauso durchgeführt werden wie in Abschnitt 6.2.4. Es sind hierzu allerdings die Randwerte der
Trägerdichten am Kollektor $(x=x_3)$ der neuen Situation an-
zupassen, die darin besteht, daß J_2 jetzt in Flußrichtung
gepolt ist.

Bei Beachtung der Boltzmann-Beziehung sowie der Quasineutralität gilt allgemein

$$(6.146)$$

$$n_{pb}(x_3,t) = -\frac{N_{Ab}}{2} + \sqrt{\left(\frac{N_{Ab}}{2}\right)^2 + \{N_{Db} + p_{nb}(x_3,t)\}p_{nb}(x_3,t)} \ .$$

Im folgenden wollen wir uns auf den Fall beschränken

$$p_{nb}(x_3,t) \ll \frac{N_{Ab}}{2} \; . \tag{6.147}$$

Dann darf der Randwert $n_{pb}(x_3,t)$ nach Gl.(6.146) näherungsweise Null gesetzt werden

$$n_{pb}(x_3,t) = 0 \; . \tag{6.148}$$

Als Randbedingung für $p^*_{nb} \simeq p_{nb}$ erhält man aus den Stromgleichungen (6.90) und (6.92) mit $I_n|_{x_3} + I_p|_{x_3} = I = I_D$

$$\left.\frac{\partial n^*_{pb}}{\partial x}\right|_{x_3} - \left.\frac{\partial p^*_{nb}}{\partial x}\right|_{x_3} = \frac{I_D}{2qD} \; . \tag{6.149}$$

Geht man von der Trägerverteilung zur Zeit $t = t_E$ nach Gl. (6.121a) aus und läßt die schnell abklingenden Ausgleichsvorgänge außeracht, die zu einer Umverteilung der Ladungsträger in den Basiszonen kurz nach der Umpolung von J_2 führen ($t' \lesssim 0,2\tau_h$), so ergibt die Rechnung [6.7] den folgenden Verlauf der Trägerdichten

p-Basis

$$n^*_{pb}(x,t) = n^*_{St}(x) - n^*_o(x)\,e^{-d\frac{t'}{\tau}}$$
$$\tag{6.150}$$

für $t' \geq 0,2\ \tau_h; \quad n_{pbo} \ll n_{pb}$,

mit den Abkürzungen

$$n^*_{St}(x) = \frac{I_D L}{qD} \frac{\sinh\dfrac{x-x_3}{L}}{\cosh\dfrac{w_p}{L}} \; , \tag{6.151}$$

$$n^*_o(x) = \frac{2 I_D L^2 \sin\!\left(\dfrac{\pi}{2}\dfrac{x-x_3}{w_p}\right)}{qD w_p d(1 + d\tau_a/\tau)} \; , \tag{6.152}$$

$$d = \left(\frac{\pi L}{2w_p}\right)^2 + 1 \quad , \tag{6.153}$$

n-Basis

$$p_{nb}^*(x,t) = p_{St}^*(x) - p_o^* e^{-\frac{t'}{\tau_h}} \tag{6.154}$$

für $t' \geq 0,2\,\tau_h$; $\quad p_{no} \ll p_n$,

mit den Abkürzungen $\tag{6.155}$

$$p_{St}^*(x) = \frac{I_D L_h}{2qD}\left[A\,\sinh\,(\frac{x_3 - x}{L_h}) + B\,\cosh\,(\frac{x_3 - x}{L_h}) \right] \quad ,$$

$$p_o^* = \frac{I_D L_h^2}{qD}\,\frac{1}{w_n\,(1 + \frac{\tau_a}{\tau})} \quad , \tag{6.156}$$

wobei A und B bedeuten

$$A = \frac{\cosh(w_p/L) - 2}{\cosh(w_p/L)} \quad , \tag{6.157}$$

$$B = \frac{1 - A\,\cosh(w_n/L_h)}{\sinh(w_n/L_h)} \quad . \tag{6.158}$$

Die in den Gln.(6.152) und (6.156) auftretende Konstante τ_a ist die in Gl.(6.141) eingeführte Anklingkonstante ($\tau_a = 1/s_o$) des Stromes während des regenerativen Wachstums.

Es zeigt sich, daß die Trägerdichten auch bei starker Injektion exponentiell gegen ihre stationären Verteilungen, $n_{St}^*(x)$ bzw. $p_{St}^*(x)$ streben. In der p-Basis mit der ortsabhängigen Amplitude $n_o^*(x)$ und der Zeitkonstanten $(\tau/d) < \tau$, in der n-Basis mit der vom Ort unabhängigen Amplitude p_o^* und der Lebensdauer τ_h als Zeitkonstanten. Damit nimmt die Trägerverteilung in der n-Basis bereits zu Beginn des Überganges in den stationären Durchlaßzustand ($t' < 0,2\tau_h$) ihr endgültiges Profil an, Bild 6.20. Neu gegenüber dem

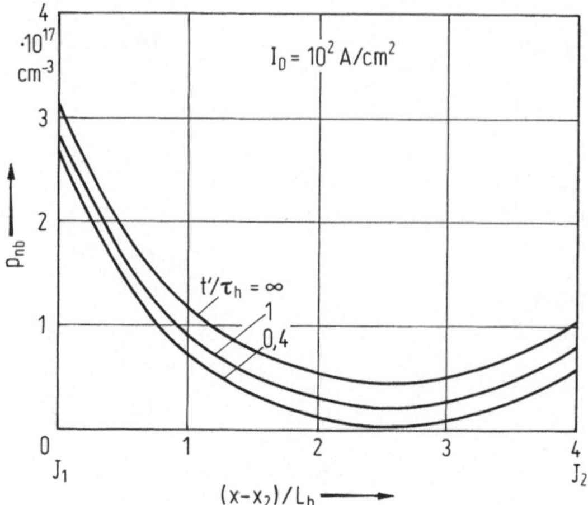

Bild 6.20. Konzentrationsverlauf der Überschußträger in der n-Basis bei starker Injektion während des Überganges in den stationären Durchlaßzustand. Berechnet nach Gl. (6.154) für $w_n = 4\ w_p$ mit den Daten der Tabelle 6.2 und $w_p = w$ sowie $\tau_h = \tau$ und $I_D = 100$ A/cm^2.

Fall schwacher Injektion, Bild 6.9, ist das Auftreten eines Minimums der Trägerdichte im Inneren der n-Basis.

Der Spannungsabfall über der n-Basis, U_n, geht mit wachsender Trägerdichte zurück, und zwar mit Gl.(6.122) gemäß

$$U_n(t') = \int_{x_2}^{x_3} E(x,t')\,dx = \frac{I_D}{q\mu} \int_{x_2}^{x_3} \frac{dx}{2\,p_{nb}^*(x,t') + N_{Db}} \ . \tag{6.159}$$

Aufgrund der hohen Trägerdichte in der n-Basis darf N_{Db} gegenüber $2\,p_{nb}^*$ vernachlässigt werden. Setzt man in Gl. (6.159) p_{nb}^* nach Gl.(6.154) ein, so ergibt die Integration

$$U_n(t') = \frac{2U_T}{F(t')} \ \text{arc tan} \ \frac{(A+B)e^{\frac{x-x_2}{L_h}} - M\,e^{-\frac{t'}{\tau_h}}}{F(t')} \Bigg|_{x=x_2}^{x=x_3} \ , \tag{6.160}$$

248

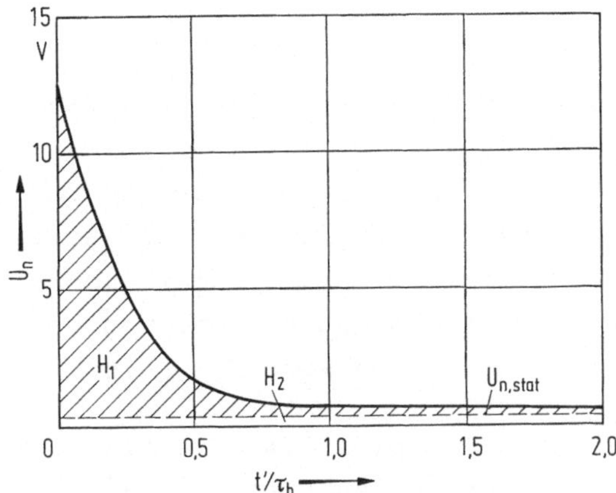

Bild 6.21. Spannungsabfall in der n-Basis, U_n, während des Überganges in den stationären Zustand. $I_D = 100$ A/cm^2, $w_n = 4\,w_p$; sonstige Daten nach Tabelle 6.2 mit $w_p = w$ und $\tau_h = \tau$.

mit

$$F(t') = \sqrt{B^2 - A^2 - M^2\,e^{-2t'/\tau_h}} \; , \qquad (6.161)$$

$$M = \frac{2qD}{L_h I_D}\,p_o^* \; . \qquad (6.162)$$

In Bild 6.21 ist der Spannungsverlauf $U_n(t')$ nach Gl. (6.160) für den Fall $w_n=4w_p$ und $I_D=100$ A/cm^2 dargestellt. U_n fällt von seinem Wert zum Zeitpunkt der Strombegrenzung, $U_n(t'=0)=12,4$ V, anfangs rasch ab und strebt dann in einer Zeit von der zwei- bis dreifachen "High-Level-Lebensdauer" gegen seinen stationären Wert $U_{n,St}=0,43$ V. Die während dieser Zeit in der n-Basis entstehenden überhöhten elektrischen Verluste sind wegen $I_A=$const der Fläche H_1 proportional. Sie betragen trotz der relativ schnellen Abnahme von $U_n(t')$ ein Vielfaches der normalen Verluste im stationären Zustand. Die normalen Verluste entsprechen der Fläche H_2 in Bild 6.21.

Es darf angenommen werden, daß sich die Verhältnisse auch bei anderen Werten der Lebensdauer und Abmessungen der Basiszonen nicht grundlegend von den Verhältnissen des betrachteten Beispieles unterscheiden. Infolgedessen wird allgemein eine Zeit von etwa der Trägerlebensdauer in der hochohmigen n-Basis verstreichen bis U_n vom Wert zur Zeit $t'=0$ auf den stationären Wert abgefallen ist. Stark überhöhte Verluste werden somit immer dann auftreten, wenn $U_n(t'=0)$ groß gegenüber dem stationären Wert $U_{n,St}$ ist.

Für $U_{n,St}$ war im vorhergehenden Beispiel 0,43 V ermittelt worden. Zum Vergleich sei der Spannungsabfall über dem Mittelgebiet einer psn-Diode angegeben, deren Mittelgebiet die gleichen Daten wie die n-Basis aufweist. Nach Gl.(3.39) erhält man

$$U_m = \frac{\pi}{2} U_T e^{\frac{w}{2L}} = 0,3 \text{ V} . \tag{6.163}$$

Der Unterschied ist gering. Er ist darauf zurückzuführen, daß in der psn-Diode die Injektion der Elektronen mit einem Emitterwirkungsgrad $\gamma_n=1$ erfolgt, im Thyristor dagegen mit

$$\gamma_n|x = x_3 < 1 \; ,$$

so daß die Leitfähigkeitsmodulation des Mittelgebietes der psn-Diode stärker ist als die der n-Basis des Thyristors, was $U_m < U_{n,St}$ nach sich zieht.

6.4 Zur Theorie des Einschaltvorganges auf der Basis des Ladungssteuermodells

Wie in Abschnitt 5.5 gezeigt wurde, verknüpft das Ladungssteuermodell die Speicherladung eindeutig mit dem Strom. Es wird dabei vorausgesetzt, daß die Ladungsträgerverteilung stets die Form der stationären Verteilung hat. Dies ist nach den Ergebnissen der Abschnitte 6.2 und 6.3 in der Anfangsphase des Einschaltvorganges nicht erfüllt. Auch in der regenerativen Wachstumsphase trifft es nicht exakt zu, doch ist es hier für den Fall, daß sich die transiente Diffusionslänge nicht allzu sehr von der stationären Diffu-

sionslänge unterscheidet, eine gute Näherung. In solchen
Fällen läßt sich der zeitliche Verlauf des Stromes mit Hilfe des Ladungssteuermodells wesentlich einfacher berechnen.
Das soll im folgenden gezeigt werden.

Wir wollen uns auf das Verhalten bei schwacher Injektion
in beiden Basiszonen und in Sperrichtung gepoltem Kollektor
J_2 beschränken. Dann erhält man nach Abschn. 5.5 aus den
Grundgleichungen des Ladungssteuermodells mittels Laplacetransformation für die Bildfunktionen der Speicherladungen $(\hat{Q}_{B1}, \hat{Q}_{B2})$ und des Anodenstromes bei sprungförmigem
Steuerstrom gemäß Gl.(5.65) bis Gl.(5.67)

$$(6.164)$$

$$\hat{Q}_{B1} = \frac{I_G}{\tau_{C2}} \; \frac{1}{s\left[(s+\frac{1}{\tau_{B1}})(s+\frac{1}{\tau_{B2}}) - \frac{1}{\tau_{C1}}\frac{1}{\tau_{C2}}\right]} \triangleq \frac{I_G}{\tau_{C2}} \frac{1}{sN(s)} \; ,$$

$$(6.165)$$

$$\hat{Q}_{B2} = I_G \; \frac{(s+\frac{1}{\tau_{B1}})}{s\left[(s+\frac{1}{\tau_{B1}})(s+\frac{1}{\tau_{B2}}) - \frac{1}{\tau_{C1}}\frac{1}{\tau_{C2}}\right]} \triangleq I_G \frac{Z_2(s)}{sN(s)} \; ,$$

$$(6.166)$$

$$\hat{I}_A = \frac{\hat{Q}_{B1}}{\tau_{C1}} + \frac{\hat{Q}_{B2}}{\tau_{C2}}$$

$$= I_G \; \frac{\frac{1}{\tau_{C2}}(s+\frac{1}{\tau_{B1}}) + \frac{1}{\tau_{C1}}\frac{1}{\tau_{C2}}}{s\left[(s+\frac{1}{\tau_{B1}})(s+\frac{1}{\tau_{B2}}) - \frac{1}{\tau_{C1}}\frac{1}{\tau_{C2}}\right]} \triangleq I_G \frac{Z_A(s)}{sN(s)} \; .$$

Zur Rücktransformation von $\hat{I}_A(s)$ in den Zeitbereich sind
zunächst wieder die Pole von $\hat{I}_A(s)$ zu bestimmen. Sie liegen an den Stellen s=o und den Nullstellen von N(s). Im
vorhergehenden führte die Gleichung N(s)=0 auf die Lösung
einer transzendenten Gleichung, jetzt ist dagegen lediglich die quadratische Gleichung

$$s^2 + (\frac{1}{\tau_{B1}} + \frac{1}{\tau_{B2}})s + (\frac{1}{\tau_{B1}}\frac{1}{\tau_{B2}} - \frac{1}{\tau_{C1}}\frac{1}{\tau_{C2}}) = 0 \qquad (6.167)$$

zu lösen. Das ergibt die beiden Wurzeln

$$(6.168)$$

$$s_{1,2} = \frac{1}{2}\left[\pm\sqrt{\frac{2}{\tau_{C1}}\frac{2}{\tau_{C2}} + \left(\frac{1}{\tau_{B1}} - \frac{1}{\tau_{B2}}\right)^2} - \left(\frac{1}{\tau_{B1}} + \frac{1}{\tau_{B2}}\right)\right] .$$

Die Polstelle bei $s=s_2$ liegt auf der negativen s-Achse und erzeugt eine abklingende e-Funktion. Damit es überhaupt zum Einschalten des Thyristors kommen kann, muß $s_1 \geqq 0$ sein. Diese Forderung führt mit Gl.(6.168) zu der Zündbedingung

$$\frac{\tau_{B1}}{\tau_{C1}}\frac{\tau_{B2}}{\tau_{C2}} \triangleq \tilde{\beta}_{10}\,\tilde{\beta}_{20} \geqq 1 . \qquad (6.169)$$

Aus Gl.(6.168) geht hervor: Je mehr

$$(\tau_{B1}/\tau_{C1})(\tau_{B2}/\tau_{C2}) = \tilde{\beta}_{10}\,\tilde{\beta}_{20}$$

den Wert 1 übersteigt, um so weiter rückt s_1 ins Positive und s_2 ins Negative, um so schneller nimmt dann die mit s_1 verbundene Exponentialfunktion zu und die andere ab, um so rascher verläuft also der Einschaltvorgang [6.16].

Als Ergebnis der Rücktransformation erhält man für den Anodenstromverlauf

$$I_A(t) = K_0 I_G + I_G K_1\,e^{s_1 t} + I_G K_2\,e^{-|s_2|t} \qquad (6.170)$$

$$\simeq I_G K_1\,e^{s_1 t} \qquad\qquad \text{für } t \gg \frac{1}{|s_2|}$$

mit

$$K_0 = \frac{(\tau_{B2}/\tau_{C2})(1 + \tau_{B1}/\tau_{C1})}{1 - \tau_{B1}\tau_{B2}/(\tau_{C1}\tau_{C2})} = \frac{(1 + \tilde{\beta}_{10})\tilde{\beta}_{20}}{1 - \tilde{\beta}_{10}\tilde{\beta}_{20}} , \qquad (6.170a)$$

$$K_1 = \frac{1}{\tau_{C2}}\frac{\dfrac{1}{s_1\tau_{C1}} + \dfrac{1}{s_1\tau_{B1}} + 1}{s_1 - s_2} , \qquad (6.171)$$

$$K_2 = -\frac{1}{\tau_{C2}}\frac{\left(\dfrac{1}{s_2\tau_{C1}} + \dfrac{1}{s_2\tau_{B1}} + 1\right) + \left(\dfrac{1}{\tau_{C1}} + \dfrac{1}{\tau_{B1}}\right)}{s_1 - s_2} . \qquad (6.172)$$

Der Anodenstrom steigt nach einer kurzen Übergangsphase $(t \leqq 1/|s_2|)$ exponentiell an. Das Ladungssteuermodell führt

somit zu dem gleichen Zeitgesetz wie die exakte Methode.
Auch was die Zusammensetzung der reziproken Zeitkonstante
s_1 aus den Lebensdauern (τ_{B1}, τ_{B2}) und Laufzeiten (τ_{C1}, τ_{C2})
in den Basiszonen betrifft, besteht eine weitgehende for-
male Übereinstimmung mit s_o, Gl.(6.114). Doch ist s_1 im
allgemeinen nicht identisch mit s_o, denn dazu müßte

$$a_1{}^2 \, a_2{}^2 = 4$$

gelten. Im Falle des symmetrischen Thyristors z.B. ist

$$a_1{}^2 \, a_2{}^2 = a^4 = 3$$

und für s_o erhält man mit den Thyristordaten nach Tabelle
6.2 den Wert $s_o = 0,365/\tau_T$. Für s_1 findet man nach Gl.(6.168)
mit denselben Thyristordaten und $\tau_{C1} = \tau_{C2} = \tau_T$ den Wert
$s_1 = 0,5/\tau_T$. Das Ladungssteuermodell ergibt mithin einen
steileren Stromanstieg als die strenge Rechnung. Die Ex-
ponenten der e-Funktionen stehen im vorliegenden Beispiel
im Verhältnis $s_1/s_o = 1,37$.

Der steilere Stromanstieg ist darauf zurückzuführen, daß
im Ladungssteuermodell statt mit der wirklichen, d.h. der
transienten Diffusionslänge, mit der statischen Diffusionslänge gerechnet wird, die stets größer ist als L_{tr} und infolgedessen stärkere Rückkoppelströme ergibt.

Wie hier am Beispiel der regenerativen Phase des Einschaltvorganges gezeigt worden ist, lassen sich die prinzipiellen Gesetzmäßigkeiten mit Hilfe des Ladungssteuermodelles
mit weniger mathematischem Aufwand gewinnen als mit der
strengen Rechnung. Man muß sich jedoch des Näherungscharak-
ters dieses Modelles bewußt bleiben und seine Gültigkeits-
grenzen [6.28], [6.29] beachten. Von einer weiterführenden
Behandlung des Einschaltvorganges mittels Ladungssteuermodell sei hier abgesehen. Es sei dazu auf [6.21], [6.24],
[6.30] und insbesondere auf [6.22] verwiesen.

6.5 Auswirkungen verschiedener Effekte auf den Einschaltvorgang

Das zuvor benutzte Thyristormodell geht von stromunabhän-
gigen Emitterwirkungsgraden $\gamma_1 = \gamma_3 = 1$ aus und läßt die Basisweitenmodulation sowie den Einfluß der beweglichen Ladungsträger auf die Kollektorsperrschicht unberücksichtigt. Im

folgenden soll beschrieben werden, was sich am Ablauf des
Einschaltvorganges ändert, wenn man von diesen idealisierenden Modellvorstellungen abgeht.

6.5.1 Stromabhängigkeit der Stromverstärkungsfaktoren

Es war bereits bei der Einführung der Voraussetzung

$$\gamma_1 = \gamma_3 = 1$$

in die Theorie des Einschaltvorganges darauf hingewiesen worden, daß sich diese Idealisierung in erster Linie
auf die Dauer der Einschaltverzugszeit auswirkt und weniger auf die Anstiegszeit. Denn die wirklichen Emitterwirkungsgrade liegen zwar bei kleinen Strömen, d.h. zu
Beginn des Einschaltvorganges (Zündverzug) erheblich unter eins, doch schon von Strömen von der Größenordnung
des Haltestromes I_H an gilt in guter Näherung

$$\gamma_1 = 1, \quad \gamma_3 = 1.$$

Die in den Abschnitten 6.2 bis 6.4 entwickelte Theorie
gibt somit das Einschaltverhalten für den Grenzfall $I_H \rightarrow 0$
wieder. In diesem Fall ist die Zündbedingung für jeden
noch so kleinen Emitterstrom erfüllt. Der Sperrzustand
tritt deswegen bei $I_{CO}=0$ auf, und es genügt ein beliebig
kleiner positiver Steuerstrom, um den Thyristor zu zünden.
Das Einsetzen des regenerativen Stromanstieges wird hierbei nur durch die Laufzeit der Ladungsträger in den Basiszonen verzögert.

Anders im realen Thyristor. Hier muß der Anodenstrom erst
auf annähernd den Haltestrom ansteigen, bevor die Rückkoppelverstärkung $\tilde{\beta}_1 \tilde{\beta}_2 \geq 1$ wird und die regenerative Phase
eingeleitet werden kann. Das zeigt, daß die zuvor berechnete innere Verzögerungszeit ($t_d \approx 0{,}2\tau_T$) den unteren Grenzwert der Verzögerungszeit bei vorgegebenen Strukturparametern darstellt.

Der reale Thyristor zündet erst von einem Mindest-Steuerstrom, dem Zündstrom I_{GT}, an. Das bedeutet $t_{gd}=\infty$ für
$I_G < I_{GT}$. Dem Zündstrom entspricht eine bestimmte Speicherladung $Q=Q_{cr}$ im Thyristor, Bild 6.22. Diese kritische
Speicherladung Q_{cr} muß zunächst aufgebaut werden, bevor

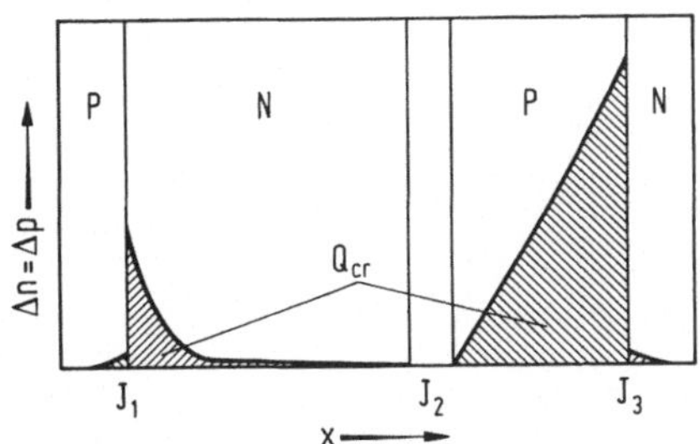

Bild 6.22. Veranschaulichung der kritischen Speicherladung Q_{cr}.

die regenerative Phase beginnen kann. Das geschieht um so schneller je mehr der Steuerstrom den Zündstrom überschreitet. Zwischen Zündverzug t_{gd} und Steuerstrom ist daher in erster Näherung ein Zusammenhang von der Form

$$t_{gd} - t_d = \frac{Q_{cr}}{I_G - I_{GT}} \qquad (6.173)$$

zu erwarten, wobei Gl.(6.173) berücksichtigt, daß $t_{gd} \to \infty$ streben muß für $I_G \to I_{GT}$ und gegen die innere Verzögerungszeit ($t_{gd} \to t_d$) für $I_G \to \infty$. Ein solcher Zusammenhang wird experimentell weitgehend bestätigt [6.31], [6.32], [6.33]. Das erklärt nunmehr prinzipiell, weshalb die Verzugszeit mit zunehmender Übersteuerung ($I_G > I_{GT}$) kleiner wird, Bild 6.4. An Gl.(6.173) läßt sich weiterhin auch der Einfluß der Anodenspannung auf den Zündverzug erkennen. Mit höherer Spannung erstreckt sich die Sperrschicht J_2 vor der Zündung weiter in die Basisgebiete und verkleinert die effektiven Basisweiten. Folglich sinkt die zur Zündung erforderliche Speicherladung Q_{cr}. Der Zündverzug t_{gd} wird dann nach Gl.(6.173) kürzer in guter Übereinstimmung mit den experimentellen Beobachtungen.

6.5.2 Basisweitenmodulation

Sie wird durch die Änderung der Sperrschichtdicke des pn-Überganges J_2 hervorgerufen. Diese Änderung beruht zum einen auf der im Laufe des Einschaltvorganges sinkenden Spannung an J_2 und zum anderen auf der mit wachsendem Strom zu-

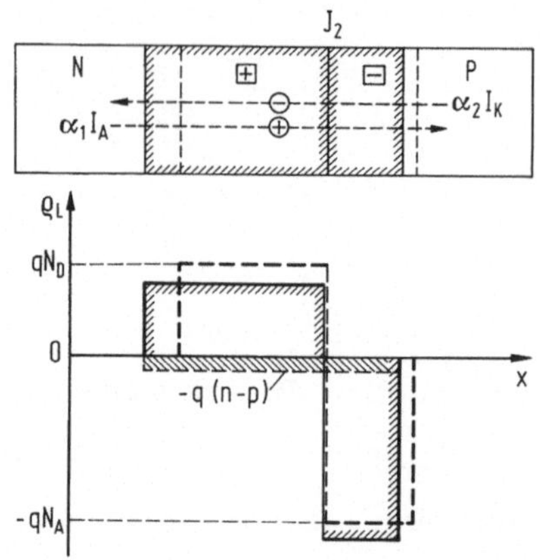

Bild 6.23. Einfluß der beweglichen Ladungsträger auf die
Breite der Kollektorsperrschicht J_2.

nehmenden Dichte der beweglichen Ladungsträger in der Kollektorsperrschicht.

Der Spannungsrückgang allein würde zu einer Vergrößerung
der effektiven Basisweite, insbesondere der hochohmigen n-
Basis, führen und den Stromanstieg verlangsamen.

Die beweglichen Ladungsträger dagegen können den entgegengesetzten Einfluß haben. Dann nämlich, wenn - wie in Bild
6.23 - die Dichte der Elektronen die Dichte der Löcher in
der Sperrschicht übersteigt und andererseits vergleichbar
wird mit der Dichte der Donatoren [6.34], [6.11], [6.13].

Es wird dann ein Teil der Donatoren neutralisiert. Die
Raumladungszone dehnt sich infolgedessen tiefer in die n-
Basis aus und verkürzt die n-Basisweite. Auf der p-Seite
zieht sie sich zwar etwas zusammen, jedoch nur unbedeutend,
da $N_{AB} \gg N_{DB}$ ist. Maßgebend ist daher die Verkürzung der n-
Basisweite. Sie bewirkt eine Erhöhung der Stromanstiegsgeschwindigkeit.

Der Fall überschüssiger Elektronen in der Sperrschicht
(n-p>o) entspricht weitgehend den Verhältnissen in den heute üblichen Thyristorsystemen, wo sich die Steuerelektrode
an der p-Basis befindet und $\alpha_2 > \alpha_1$ ist. Der Elektronenstrom
über J_2, $\alpha_2 I_K$, ist dann wesentlich größer als der Löcher-

strom $\alpha_1 I_A$. Wenn man näherungsweise von konstanten Driftgeschwindigkeiten der Elektronen und Löcher, v_n, v_p in der Sperrschicht ausgeht, kann man das Verhältnis der Trägerdichten grob abschätzen. Mit

$$I_n(x_4) \simeq \alpha_2 \, I_K \simeq qn \, v_n \ , \tag{6.174}$$

$$I_p(x_3) \simeq \alpha_1 \, I_A \simeq qp \, v_p \ , \tag{6.175}$$

erhält man bei Vernachlässigung des Steuerstromes gegenüber dem Anodenstrom ($I_G \ll I_A$)

$$\frac{n}{p} = \frac{\alpha_2}{\alpha_1} \frac{v_p}{v_n} \ . \tag{6.176}$$

Damit $n > p$ wird, muß nach Gl.(6.176) die Bedingung erfüllt sein

$$\frac{\alpha_2}{\alpha_1} > \frac{v_n}{v_p} \ . \tag{6.177}$$

Setzt man für v_n, v_p die Sättigungsdriftgeschwindigkeiten [6.35] ein, $v_n = v_{ns} = 1,1 \ 10^7 \mathrm{cm/s}$, $v_p = v_{ps} = 9,5 \ 10^6 \ \mathrm{cm/s}$, so führt dies zu der Forderung $\alpha_2/\alpha_1 > 1,16$. Obwohl hierbei zu berücksichtigen ist, daß α_2/α_1 vom Strom abhängt, ist diese Forderung in dem hier in Frage stehenden Strombereich im allgemeinen erfüllt.

Welcher der beiden Effekte sich nun am stärksten auf die Basisweitenmodulation auswirkt, hängt nicht zuletzt vom äußeren Stromkreis ab. Bei kapazitiver Last, wo die Thyristorspannung längere Zeit konstant bleibt, wird der Einfluß der beweglichen Ladungsträger und damit des Stromes dominieren, bei induktiver Last, wo als Folge der dI/dt-Begrenzung die Thyristorspannung rascher abfällt, der Einfluß der Spannung. Generell werden sich diese beiden Effekte allerdings bis zu einem gewissen Grad kompensieren.

6.5.3 *Driftfeld in der Steuerbasis*

Die Dotierung der Steuerbasis wird vorwiegend mittels Diffusion erzeugt. Es besteht daher ein Gefälle der Dotie-

rungskonzentration vom Emitter zum Kollektor, verbunden
mit einem nahezu konstanten elektrischen Feld. Dieses Feld
beschleunigt die auf ihrem Wege durch die Basis befindli-
chen Minoritätsträger in Richtung Kollektor (J_2). Es verkürzt somit ihre Laufzeit durch die Steuerbasis und vermindert andererseits die Zahl der rekombinierenden Minoritätsträger. Dementsprechend ist die innere Verzögerungszeit
des Thyristors kürzer und der Stromanstieg steiler als ohne dieses eingebaute Driftfeld.

Zur Einbeziehung des Driftfeldes in die Theorie des Einschaltvorganges siehe [6.4].

7 Die Steuerstromzündung großflächiger Thyristoren

7.1 Einführung

Bei der Behandlung des Einschaltvorganges des Thyristors
war bisher angenommen worden, daß der Anoden- und der
Kathodenstrom stets gleichmäßig über die Thyristorfläche
verteilt sind. Das setzt voraus, daß der n-Emitter bereits
beim Einschalten des Steuerstromes auf der gesamten Fläche
einheitlich Elektronen zu injizieren beginnt und erfordert
eine ortsunabhängige Flußpolung des n-Emitters. Dem steht
jedoch entgegen, daß der Steuerstrom parallel zur Emittersperrschicht durch die p-Basis fließt und am transversalen
Widerstand dieser Zone ein Potentialgefälle hervorruft. Mit
wachsender Entfernung vom Steuerkontakt nimmt die Flußspannung des n-Emitters, U_{J3}, daher grundsätzlich ab. Wegen der
exponentiellen Abhängigkeit des Injektionsstromes $I_n(J_3)$
von der Flußspannung U_{J3}

$$I_n(J_3) \sim \exp(U_{J3}/U_T) \tag{7.1}$$

ist die Annahme einer ortsunabhängigen Injektionsstromdich-
te nur so lange zulässig als die Potentialdifferenz ΔU_{J3}
auf der Thyristorfläche klein gegen die Temperaturspannung
U_T ist. Das ist aber im allgemeinen nur bei kleinflächigen
Thyristoren mit Emitterflächen von der Größenordnung eines
Quadratmillimeters oder in Thyristoren mit schmalen Emitterstreifen der Fall.

In einem großflächigen Thyristor ergibt sich demgegenüber
unmittelbar nach dem Einschalten des Steuerstromes eine
sehr inhomogene Verteilung des Emitterstromes. Bild 7.1
veranschaulicht die Verhältnisse an einem maßstabsgerech-
ten Querschnitt eines Leistungsthyristors in der Nähe der

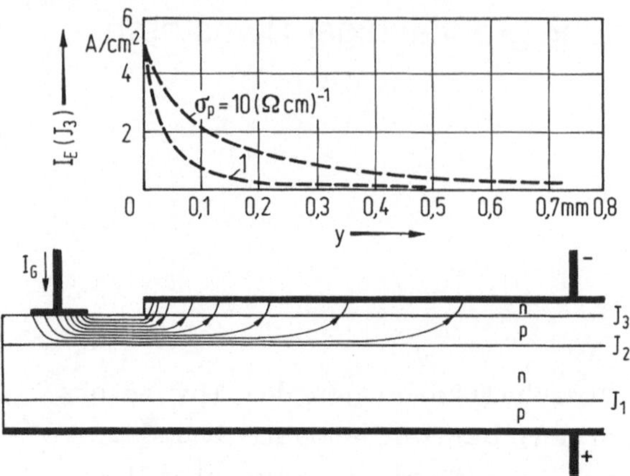

Bild 7.1. Stromverteilung im Thyristor beim Einschalten des Steuerstromes, nach [7.1]. σ_p Leitfähigkeit der p-Basis.

Steuerelektrode nach [7.1]. Der Emitterstrom fällt mit zunehmender Entfernung y vom Emitterrand (y=o) steil ab. Bei einer mittleren Leitfähigkeit der p-Basis von $\sigma_p = 1 \ldots 10$ $(\Omega\mathrm{cm})^{-1}$, wie sie in Leistungsthyristoren üblich ist, beträgt der Strom bereits in einem Abstand von wenigen Zehntel Millimetern nur noch einen geringen Bruchteil des Randwertes. Der Abfall ist um so steiler je kleiner die Leitfähigkeit der p-Basis ist.

Um die Zündung des Thyristors einzuleiten, muß die Emitterstromdichte einen gewissen Mindestwert übersteigen. Dieser Mindestwert ist von der Größenordnung des Haltestromes bezogen auf die Emitterfläche, d. h. von der Größenordnung $1\ \mathrm{A/cm^2}$. Wie aus Bild 7.1 hervorgeht, zündet der Thyristor infolgedessen zunächst nur in einem schmalen Randbereich von wenigen Zehntel Millimeter Breite. Der einsetzende Anodenstrom fließt anfangs nur in einem engen Kanal (Bild 7.2). Dort laufen dann die am eindimensionalen Thyristormodell geschilderten Vorgänge ab. Mit Beginn der regenerativen Wachstumsphase steigt der Anodenstrom rasch an und strebt gegen den vom Widerstand des äußeren Stromkreises begrenzten Wert. In einem niederinduktiven Stromkreis vollzieht sich der Stromanstieg so schnell, daß der Querschnitt des Stromkanals während dieser Phase annähernd konstant bleibt.

260

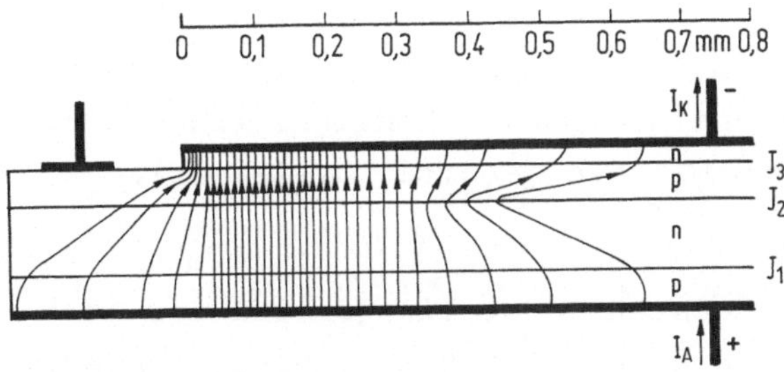

Bild 7.2. Stromverteilung im Thyristor unmittelbar nach
der Zündung, nach [7.1].

Erst anschließend breitet sich der stromführende Bereich
über die gesamte Kathodenfläche aus. Die Ausbreitungsgeschwindigkeit beträgt nach experimentellen Untersuchungen
etwa 50 - 100 µm/µs, d. h. die Ausbreitung verläuft verhältnismäßig langsam. Es dauert z.B. 100 - 200 µs bevor
der Strom in einem 200 Ampere-Thyristor, der von einer zentralen Steuerelektrode aus gezündet wird und eine 10 mm
breite ringförmige Kathodenfläche aufweist, gleichmäßig
über die Kathodenfläche fließt. Die Ausbreitungszeit ist
damit um ein Vielfaches größer als die Anstiegszeit des
Stromes, die im allgemeinen nur wenige Mikrosekunden beträgt.

Maßgebend für das langsame transversale Fortschreiten des
Zündvorganges ist der geringe "Durchgriff" der internen
Basisströme unter die Emitterzonen des ungezündeten Gebietes. Mit dem über J_2 in die p-Basis eintretenden Basisstrom $\alpha_{pnp} I_A$, bzw. mit dem in die n-Basis eintretenden
Strom $\alpha_{npn} I_K$ steht im gezündeten Bereich zwar mehr Basisstrom zur Verfügung als zur Führung des Anodenstromes nötig
wäre, so daß J_2 in Flußrichtung getrieben wird, doch trotz
dieses Überschusses vermag nur ein geringer Teil des Stromes durch transversale Diffusion und Drift der Ladungsträger in das ungezündete Gebiet zu fließen. Dieser transversale Steuerstrom versickert gewissermaßen in einer schmalen Übergangszone. Durch diese örtlich begrenzte Wirkung
des internen Steuerstromes wird zunächst nur eine Randzone
um den Stromkanal von wenigen Zehntel Millimeter Breite ge-

zündet. Sobald diese Zone nach Ablauf der Verzugs- und Anstiegszeit genügend Strom führt, liefert sie den Steuerstrom für die nächste Zone. So zündet kontinuierlich fortschreitend Zone für Zone bis die gesamte Thyristorfläche
erfaßt ist.

Mit diesen stark vereinfachten Vorstellungen von der Ausbreitung des Zündvorgangs erwartet man als Ausbreitungsgeschwindigkeit v_z das Verhältnis aus der Breite d der gezündeten Zone zu der Dauer des Einschaltvorganges einer
Zone, d. h. der Summe aus Verzugs- und Durchschaltzeit
$(t_{gd}+t_{gr})$

$$v_z \simeq \frac{d}{t_{gd} + t_{gr}} \; . \hspace{4cm} (7.2)$$

Zur zahlenmäßigen Abschätzung von v_z sei angenommen, daß
die internen Basisströme die gleiche transversale Reich-
weite haben wie der äußere Steuerstrom, in Leistungsthyristoren nach Bild 7.1 also etwa d = 0,2 mm. Andererseits
darf für diese Thyristorstruktur mit einem typischen Wert
von $t_{gd}+t_{gr}$=2-4µs gerechnet werden. Damit erhält man für
die Ausbreitungsgeschwindigkeit v_z = 50 - 100 µm/µs, d. h.
Werte, die in recht guter Übereinstimmung mit den experimentellen Werten sind.

Es ist offensichtlich, daß die langsame Zündausbreitung
von einschneidender Bedeutung für die Strombelastbarkeit
des Thyristors ist, insbesondere für die zulässige Anstiegsgeschwindigkeit des Stromes, den sogenannten dI/dt-
Wert.

7.2 Primärer Zündbereich

Entscheidend für die Breite dieses Bereiches ist die Anfangsverteilung des Emitterstromes entlang des pn-Überganges J_3. Sie soll im folgenden berechnet werden.

Dabei ist zu berücksichtigen, daß sich unmittelbar nach
dem Einschalten der Spannung zwischen Steuerelektrode und
Kathode, U_G, eine Emitterstromdichte j_K einstellt, die aus-
ser von y noch von der Zeit t abhängt.

Im analogen eindimensionalen Fall, Abschnitt 5.7, Beispiel
1, ist der transiente Strom nach Gl.(5.99) von der Form

$$j(t) = j_{stat}\, f(t) = j_o\{\exp(U/U_T) - 1\}f(t) \; ; \qquad (7.3)$$

er ist also das Produkt aus dem stationären Strom

$$j_{stat} = j_o\{\exp(U/U_T) - 1\}$$

und einer Zeitfunktion $f(t)$. Dabei ist j_o der Sättigungs-
strom des pn-Überganges. Überträgt man dieses Ergebnis auf
das vorliegende Problem, so ist bei Vernachlässigung der
transversalen Ladungsträgerdiffusion in der p-Basis der Ansatz gerechtfertigt

$$j_K(y,t) = j_o[\exp\{U_E(y)/U_T\} - 1]g(t) = j_{K,stat}\, g(t) \; .$$

$$(7.4)$$

Die örtliche Stromverteilung hat nach Gl.(7.4) zu jedem
Zeitmoment die Form der stationären Stromverteilung
$j_{K,stat}(y)$.

Damit reduziert sich die Aufgabe auf die Berechnung der
stationären Stromverteilung, denn es interessieren hier nur
die örtlichen Unterschiede der Injektion. Solche Berechnungen sind für Transistoren von Fletcher [7.2], Emeis, Herlet, Spenke [7.3] und Hauser [7.4] durchgeführt und von
Gerlach [7.1], Grekhov, Levinstein, Sergeev [7.5], Dermenzhi, Yevseyev [7.6] und Rosch [7.7] auf den Thyristor übertragen worden.

Hauser [7.4] legt seiner Analyse – die hier kurz umrissen
werden soll – eine rechteckförmige Transistorstruktur zugrunde (Bild 7.3) und geht von folgenden Annahmen aus

1. Die Leitfähigkeitsmodulation der Basis ist vernachlässigbar (ρ_B=const).

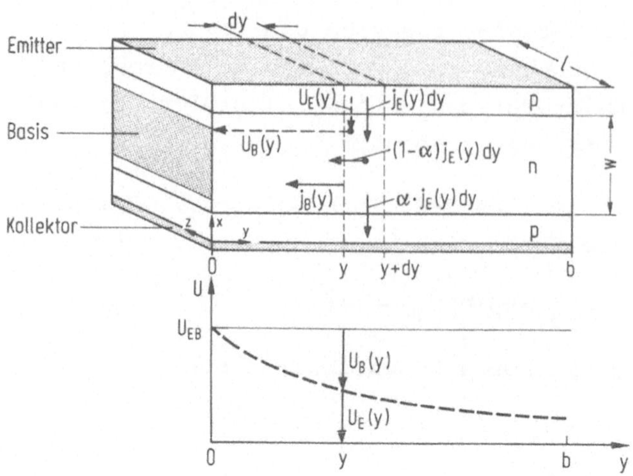

Bild 7.3. Transistormodell zur Berechnung des Emitterstromes als Funktion des Ortes y.

2. Der Stromverstärkungsfaktor ist konstant und damit unabhängig vom Strom (α=const).

Die erste Annahme ist im Thyristor aufgrund der hohen Dotierung der Steuerbasis bis zu Stromdichten von mehreren
Ampere pro cm^2 recht gut erfüllt. Die zweite Annahme ist
in Siliziumtransistoren nur bei mittleren Stromdichten erfüllt, stellt also eine gewisse Einschränkung dar. Da hier
aber nur die Stromverteilung unmittelbar nach dem Anlegen
der Steuerspannung betrachtet werden soll, darf man α=0
setzen, weil zu dieser Zeit die injizierten Elektronen
noch nicht den Kollektor J_2 erreicht haben.

Der Basisstrom $I_B(y)=j_B(y)\,wl$ erzeugt am Widerstand dR der
Basis zwischen y und y+dy, $dR=\rho_B dy/(wl)$, den Spannungsabfall

$$dU_B = dRI_B(y) = j_B(y)\,\rho_B dy \; , \tag{7.5}$$

wobei ρ_B der spezifische Widerstand der Basis, w ihre Dicke
und l die Länge in z-Richtung sind. Daraus folgt

$$\frac{dU_B}{dy} = \rho_B j_B(y) \; . \tag{7.6}$$

264

Andererseits liefert das Gebiet zwischen y und y+dy zum
Basisstrom den Beitrag

$$dI_B = (1 - \alpha) dI_E \ ,$$

womit man für die Stromdichten unter Berücksichtigung von
$dI_E = j_E(y) l \, dy$ die Beziehung gewinnt

$$\frac{dj_B(y)}{dy} = \frac{(1 - \alpha)}{w} \, j_E(y) \ . \tag{7.7}$$

Schließlich ist

$$j_E(y) = j_0 [\exp\{U_E(y)/U_T\} - 1] \ , \tag{7.8}$$

mit

$$U_E(y) = U_{EB} - U_B(y) \ ,$$

wobei U_{EB} die angelegte Emitter-Basisspannung und $U_B(y)$
der Spannungsabfall in der Basis sind. Die Rechnung soll
auf den Fall $U_E(y) \gg U_T$ beschränkt werden, so daß sich Gl.
(7.8) vereinfacht zu

$$\tag{7.10}$$

$$j_E(y) = j_0 \exp\{U_E(y)/U_T\} = j_0 \exp\{(U_{EB} - U_B(y)/U_T\} \ .$$

Als erstes soll der Basisstrom $j_B(y)$ berechnet werden. Dazu wird Gl.(7.7) nach y differenziert

$$\frac{d^2 j_B}{dy^2} = \frac{1 - \alpha}{w} \frac{dj_E}{dy} \ . \tag{7.11}$$

Mit Gl.(7.10) erhält man aus Gl.(7.11)

$$\frac{d^2 j_B}{dy^2} = - \frac{1 - \alpha}{w \, U_T} \, j_E \, \frac{dU_B(y)}{dy} \tag{7.12}$$

und hieraus mit Gln.(7.6) und (7.7)

$$\frac{d^2 j_B}{dy^2} + \frac{\rho_B}{U_T} \, j_E \, \frac{dj_B}{dy} = 0 \ . \tag{7.13}$$

Die Differentialgleichung (7.13) kann mit Hilfe der Substitution

$$\frac{dj_B}{dy} = \xi = \xi(j_B) \ ,$$

und der daraus folgenden Beziehung

$$\frac{d^2 j_B}{dy^2} = \frac{d\xi}{dy} = \frac{d\xi}{dj_B} \frac{dj_B}{dy} = \frac{d\xi}{dj_B} \xi$$

übergeführt werden in

$$\frac{d\xi}{dj_B} + \frac{\rho_B}{U_T} j_B = 0 \ . \tag{7.14}$$

Die Lösung von (7.14) ergibt

$$\xi = \frac{dj_B}{dy} = - \frac{\rho_B}{2U_T}(j_B^2 + A^2) \ , \tag{7.15}$$

wobei A eine willkürliche Konstante ist. Aus (7.15) erhält man durch Separation der Variablen

$$- dy = \frac{2U_T \, dj_B}{\rho_B(j_B^2 + A^2)}$$

und nach Integration

$$\frac{\rho_B}{2U_T}(B - y) = \frac{1}{A} \ \text{arc tan} \ (\frac{j_B}{A}) \ , \tag{7.16}$$

mit der weiteren Integrationskonstanten B. Aus (7.16) folgt als Lösung der Differentialgleichung (7.13) schließlich

$$j_B(y) = A \ \text{tan} \left[\frac{AB\rho_B}{2 \ U_T}(1 - \frac{y}{B}) \right] \ . \tag{7.17}$$

Die beiden Konstanten A und B lassen sich aus den Randbedingungen bestimmen. An der Stelle $y = b$ ist j_B Null, und an der Stelle $y = o$ kann j_B durch den gesamten über den Basiskontakt abfließenden Strom ausgedrückt werden

$$j_B|_{y=b} = 0 \; , \tag{7.18}$$

$$j_B|_{y=o} = j_B(0) \; . \tag{7.19}$$

Damit erhält man aus Gl.(7.17)

$$B = b \; , \tag{7.20}$$

und

$$A \, \tan \frac{Ab\rho_B}{2 \, U_T} = j_B(0) \; , \tag{7.21}$$

bzw.

$$Z \, \tan Z = j_B(0) \, \frac{b\rho_B}{2U_T} \tag{7.21a}$$

mit der Abkürzung $Z = Ab\rho_B/(2U_T)$. Der Basisstrom läßt sich dann in der Form schreiben

$$j_B(y) = j_B(0) \, \frac{\tan[Z(1 - y/b)]}{\tan Z} \; . \tag{7.22}$$

Die Größe Z kann man aus der transzendenten Gl.(7.21a) numerisch bestimmen, beispielsweise durch Iteration.

Setzt man (7.22) in Gl.(7.6) ein und integriert, so erhält man für den Spannungsabfall in der Basis

$$U_B(y) = 2U_T \, \ln \frac{\cos[Z(1 - y/b)]}{\cos Z} \; , \tag{7.23}$$

und setzt man nunmehr (7.23) in (7.10) ein, so erhält man schließlich für den Emitterstrom

$$j_E(y) = j_E(0) \, \frac{\cos^2 Z}{\cos^2[Z(1 - y/b)]} \; , \tag{7.24}$$

wobei $j_E(0) = j_o \, \exp(U_{EB}/U_T)$ ist.

Für den Verlauf des Emitterstromes in der Nähe des Basiskontaktes läßt sich aus (7.24) eine einfachere Näherungslösung gewinnen. Dazu wird (7.24) umgeformt in

$$j_E(y) = j_E(O) \frac{1}{\left[\cos\left(\frac{Zy}{b}\right) + \frac{Z \tan Z}{Z} \sin\left(\frac{Zy}{b}\right)\right]^2} . \qquad (7.25)$$

Berücksichtigt man Gl.(7.21a), so erhält man aus (7.25) für $(Zy/b) \ll 1$ die Näherungslösung

$$j_E(y) = \frac{j_E(O)}{[1 - (j_B(O)/j_B^*)(y/b)]^2} \qquad \text{für} \quad \frac{Zy}{b} \ll 1 , \qquad (7.26)$$

wobei zur Abkürzung $2U_T/(b\rho_B) = j_B^*$ gesetzt wurde. j_B^* hat die Dimension einer Stromdichte und ist allein durch Strukturparameter festgelegt. Physikalisch bedeutet j_B^* diejenige Stromdichte, die beim transversalen Durchfließen der gesamten Basis einen Spannungsabfall von $2U_T$ (50 mV für T = 300 K) erzeugen würde. Im Abstand $y = b^* \equiv b(j_B^*/j_B(O))$ fällt der Emitterstrom nach Gl.(7.26) auf 1/4 des Randwertes ab. Diese Stelle liegt nur dann innerhalb des Gültigkeitsbereiches der Näherungslösung (7.26), wenn $Zb^*/b \ll 1$ ist, bzw. wenn $Zj_B^*/j_B(O) \ll 1$ ist. Da Z nach Gl.(7.21a) maximal den Wert $\pi/2$ annehmen kann, trifft dies zu für $j_B^*/j_B(O) \ll \frac{2}{3}$.

Zur Abschätzung des primären Zündbereiches des Thyristors wird als nächstes der Zusammenhang zwischen $j_E(O)$ und $j_B(O)$ berechnet.

Solange noch kein Kollektorstrom fließt, muß der gesamte Strom, der über den Emitter in die Basis eintritt, über den Basiskontakt abfließen. Das führt zu der Beziehung

$$\qquad (7.27)$$

$$j_B(O)w = \int_O^b j_E(y)\,dy = j_E(O)\,\cos^2 Z \int_O^b \frac{dy}{\cos^2[Z(1 - y/b)]}$$

und ergibt

$$j_B(O) = \frac{j_E(O)\, b \sin Z \cos Z}{wZ} , \qquad (7.28)$$

oder nach $j_E(0)$ aufgelöst

$$j_E(0) = j_B(0)\,\frac{w}{b}\,\frac{Z\,\tan Z}{\sin^2 Z}\,. \qquad (7.29)$$

Mit Gl.(7.21a) geht (7.29) über in

$$j_E(0) = \frac{j_B^2(0)}{j_B^*}\,\frac{w}{b}\,\frac{1}{\sin^2 Z}\,. \qquad (7.30)$$

Für $j_B(0)/j_B^* \gg 1$ strebt Z gegen den Grenzwert $Z_{max}=\pi/2$, und man erhält aus (7.30) näherungsweise

$$j_E(0) = \frac{j_B^2(0)}{j_B^*}\,\frac{w}{b} \qquad \text{für} \qquad \frac{j_B(0)}{j_B^*} \gg 1\,. \qquad (7.31)$$

Zu dem gleichen Zusammenhang sind Grekhov u.a. [7.5] ausgehend von den Ergebnissen von Fletcher [7.2] gelangt.

Durch Einsetzen von Gl.(7.31) in Gl.(7.26) gewinnt man die Beziehung

$$j_E(y) = \frac{j_B^2(0)}{j_B^*}\,\frac{w}{b}\,\frac{1}{\left[1+\dfrac{j_B(0)}{j_B^*}\,\dfrac{y}{b}\right]^2}\,. \qquad (7.32)$$

Bei vorgegebenem Basisstrom $I_B=j_B(0)\,lw$ kann damit der Verlauf des Emitterstromes explizit angegeben werden.

Da der Thyristor nur an den Stellen zündet, an denen die Emitterstromdichte die Zündschwelle $j_{E,cr}$ übersteigt, ist die Breite des primären Zündbereiches, y_z, bestimmt durch $j_E(y_z)=j_{E,cr}$. Aus Gl.(7.32) folgt damit für y_z

$$y_z = b\left[\frac{1}{\sqrt{\dfrac{j_{E,cr}}{j_B^*}\,\dfrac{b}{w}}} - \frac{1}{\dfrac{j_B(0)}{j_B^*}}\right]\,. \qquad (7.33)$$

Bemerkenswert hieran ist, daß die Breite des primär gezündeten Gebietes für große Basisströme weitgehend unabhängig
vom Basisstrom wird und gegen den Grenzwert strebt [7.5]

$$y_{z,gr} = \frac{b}{\sqrt{\dfrac{j_{E,cr}}{j_B^*}\dfrac{b}{w}}} \qquad \text{für} \qquad \frac{j_B(0)}{j_B^*} \to \infty \ . \tag{7.34}$$

Auch die kritische Emitterstromdichte $j_{E,cr}$ kann durch den
Basisstrom ausgedrückt werden. Sie ist mit dem minimalen
Basisstrom $I_{B,min}=j_{B,min}(0)\,lw$ offensichtlich darüber verknüpft, daß $j_{E,cr}$ für $I_B=I_{B,min}$ nur unmittelbar am Rande
$y=o$ überschritten wird. Das bedeutet nach Gl.(7.33) mit
$y_z=o$

$$j_{E,cr} = \frac{j_{B,min}^2(0)}{j_B^*}\frac{w}{b} \ . \tag{7.35}$$

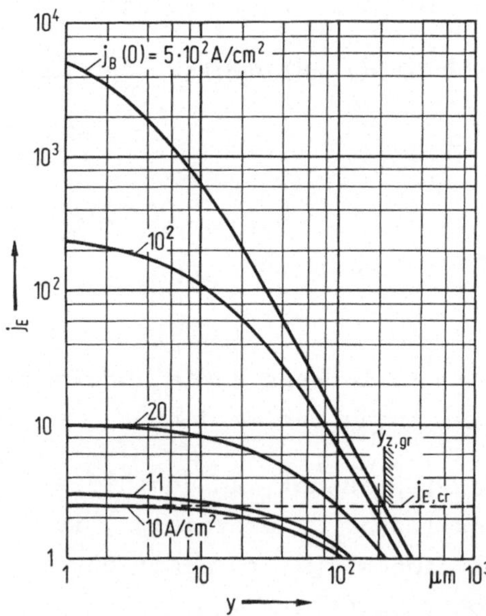

Bild 7.4. Emitterstromdichte j_E als Funktion des Abstandes y vom Basiskontakt. Parameter: Stromdichte des Basisstromes am Rande $y = 0$. $j_{E,cr}$ kritische Stromdichte zur
Einleitung der Zündung, $y_{z,gr}$ Grenzwert des primären Zündbereiches.

270

Abschließend ein konkretes Zahlenbeispiel für eine rechteckförmige Thyristorstruktur und in Bild 7.4 der zugehörige Verlauf für verschiedene Basisströme, sprich Steuerströme.

Zahlenbeispiel

Gegeben			Berechnet		
ρ_B	=	0,25 Ωcm	$j_{B,min}(0)$	=	10 A/cm^2
w	=	50 µm	$j_B(0)$	=	10^2 A/cm^2
l	=	2 mm	j_B^*	=	0,2 A/cm^2
b	=	1 cm	$j_E(0)$	=	250 A/cm^2
$I_{B,min}$	=	10 mA	$j_{E,cr}$	=	2,5 A/cm^2
$I_B(0)$	=	100 mA	$y_{z,gr}$	=	200 µm

Die berechnete maximale Breite des primären Zündbereiches beträgt rund 200 µm und stimmt gut mit experimentell ermittelten Werten überein [7.5], [7.8]. Die Breite bei einem Steuerstrom, der um 10 % größer ist als der minimale Steuerstrom (Zündstrom),beträgt etwa 20 µm.

7.3 Transiente Ladungsträger- und Potentialverteilung

Um eine Vorstellung von den transversalen Diffusions- und Driftströmen in den Basiszonen zu bekommen, die für das seitliche Fortschreiten der Zündung sorgen, ist es sinnvoll, die Entwicklung der Ladungsträger- und Potentialverteilung in den Basiszonen vom Einschalten des Steuerstromes an zu verfolgen.

Ausgehend von der inhomogenen Injektion ist in Bild 7.5a der Konzentrationsverlauf der Elektronen in der p-Basis nach Ablauf der Transitzeit τ_{T2} durch Linien gleicher Konzentration veranschaulicht.

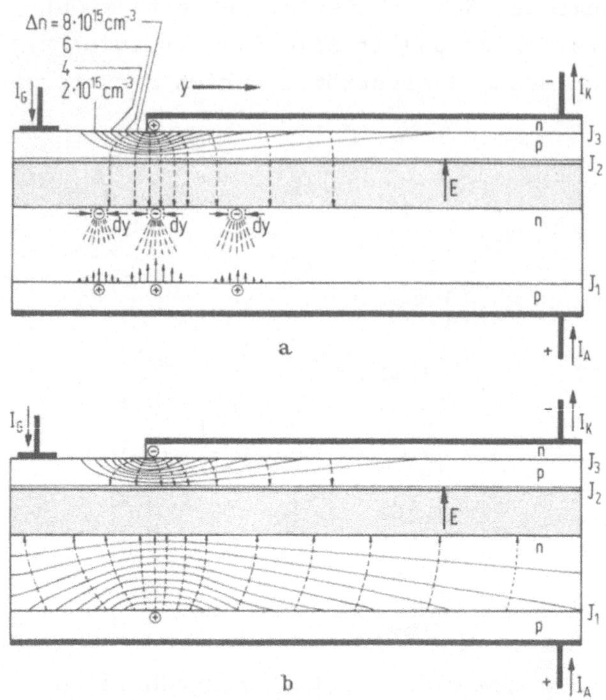

Bild 7.5. Örtlicher Verlauf der Überschußträger zu Beginn des Einschaltvorgangs. a) zur Zeit $t \simeq \tau_{T2}$, b) zur Zeit $t \geq \tau_{T1} + \tau_{T2}$. τ_{T1} bzw. τ_{T2} Laufzeit in der n- bzw. p-Basis.

Die Elektronen diffundieren in Richtung des stärksten Gefälles zur Kollektorsperrschicht J_2 und werden dort vom elektrischen Feld zur n-Basis transportiert. Die über ein Flächenelement der Breite dy einströmenden Elektronen steuern den pn-Übergang J_1 im gegenüberliegenden Bereich in Flußrichtung und bewirken den Zustrom gleichvieler Löcher. Am größten ist die Stromdichte in der direkt gegenüberliegenden Zone der Breite dy. Weiter nach außen klingt sie im Verhältnis von Basisdicke zur Länge des Stromfadens ab. Dadurch kommt es zu einer Auffächerung des Stromes, die um so stärker in Erscheinung tritt, je dicker das neutrale n-Basisgebiet ist. Infrarotaufnahmen an Thyristorquerschnitten [7.45], [7.46] lassen eine konische Verbreiterung des Stromkanals zur Anode hin erkennen und stützen diese Vorstellung.

272

Die vom pn-Übergang J_1 injizierten Löcher erzeugen in der
n-Basis ein Konzentrationsgefälle, Bild 7.5b, und diffundieren in Richtung des steilsten Abfalls zur Kollektorsperrschicht J_2, wo sie vom elektrischen Feld zur p-Basis
befördert werden und den n-Emitter stärker in Flußrichtung
steuern. Damit setzt die Rückkoppelwirkung ein. An Stellen
mit einer Rückkoppelverstärkung $\tilde{\beta}_1\tilde{\beta}_2 \geqq 1$, $y \leqq y_z$, beginnt der
Strom lawinenartig anzusteigen, während er an Stellen mit
$\tilde{\beta}_1\tilde{\beta}_2 < 1$, $y > y_z$, ähnlich wie in einem Transistor einem stationären Wert kleiner $j_{E,cr}$ zustrebt.

Im gezündeten Gebiet, $y \leqq y_z$, wächst der Strom rasch an und
ruft am Widerstand der n-Basis aufgrund der nachhinkenden
Leitfähigkeitsmodulation einen großen Spannungsabfall in
axialer Richtung (x-Richtung) hervor. Je nach Höhe der
Stromdichte kann der Spannungsabfall Werte von einigen
Volt bis einigen 100 V erreichen. Gleichzeitig erzeugt
der Strom am Widerstand des äußeren Stromkreises einen
Spannungsabfall. Bei rein ohmscher Last sinkt dadurch die
Anodenspannung in gleichem Maße wie der Strom steigt.

Wenn von einer hohen angelegten Vorwärtsspannung aus gezündet wird, kann die Anodenspannung so schnell zusammen-
brechen, daß die Sperrschichtkapazität des Kollektors in
größerer Entfernung vom Stromkanal nicht mehr schnell genug
durch Majoritätsträger, die ihr vom Stromkanal her über die
Basiszonen zuströmen, entladen werden kann, weil aufgrund
der hohen transversalen Basiswiderstände die Entladezeit-
konstanten groß sind. Da nun aber an allen Stellen des
Thyristors die Spannung gleich sein muß, u. zw. gleich der
momentanen Klemmenspannung $U_A(t)$, findet eine Umladung der
Sperrschichtkapazitäten der äußeren pn-Übergänge statt
[7.1], [7.9] – [7.12]. Die Kollektorsperrschicht zieht dabei auf der n-Basisseite Elektronen von der Sperrschicht
J_1 ab und treibt dadurch J_1 in Sperrichtung, Bild 7.6. Auf
der p-Basisseite zieht sie Löcher von der Sperrschicht J_3
ab und polt dadurch J_3 ebenfalls in Sperrichtung. Für die
Dauer dieser Umladung sind dann alle drei pn-Übergänge in

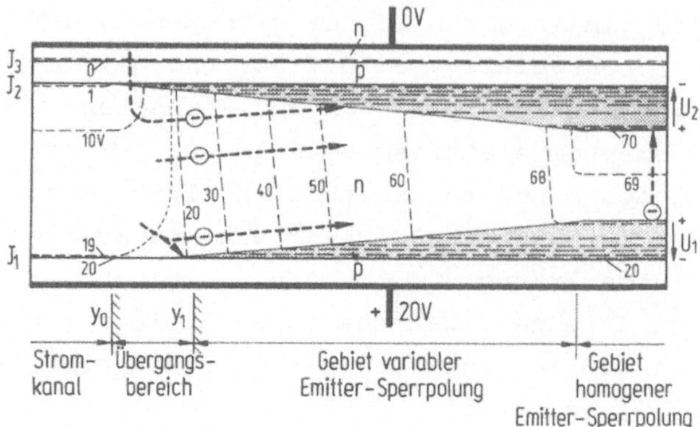

Bild 7.6. Potentialverlauf im Thyristor zu Beginn des Einschaltvorgangs bei schnell zusammenbrechender Anodenspannung.

Sperrichtung gepolt. Dies hat zur Folge, daß in der jeweiligen Basiszone ein hohes transversales Feld auftritt.

In Bild 7.6 sind der besseren Übersicht wegen die Sperrpolung von J_3 und das transversale Potentialgefälle in der p-Basis nicht mit eingezeichnet. Das Bild skizziert in der vorliegenden Form die Verhältnisse in Thyristoren mit n-Emitterkurzschlüssen, bei denen ohnehin die Umladung von J_3 durch den Löcherzustrom von den Kurzschlußstellen zur Sperrschicht J_2 vermieden wird. Dem Bild liegt die Annahme zugrunde, daß die Anodenspannung von $U_A(O) = 120$ V sehr schnell auf $U_A(t_O) = 20$ V zusammengebrochen ist. Über J_1 erscheint zum Zeitpunkt t_O eine Sperrspannung von 48 V und über J_2 eine Sperrspannung von rund 70 V. In der n-Basis besteht ein transversales Potentialgefälle von annähernd 50 V, das einen transversalen Elektronenstrom hervorruft, der die Sperrschichtkapazitäten von J_1 und J_2 im Gebiet $y > y_O$ weiter entlädt. Daneben sorgt der axiale Sperrstrom von J_1 bzw. J_2 ebenfalls für eine Entladung der jeweiligen Sperrschichtkapazität, und zwar solange, bis J_1 schließlich wieder in Flußrichtung umgepolt ist, und J_2 rechts vom Übergangsbereich $(y > y_1)$ auf die Spannung $U_2 = U_A(t_O) - U_1(y, t_O) - U_3(y, t_O) \approx U_A(t_O)$ entladen ist.

274

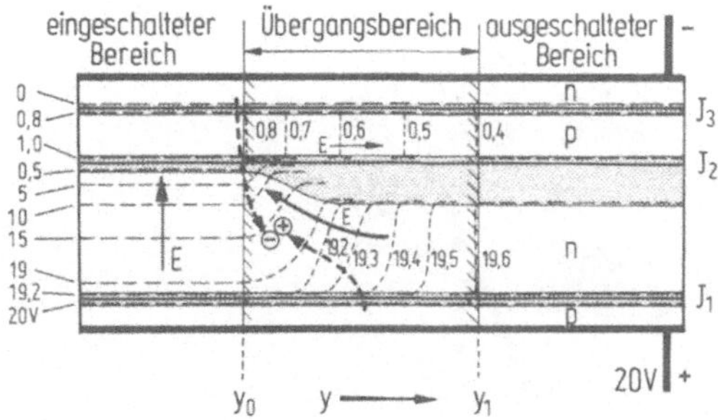

Bild 7.7. Potentialverteilung während des Ausbreitungs-
vorgangs.

Damit nimmt die Potentialverteilung die in Bild 7.7 etwas
detaillierter dargestellte Form an. Nach Molibog u. a.
[7.13] kann der Thyristor bezüglich der Spannungsauftei-
lung zwischen Kollektorsperrschicht und n-Basis in drei
Bereiche unterteilt werden

1. Eingeschalteter Bereich
   Der überwiegende Teil der Spannung fällt über der n-
   Basis ab. J_2 ist spannungslos oder in Flußrichtung ge-
   polt. Die Stromdichte ist weitgehend ortsunabhängig.

2. Übergangsbereich
   Der Spannungsabfall über der n-Basis geht mit wachsendem y bis auf Null zurück, die Spannung über J_2 nimmt
   dementsprechend mit y zu. Die Stromdichte ist sowohl
   von y als auch von x abhängig und strebt mit zunehmendem y gegen Null.

3. Ausgeschalteter Bereich
   Der Spannungsabfall über der n-Basis ist Null; über J_2
   liegt nahezu die gesamte Anodenspannung. Die Stromdichte ist kleiner als die Haltestromdichte und nur
   schwach von y abhängig.

Bild 7.8 zeigt den Konzentrationsverlauf der Überschußladungsträger in diesen drei Bereichen. Die Trägerdichte im
ausgeschalteten Bereich ist hierbei im Verhältnis zur Trägerdichte im eingeschalteten Bereich stark überhöht darge-

275

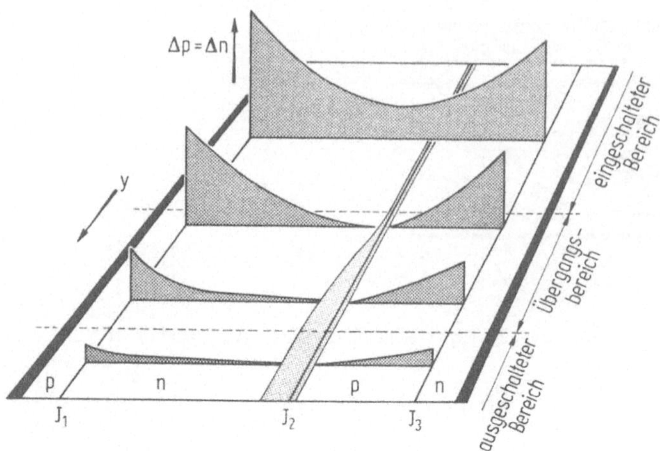

Bild 7.8. Konzentrationsprofile der Überschußladungsträger, schematisch.

stellt. In Wirklichkeit besteht zwischen diesen Bereichen
ein Stromdichteunterschied von mehr als 10^3 und damit etwa
der gleiche Unterschied im axialen Konzentrationsgefälle,
was in einem linearen Ordinatenmaßstab schlecht wiedergegeben werden kann.

7.4 Ausbreitungsvorgang

Aus Bild 7.8 wird trotz der darstellungsmäßigen Unzuläng-
lichkeiten das starke transversale Konzentrationsgefälle
vom eingeschalteten zum ausgeschalteten Bereich deutlich.
Um den Weg der Ladungsträger bei ihrer Diffusion durch die
Basiszonen besser übersehen zu können, ist in Bild 7.9 der
ungefähre Verlauf der Linien gleicher Konzentration, wie
er durch Bild 7.8 nahegelegt wird, skizziert.

Die Bahnen der Ladungsträger - repräsentiert durch die
Orthogonaltrajektorien - laufen im Übergangsbereich auf
den noch in Sperrichtung gepolten Teil der Kollektorsperrschicht J_2 zu. In Abwesenheit elektrischer Felder in
den Basiszonen würden z.B. die Löcher vom p-Emitter J_1
entlang den eingezeichneten Bahnen bis zur p-Basis lau-

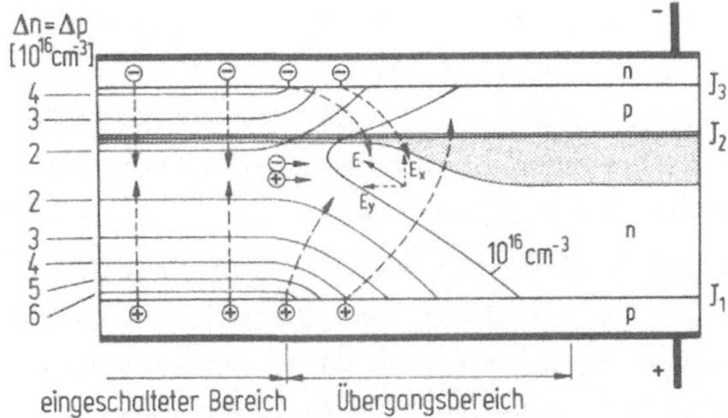

Bild 7.9. Überschußträgerdichte und Diffusionsströme am Rande des eingeschalteten Bereiches und im Übergangsbereich.

fen und dann in diesem Gebiet den n-Emitter zur erhöhten Elektroneninjektion veranlassen. Entsprechend würden die Elektronen den p-Emitter weiter aufsteuern. Damit würde in diesem Bereich, soweit er noch gesperrt ist, die Zündung eingeleitet und, soweit die Zündung schon eingesetzt hat, die Stromanstiegsgeschwindigkeit vergrößert. Die Zündfront und mit ihr der eingeschaltete Bereich sowie der Übergangsbereich würden sich kontinuierlich in den ungezündeten Bereich vorschieben. Die Ausbreitungsgeschwindigkeit des Zündvorganges wäre dann im wesentlichen von der Höhe der Ladungsträgerdichte im gezündeten Bereich abhängig und demzufolge um so größer je größer die Stromdichte wäre.

In der Tat wird eine solche Stromdichteabhängigkeit beobachtet [7.1], [7.7], [7.14] - [7.22]. Dennoch gibt es, namentlich in der Anfangsphase des Zündvorganges, einige experimentelle Ergebnisse, wie z.B. ein unstetiges Vorwandern der Zündfront [7.8], die damit nicht zu erklären sind. Das ist darauf zurückzuführen, daß der Einfluß des elektrischen Feldes, das besonders in der hochohmigen n-Basis relativ große Werte annehmen kann, außeracht gelassen worden ist.

Es soll nunmehr untersucht werden, wie sich das elektrische Feld in der n-Basis auf die Ausbreitung des Zündvor-

ganges auswirkt. Dazu ist in Bild 7.9 die Richtung dieses
Feldes im Gebiet, wo es seine größten Werte annimmt, eingezeichnet (siehe hierzu auch Bild 7.7). Die transversale
Feldstärkekomponente E_y wirkt der transversalen Diffusion
der Löcher - das sind hier die Minoritätsträger - entgegen. Im Falle schwacher Injektion werden die Löcher aufgrund der hohen Feldstärke in Richtung des Feldes gedrängt.
Bei den Elektronen hingegen unterstützen sich transversaler Diffusions- und Feldstrom. Als Majoritätsträgerstrom
fließen sie gemeinsam zum ungezündeten Bereich und leiten
dort die Zündung ein analog der Wirkung eines externen
Steuerstromes.

Die soeben am transversalen Feld der n-Basis durchgeführ-
ten Überlegungen gelten in entsprechender Weise auch für
das transversale Feld der p-Basis (Bild 7.7). Sie sind
hier sogar realistischer, weil sie auf der Voraussetzung
schwacher Injektion basieren. Und die ist in der p-Basis
bis zu verhältnismäßig hohen transienten Stromdichten erfüllt, in der n-Basis dagegen nicht, zumindest nicht mehr
in der Phase des regenerativen Stromanstieges. Im Gegenteil, hier liegt während der Zündausbreitung stets mittlere bis starke Injektion vor. In diesem Fall, wo Löcher
und Elektronen zusammen ein quasineutrales Plasma bilden
($p=n \gg N_{D,B}$) verliert das transversale Feld E_y seine brem-
sende Wirkung auf die Diffusion der Löcher. Löcher und E-
lektronen diffundieren jetzt gemeinsam in Richtung des
Konzentrationsgefälles, wobei die Diffusion mit der ambipolaren Diffusionskonstanten erfolgt.

Warum das Feld seinen ursprünglichen Einfluß verliert,
wenn sich die Löcher in einem Plasma befinden, läßt sich
kurz so erklären. Ein von außen auf das Plasma einwirken-
des Feld treibt im ersten Moment Löcher und Elektronen in
entgegengesetzter Richtung auseinander. Eine geringfügige
Verschiebung des Löcherkollektivs gegen das Elektronen-
kollektiv verursacht an den Rändern des Plasmas Raumla-
dungen und erzeugt damit ein inneres Feld, das dem äußeren
entgegengerichtet ist und es mehr und mehr schwächt bis

278

schließlich keine Relativverschiebung der beiden Kollektive mehr auftritt. Das im Plasma verbleibende elektrische Feld ist gegenüber dem äußeren Feld etwa im Verhältnis der Ladungsträgerkonzentration außerhalb zu der innerhalb des Plasmas geschwächt. Es dient letztlich dazu, den Strom, der über den Rand des Plasmas eintritt, als Driftstrom durch das Plasma zu führen. Das Plasma erfährt dabei keine translatorische Verschiebung, wohl aber kann es sich durch die über p = n miteinander gekoppelte Diffusion der Elektronen und Löcher (ambipolare Diffusion) in seinen Abmessungen ändern.

Eine quantitative Behandlung der ambipolaren Transportvorgänge (siehe z.B. [7.23], [7.24]), die auch den Fall mittlerer Injektion einschließt, ergibt für die ambipolare Diffusionskonstante

$$D_a = \frac{D_n D_p (n + p)}{D_n n + D_p p} \, , \qquad\qquad (7.36)$$

und für die ambipolare Beweglichkeit, welche die Driftbewegung einer Konzentrationsstörung ($\Delta n = \Delta p$) beschreibt

$$\mu_a = \frac{\mu_n \mu_p (n_o - p_o)}{n \mu_n + p \mu_p} \, . \qquad\qquad (7.37)$$

Bei *starker Injektion* ist $p = n \gg n_o, p_o$ und nach Gl.(7.37) $\mu_a = o$, d.h. die Konzentrationsstörung, die hier das Elektron-Loch-Plasma verkörpert, driftet nicht. Gleichzeitig diffundieren die Ladungsträger mit der Diffusionskonstanten $D_a = 2 D_n D_p / (D_n + D_p)$.

Bei *mittlerer Injektion* in der n-Basis ($p_o \ll n_o$) driftet z.B. ein Löcherüberschuß ($\Delta p = p - p_o = p$) von $\Delta p = 3 n_o$ für den Fall $\mu_n = 3 \mu_p$ mit einer Driftbeweglichkeit von $\mu_a = \mu_p / 5$ in Richtung des Feldes, ein Löcherüberschuß von $\Delta p = 30 n_o$ dagegen nur noch mit $\mu_a = \mu_p / 40$. Die Diffusion der Löcher erfolgt mit einer vergrößerten Diffusionskonstanten, im ersten Beispiel mit $D_a = 1,4 \, D_p$, im zweiten Beispiel mit $D_a = 1,5 D_p$.

Zur Beurteilung des Feldeinflusses auf die Ausbreitung des
Zündvorganges sei zusammenfassend festgestellt, daß das
Feld das Vorwandern einer Überschußträgerdichte in transversaler Richtung um so weniger behindert, je höher die
Überschußträgerdichte über dem Gleichgewichtswert der Majoritätsträger liegt, und daß es bei schwacher bis mittlerer Injektion die Überschußträger vom Rand des Stromkanals
zum Inneren zurückdrängt.

Das wirkt sich bereits bei der Bildung des primären Zünd-
kanals aus. Der Kanal schnürt sich - wie Bild 7.9 zeigt -
im Bereich der Kollektorsperrschicht ein [7.13]. Diese
Einschnürung ist darauf zurückzuführen, daß zu Beginn des
Stromanstiegs die Überschußträgerdichte vor der Kollektorsperrschicht noch sehr klein, die transversale Feldstärke
aber bereits groß ist. Infolgedessen werden die Überschußträger zurückgedrängt. Der Stromkanal schnürt sich ein.
Das erhöht die Stromdichte und damit die Überschußträgerdichte. Der Feldeinfluß wird dadurch zunehmend geschwächt
und die Kontraktion des Stromkanals kommt schließlich zum
Stillstand. Gleichzeitig steigt die Stromdichte aufgrund
des regenerativen Wachstums schnell an und vergrößert die
Trägerdichte im Kanal weiter, so daß sie immer mehr den
Charakter eines Plasmas (p=n) annimmt. Dementsprechend
können die Ladungsträger dann ungehindert mit der ambipolaren Diffusionskonstanten in y-Richtung diffundieren und
den Stromkanal verbreitern.

Da die Verbreiterung des Stromkanals die Stromdichte vermindert und damit über die Konzentration der Ladungsträger auf ihre Diffusionsgeschwindigkeit zurückwirkt, kann
es im Anschluß an eine Phase beschleunigter Ausbreitung
zu einer Phase verzögerter Ausbreitung kommen, die sich mit-
unter oszillatorisch wiederholen können. Wie Untersuchungen
vom Molibog u.a. [7.13] gezeigt haben, lassen sich alle diese Phänomene durch die retardierende Wirkung des transversalen elektrischen Feldes der n-Basis auf die Diffusion
der Überschußladungsträger erklären.

Aus Infrarotbeobachtungen geht hervor, daß die Front des
Elektron-Loch-Plasmas am p-Emitter J_1 am weitesten in y-
Richtung vorgeschoben ist [7.45], [7.46]. Dies hängt mit
der axialen Verteilung der Ladungsträger im Stromkanal zusammen. Sie hat ihren höchsten Wert unmittelbar vor dem
p-Emitter und erreicht dort wegen der niedrigen Dotierung
der n-Basis auch den höchsten Injektionsgrad. Deshalb wird
dort die transversale Diffusion der Überschußladungsträger
am wenigsten vom Feld behindert. Die Front des Stromkanals
wandert infolgedessen dort auch am schnellsten vor. Mit zunehmendem Unterschied zwischen der Kanalbreite am p-Emitter
und im Einschnürbereich wird die Stromdichte am p-Emitter
kleiner und die Ausbreitungsgeschwindigkeit gedrosselt, so
daß sich die Front schließlich mit einer einheitlichen Geschwindigkeit aber mit einer konisch zum p-Emitter hin auf-
geweiteten Form seitwärts bewegt.

7.5 Theoretische Modelle der Zündausbreitung

Es existiert bisher noch kein Modell, das die Diffusions-
und Driftströme gleichzeitig in eine quantitative theoretische Beschreibung des Ausbreitungsvorganges einbezieht.
Die bekannt gewordenen Modelle lassen sich in reine Dif-
fusionsmodelle [7.7], [7.17], [7.25], [7.26] und reine
Driftmodelle [7.15] einteilen, je nachdem welchem Prozess
die dominierende Rolle zugeschrieben wird.

7.5.1 Diffusionsmodell

Als physikalische Ursache für das seitliche Fortschreiten
der Zündung wird die ambipolare Diffusion der Ladungsträger aus dem gezündeten in das nichtgezündete Gebiet angesehen. Ferner wird angenommen, daß die Zündung an einer
Stelle y einsetzt, sobald die Überschußträgerdichte

$$n^*(y) = n(y) - n_o$$

einen bestimmten kritischen Wert n^*_{cr} übersteigt, und daß
die Überschußträgerdichte von diesem Moment an nach einer
gewissen Funktion $F(y,t)$ zeitlich ansteigt. Auf diesen

Grundvorstellungen basieren alle theoretischen Ansätze.
Unterschiedlich ist jedoch die Art, wie der transversale
Diffusionsstrom berechnet wird und welche Annahmen über
die Zeitfunktion explizit oder implizit gemacht werden.
$F(y,t)$ beschreibt physikalisch die Generationsrate der Ladungsträger infolge des axialen Einschaltvorganges am betreffenden Ort y.

Grekhov, Levinshtein und Uvarov [7.17] nehmen an, daß sich
die axiale Ladungsträgergeneration an allen Stellen y der
Thyristorstruktur in gleicher Weise vollzieht. Des weiteren betrachten sie die seitliche Diffusion der Ladungsträger als einen eindimensionalen Vorgang. Aufgrund dieser
Vereinfachungen ist schon ohne Rechnung zu erkennen, daß
sich die Überschußträgerdichte in Form einer Wellenfront
in y-Richtung fortpflanzen wird. Denn immer dann, wenn die
Trägerdichte an einer Stelle y den kritischen Wert über-
steigt ($n^*(y,t) \geq n^*_{cr}$), strebt sie gemäß $F(t)|_y$ gegen den
stationären Wert. Da also wenig später das gleiche an der
Stelle y+dy geschieht, was zuvor an der Stelle y geschehen ist, bewegt sich nach einer gewissen Stabilisierungs-
zeit das Konzentrationsprofil, das sich zwischen ein- und
ausgeschaltetem Bereich einstellt, als Wellenfront mit einer konstanten Geschwindigkeit v in y-Richtung.

Zur Berechnung der Geschwindigkeit v wird der Thyristor
in den gezündeten und den ungezündeten Bereich unterteilt.
Die Grenze y_o zwischen beiden Bereichen ist mithin festgelegt durch $n^*(y_o)=n^*_{cr}$. Für den ungezündeten Bereich I
lautet die ambipolare Diffusionsgleichung

$$\frac{\partial n^*_I}{\partial t} = D_a \frac{\partial^2 n^*_I}{\partial y^2} - \frac{n^*_I}{\tau} \tag{7.38}$$

und für den gezündeten Bereich II

$$\frac{\partial n^*_{II}}{\partial t} = D_a \frac{\partial^2 n^*_{II}}{\partial y^2} - \frac{n^*_{II}}{\tau} + F(y,t) \; . \tag{7.39}$$

Durch Einführen eines bewegten Bezugsystems, das mit der

zu erwartenden Welle mitläuft,

$$\eta = y - vt ,$$

gehen die partiellen Differentialgleichungen (7.38), (7.39) in die gewöhnlichen Differentialgleichungen über

$$D_a \frac{\partial^2 n_I^*}{\partial \eta^2} + v \frac{\partial n_I^*}{\partial \eta} - \frac{n_I^*}{\tau} = 0 , \qquad (7.40)$$

$$D_a \frac{\partial^2 n_{II}^*}{\partial \eta^2} + v \frac{\partial n_{II}^*}{\partial \eta} - \frac{n_{II}^*}{\tau} = - F(\eta) . \qquad (7.41)$$

Wird $\eta=0$ als Grenze zwischen gezündetem und ungezündetem Gebiet gewählt und die stationäre Überschußträgerdichte im gezündeten Gebiet mit n_{St}^* bezeichnet, so ergeben sich aus der Stetigkeit der Konzentration sowie ihrer Ableitung bei $\eta=0$ und aus den Konzentrationswerten in großer Entfernung vom Ursprung, $\eta=\pm\infty$, die folgenden Randwerte

$$n_I^*\big|_{\eta \to \infty} = 0 \quad , \qquad n_I^*\big|_{\eta = 0} = n_{II}^*\big|_{\eta = 0} ,$$

$$n_{II}^*\big|_{\eta \to -\infty} = n_{St}^* , \qquad \frac{\partial n_I^*}{\partial \eta}\bigg|_{\eta = 0} = \frac{\partial n_{II}^*}{\partial \eta}\bigg|_{\eta = 0} . \qquad (7.42)$$

Für die Generationsfunktion, die im mitbewegten Bezugsystem das Konzentrationsprofil beschreibt, wird der Ansatz gewählt

$$F(\eta) = \frac{n_{St}^*}{\tau}(1 - \exp \frac{\eta}{vt_r}) \qquad \text{mit} \quad \eta \leq 0 . \qquad (7.43)$$

Das bedeutet im ursprünglichen Koordinatensystem, daß die Generationsrate an einer zu Zeit t_0 gerade gezündeten Stelle y_0 wegen $\eta=0$ für $y_0=vt_0$ gemäß

$$F(t)\big|_{y_0} = \frac{n_{St}^*}{\tau}[1 - \exp(- \frac{t - t_0}{t_r})] \qquad (7.43a)$$

von Null auf den stationären Wert n_{St}^*/τ steigt. Die Zeit-

konstante t_r entspricht somit der Anstiegszeit des Anodenstromes der eindimensionalen Thyristorstruktur. Bei Vernachlässigung der Rekombination in der p-Basis ist n_{St}^* in
Analogie zur pin-Diode gegeben durch

$$n_{St}^* = \frac{j\tau}{qw_n} \; , \qquad\qquad (7.44)$$

wobei j die Stromdichte, τ die Hochinjektionslebensdauer
und w_n die Breite der n-Basis sind. Damit n_{St}^* als Konstante betrachtet werden darf, wird die Stromdichte im gezündeten Bereich während der Ausbreitung als konstant angenommen ($j = \text{const}$). Der Anodenstrom muß daher proportional
zur gezündeten Fläche zunehmen, wenn diese Voraussetzung
erfüllt sein soll.

Aus der Lösung der Differentialgleichungen (7.40), (7.41)
unter Beachtung der Randbedingungen (7.42) ergibt sich mit
$n_I^*(\eta=o)=n_{cr}^*$ eine Bestimmungsgleichung für die Ausbreitungsgeschwindigkeit v, die zu folgenden Ergebnissen führt
[7.17]:

1. $\qquad v = o \quad$ für $\; n_{St}^* = 2n_{cr}^*$ $\qquad\qquad (7.45)$

Die Ausbreitungsgeschwindigkeit ist Null, wenn die Überschußträgerdichte im gezündeten Gebiet gerade doppelt so
groß ist wie die kritische Überschußträgerdichte. Der
Strom breitet sich dann also nicht über die gesamte Thyristorfläche aus, ein Ergebnis, das an großflächigen Thyristoren allgemein zu beobachten ist.

In diesem Fall werden die über die Grenze $\eta=o$ in das ungezündete Gebiet diffundierenden Ladungsträger in diesem Gebiet durch Rekombination verbraucht.

2. $\qquad v < o \quad$ für $\; n_{St}^* < 2n_{cr}^*$ $\qquad\qquad (7.46)$

Der gezündete Bereich zieht sich zusammen. Für
$$n_{St}^* = \text{const} < 2n_{cr}^*$$
würde der Thyristor somit ausschalten. Bei vorgegebenem
Gesamtstrom zieht er sich jedoch nur soweit zusammen, bis

284

wieder $n^*_{St}=2n^*_{cr}$ erfüllt ist. Auch dieses Ergebnis befindet sich im Einklang mit experimentellen Beobachtungen, wonach sich der Strom unterhalb eines gewissen Durchlaßstromes plötzlich auf einen lokal begrenzten Bereich einschnürt.

3. Solange n^*_{St} nicht bedeutend größer als $2n^*_{cr}$ ist, gilt näherungsweise

$$v = \sqrt{\frac{D_a}{\tau}} \; \frac{\dfrac{j\tau}{qw_n n^*_{cr}} - 2}{\sqrt{\dfrac{j\tau}{qw_n n^*_{cr}}(1 + 4t_r/\tau) - 1}} \; . \tag{7.47}$$

Nach (7.47) wächst die Ausbreitungsgeschwindigkeit mit steigender Stromdichte etwa gemäß

$$v \sim \sqrt{j} \; . \tag{7.48}$$

4. Für hohe Stromdichten ($n^*_{St} \gg 2n^*_{cr}$) ergibt sich die Näherung

$$v = \left(\frac{D_a^2 j}{qw_n n^*_{cr} t_r}\right)^{1/4} \sim j^{1/4} \; . \tag{7.49}$$

Die Geschwindigkeit nimmt nur noch schwach mit der Stromdichte zu. Schreibt man die Beziehung (7.49) in der Form

$$v = \sqrt{\frac{D_a}{t_r}} \left(\frac{jt_r}{qw_n n^*_{cr}}\right)^{1/4} \tag{7.50}$$

und betrachtet den zweiten Faktor als nahezu stromunabhängig, so stimmt (7.50) formal mit dem Ergebnis von Bergman [7.26] überein, wonach

$$v = 1{,}48\sqrt{\frac{D_a}{t_r}} \tag{7.51}$$

ist. Allerdings hat t_r in (7.51) eine etwas andere Bedeu-

tung. Es stellt dort die Anstiegszeit des Anodenstromes
vom 10%- auf den 90%-Wert dar, ist also nicht allein durch
die physikalischen Eigenschaften des Thyristors - wie t_r
in (7.50) - bestimmt, sondern auch durch die mehr oder weniger willkürliche Wahl des zur Definition von t_r benutz-
ten Stromintervalles.

7.5.2 *Driftmodell*

Es beruht auf der Grundvorstellung, daß das transversale
elektrische Feld in den Basiszonen im Bereich des Übergangsgebietes Majoritätsträgerdriftströme vom gezündeten
zum ungezündeten Gebiet hervorruft, die die Zündung ein-
leiten.

Ruhl [7.15] beschränkt sich dabei auf den Driftstrom der
p-Basis. Das transversale Feld in der p-Basis, Bild 7.7,
ist - anders als in der n-Basis - allein auf die unterschiedlich hohe Flußpolung des n-Emitters im Übergangsbereich zurückzuführen. Im gezündeten Bereich, $y \le y_0$, befindet sich die p-Basis auf einem Potential von etwa 0,8 V
gegenüber der Kathode, im ungezündeten Bereich, $y \ge y_1$, dagegen nur auf einem Potential von etwa $U_B(y_1) \le 0,4$ V. Dadurch entsteht im Übergangsbereich ein transversales elektrisches Feld vom gezündeten zum ungezündeten Gebiet, das
einen Löcherstrom in das ungezündete Gebiet treibt. Die
Länge des Übergangsgebietes ist zugleich ein Maß dafür,
bis zu welcher Entfernung dieser Löcherstrom als Zündstrom
wirksam ist. Sie hängt im wesentlichen vom transversalen
Bahnwiderstand der p-Basis und der Höhe der Potentialdifferenz, $U_B(y_0)-U_B(y_1)$, ab.

Das Potential $U_B(y)$ ist mit der Emitterstromdichte $j_E(y)$
näherungsweise über die Kennliniengleichung des pn-Überganges J_3 verknüpft. Unter Vernachlässigung der Rekombination in der Raumladungszone erhält man

$$U_B(y) = U_T \ln[\frac{j_E(y)}{j_0} + 1] , \qquad (7.52)$$

wobei j_0 den Sättigungssperrstrom von J_3 darstellt.

286

Um einen Zusammenhang zwischen der Ausbreitungsgeschwindigkeit und dem Strom zu gewinnen, macht Ruhl folgende Annahmen

1. Das transversale elektrische Feld im Übergangsbereich ist konstant.

2. Die Ausbreitungsgeschwindigkeit ist dem transversalen Löcherstrom in der p-Basis proportional.

3. Der transversale Löcherstrom ist dem Potential der p-Basis am Rande, y_0, des gezündeten Gebietes proportional.

Aufgrund dieser Annahmen postuliert Ruhl den Zusammenhang

$$v = A\ U_T\ \ln[\frac{j_E(y_0)}{j_0} + 1] + B\ ,\qquad\qquad (7.53)$$

wobei A und B Konstante sind.

Nach diesem Modell ist also eine logarithmische Abhängigkeit zwischen der Ausbreitungsgeschwindigkeit und der Stromdichte zu erwarten. Darüber hinaus läßt dieses Modell unmittelbar erkennen, wie sich Emitterkurzschlüsse auf den Ausbreitungsvorgang auswirken sollten. Dadurch, daß dann nämlich ein Teil des transversalen Driftstromes über die Nebenwege aus der p-Basis abfließt, sollte die Ausbreitung in der Umgebung der Kurzschlußstellen langsamer verlaufen.

7.6 Experimentelle Untersuchung der Zündausbreitung

7.6.1 Meßmethoden

Die Messung der Ausbreitungsgeschwindigkeit wird hauptsächlich nach den folgenden beiden Methoden vorgenommen.

Sondenmethode. Sie beruht darauf, daß die Höhe der Stromdichte an einer Stelle y des Thyristors durch die Höhe der Durchlaßspannung des n-Emitters bzw. p-Emitters an dieser Stelle gemessen werden kann [7.27]. Um diese Spannung zu

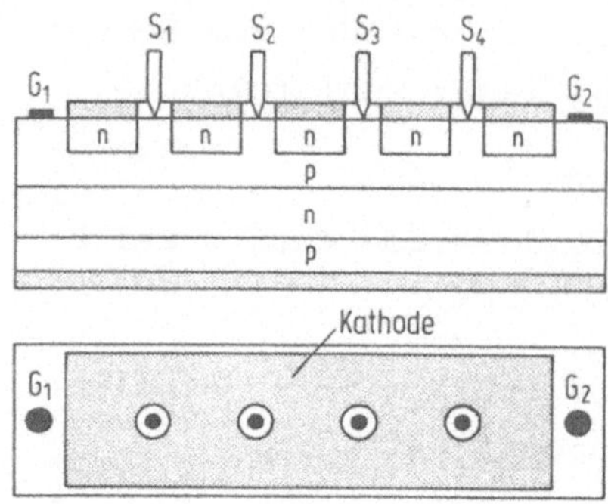

Bild 7.10. Thyristor mit Meßsonden, S_1 ... S_4, nach [7.1].

erfassen, werden Metallsonden auf die Basiszonen aufge-
setzt. Bild 7.10 zeigt eine typische Sondenanordnung zur
Messung der Durchlaßspannung des n-Emitters an einer entsprechend präparierten Thyristorstruktur nach [7.1].

Solange der Thyristor noch nicht gezündet hat, fließt nur
der Sperrstrom des Thyristors über den n-Emitter und ruft
eine Flußspannung von wenigen Zehntel Volt zwischen den
Sonden und der Kathode hervor. Wenn nun beispielsweise
über die Steuerelektrode G_1 gezündet wird, so fließt der
Anodenstrom anfangs nur im äußersten linken Teil des Thyristors. Die Spannung zwischen der p-Basis und dem n-Emitter, der sich auf Kathodenpotential befindet, nimmt in
diesem Teil sprunghaft zu und kann bei hoher Stromdichte
einen Wert von etwa 1 Volt erreichen. Mit einer direkt be-
nachbarten Sonde läßt sich dieser Spannungssprung messen.
Weiter entfernte Sonden erfahren dagegen nur einen geringen Spannungszuwachs. Der große transversale Bahnwiderstand der p-Basis verhindert, daß das höhere Potential der
p-Basis im gezündeten Bereich einen nennenswerten Strom
bis zu Stellen treibt, die um mehr als 1 mm davon entfernt
sind. Die einzelnen Sonden zeigen erst dann einen merklichen Spannungsanstieg, wenn sich das stromführende Gebiet
bis auf etwa 1 mm genähert hat. Bild 7.11b zeigt den zeitlichen Verlauf der Sondenspannungen für einen nahezu recht-

288

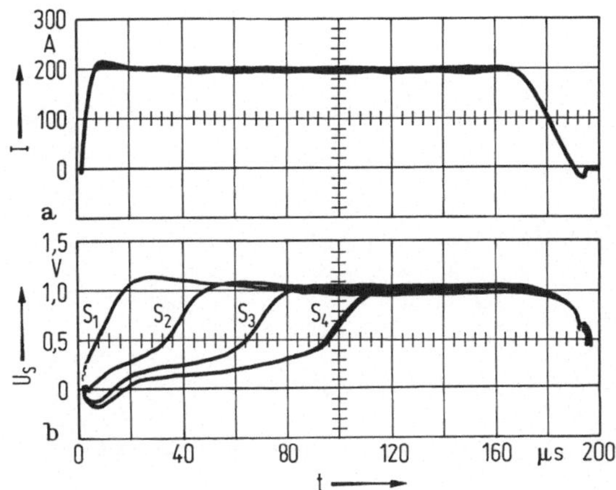

Bild 7.11. a) Anodenstrom b) Zeitlicher Verlauf der Sondenspannungen bei der Zündung über G_1 (nach [7.1]).

eckförmigen Anodenstromimpuls (Bild 7.11a). Aus einer Messung der zeitlichen Differenz zwischen den Spannungsstufen und den Abständen der Sonden ergibt sich direkt die mittlere Ausbreitungsgeschwindigkeit zwischen dem jeweiligen Sondenpaar.

Das kurzzeitige Überschwingen der Sondenspannungen ins Negative zu Beginn des Einschaltvorganges ist auf die Umladung der Sperrschichtkapazität zurückzuführen (siehe Abschnitt 7.3).

Infrarot-Methode. Der stromführende Bereich des Thyristors emittiert aufgrund der strahlenden Band-Band-Rekombination eines Teiles der Überschußladungsträger eine Strahlung im nahen Infrarot bei 1,1 μm Wellenlänge, die mit Hilfe eines Infrarot-Bildwandlers in ein visuelles Bild verwandelt wird [7.1].

Die Messung der Ausbreitungsgeschwindigkeit kann damit im Prinzip so vorgenommen werden, daß man den Thyristor mit Stromimpulsen variabler Dauer belastet und sich entweder an einem Querschliff des Thyristors oder an einem Schlitz im Metallkontakt des n-Emitters mit dem Bildwandler an-

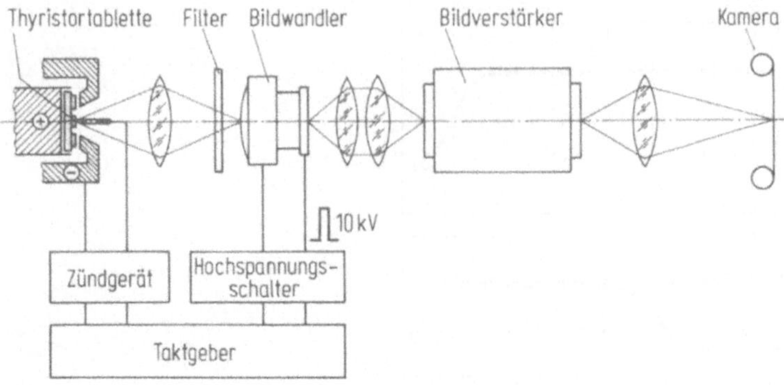

Bild 7.12. Apparatur zur zeitaufgelösten Infrarot-Messung, nach [7.28].

sieht, wie breit der stromführende Bereich für die jeweilige Pulsdauer ist.

Eleganter und leistungsfähiger ist allerdings die von Voss [7.28] entwickelte zeitaufgelöste Infrarot-Meßmethode, Bild 7.12. Bei ihr wird der Bildwandler zu einem einstellbaren Zeitpunkt nach der Zündung des Thyristors für einen kurzen Moment eingeschaltet und die Ausdehnung des stromführenden Gebietes photographisch registriert. Ein zwischengeschalteter Bildverstärker sorgt für eine hinreichende Verstärkung

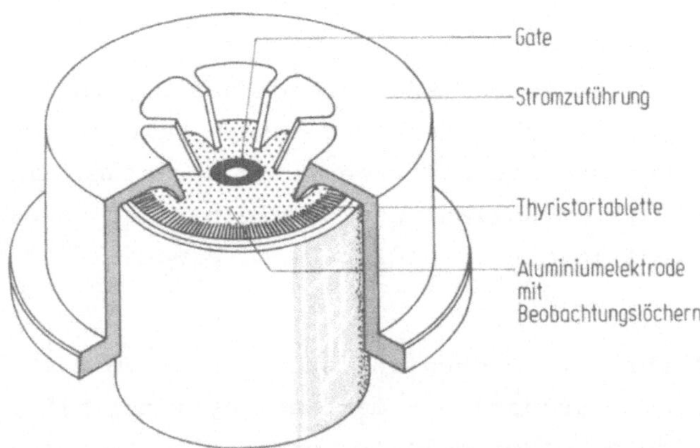

Bild 7.13. Probenhalterung für den mit Beobachtungslöchern versehenen Thyristor, nach [7.28].

290

des äußerst schwachen Lichtsignals. Das zeitliche "Beobachtungsfenster" kann bis zu 0,2 µs verkleinert werden und ermöglicht damit auch Untersuchungen während der Entwicklung
des primären Zündkanales [7.28], [7.29], [7.30]. Bild 7.13
zeigt als Meßobjekt einen Thyristor mit feinen Beobachtungslöchern im Kathodenkontakt, eingespannt in eine Probenhalterung, die den Blick auf die Kathodenfläche möglichst wenig versperrt.

7.6.2 Stromeinfluß

Ruhl [7.15] findet mittels Sondenmessungen an großflächigen Thyristoren mit Kurzschlußemitter (A = 4,9 cm^2) eine
logarithmische Abhängigkeit der Ausbreitungsgeschwindigkeit
von der Stromdichte im Einklang mit dem Driftmodell. Der
Stromdichtebereich erstreckte sich bei diesen Messungen von
ca. 40 - 600 A/cm^2. Etwa im gleichen Stromdichteintervall
haben Somos und Piccone [7.16] hochsperrende Thyristoren
mittels Infrarot-Methode untersucht. Auch ihre Ergebnisse
zeigen bei einigen Typen einen logarithmischen Verlauf, bei
anderen aber weichen sie davon ab. Rosch [7.7] hat bei
Sondenmessungen an Kurzschlußemitter-Thyristoren im Bereich
von etwa $1,5 \cdot 10^2 - 2 \cdot 10^3$ A/cm^2 an einer speziellen Thyristortype ebenfalls eine logarithmische Abhängigkeit festgestellt, gleichzeitig aber beobachtet, daß die logarithmische Abhängigkeit durch sukzessives Entfernen von Kurzschlußkontakten mehr und mehr verloren geht.

Auf der anderen Seite gibt es eine Reihe Autoren [7.17] -
[7.20], die den zuerst von Dodson und Longini [7.14] gefundenen Zusammenhang

$$v \sim j^{1/n} \tag{7.54}$$

bestätigen, wobei n ein Zahlenwert zwischen 2 und 6 ist.
Yamasaki [7.19], der seine Ergebnisse mittels Infrarot-
Methode an einer 800 V-Thyristortype im Stromdichtebereich
von 70 - 7000 A/cm^2 gewonnen hat, findet die Wurzelabhängigkeit nach Gl.(7.54) sowohl an Thyristoren mit als auch

ohne Kurzschlußemitter. Der Wert von n ist dabei allerdings unterschiedlich groß. Für Thyristoren ohne Kurzschlußemitter ist n = 2.1, für solche mit Kurzschlußemitter ist n = 2.7 bei gleichzeitig stark reduziertem Absolutwert der Ausbreitungsgeschwindigkeit. Matsuzawa [7.18] findet mit n = 3 nahezu den gleichen Wert an Kurzschlußemitter-Thyristoren für höherfrequente Anwendungen (Inverterthyristoren). Er benutzt die Zeitdauer der Anodenspannung bis zum Einlaufen in den stationären Wert zur Bestimmung der Ausbreitungsgeschwindigkeit. Auch die von Rosch [7.7] an Kurzschlußemitter-Thyristoren bei höheren Stromdichten ($>10^3 A/cm^2$) erhaltenen Ergebnisse zeigen näherungsweise den Verlauf $v \sim j^{1/n}$, wobei n zwischen 2,5 und 3,2 liegt. Grekhov, Levinshtein und Uvarov [7.17] haben diesen Verlauf ebenfalls beobachtet mit n = 2,9 an einem Hochspannungsthyristor und n = 3,3 an einem Inverterthyristor für mittelfrequente Anwendungen. Bei einem Inverterthyristor für höherfrequente Anwendungen zeigte sich von einer gewissen Stromdichte an nur noch eine sehr geringe Stromabhängigkeit. Auf eine solche Sättigung der Ausbreitungsgeschwindigkeit mit zunehmender Stromdichte weisen auch Messungen an kurzschlußfreien Thyristoren von Gerlach [7.1] sowie von Herlet und Voss [7.22] hin. Ikeda und Araki [7.20] finden an großflächigen Thyristoren ($A = 4,4 \ cm^2$) die Wurzelabhängigkeit auch bei niedriger Stromdichte (1-100 A/cm^2) bestätigt mit n = 2.

Die Ergebnisse dieser zweiten Autorengruppe stimmen besser mit den Aussagen des Diffusionsmodelles überein.

Wie diese Gegenüberstellung erkennen läßt, scheint es sowohl von dem speziellen technologischen Aufbau des Thyristors als auch von der Stromdichte abzuhängen, wann das Driftmodell und wann das Diffusionsmodell das tatsächliche Verhalten besser beschreibt. Eine Entscheidung darüber, welchem physikalischen Mechanismus die dominierende Rolle bei der Zündausbreitung zukommt, läßt sich aus den bisher vorliegenden Ergebnissen nicht zweifelsfrei treffen.

Was den Maximalwert der Ausbreitungsgeschwindigkeit betrifft, so wird in keiner Arbeit eine Geschwindigkeit beobachtet, die wesentlich über v = 100 μm/μs hinausgeht.

7.6.3 Einfluß der Strukturparameter

Emitterkurzschlüsse. Übereinstimmend wird beobachtet, daß die Ausbreitungsgeschwindigkeit durch Emitterkurzschlüsse stark reduziert wird. Das Ausmaß des Rückgangs hängt natürlich von Anzahl und Größe der Kurzschlußstellen ab. Es liegt bei Kurzschlußemitterkonfigurationen, wie sie für 50 Hz-Mittelspannungsthyristoren gebräuchlich sind, etwa bei einem Faktor von 3 - 5. Ferner wird bei zeitaufgelösten Infrarotuntersuchungen [7.19], [7.21] ein zeitlich sehr ungleichförmiges Vorwandern der Zündfront festgestellt, Bild 7.14. An den einzelnen Reihen der Kurzschlußlöcher wird die Zündfront jeweils abgebremst, zwischen den Reihen wieder beschleunigt, so daß die Ausbreitungsgeschwindigkeit Oszillationen aufweist. Am stärksten macht sich dieser Einfluß der Kurzschlüsse in der Nähe der Steuerelektrode bemerkbar. Das ist insofern verständlich als dort der relative Verlust an Überschußladungsträgern am größten ist.

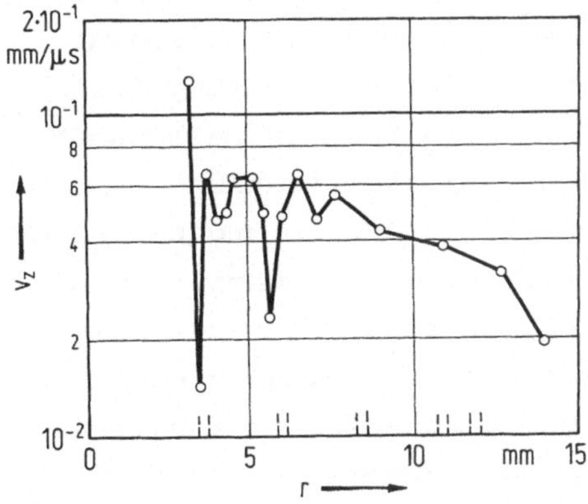

Bild 7.14. Einfluß von radial angeordneten Kurzschlüssen auf die Zündausbreitungsgeschwindigkeit v_z. Kurzschlüsse zwischen den gestrichelten Linien (nach [7.21]).

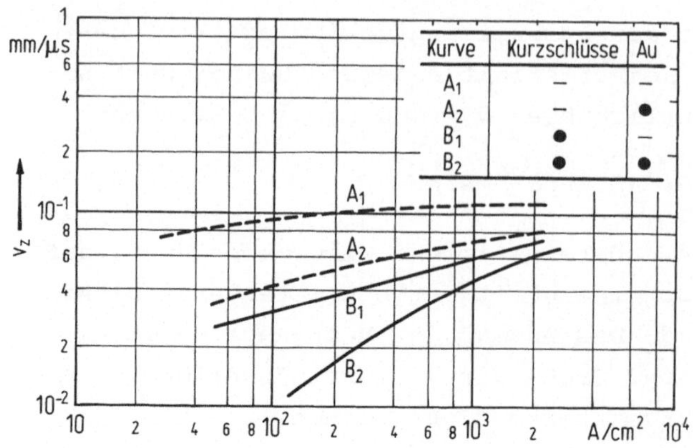

Bild 7.15. Einfluß von eindiffundiertem Gold (Au) und von Kurzschlüssen auf die Zündausbreitungsgeschwindigkeit v_z, nach [7.22].

Basisweite und Trägerlebensdauer. Diese beiden Parameter sind über die Zündempfindlichkeit des Thyristors miteinander verkoppelt und lassen sich daher nur in gewissen Grenzen getrennt in ihrem Einfluß auf die Ausbreitungsgeschwindigkeit untersuchen. Faßt man die Ergebnisse von [7.14] bis [7.20] zusammen, so zeigt sich, daß alle Änderungen von Basisweite und Trägerlebensdauer, die zu einer Erhöhung des Zündstromes sowie der stationären Durchlaßspannung des Thyristors führen, eine Abnahme der Ausbreitungsgeschwindigkeit nach sich ziehen. Bild 7.15 verdeutlicht dies für den Fall der Lebensdauerverminderung durch Eindiffundieren von Gold und Bild 7.16 für den Fall zunehmender Basisweite bei Erhöhung der Blockierspannung. Aus Bild 7.15 geht hervor, daß sich die Golddotierung bei niedrigen Stromdichten stärker auswirkt als bei hohen, und man erkennt den zuvor erwähnten Sättigungscharakter der Ausbreitungsgeschwindigkeit mit wachsender Stromdichte bei Thyristoren ohne Kurzschlüsse und ohne Golddotierung. An Bild 7.16 ist bemerkenswert, daß die Ausbreitungsgeschwindigkeit hochsperrender Thyristoren sehr klein wird, obwohl die Lebensdauer - erkenntlich an der Freiwerdezeitangabe - erheblich größer geworden ist.

294

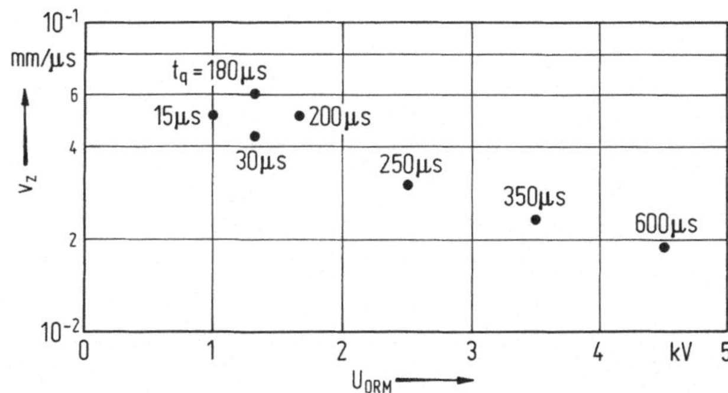

Bild 7.16. Zündausbreitungsgeschwindigkeit von Thyristoren unterschiedlicher Vorwärtssperrspannung U_{DRM}. t_q Freiwerdezeit. (nach [7.22]).

Nach Matsuzawa [7.18] lassen sich die Einflüsse der Lebensdauer τ und der Basisweite w auf die Ausbreitungsgeschwindigkeit näherungsweise durch

$$v \sim \frac{L}{w} \qquad\qquad (7.55)$$

mit $L=\sqrt{D\tau}$ beschreiben. Gleichung (7.55) bringt durch die Abhängigkeit vom Verhältnis w/L zum Ausdruck, daß die Ausbreitungsgeschwindigkeit wesentlich vom Transportfaktor des zugehörigen Teiltransistors beeinflußt wird.

7.7 Auswirkung der Zündausbreitung auf die dynamische Thyristoreneigenschaften

Betrachtet man den zeitlichen Verlauf der Anodenspannung eines großflächigen Thyristors während des Einschaltvorganges, Bild 7.17, so erkennt man, daß die Spannung nach dem Steilabfall zu Anfang anschließend über eine längere Zeit einen verhältnismäßig hohen Wert behält und nur langsam dem stationären Wert zustrebt. Dies ist eine unmittelbare Folge der überhöhten Stromdichte während des Ausbreitungsvorganges. Der Zeitabschnitt, der vom Ende der Durchschaltzeit vergeht, bis die gesamte Thyristorfläche Strom führt, wird als Zündausbreitungszeit t_z bezeichnet. Da der Strom während der Zündausbreitungszeit praktisch dem sta-

295

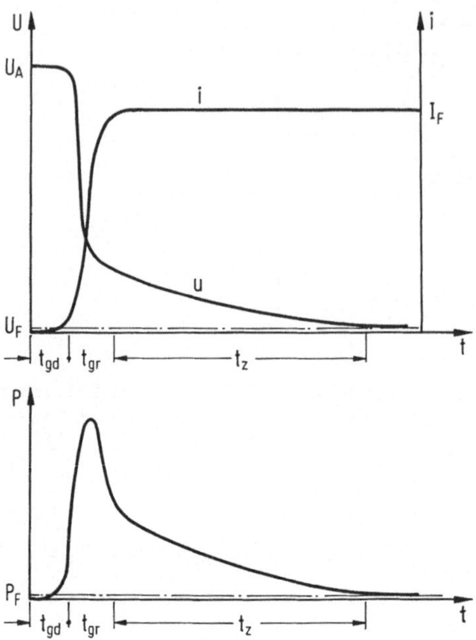

Bild 7.17. Verlauf von Strom, Spannung und Leistung beim Einschalten großflächiger Thyristoren. t_z Zündausbreitungszeit.

tionären Flußstrom entspricht und daher in den meisten Fällen groß ist, tritt in dieser Zeit eine stark überhöhte Verlustleistung auf mit Spitzen von einigen Kilowatt. Diese Verlustleistung entsteht zum überwiegenden Teil in den Basiszonen des Thyristors und wird dort in Wärme umgesetzt. Am stärksten ist dabei die thermische Belastung des primären Stromkanals. In ihm kann die Temperatur bei steil ansteigendem Strom, d.h. hohem di/dt, leicht Werte erreichen, die zur Zerstörung des Thyristors führen.

Die für Anwender wichtige Grenze des zulässigen di/dt-Wertes ist offensichtlich eng verbunden mit der Größe des primären Zündkanales und seiner Wärmekapazität. Aufgrund der geringen spezifischen Wärme von Silizium ist die Wärmekapazität nicht groß. Hinzu kommt, daß die Wärmeleitfähigkeit von Silizium gering ist und deswegen aus dem Stromkanal nur wenig Wärme abgeführt wird. Deshalb steigt die Temperatur im Stromkanal schnell an. Kritisch wird die Si-

tuation, wenn die Temperatur einen Wert erreicht, bei dem
die thermisch erzeugten Ladungsträger (Eigenleitungsdichte
$n_i(T)$) die injizierten Ladungsträger überwiegen. Dann entsteht folgende thermische Rückkopplung. Eine Stelle, die
mehr Strom führt, wird heißer, ihr Bahnwiderstand dadurch
niedriger; sie übernimmt nun noch mehr Strom, wird noch
weiter aufgeheizt, usw., so daß sich der Strom in kurzer
Zeit an der heißesten Stelle des Kanales zusammenschnürt
und das Silizium explosionsartig zum Aufschmelzen bringt.
Es bildet sich dabei meistens ein tiefer Zerstörungskrater
mit 0,1 - 0,2 mm Durchmesser. Die kritische Temperatur T_{cr}
beträgt nach experimentellen Untersuchungen [7.1], [7.31],
[7.32] etwa 400°C, die entsprechende Eigenleitungsdichte
$n_i(T_{cr}) = 2 \cdot 10^{16} cm^{-3}$.

Wegen der Zerstörungsgefahr darf die Stromanstiegsgeschwindigkeit den im Datenblatt des Thyristors angegebenen maximalen di/dt-Wert nicht überschreiten. Das erschwert den Einsatz großflächiger Leistungsthyristoren in
einigen Anwendungsbereichen durch erhöhten Schaltungsaufwand [7.33]. Erfreulicherweise lassen sich diese Schwierigkeiten in gewissen Grenzen durch konstruktive Veränderungen im Bereich der Steuerelektrode des Thyristors be-
heben.

7.8 Methoden zur Erhöhung der Einschaltbelastbarkeit

Bild 7.18 veranschaulicht die Ausdehnung des primären
Zündgebietes A_z entlang der Kathodenperipherie (z-Richtung)
bei der Ansteuerung über eine "punktförmige" Steuerelektrode. Der Steuerstrom konzentriert sich auf den unmittelbar gegenüberliegenden Abschnitt der Kathodenperipherie.
Die Länge dieses Abschnittes wird mit wachsendem Abstand
d der Steuerelektrode größer, denn die seitliche Abnahme
des Steuerstromes erfolgt im Verhältnis der Länge der
Stromfäden. An der Ausdehnung des primären Zündgebietes
in y-Richtung ändert sich dabei nichts.

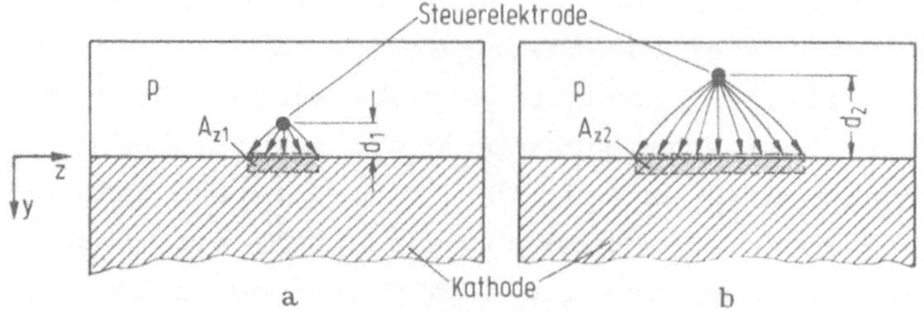

Bild 7.18. Primär gezündetes Gebiet A_z.

Zur Erhöhung der Einschaltbelastbarkeit ist es somit von
Vorteil, den Abstand zwischen Steuerelektrode und Kathode
möglichst groß zu wählen. Das bringt jedoch den Nachteil
mit sich, daß sowohl der Steuerstrom als auch die Steuerspannung zunehmen, und daß die aufzubringende Zündleistung
infolgedessen stark heraufgesetzt wird. Leistungsstärkere
Zündgeräte aber verursachen Mehrkosten. Aus diesem Grunde
ist dieser einfache Weg keine technisch befriedigende Lösung.

Die Suche nach Möglichkeiten, die Leistung zur Zündung einer längeren Kathodenperipherie nicht dem äußeren Steuerkreis zu entnehmen, sondern über eine vorgeschaltete Stufe
vom Lastkreis aufbringen zu lassen, hat zu Thyristorsystemen mit innerer Zündverstärkung geführt. Die verschiedenen
Varianten in Form des "Amplifying Gates", des "Querfeld-
Emitters" sowie des "Regenerative Gates" haben gemeinsam,
daß sich der Zündvorgang in zwei Stufen vollzieht.

7.8.1 Prinzip der Folgezündung

Bild 7.19 zeigt eine Thyristorstruktur, bei welcher der
Hauptkathode K eine kleine Kathode K' vorgelagert ist
[7.1]. Der Teilbereich des Thyristors unter K' stellt einen kleinflächigen Thyristor dar. Er wird als Hilfs- oder
Pilot-Thyristor bezeichnet.

Wird der Steuerstrom eingeschaltet, so fließt der überwiegende Teil zur Kathode K' und zündet den Pilot-Thyri-

298

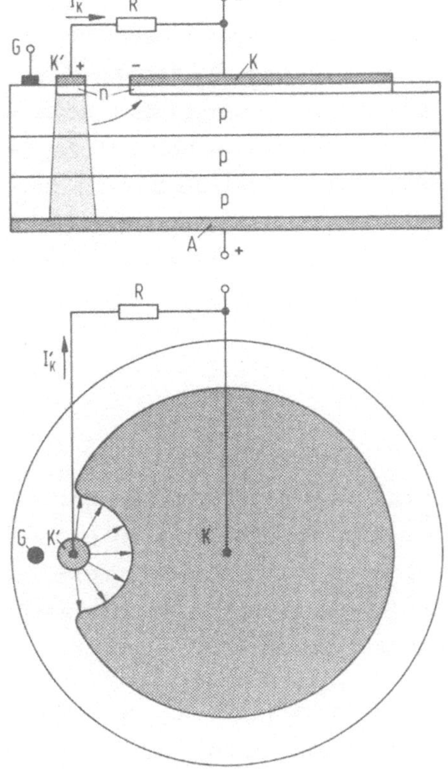

Bild 7.19. Prinzip der Folgezündung.

stor. Dessen Kathodenstrom I_K' fließt über den Widerstand
R zur Hauptkathode und erzeugt einen Spannungsabfall an R.
Dadurch entsteht zwischen K' und K eine positive Spannung,
die in der p-Basis ein elektrisches Driftfeld hervorruft
und einen Löcherstrom zur Hauptkathode treibt. Dieser
Löcherstrom bildet den "Steuerstrom" des Hauptthyristors
und leitet seine Zündung ein. Die Steuerleistung zur Zündung der großen Kathodenperipherie wird somit dem Anodenstromkreis entnommen. Damit der Pilot-Thyristor nicht über-
lastet wird, muß der Widerstand R so groß gewählt werden,
daß der Strom I_K' unter dem Zerstörungswert bleibt. Auch
nach oben hin ergibt sich für R eine Grenze. R muß einen
Strom zulassen, der wesentlich größer ist als der Haltestrom des Pilot-Thyristors.

Solange die Hauptkathode noch nicht gezündet hat, wächst
der Spannungsabfall an R und damit der Steuerstrom zur
Hauptkathode. Bis die Zündung dort einsetzt, vergeht die
Einschaltverzugszeit. Während dieser Zeit kann eine Potentialdifferenz zwischen K' und K von mehr als 100 Volt entstehen. Dies führt dann zu einem sehr großen Steuerstrom,
wodurch die Zündung der halbkreisförmigen Kathodenperipherie nach Bild 7.19 an allen Stellen weitgehend gleichmäßig erfolgt.

7.8.2 Realisierung der Folgezündung

Querfeld-Emitter [7.34], [7.35]

Der Widerstand vom Pilot-Thyristor zur Hauptkathode wird
hierbei in die Thyristorstruktur integriert. Wie in Bild
7.20 schematisch dargestellt, wird er in die n-Emitterzone verlegt und besteht aus dem transversalen Widerstand
der n-Emitterschicht vor der Hauptkathode.

Der Einschaltvorgang läuft im Prinzip genauso ab wie oben
beschrieben. Zuerst zündet der Thyristor in der Nähe der
Steuerelektrode. Durch den Spannungsabfall am transversalen Bahnwiderstand der n-Emitterzone wird in der p-Basis
das Driftfeld erzeugt, das einen starken Löcherstrom zum
Hauptthyristor hervorruft und ihn nach Ablauf der Zündverzugszeit entlang einer großen Kathodenperipherie zündet.
Nach erfolgter Zündung übernimmt dann der Hauptthyristor
praktisch den gesamten Strom. Das Gebiet des integrierten
Flächenwiderstandes vor dem Hauptthyristor geht dabei an

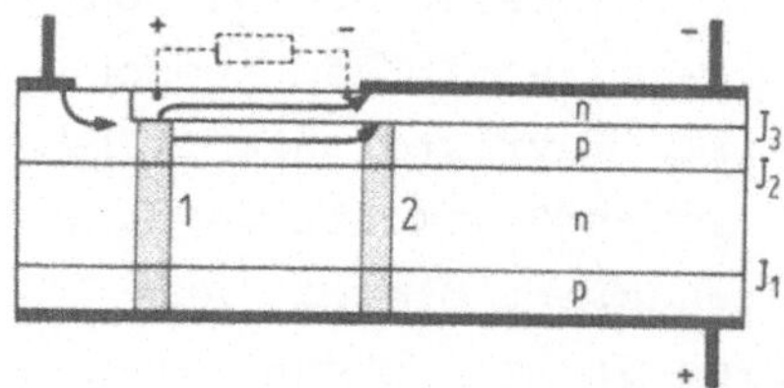

Bild 7.20. Querfeld-Emitter. 1,2 zeitliche Folge der Zündung.

300

laststromführender Fläche verloren. Aber dieser Flächenverlust ist gering, er beträgt in Leistungsthyristoren nur wenige Prozent. Andererseits wird der zulässige di/dt-Wert beträchtlich erhöht, meistens um mehr als eine Größenordnung.

Für die Parallelschaltung mehrer Thyristoren ist es wichtig, daß der Thyristor auch noch bei einer Anodenspannung von der Größe der Durchlaßspannung sicher zündet. Dieser Anforderung genügt der Querfeld-Emitter dadurch, daß der gezündete Bereich auch ohne großes Driftfeld vom primären Zündgebiet zur Hauptkathode übergehen kann. Bei geeignet gewähltem Schichtwiderstand des n-Emitters springt selbst die Zündung hierbei in wenigen Mikrosekunden vom Pilot-Thyristor-Gebiet auf den Hauptthyristor über [7.36]. Bei ungünstigem Schichtwiderstand kann der Übergang stufenweise über lokal gezündete Bereiche im Zwischengebiet erfolgen [7.37]. Aber dies ist von untergeordneter Bedeutung, da der Thyristor bei niedriger Anodenspannung keiner starken di/dt-Belastung ausgesetzt ist.

Im Gegensatz zum Thyristor mit konventionellem Gate stellt der Querfeld-Emitter keine besonderen Anforderungen an den Steuergenerator. Es genügt selbst eine schwache Ansteuerung des Pilot-Thyristors, um die hohe di/dt-Belastbarkeit zu erzielen. Lediglich um die Einschaltverzugszeit zu verkürzen, bedarf es einer geringen Übersteuerung. Sollte die Pilot-Thyristor-Zone infolge schwacher Ansteuerung oder aufgrund von Inhomogenitäten im Querfeldbereich nur lokal zünden, Bild 7.21, so bedeutet das keinen Teilausfall der Querfeld-Wirkung [7.30]. Denn das hohe positive Potential U_Q im Bereich des Stromkanales überträgt sich auf das darunterliegende Gebiet der p-Basis und treibt einen Strom i_1 zur Steuerelektrode und von dort einen Strom i_G^* über den Widerstand R_G des Steuerkreises zur Kathode. Durch den Spannungsabfall, U_G^* an R_G, gelangt die Steuerelektrode auf ein positives Potential. Dadurch entsteht ein Löcherdriftstrom i_2 vom Steuerkontakt zum Rande des ungezündeten Querfeldbereiches, der kurze Zeit später auch dort zur

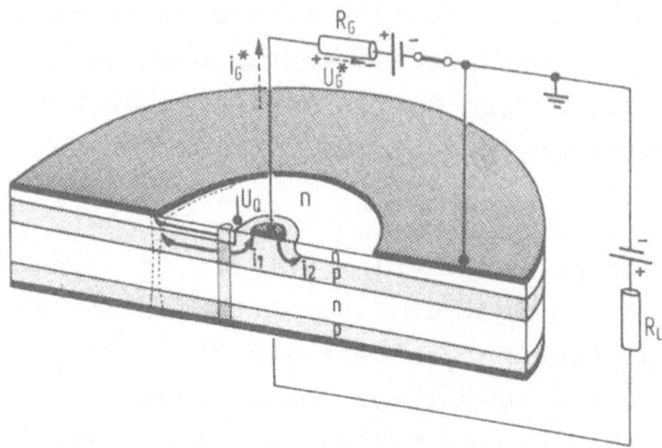

7.21. Vorgänge bei lokaler Zündung im Querfeldbereich
eines Thyristors mit Zentralgate.

Zündung und damit zur Erzeugung eines hohen Querfeldes
führt. Diese Vorgänge spielen sich in einer Zeit von der
Größenordnung einer Mikrosekunde ab und stellen eine weitgehend gleichmäßige Zündung der Kathodenperipherie sicher.

Regenerative-Gate [7.38]

Das Regenerative-Gate, Bild 7.22, geht von der Grundstruk-
tur des Querfeld-Emitters aus. Über einen Metallkontakt M_1
wird in der Nähe der Steuerelektrode die Spannung, die im
Querfeldbereich entsteht, abgegriffen und an einer anderen
Stelle des Thyristors der p-Basis über den Kontakt M_2 zugeführt. Da sich der Kontakt M_2 auf hohem positivem Potential gegenüber der Kathode befindet, steuert er den n-Emitter in seiner Nähe stark in Flußrichtung, so daß dieses

Bild 7.22. Regenerative-Gate. 1,2 zeitliche Folge der
Ströme.

Randgebiet zündet. Damit dieser sekundäre Zündbereich nun
nicht die di/dt-Festigkeit des Thyristors verschlechtert,
ist er ebenfalls als Querfeld-Emitter ausgebildet.

Sobald die Zündung einsetzt und der Strom regenerativ ansteigt, erzeugt er durch die Querfeldwirkung gleichzeitig
immer mehr Steuerstrom. Deswegen der Name "Regenerative
Gate".

Um die Reihenfolge der Zündung sicherzustellen, muß der
transversale Widerstand des primären Querfeldgebietes
größer gewählt werden als der Widerstand des sekundären.

Durch diese Art der Folgezündung wird zum einen eine hohe
di/dt-Belastbarkeit erzielt und zum anderen die Zeit verkürzt bis der Laststrom gleichmäßig über die Kathode fließt.
Durch Verwendung mehrerer Gates entlang des Kathodenrandes
läßt sich die Ausbreitungszeit weiter verkürzen. Allerdings
muß für diese Verbesserung ein zusätzlicher Teil der strom-
mäßig nutzbaren Thyristorfläche geopfert werden. Hinsicht-
lich der Anforderungen an den Steuergenerator verhält sich
der Regenerative-Gate-Thyristor genauso wie der Querfeld-
Emitter-Thyristor.

Amplifying Gate [7.39]

Bei dieser Gatestruktur, Bild 7.23, ist die Kathode des
Pilot-Thyristors mit der p-Basis des Hauptthyristors verbunden. Nach Zündung des Pilot-Thyristors fließt der Strom
über den transversalen Widerstand der p-Basis zur Kathode

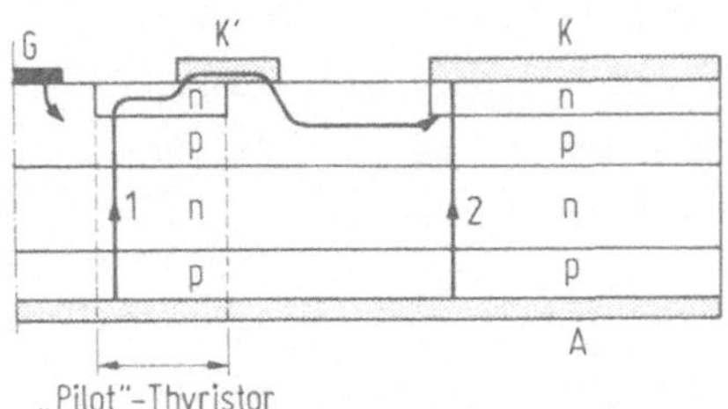

Bild 7.23. Amplifying-Gate. 1,2 zeitliche Folge der Ströme.

des Hauptthyristors. Hier wirkt der gesamte Kathodenstrom
des Pilot-Thyristors als Steuerstrom für den Hauptthyristor.
Der transversale p-Basiswiderstand verhindert eine Überlastung des Pilot-Thyristors. Die überlappende Kontaktie-
rung von Kathode K' und p-Basis hat andererseits die Funktion eines Kurzschlußemitters und macht den Pilot-Thyristor
unempfindlich gegen die dU/dt-Zündung.

Auch das "Amplifying Gate" benötigt nur soviel Steuerstrom,
daß der Pilot-Thyristor mit kleiner Verzugszeit zündet. Es
genügt also eine geringe Übersteuerung. Eine starke Übersteuerung kann sich hierbei sogar nachteilig auswirken.
Denn der Steuerstrom des Pilot-Thyristors fließt ja über
K' zum n-Emitter des Hauptthyristors weiter. Dadurch kann
der Fall eintreten, daß der Hauptthyristor zur gleichen
Zeit zündet wie der Pilot-Thyristor und der Vorteil der
Folgezündung somit verloren geht [7.22].

Sowohl das Amplifying-Gate als auch die beiden anderen un-
konventionellen Gateformen lassen sich ohne technologische
Schwierigkeiten realisieren. Darüber hinaus sind sie alle
als Treiberstufen zur Stromversorgung langer streifenför-
miger Normalgates geeignet und können hierzu gut in den
Leistungsthyristor integriert werden.

Eine vergleichende Betrachtung der verschiedenen Folge-
zündarten ist in [7.40], [7.41] zu finden.

7.8.3 Streifengate

Für den Einsatz eines Leistungsthyristors bei höheren
Frequenzen sind Gateanordnungen erforderlich, mit denen
sich die Zündausbreitungszeit so weit verkürzen läßt,
daß der Laststrom während des größten Teils der Stromflußdauer gleichmäßig über die Kathode fließt.

Es ist naheliegend, hierzu streifenförmige Gate-Kathoden-
strukturen zu verwenden mit entsprechend schmalen Katho-
denstegen. Bild 7.24 zeigt ein praktisches Ausführungsbeispiel nach [7.42]. Die einzelnen Stege dieser "spiral-

304

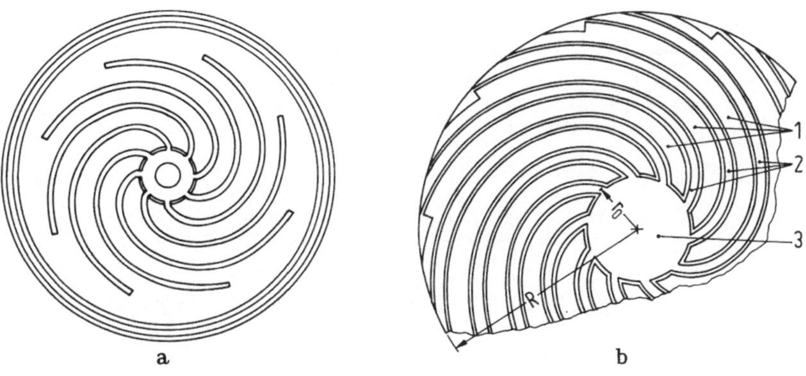

Bild 7.24. Spiralförmiges Streifengate, nach [7.42]. 1 Emitterstreifen, 2 Gatebahnen, 3 Zentraler Gatekontakt.

förmigen" Geometrie sind bis auf eine schmale Zone am äußeren und inneren Ende der Stege gleich breit. Mit dieser Geometrie wird bei kreisförmigen Siliziumscheiben eine gute Flächennutzung erreicht. Die Emitter- und Gate-Bahnen sind als Evolventen des Kreises, von dem sie abzweigen, ausgebildet (elvolvere = abwickeln; eine Kurve, die der Endpunkt eines gespannt gehaltenen Fadens beim Abwickeln von einem Kreis beschreibt).

Proportional zur Gesamtlänge der Gatestreifen erhöht sich der Steuerstrom eines solchen Thyristors. Die Versorgung aus einem externen Steuergenerator wird deshalb sehr aufwendig. Hier bietet sich die Integration einer Treiberstufe in Form eines kleinflächigen Pilot-Thyristors an. Besonders vorteilhaft hat sich die Speisung der Streifengates über ein Amplifiying Gate erwiesen. In der Thyristorstruktur nach Bild 7.24 ist das Amplifying Gate im Zentrum angeordnet und mit den normalen Gatebahnen metallisch verbunden.

Zur Verringerung des Zündstrombedarfs erweist sich eine mesaförmige n-Emitterstruktur als vorteilhaft [7.43]. Bei ihr entfällt - wie Bild 7.25 verdeutlicht - der Strom i_o, der nur wenig zur axialen Diffusion der Elektronen vom n-Emitter zur Kollektorsperrschicht J_2 beiträgt. Im Ver-

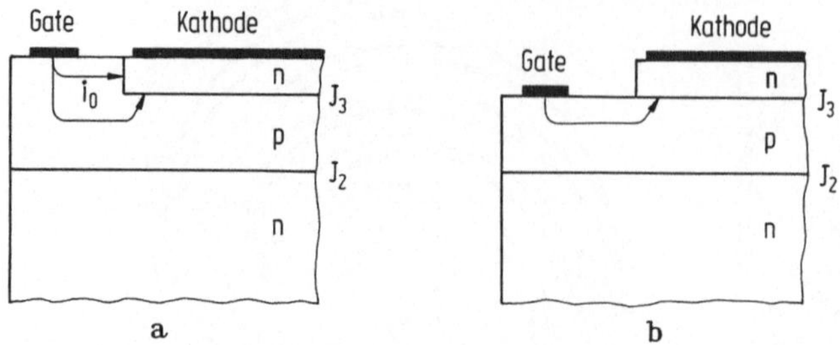

Bild 7.25. Streifengates. a) Planares Gate b) Tief- oder Grabengate.

gleich zu einem planaren Aufbau, Bild 7.25a, konnte durch sukzessives Abätzen bis auf die Höhe des pn-Überganges J_3, Bild 7.25b, der Zündstrom auf ein Fünftel reduziert werden [7.43]. Die Verlagerung der Gate-Metallisierung auf eine tiefere Ebene (Tief- oder Grabengate) erleichtert zusätzlich das Anbringen des externen Stromanschlusses an die Kathodenstreifen, u. zw. insofern als hierzu nur ein großflächiger Metallstempel aufgedrückt zur werden braucht. Noch günstiger in dieser Hinsicht ist eine in [7.44] vorgeschlagene Gatestruktur, bei der die Gatebahnen als hochdotierte p^+-Bahnen in die p-Basis eingelassen sind und unter der n^+-Emitterfläche herlaufen. Diese Struktur ist inzwischen erfolgreich erprobt worden [7.45].

8 Das Ausschaltverhalten

8.1 Einführung

Ähnlich wie die dynamischen Eigenschaften des Thyristors
beim Einschalten durch den zeitlichen Aufbau der Überschußladungsträgerdichte in den Basiszonen bestimmt sind, sind
sie beim Ausschalten durch den zeitlichen Abbau der Trägerdichte geprägt. Damit der Thyristor nach einer Durchlaßbelastung seine Sperrfähigkeit in Vorwärtsrichtung wieder-
gewinnt, muß die Überschußladungsträgerdichte so weit abgebaut werden, daß die Speicherladung kleiner wird als die
kritische Speicherladung Q_{cr}. Das dauert eine gewisse Zeit.
Man bezeichnet diese Zeitspanne als Freiwerdezeit t_q.

Die Freiwerdezeit hängt unter anderem davon ab, auf welche
Weise der Thyristor ausgeschaltet oder "gelöscht" wird.
Hierfür gibt es folgende Möglichkeiten

1. Abschalten des Anodenstromes durch Öffnen des Laststrom-
   kreises.
2. Kommutieren des Anodenstromes durch Umpolen der trei-
   benden Spannung.
3. Kommutieren des Anodenstromes unterstützt durch einen
   negativen Steuerstrom (gate-assisted-turn-off).
4. Einschalten eines hinreichend großen negativen Steuerstromes (gate-turn-off).

Bei der 1. Methode können infolge der Stromunterbrechung
(I_A=O) keine Überschußladungsträger aus den Basiszonen abfließen; sie verschwinden allein durch Rekombination.
Die Speicherladung klingt infolgedessen weitgehend exponentiell mit der Zeit ab, wobei die Abklingkonstante durch
die Lebensdauer τ_n der Überschußladungsträger in der schwach

dotierten n-Basis gegeben ist. Bis die Speicherladung, die
im Durchlaßbetrieb um etwa 3 bis 4 Zehnerpotenzen, oder
gleichbedeutend um 7 bis 9 e-Potenzen, über der kritischen
Speicherladung liegt, auf Q_{cr} abgefallen ist, vergeht eine
Zeit von 7 bis 9 τ_n. Die Freiwerdezeit beträgt nach dieser
Überlegung rund das Zehnfache der Trägerlebensdauer in der
n-Basis [8.1]

$$t_q \approx 10\ \tau_n \ . \tag{8.1}$$

Gleichung (8.1) ist als eine grobe Faustregel zur größenord-
nungsmäßigen Abschätzung der oberen Grenze der Freiwerdezeit anzusehen.

Bei der 2. und 3. Methode wird die Speicherladung grundsätzlich schneller abgebaut. Denn im Anschluß an den Durchlaßstrom treibt die äußere Spannung einen Strom in Rückwärtsrichtung durch den Thyristor.

Dieser Rückstrom führt über den p-Emitter Löcher und über
den n-Emitter Elektronen aus den Basiszonen ab. Er kann
allerdings nur solange ungehindert fließen, bis die Über-
schußladungsträgerdichten vor den Emittersperrschichten
abgebaut sind und die Emitter Sperrspannung übernehmen.
Dabei dehnen sich die Raumladungszonen in die Basiszonen
aus und saugen weitere Ladungsträger ab. Vom Zeitpunkt der
Sperrspannungsübernahme klingt der Rückstrom zwar rasch
ab, er kann jedoch zuvor bei schneller Kommutierung einen
hohen Spitzenwert erreichen.

Für den Fall, daß die insgesamt abgeführte Ladungsträgermenge mit der ursprünglich gespeicherten Ladungsträgermenge vergleichbar ist, ergibt sich eine merkliche Verkürzung der Freiwerdezeit gegenüber Gl.(8.1).

Eine weitere Verkürzung der Freiwerdezeit läßt sich nach
der 3. Methode durch zusätzliches Abführen von Löchern aus
der p-Basis mit Hilfe des negativen Steuerstromes erzielen.

Während die Ausschaltmethoden 1) bis 3) auf jede beliebige
Thyristorstruktur anwendbar sind, bleibt die reine Steuer-

308

strom-Löschung, Methode 4), auf speziell entwickelte Thyristoren beschränkt. Deshalb soll diese Löschmethode hier zunächst ausgeklammert werden; sie wird in einem späteren Abschnitt gesondert behandelt. Am häufigsten in Schaltungen praktiziert wird zur Zeit Methode 2), das Ausschalten des Thyristors durch Stromkommutierung. Daher soll dieser Methode im folgenden besondere Beachtung geschenkt werden.

8.2 Trägerspeichereffekt

Wie bereits erwähnt, ist die Freiwerdezeit eine Folge des verzögerten Abbaus der gespeicherten Ladungsträger. Aber es ist nicht die einzige daraus folgende Erscheinung von schaltungstechnischer Bedeutung. Auch Strom- und Spannungsverlauf werden in charakteristischer Weise beeinflußt und machen in vielen Anwendungen besondere Schaltungsmaßnahmen erforderlich, um einen störungsfreien Betrieb sicherzustellen. In diesem Abschnitt soll das elektrische Verhalten des Thyristors bei Stromkommutierung beschrieben werden, ohne zunächst quantitativ auf Einzelheiten des Trägerabbaus einzugehen.

Bild 8.1 zeigt eine auf die Grundelemente vereinfachte Kommutierungsschaltung. Solange sich der Schalter S in Stellung 1 befindet ($t \leq t_0$), fließt ein konstanter Durchlaßstrom I_T durch den Thyristor. Wird S zum Zeitpunkt $t=t_0$ in Stellung 2 umgelegt, so versucht die negative Kommutierungsspannung U_K einen Strom in umgekehrter Richtung durch den Thyristor zu treiben. Der Strom $i(t)$ fällt da-

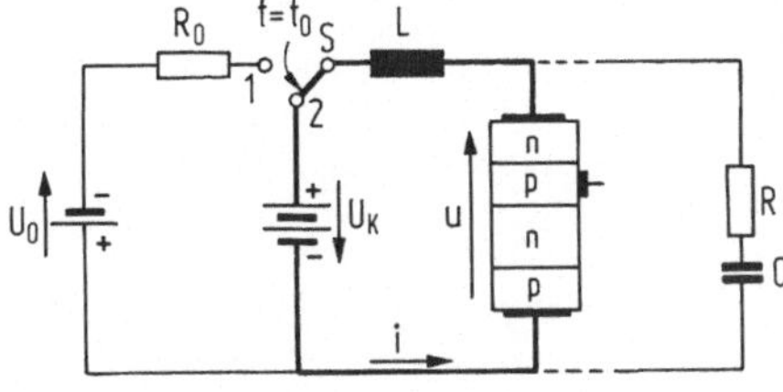

Bild 8.1. Kommutierungsschaltung.

durch von seinem ursprünglichen Wert I_T steil ab. Nach dem Kirchhoff'schen Satz ist

$$U_K + L\,\frac{di}{dt} + u(t) = 0 \qquad \text{für } t \geq t_o , \tag{8.2}$$

bzw.

$$\frac{di}{dt} = -\,\frac{U_K + u(t)}{L} . \tag{8.3}$$

Da die Spannung am Thyristor, $u(t)$, nur langsam von ihrem stationären Wert $u(t_o)=U_T \simeq 1V$ zurückgeht, kann $u(t)$ bis zur Sperrspannungsübernahme gegen U_K vernachlässigt werden. Aus (8.3) folgt dann mit dem Anfangswert $i(t_o)=I_T$

$$i(t) = I_T - \frac{U_K}{L}\,t . \tag{8.4}$$

Der Strom wird nach (8.4) mit konstanter Steilheit
$$di/dt = -\,U_K/L$$
abkommutiert.

Die Änderungsgeschwindigkeit des Stromes ist dabei im allgemeinen so groß, daß die Ladungsträger in den Basiszonen nicht schnell genug rekombinieren, um mit der stationären

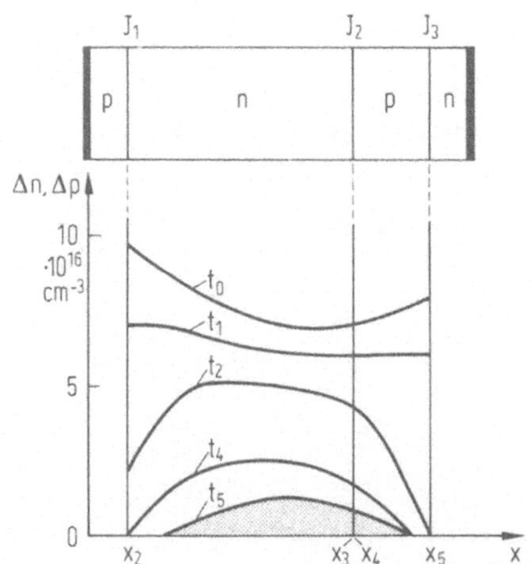

Bild 8.2. Ladungsträgerabbau während des Kommutierungs-vorganges.

310

Trägerdichte, die dem Momentanwert des Stromes i(t) entsprechen würde, Schritt zu halten. Dadurch sind zum Zeitpunkt des Stromnulldurchganges, $t=t_1$, noch sehr viele Ladungsträger im Thyristor gespeichert, die ihn im leitenden Zustand halten, Bild 8.2. Deshalb fließt der Strom auch nach dem Nulldurchgang mit der gleichen Steilheit weiter, Bild 8.3.

Der Rückstrom führt über J_1 Löcher und über J_3 Elektronen aus den Basiszonen ab, wodurch die Trägerdichten an den Rändern x_2 bzw. x_5, Bild 8.2, nun schneller abgebaut werden als im Inneren. Der Thyristor beginnt zu sperren, sobald die Überschußträgerdichte an diesen Stellen Null wird. In Bild 8.2 tritt dies zuerst am n-Emitter (x_5) ein. Dem Bild liegen die für Leistungsthyristoren typischen Verhältnisse zugrunde. Vom Zeitpunkt t_2 an übernimmt der pn-Übergang J_3 Sperrspannung. Wegen $u(t) \simeq U_{J3}(t)$ wird die Thyristorspannung dann negativ. Nach Gl.(8.3) vermindert sich da-

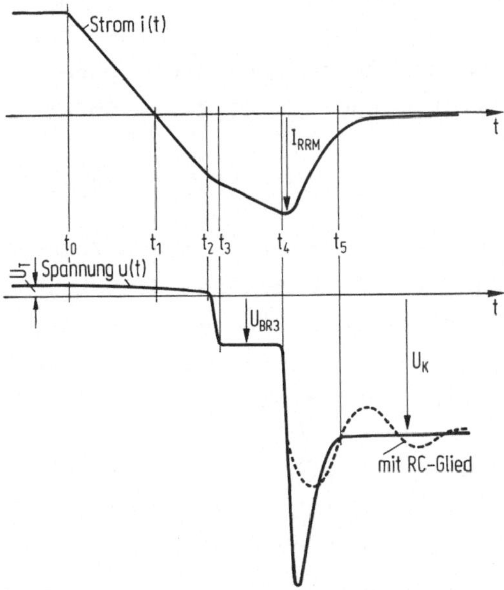

Bild 8.3. Strom und Spannung während des Kommutierungsvorganges.

durch die Stromsteilheit. Die Verminderung ist aber im allgemeinen gering, weil J_3 aufgrund der hohen Dotierung der p-Basis nur wenig Sperrspannung aufnehmen kann und meist schon bei etwa 10 - 20 V seine Durchbruchspannung U_{BR3} erreicht. Für den Fall, daß die Kommutierungsspannung groß gegenüber der Durchbruchspannung ist, $U_K >> U_{BR3}$, fließt der Strom praktisch mit unverminderter Steilheit weiter bis zum Zeitpunkt t_4, zu dem die Überschußträgerdichte vor dem p-Emitter (x_2) abgebaut ist, und J_1 Sperrspannung übernimmt.

Bei dem nun folgenden Aufbau der p-Emittersperrschicht dehnt sich die Raumladungszone unter Absaugen der Ladungsträger rasch in die n-Basis aus. Gleichzeitig nimmt die Stromsteilheit ab und wird für $u(t) = - U_K$ Null. Der zugehörige Strom wird mit I_{RRM} bezeichnet. Wäre der Thyristor in der Lage, den Strom in dieser Höhe aufrecht zu erhalten, so würde die Thyristorspannung auf dem Wert der Kommutierungsspannung verharren $(u(t) = - U_K)$. Da aber, wie Bild 8.2 zeigt, die Trägerdichte vor J_1 inzwischen stark gesunken ist, nimmt nunmehr das Konzentrationsgefälle ab und damit der Diffusionsstrom der Löcher zur Sperrschicht J_1, so daß der Thyristorstrom zurückgeht und steil gegen Null strebt. Dadurch wird di/dt>0 und aus Gl.(8.2) folgt

$$u(t) = - (U_K + L \frac{di}{dt}) \ . \qquad\qquad (8.5)$$

Die Thyristorspannung steigt nach Gl.(8.5) über die Kommutierungsspannung an. Bei schnellem Abreißen des Stromes, d.h. hohem di/dt, kann am Thyristor eine Spannung auftreten, die den pn-Übergang J_1 in den Durchbruch steuert und die Gefahr einer Zerstörung mit sich bringt.

Abhilfe gegen diese Überspannung schafft eine RC-Beschaltung, wie sie in Bild 8.1 angedeutet ist. Die in der Induktivität gespeicherte Energie kann sich hierdurch über das RC-Glied in Form einer gedämpften Schwingung entladen. Hierbei wird die Energie zum Teil im Widerstand verbraucht, während sie ohne Beschaltung ausschließlich im

Thyristor in Wärme verwandelt wird. Bild 8.3 zeigt in der
gestrichelten Kurve den Verlauf der Thyristorspannung bei
RC-Beschaltung.

8.3 Kenngrößen

Der Anwender benötigt zur Auslegung einer Schaltung Angaben, die das Ausschaltverhalten des Thyristors hinreichend
charakterisieren und die darüber hinaus meßtechnisch gut
zu erfassen sind. Hierzu sind durch Normen-Vereinbarungen
Begriffe und Meßvorschriften festgelegt worden [8.2]. Bild
8.4 veranschaulicht die Definition einiger wichtiger Kennwerte, und zwar

1. *Spannungsnachlaufzeit* t_s. Das ist die Zeit zwischen
   Stromnulldurchgang und Spannungsnulldurchgang.

2. *Sperrverzögerungszeit* t_{rr}. Darunter versteht man die
   Zeit zwischen Stromnulldurchgang und Schnittpunkt der
   Zeitachse mit der Geraden durch die Punkte $0,9\ I_{RRM}$ und
   $0,25\ I_{RRM}$ auf der abfallenden Rückstromflanke.

3. *Freiwerdezeit* t_q. Zeit zwischen Stromnulldurchgang und
   Nulldurchgang der wiederkehrenden Vorwärtsspannung unter genau fixierten Bedingungen über
   a) Höhe des Vorstromes,
   b) Steilheit des Kommutierungsstromes,
   c) Höhe der Rückwärtsspannung,
   d) Höhe und Anstiegsgeschwindigkeit der wiederkehrenden
      Spannung sowie über
   e) Höhe der Sperrschichttemperatur.

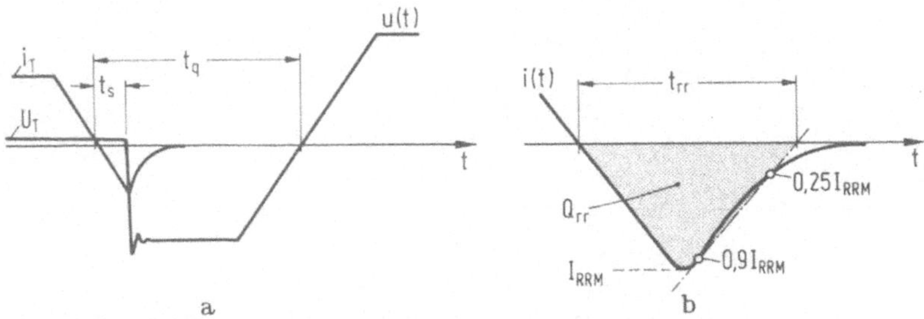

Bild 8.4. Kenngrößen des Ausschaltvorgangs.

4. *Rückstromspitze* I_{RRM}. Das ist der Spitzenwert des Rückstromes.

5. *Sperrverzögerungsladung* Q_{rr}. Das ist die abgeführte Ladung während der Sperrverzögerungszeit, wobei die abklingende Flanke des Rückstrompulses durch die bereits
   erwähnte Gerade durch die Punkte 0,9 I_{RRM} und 0,25 I_{RRM}
   angenähert wird. Q_{rr} entspricht somit der schraffierten
   Fläche in Bild 8.4b.

Die Kennwerte sind nicht allein durch die Strukturparameter des Thyristors bestimmt, sondern hängen mehr oder weniger stark von den Betriebsbedingungen ab.

Die *Rückstromspitze* I_{RRM} weist nach Bild 8.5 einen ausgeprägten Anstieg mit zunehmender Steilheit des Kommutierungsstromes auf und ist um so größer je höher der voraus-
gegangene Durchlaßstrom I_T ist. Das ist darauf zurückzuführen, daß bei höherem Durchlaßstrom mehr Ladungsträger
im Thyristor gespeichert sind und mit wachsender Kommutierungssteilheit ein größerer prozentualer Anteil abgesaugt werden kann. Die Zeitspanne vom Beginn der Stromkommutierung bis zum Stromnulldurchgang wird kürzer, und
damit verringert sich die Zahl der rekombinierenden Ladungsträger während dieser Zeit.

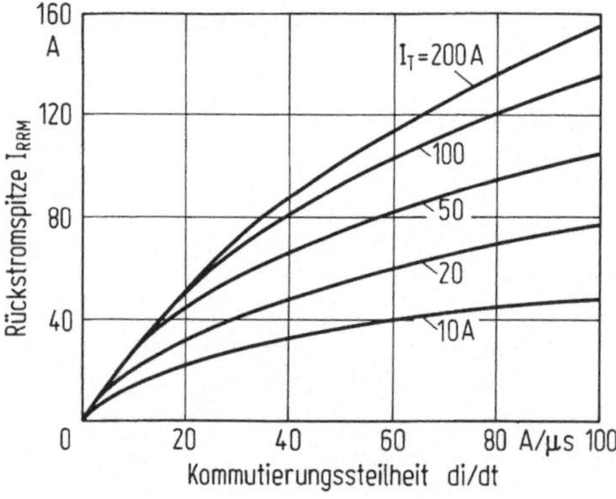

Bild 8.5. Abhängigkeit der Rückstromspitze von der Steilheit des Kommutierungsstromes und der Höhe des Durchlaßstromes. Thyristor: Siemens B St L 04. (nach [8.3]).

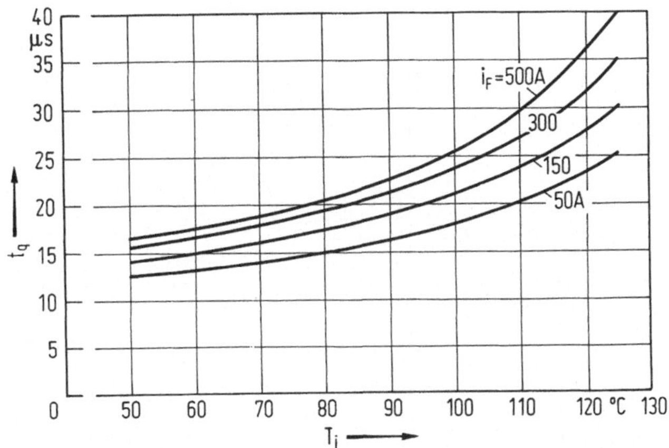

Bild 8.6. Freiwerdezeit t_q in Abhängigkeit von der Sperrschichttemperatur T_j und der Höhe des Durchlaßstromes.
Thyristor: AEG-Telefunken T 170 F.

Für den Anwender ist die Kenntnis der Rückstromspitze zur
Auslegung der RC-Beschaltung des Thyristors wichtig. Eine
hohe Rückstromspitze bedeutet nämlich ein steiles Abreis-
sen des Kommutierungsstromes und folglich eine große Überspannung bei fehlender Bedämpfung.

Die *Freiwerdezeit* t_q nimmt nach Bild 8.6 mit steigender
Sperrschichttemperatur T_j zu. Ursache ist die wachsende
Trägerlebensdauer τ_n. Die Zunahme der Freiwerdezeit beträgt bei einer Temperaturerhöhung von 50° C bis zur Grenze der zulässigen Sperrschichttemperatur von 125° C etwa
den Faktor 2.

Wie sich die Höhe der negativen Sperrspannung auf die Freiwerdezeit auswirkt, zeigt Bild 8.7. Von 0 bis – 100 V fällt
die Freiwerdezeit annähernd auf die Hälfte ab, geht dann
aber nur noch schwach mit steigender Sperrspannung zurück.
Der Einfluß der negativen Spannung kommt dadurch zustande,
daß sich die p-Emittersperrschicht mit wachsender Sperrspannung U_R – soweit es sich um einen abrupten pn-Übergang
handelt – proportional zu $\sqrt{U_R}$ in die n-Basis ausdehnt und
die gespeicherten Ladungsträger dort ausräumt. Es verblei-
ben damit nach Abklingen des Rückstromes weniger Ladungs-

315

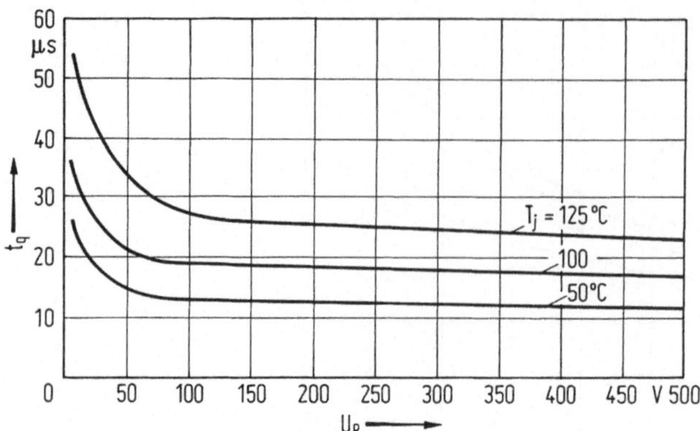

Bild 8.7. Abhängigkeit der Freiwerdezeit t_q von der negativen Sperrspannung U_R bei verschiedener Temperatur.

träger im Thyristor. Entsprechend verkürzt sich die Zeit bis diese restlichen Ladungsträger durch Rekombination unter die kritische Speicherladung abgesunken sind, und der Thyristor damit in Vorwärtsrichtung wieder sperrfähig wird.

Aus Bild 8.8 geht hervor, daß die Freiwerdezeit ferner mit steigendem Durchlaßstrom zunimmt. Auch dieser Einfluß des Vorstromes ist auf die größere gespeicherte Ladungsträgermenge zurückzuführen.

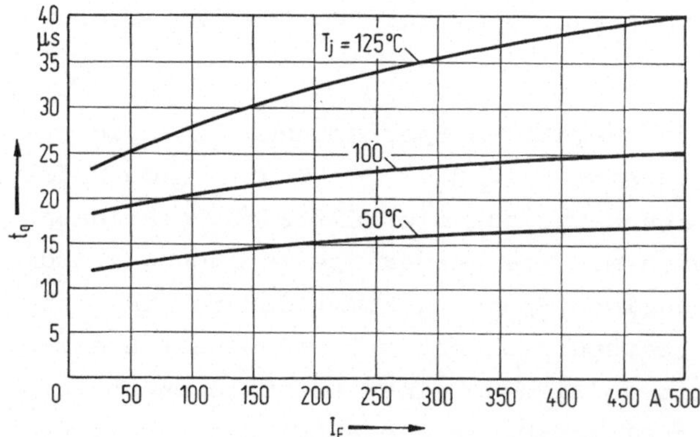

Bild 8.8. Abhängigkeit der Freiwerdezeit t_q vom Durchlaßstrom bei verschiedener Temperatur.

Die Bedeutung der Freiwerdezeit für Thyristoranwendungen
besteht einmal darin, daß sie letztlich die obere Frequenz-
grenze bestimmt. Zum anderen ist sie für alle Schaltungen
mit Zwangskommutierung von Bedeutung. Denn in diesen Schaltungen sind zum Ausschalten des Thyristors besondere Kom-
mutierungskreise vorgesehen, deren Schaltungsaufwand an
Kondensatoren, Drosseln und Löschthyristoren mit zunehmender Freiwerdezeit erheblich wächst.

Aus diesem Grunde hat man für solche Anwendungen Thyristoren mit kleiner Freiwerdezeit entwickelt, die man als
"schnelle Thyristoren" oder als "Frequenzthyristoren" bezeichnet. Bei den schnellen Thyristoren wird die Trägerlebensdauer in den Basiszonen durch Eindiffundieren von Gold
verkleinert. Um dabei die Durchlaßeigenschaften wegen des
ungünstigeren w/L-Verhältnisses nicht allzu sehr zu verschlechtern, muß die n-Basisdicke (w_n) entsprechend reduziert werden. Die Folge ist eine geringere Sperrfähigkeit.
Sie liegt zur Zeit für Thyristoren mit maximal 25 µs Freiwerdezeit bei etwa 1200 V. Hochspannungsthyristoren haben

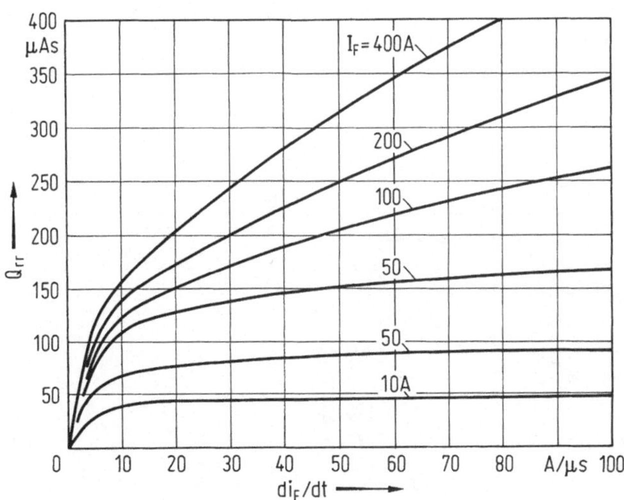

Bild 8.9. Typische Abhängigkeit der Sperrverzögerungsladung Q_{rr} von der Steilheit des Kommutierungsstromes. Parameter: Durchlaßstrom.

zum Vergleich bei 3200 V Sperrspannung eine Freiwerdezeit
von annähernd 250 µs.

Die *Sperrverzögerungsladung* Q_{rr} steigt nach Bild 8.9 mit
zunehmender Kommutierungssteilheit und wachsendem Vor-
strom. Diese Abhängigkeit hat die gleiche Ursache wie die
der Rückstromspitze. Schaltungstechnisch ist die Sperrverzögerungsladung wichtig zur Dimensionierung der Beschaltung von Thyristoren in Reihenschaltungen zum Zwecke einer
gleichmäßigen Sperrspannungsaufteilung. Weiterhin steht
sie in direktem Zusammenhang mit den auftretenden Ausschalt-
verlusten.

Die *Ausschaltverlustleistung* als Produkt der Augenblicks-
werte von Rückstrom $i_{rr}(t)$ und Sperrspannung $u_R(t)$ ist in
Bild 8.10 aufgetragen. Sie entsteht in der Abklingphase
des Rückstromes und erreicht zu Beginn hohe Werte, nicht
selten Spitzenwerte von mehreren Kilowatt, da die Sperrspannung steil ansteigt und der Rückstrom noch groß ist.

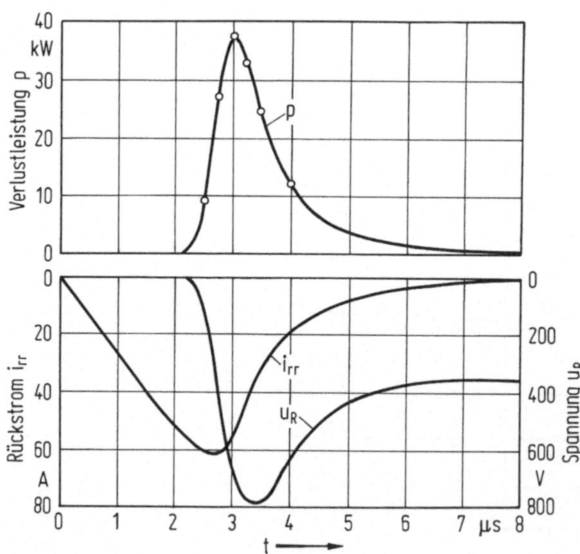

Bild 8.10. Strom, Spannung und Verlustleistung während
des Ausschaltvorgangs. Thyristor: Siemens B St L 04.
(nach [8.3]).

318

Zur Berechnung der Ausschaltverlustarbeit W_Q ist die Verlustleistung vom Zeitpunkt des Stromnulldurchganges, $t=t_1$, bis zum Einlaufen des Rückstromes in den stationären Sperrstrom zur Zeit $t=t^*$ zu integrieren

$$W_Q = \int_{t_1}^{t^*} i_{rr}(t)\,u_R(t)\,dt \ . \tag{8.6}$$

Es soll hier die Kommutierungsschaltung nach Bild 8.1 ohne RC-Beschaltung vorausgesetzt werden (mit RC-Beschaltung, siehe z.B. [8.3]). Zum Zeitpunkt t_1 ist wegen $i(t_1)=0$ in der Induktivität keine Energie gespeichert; das gleiche gilt am Ende des Ausschaltvorganges, $t=t^*$. Mithin ist W_Q gleich der Energie, welche die Kommutierungsspannung U_K = const in die Reihenschaltung aus Induktivität L und Thyristor einspeist

$$W_Q = U_K \underbrace{\int_{t_1}^{t^*} i_{rr}(t)\,dt}_{\equiv\, Q_{rr}} \tag{8.7}$$

$$= U_K\, Q_{rr} \ .$$

Für die mittlere Ausschaltverlustleistung P_Q ergibt sich damit

$$P_Q = \frac{Q_{rr}}{t_{rr}}\, U_K \qquad \text{mit } t_{rr} \simeq t^* - t_1 \ . \tag{8.8}$$

Die Ausschaltverluste sind also der Sperrverzögerungsladung direkt und der Sperrverzögerungszeit indirekt proportional.

Bei niederfrequenten Anwendungen (z.B. Netzbetrieb) spielen die Ausschaltverluste zwar eine untergeordnete Rolle, aber bereits bei mittleren Frequenzen von 1 kHz - 10 kHz

liefern sie einen merklichen Beitrag zu den Gesamtver-
lusten. Im Unterschied zu den Einschaltverlusten entstehen
die Ausschaltverluste gleichmäßig verteilt auf der Thyristorfläche und führen daher nicht zu lokalen Überlastun-
gen. Sie können infolgedessen in der Wärmebilanz des Thyristors genauso behandelt werden wie die Durchlaßverluste.

8.4 Abrupte Stromkommutierung

Bei dieser Kommutierungsart wird der Thyristorstrom momentan von Durchlaß- in Rückwärtsrichtung umgeschaltet. Sie
wird vorwiegend in Schaltungen der Schwachstrompulstechnik
angewendet, d.h. beim Einsatz schneller Thyristoren geringer Leistung. Doch abgesehen von dieser mehr oder weniger
begrenzten technischen Bedeutung ist sie vor allem von
großem theoretischen Interesse. Die physikalischen Vorgänge lassen sich bei dieser Ausschaltmethode besser überschauen. Und das gilt nicht nur für leistungsschwache sondern auch für leistungsstarke Thyristoren. Besonders der
für die Freiwerdezeit entscheidende Prozess der Rekombination der restlichen Überschußladungsträger nach Übernahme
der Rückwärtssperrspannung zeichnet sich hierbei deutlicher
ab.

Bild 8.11 zeigt den Strom- und Spannungsverlauf des Thyristors, wenn zum Zeitpunkt $t_o=0$ durch Umlegen des Schalters S in Stellung 2 der Strom abrupt vom Durchlaßstrom I_F
auf den Rückstrom I_{R1} kommutiert wird.

Der Stromverlauf läßt sich in 4 Zeitabschnitte unterteilen

1) Erste   Speicherzeit t_{s1} von t_o ... t_1,
2) Erste   Abfallzeit t_{f1} von t_1 ... t_2,
3) Zweite Speicherzeit t_{s2} von t_2 ... t_3,
4) Zweite Abfallzeit t_{f2} von t_3 ... t_4.

Zu Beginn der ersten Speicherzeit $t=t_o=0$ hat die Überschußträgerdichte in den Basiszonen noch die gleiche Höhe
wie unmittelbar vor dem Umschalten. Alle drei pn-Über-

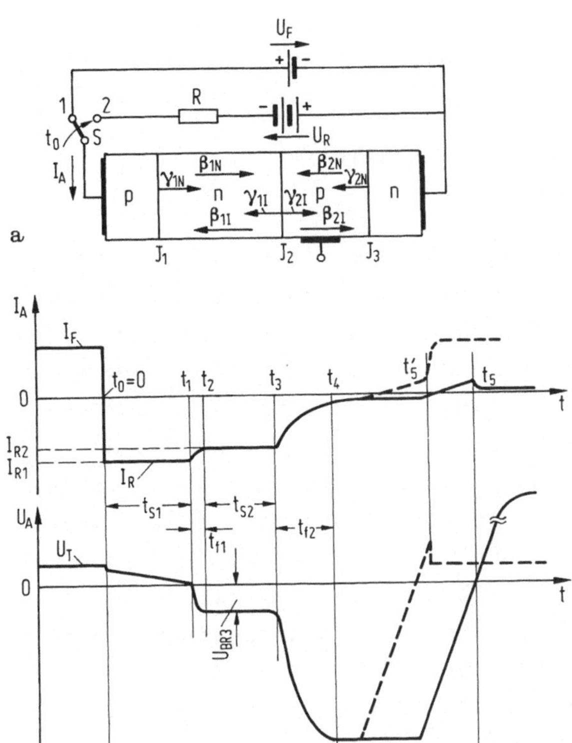

Bild 8.11. Ausschaltvorgang bei abrupter Stromkommutierung.

gänge sind noch in Flußrichtung gepolt, und am Thyristor tritt eine Klemmenspannung U_T von der Größenordnung 1 V auf. Wenn die äußere Spannung groß gegenüber U_T ist, stellt sich ein Rückstrom der Größe $I_{R1}=U_R/R$ ein. Der Rückstrom bleibt konstant bis sich zum Zeitpunkt t_1 die Trägerdichte am n-Emitter zu erschöpfen beginnt und J_3 Sperrspannung aufnimmt.

Da die pn-Übergänge J_2 und J_1 zu diesem Zeitpunkt noch in Flußrichtung gepolt sind, und die pnp-Struktur den Strom somit gut leitet, baut sich die Sperrspannung an J_3 schnell auf. In kurzer Zeit erreicht sie die Durchbruchsspannung U_{BR3}, vorausgesetzt es ist $U_R>U_{BR3}$. Das geschieht in Bild 8.11b zum Zeitpunkt t_2. Sie bleibt dann praktisch konstant, denn im Durchbruchsbereich kann ein großer Strom ohne nen-

nenswerten Spannungszuwachs geführt werden. J_3 verhält sich
von t_2 an wie ein Ohmscher Kontakt mit einer Schwellspannung U_{BR3}.

Der Strom fällt in der ersten Abfallzeit ($t_1 \ldots t_2$) von I_{R1}
auf $I_{R2} = (U_R - U_{BR3})/R$ ab.

Daß J_3 zuerst Sperrspannung übernimmt, ist auf die unterschiedliche Dimensionierung der Basiszonen zurückzuführen.
Die p-Basis ist wesentlich höher dotiert als die n-Basis.
Deswegen hat der pn-Übergang J_2 einen hohen Emitterwirkungsgrad für Löcher, $\gamma_p(J_2) \hat{=} \gamma_{1I} \simeq 1$, und folglich nur einen niedrigen für Elektronen, $\gamma_n(J_2) \hat{=} \gamma_{2I} \simeq 0$. Da nun der
Rückstrom den pn-Übergang J_2 in Flußrichtung durchfließt,
strömen wegen $\gamma_p(J_2) \simeq 1$ viele Löcher aus der p-Basis über
J_2 ab, aber nur wenige Elektronen über J_2 zu. Am gegenüberliegenden Basisrand (x_5) verlassen viele Elektronen die
p-Basis, in dem sie zum pn-Übergang J_3 diffundieren und
dort abgesaugt werden. Der Strom über J_3 wird vor der
Sperrspannungsübernahme nahezu völlig von Elektronen getragen. Durch diesen beträchtlichen Abstrom und dem weitgehend fehlenden Zustrom erschöpft sich das Reservoir an
Elektronen in der p-Basis schneller als das der Löcher in
der n-Basis. Hinzu kommt, daß das Reservoir der p-Basis
aufgrund der geringeren Basisdicke ohnehin kleiner ist.

Im Anschluß an die erste Abfallzeit bleibt der Strom in der
zweiten Speicherzeit solange konstant, bis am Ende, $t = t_3$,
die Überschußträgerdichte vor dem pn-Übergang J_1 abgebaut
ist und J_1 Sperrspannung aufnimmt.

Mit dem Ansteigen der Sperrspannung beginnt die zweite Abfallzeit, in welcher der Strom endgültig abklingt und dem
stationären Rückwärtssperrstrom zustrebt.

Gerade dieser Abklingvorgang ist für das "Freiwerden" des
Thyristors maßgebend. Die in der n-Basis gespeicherten
Elektronen können - solange der Rückstrom noch groß ist -
zu einem merklichen Teil über J_2 abströmen. Denn J_2 führt
dann einen hohen Durchlaßstrom und hat bei starker Injek-

tion einen höheren Emitterwirkungsgrad für Elektronen als
bei schwacher, wo er aufgrund der Dotierungsverhältnisse
nahezu Null ist. Mit abklingendem Rückstrom ist dieses Abfließen deshalb nicht mehr möglich. Die Elektronen können
nunmehr nur noch durch Rekombination innerhalb der n-Basis verschwinden. Das bedeutet mit anderen Worten, daß der
Rückstrom nichts mehr zum Abbau der Überschußträger in
der n-Basis beiträgt. Die Löcher, die zum pn-Übergang J_1
diffundieren und dort abfließen, werden durch Löcher, die
über J_2 einströmen, quantitativ ersetzt.

Damit ist die Freiwerdezeit hauptsächlich durch die Rekombination der Überschußträger in der n-Basis bestimmt und
dementsprechend durch die Trägerlebensdauer festgelegt.

Der Strom ist als Löcherdiffusionsstrom dem Gefälle der
Überschußträger proportional, das um so größer ist, je grösser die insgesamt gespeicherte Trägermenge ist. Er klingt
daher der Speicherladung entsprechend exponentiell ab:
$$I_R(t) \sim \exp(-t/\tau_n) .$$

8.5 Berechnung der Schaltzeiten nach dem Ladungssteuermodell

8.5.1 Problemstellung

Die allgemeine Grundgleichung des Ladungssteuermodells
(Abschn. 5.5) lautet

$$\Delta I = \frac{Q}{\tau} + \frac{dQ}{dt} \qquad \text{mit} \quad \Delta I = I(x_\nu, t) - I(x_\mu, t) . \qquad (8.9)$$

Hierbei ist ΔI der Nettostrom einer Ladungsträgersorte
in das quasineutrale Gebiet zwischen den Grenzen x_ν und
x_μ und Q die in diesem Gebiet gespeicherte Ladung. Im
stationären Zustand gilt nach Gl.(8.9)

$$\Delta I = \frac{Q}{\tau} . \qquad (8.10)$$

Für den Fall, daß der Nettostrom vor dem Zeitpunkt t=0
konstant ist mit

$$\Delta I(-0) = \frac{Q(-0)}{\tau} \qquad \text{für } t < 0 \qquad\qquad (8.11).$$

und dann sprungartig den Wert

$$\Delta I(+0) = \text{const} \qquad \text{für } t > 0$$

annimmt, erhält man aus Gl.(8.9) für den Verlauf der Speicherladung

$$\frac{Q(t)}{\tau} = \Delta I(+0) + [\Delta I(-0) - \Delta I(+0)]e^{-t/\tau} . \qquad (8.13)$$

Dieses allgemeine Ergebnis wird zur Berechnung der Schaltzeiten auf die einzelnen Zonen des Thyristors angewendet [8.4] - [8.6]. Im stationären Durchlaßzustand ist die Speicherladung und somit nach Gl.(8.11) $\Delta I(-0)$ in jeder Zone i dem Durchlaßstrom I_F proportional

$$\Delta I_i(-0) = B_i I_F . \qquad (8.14)$$

Die Proportionalitätskonstanten B_i lassen sich durch Superposition der Ströme nach der Theorie von Moll (siehe Abschnitt 2.8) bestimmen.

Zur Vereinfachung soll angenommen werden, daß der Emitterwirkungsgrad der äußeren pn-Übergänge eins beträgt

$$\gamma_p(J_1) \triangleq \gamma_{1N} = 1 \; ,$$

$$\gamma_n(J_3) \triangleq \gamma_{2N} = 1 \; . \qquad (8.15)$$

Dann sind sowohl in der p-Emitterzone (i=1) als auch in der n-Emitterzone (i=4) keine Ladungsträger gespeichert und somit ist nach Gl.(8.11) und Gl.(8.14)

$$B_1 = B_4 = 0 . \qquad (8.16)$$

8.5.2 Erste Speicherzeit

Mit der Richtungsumkehr des Stromes zum Zeitpunkt t=0 setzt eine Umverteilung der Ladungsträger in den Basiszonen ein [8.7]. Die anfängliche Ladungsträgerverteilung, Bild 8.12a, wird in die Verteilung nach Bild 8.12b über-

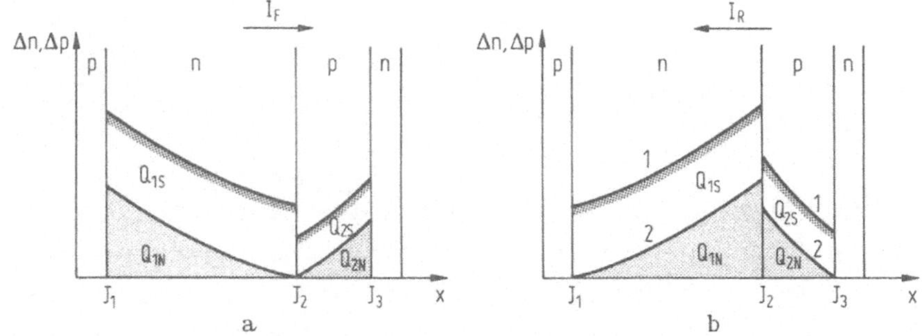

Bild 8.12. Speicherladung im Thyristor. a) vor und b) kurz nach der Stromkommutierung.

führt. Dieser Vorgang spielt sich wegen der endlichen Laufzeit der Ladungsträger in einer Zeit von einigen Transitzeiten ab. Danach sinkt die Trägerkonzentration, Kurve 1, unter Beibehaltung ihres quasistationären Profiles und nähert sich der Kurve 2, der Begrenzungskurve der normalen Speicherladung Q_{1N} bzw. Q_{2N}. Wenn sie in der p-Basis Kurve 2 erreicht hat, ist die erste Speicherphase beendet und die Sättigungsspeicherladung Q_{2S} abgebaut.

Vor dem Umschalten ist in der p-Basis (3. Zone, i=3) die Ladung $Q_{2N} + Q_{2S} \equiv Q_2$ gespeichert. Sie entspricht nach der oben eingeführten Zonenbezeichnung der Ladung $Q_3(-0)$, $Q_2 \triangleq Q_3(-0)$. Nach Gln.(8.11) und (8.14) gilt dann

$$Q_2 = \tau_p \Delta I_3(-0) = \tau_p B_3 I_F \ , \tag{8.17}$$

wobei τ_p die Lebensdauer der Überschußladungsträger in der p-Basis ist.

$\Delta I_3(-0)$ und B_3 lassen sich mit Hilfe der Moll'schen Theorie wie folgt berechnen. Nach Gl.(2.50) - (2.52) ist der Strombeitrag $I(J_\nu)$ des pn-Überganges $J_\nu (\nu=1,2,3)$ zum Gesamtdurchlaßstrom I_F der Reihe nach gegeben durch

$$I(J_1) = I_{S1}(e^{U_1/U_T} - 1) = A_1 I_F \ , \tag{8.18}$$

$$I(J_2) = I_{S2}(e^{-U_2/U_T} - 1) = A_2\, I_F \; , \qquad\qquad (8.19)$$

$$I(J_3) = I_{S3}(e^{U_3/U_T} - 1) = A_3\, I_F \; . \qquad\qquad (8.20)$$

Die Konstanten $A_1 \ldots A_3$ sind durch die Beziehungen (2.53), (2.61) - (2.63) definiert. J_3 injiziert den Elektronenstrom $\gamma_{2N} I(J_3)$ in die p-Basis (Bild 8.11) und J_2 den Elektronenstrom $\gamma_{2I} I(J_2)$. Damit strömt insgesamt der Elektronenstrom ein

$$I_{n,ein} = (\gamma_{2N} A_3 + \gamma_{2I} A_2)\, I_F \; . \qquad\qquad (8.21)$$

Andererseits entzieht J_3 - als Kollektor für den inversen Betrieb des npn-Transistors wirkend - der p-Basis den Elektronenstrom $\gamma_{2I}\beta_{2I} I(J_2)$, und J_2 entzieht ihr den Elektronenstrom $\gamma_{2N}\beta_{2N} I(J_3)$. Das ergibt insgesamt

$$I_{n,aus} = (\gamma_{2N}\beta_{2N} A_3 + \gamma_{2I}\beta_{21} A_2)\, I_F \; . \qquad\qquad (8.22)$$

Aus den Gln.(8.21), (8.22) erhält man dann für den Nettostrom

$$\Delta I_3(-O) = I_{n,ein} - I_{n,aus} = \{\gamma_{2N}(1 - \beta_{2N})A_3 + \gamma_{2I}(1 - \beta_{2I})A_2\} I_F$$

$$= B_3 I_F \; , \qquad\qquad (8.23)$$

mit

$$B_3 = \gamma_{2N}(1 - \beta_{2N})A_3 + \gamma_{2I}(1 - \beta_{2I})A_2 \; . \qquad\qquad (8.24)$$

Nach der Stromumkehr sind die Moll'schen Beziehungen zur Bestimmung des Nettostromes ungeeignet, da sie nur für stationäre Verhältnisse (dQ/dt=O) gelten. Aufgrund der Voraussetzung $\gamma_{2N}=1$ ist der transiente Strom über J_3 aber noch immer ein reiner Elektronenstrom. Mithin fließt aus der p-Basis der Elektronenstrom I_{R1} ab. Andererseits injiziert der von I_{R1} in Flußrichtung durchflossene pn-Übergang J_2 den Elektronenstrom $\gamma_{2I} I_{R1}$ in die p-Basis. Damit

326

erhält man

$$\Delta I_3(+0) = (\gamma_{2I} - 1)I_{R1} , \tag{8.25}$$

bzw. mit $\gamma_{1I} + \gamma_{2I} = 1$

$$\Delta I_3(+0) = -\gamma_{1I}I_{R1} . \tag{8.26}$$

Einsetzen von Gln.(8.25) und (8.26) in Gl.(8.13) ergibt

$$\frac{Q_2(t)}{\tau_p} = -\gamma_{1I}I_{R1} + (B_3 I_F + \gamma_{1I}I_{R1})e^{-t/\tau_p} . \tag{8.27}$$

Am Ende der ersten Speicherphase (Bild 8.13) beträgt die
Speicherladung in der p-Basis

$$Q_2(t_{S1}) = Q_{2N} = \tau_p \gamma_{2I}(1 - \beta_{2I})I_{R1} . \tag{8.28}$$

Der Strom $\gamma_{2I}(1 - \beta_{2I})I_{R1}$ stellt den in der p-Basis rekombinierenden Teil des "Emitterstromes", I_{R1}, auf dem
Wege von J_2 zum "Kollektor" J_3 des inversen npn-Transistors
dar. Er deckt gerade die Rekombinationsverluste Q_{2N}/τ_p.
Für die Speicherzeit t_{S1} erhält man mit Gl.(8.28) aus Gl.
(8.27)

$$t_{S1} = \tau_p \ln \frac{B_3 I_F + \gamma_{1I}I_{R1}}{(1 - \alpha_{2I})\, I_{R1}} . \tag{8.29}$$

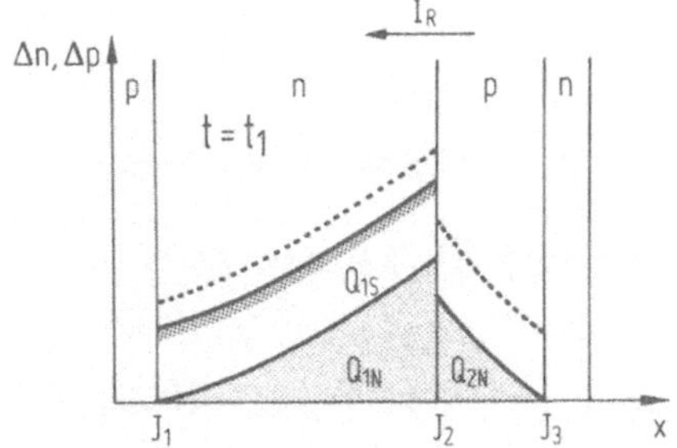

Bild 8.13. Speicherladung nach dem Abbau der Sättigungsladung Q_{2S} in der p-Basis.

Die Speicherzeit wird um so kürzer, je kleiner die Trägerlebensdauer in der p-Basis ist und je größer der Rückstrom
I_{R1} im Verhältnis zum Durchlaßstrom I_F gewählt wird.

8.5.3 Erste Abfallzeit

Prinzipiell sind hier zwei Fälle zu unterscheiden
  a) $U_R < U_{BR3}$ und
  b) $U_R > U_{BR3}$.

a) $U_R < U_{BR3}$

Da die äußere Spannung U_R kleiner ist als die Durchbruchspannung U_{BR3}, klingt der Rückstrom mit der Sperrspannungsübernahme von J_3 auf Null ab, ohne daß die in der n-Basis
gespeicherten Ladungsträger dabei merklich abgebaut werden.

Zur Vereinfachung der Rechnung sei im folgenden angenommen,
daß mit Beginn der ersten Abfallphase die Vorgänge domini-
ren, die bei schwacher Injektion ablaufen. Damit darf der
Emitterwirkungsgrad von J_2 für Löcher eins gesetzt werden

$$\gamma_p(J_2) \triangleq \gamma_{1I} = 1 \ , \qquad \gamma_n(J_2) \triangleq \gamma_{2I} = 0 \ . \qquad (8.30)$$

Der p-Basis fließen dann keine Elektronen mehr zu ($\gamma_{2I}=0$),
während der Abfluß der Elektronen über J_3 gleich $I_R(t)$ ist.
Da der Strom $I_R(t)$ zugleich den Kollektorstrom des inversen
npn-Transistors darstellt, kann er nach der Ladungssteuertheorie ausgedrückt werden durch

$$I_R(t) = \frac{Q_2(t)}{\tau^*_{T2}} \ , \qquad (8.31)$$

wobei τ^*_{T2} die inverse Transitzeit in der p-Basis bedeutet.

Mit Gl.(8.31) nimmt die Grundgleichung (8.9) die Form an

$$\frac{dQ_2(t)}{dt} + \left(\frac{1}{\tau_p} + \frac{1}{\tau^*_{T2}}\right)Q_2(t) = 0 \qquad \text{für } t_{S1} < t < \infty \qquad (8.32)$$

und ergibt als Lösung

$$Q_2(t) = Q_2(t_{S1}) e^{-t/t_{a1}} \quad , \text{ bzw.} \tag{8.33}$$

$$I_R(t) = I_{R1}\, e^{-t/t_{a1}} \quad . \tag{8.34}$$

Der Strom fällt nach Gl.(8.34) exponentiell von seinem Anfangswert

$$\frac{Q_2(t_{S1})}{\tau^*_{T2}} = I_{R1} \tag{8.35}$$

ab mit der Zeitkonstanten

$$\frac{1}{t_{a1}} = \frac{1}{\tau_p} + \frac{1}{\tau^*_{T2}} \quad . \tag{8.36}$$

In einer homogen dotierten Basiszone gilt zwischen Lebensdauer und Transitzeit die Beziehung

$$\tau^*_{T2} = \frac{w_p^2}{2D_n} = \frac{\tau_p}{2}\left(\frac{w_p}{L_n}\right)^2 \quad , \tag{8.37}$$

wobei L_n die Diffusionslänge der Elektronen ist. Legt man zur Abschätzung von w_p/L_n einen Transportfaktor von mindestens 0,9 zugrunde – was für die Steuerbasis eines Thyristors realistisch ist – so folgt daraus $w_p/L_n \leqq 1/2$ und aus (8.37) $\tau^*_{T2} \leqq \tau_p/8$. Der entscheidende Prozess in der ersten Abklingphase ist in diesem Fall das Abströmen der Elektronen aus der p-Basis über J_3, gekoppelt mit einem entsprechenden Abfluß der Löcher über J_2.

Als Abfallzeit sei hier die Zeitspanne zwischen t_1 und der Zeit für den 10%-Wert des Stromes definiert. Aus (8.34) erhält man damit

$$t_{f1} = 2{,}3\, t_{a1} \quad . \tag{8.38}$$

b) $U_R > U_{BR3}$

Sobald die über J_3 liegende Sperrspannung $u(t)$ die Durchbruchspannung U_{BR3} erreicht hat ($t=t_2$), bleibt sie konstant. Es stellt sich der Strom I_{R2} ein

$$I_R(t_2) = I_{R2} = \frac{U_R - U_{BR3}}{R} \; . \qquad (8.39)$$

Gl.(8.39) führt in Verbindung mit Gl.(8.34) auf die folgende Beziehung für $t_{f1}=t_2-t_1$

$$t_{f1} = t_{a1} \; \ln \; (I_{R1}/I_{R2}) \qquad (8.40)$$

$$= t_{a1} \; \ln \; [1 - (U_{BR3}/U_R)]^{-1} \; .$$

Bei der Kommutierung von Leistungsthyristoren liegt meist der Fall $U_R \gg U_{BR3}$ vor. Dann gilt näherungsweise

$$t_{f1} \simeq t_{a1} \; \frac{U_{BR3}}{U_R} \; . \qquad (8.41)$$

Die erste Abfallzeit ist in diesem Fall klein gegenüber der Abklingkonstanten ($t_{a1} \simeq \tau^*_{T2}$) und kann damit im allgemeinen gegenüber den nachfolgenden Schaltzeiten vernachlässigt werden.

8.5.4 Zweite Speicherzeit

Zur Berechnung der Zeitspanne bis zum völligen Abbau der Sättigungsladung in der n-Basis (2. Zone, i=2) wird zunächst die vor der Stromkommutierung gespeicherte Ladung

$$Q_1 \triangleq Q_2(-0) = \tau_n \Delta I_2(-0) \qquad (8.42)$$

ermittelt. Hierbei ist τ_n die Trägerlebensdauer in der n-Basis.

Analog zur p-Basis läßt sich der Netto-Löcherstrom zur n-Basis ausdrücken durch

$$\Delta I_2(-0) = \gamma_{1N}(1 - \beta_{1N})I(J_1) + \gamma_{1I}(1 - \beta_{1I})I(J_2) \; . \quad (8.43)$$

Mit den Moll'schen Beziehungen (8.18) und (8.19) geht Gl. (8.43) über in

$$\Delta I_2(-0) = B_2 I_F \qquad (8.44)$$

mit

$$B_2 = \gamma_{1N}(1 - \beta_{1N})A_1 + \gamma_{1I}(1 - \beta_{1I})A_2 \; . \qquad (8.45)$$

Nach der Stromkommutierung fließt über J_2 der Löcherstrom $\gamma_{1I}I_{R1}$ in die n-Basis ein und über J_1 der Löcherstrom $I_p(J_1)=I_{R1}$ ab. Das führt zu

$$\Delta I_2(+0) = (\gamma_{1I} - 1)I_{R1} = - \gamma_{2I}I_{R1} \; . \qquad (8.46)$$

Aus Gl.(8.13) folgt dann mit Gl.(8.44) und (8.46)

$$\frac{Q_1(t_{S1})}{\tau_n} = - \gamma_{2I}I_{R1} + (B_2I_F + \gamma_{2I}I_{R1})e^{-t_{S1}/\tau_n} \; . \qquad (8.47)$$

Vom Zeitpunkt t_{S1} an strömen wegen $\gamma_{2I}=0$ über J_2 keine Elektronen mehr aus der n-Basis ab. Da andererseits über J_1 ebenfalls keine Elektronen abfließen können, wird die Speicherladung von nun an nur noch durch Rekombination abgebaut ($\Delta I=0$). Daraus folgt unmittelbar

$$Q_1(t) = Q(t_{S1})e^{-(t - t_{S1})/\tau_n} \qquad \text{für} \quad t \geq t_{S1} \; . \qquad (8.48)$$

Die Zeit $t_{f1}+t_{S2}$ bis zum vollständigen Abbau der Sättigungsladung (s. Bild 8.14) ist dann bestimmt durch

$$t_{f1} + t_{S2} = \tau_n \ln \{Q_1(t_{S1})/Q_{1N}\} \; , \qquad (8.49)$$

wobei $Q_1(t_{S1})$ durch Gl.(8.47) gegeben ist und Q_{1N} durch

$$Q_{1N} = \tau_n\gamma_{1I}(1 - \beta_{1I})I_{R2} = \tau_n(1 - \alpha_{1I})I_{R2} \; . \qquad (8.50)$$

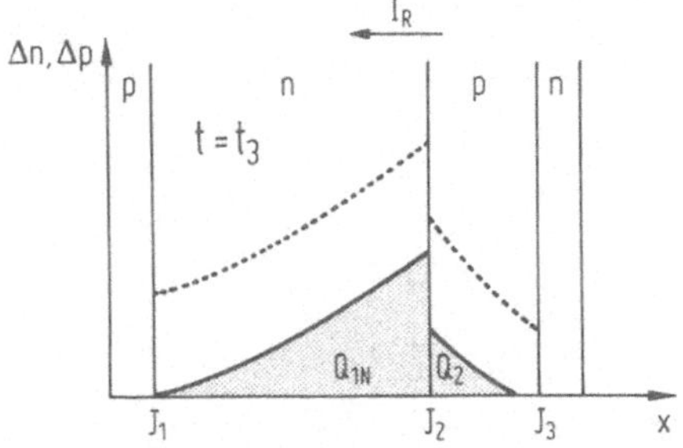

Bild 8.14. Speicherladung nach dem Abbau der Sättigungsladung Q_{1S} in der n-Basis.

Für $I_{R1} \gg I_F$ ist $t_{S1} \ll \tau_n$ und damit nach Gl.(8.47)

$$Q_1(t_{S1}) \simeq \tau_n B_2 I_F.$$

Berücksichtigt man außerdem, daß für $\gamma_{1N}=\gamma_{2N}=\gamma_{1I}=1$ nach Gl.(8.45) $B_2=\alpha_{2N}$ ist, dann vereinfacht sich Gl.(8.49) zu

$$t_{S2} \simeq \tau_n \ \ln\left[\frac{\alpha_{2N}}{1-\alpha_{1I}} \ \frac{I_F}{I_{R2}}\right] , \qquad (8.51)$$

wobei t_{f1} gegen t_{S2} vernachlässigt worden ist, zulässig nach Gl.(8.41) für $U_R \gg U_{BR3}$. Die Speicherzeit t_{S2} ist näherungsweise der Trägerlebensdauer in der n-Basis proportional. Sie läßt sich durch Erhöhung des Rückstromes verkürzen. Für $(I_{R2}/I_F) \to (\alpha_{2N}/1-\alpha_{1I})$ geht $t_{S2} \to 0$. Physikalisch bedeutet das, daß in diesem Grenzfall die Sättigungsladung in der n-Basis während des Umverteilungsprozesses in normale Speicherladung umgewandelt wird. Der inverse pnp-Transistor arbeitet dann von Anfang an $(t=+0)$ im aktiven Verstärkerbetrieb. Ein realistisches Zahlenbeispiel mit $\alpha_{2N}=0,9$ und $\alpha_{1I}=\alpha_{1N}=0,7$ ergibt für den Grenzwert

$$I_{R2,g} = 3 \ I_F.$$

8.5.5 Zweite Abfallzeit

Im Zeitabschnitt $t > t_3$ stellt der Rückstrom $I_R(t)$ den Kollektorstrom des invers betriebenen pnp-Transistors dar und ist damit nach der Ladungssteuertheorie der Speicherladung $Q_1(t)$ proportional

$$I_R(t) = \frac{Q_1(t)}{\tau^*_{T1}} \ ; \ \tau^*_{T1} = \begin{array}{l} \text{inverse Transitzeit} \\ \text{in der n-Basis.} \end{array} \qquad (8.52)$$

Da Q_1 nur durch Rekombination abnimmt, folgt unmittelbar

$$Q_1(t) = Q_{1N} \ e^{-(t-t_3)/\tau_n} , \quad \text{bzw.} \qquad (8.53)$$

$$I_R(t) = I_{R2} \ e^{-(t-t_3)/\tau_n} \quad \text{mit } I_{R2} = \frac{Q_{1N}}{\tau^*_{T1}} . \qquad (8.54)$$

Der Rückstrom klingt wiederum exponentiell ab, diesmal aber mit der Trägerlebensdauer τ_n in der n-Basis als Zeit-

konstanten. Für die zweite Abfallzeit, d.h. die Zeit für
den Abfall von I_{R2} auf $0,1\ I_{R2}$, ergibt sich damit der Ausdruck

$$t_{f2} = 2,3\ \tau_n\ . \tag{8.55}$$

8.5.6 Freiwerdezeit

Bild 8.15 veranschaulicht in den ausgezogenen Kurven die
Ladungsträgerverteilung in den Basiszonen während der zweiten Abfallphase. Die beiden äußeren pn-Übergange sind in
Sperrichtung gepolt, der mittlere arbeitet in Flußrichtung.
Wird die Thyristorspannung zum Zeitpunkt $t=t^*$ in Vorwärtsrichtung geschaltet, so werden die Sperrschichtkapazitäten
von J_1 und J_3 durch einen Verschiebungsstrom entladen.
Gleichzeitig setzt eine Umverteilung der Ladungsträger ein,
durch die sich die gestrichelt dargestellte Ladungsträgerverteilung einstellt. Damit der Thyristor wieder in Vorwärtsrichtung sperrfähig wird, muß die Speicherladung $Q_1'+Q_2'$
nach Abklingen des kapazitiven Verschiebungsstromes kleiner
sein als die kritische Speicherladung Q_{cr}.

Q_{cr} kennzeichnet nach Abschn. 6.5.1 die Speicherladung, bei
der der Thyristor zündet, die Rückkoppelverstärkung folglich eins wird; sie ist näherungsweise gleich der Speicherladung, die dem Haltestrom entspricht.

Um die Freiwerdezeit zu berechnen, kann man daher so vorgehen, daß man ermittelt, wie weit der Rückstrom abgeklungen

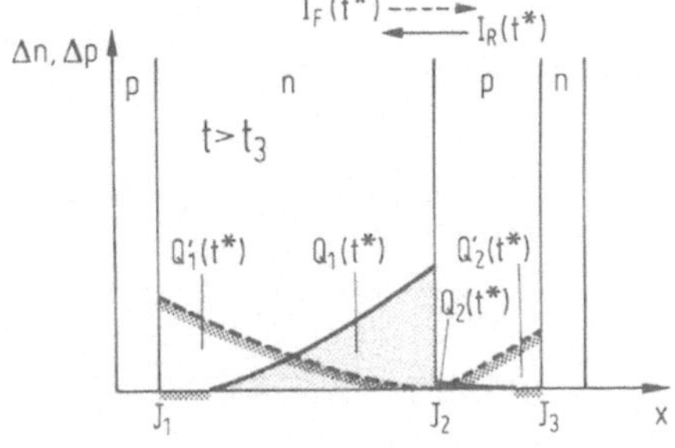

Bild 8.15. Umverteilung der Speicherladung bei abrupter
Kommutierung des Stromes von Rückwärts- in Vorwärtsrichtung (Q_1, Q_2 → Q_1', Q_2').

sein muß, damit beim Umpolen der äußeren Spannung von Rückwärts- in Vorwärtsrichtung der Vorwärtsstrom unter dem Haltestrom bleibt [8.5].

Hierzu bedarf es der Kenntnis des Zusammenhanges zwischen Vorwärtsstrom und vorausgegangenem Rückstrom. Zur Herleitung dieses Zusammenhanges wollen wir näherungsweise von quasistationären Verhältnissen ausgehen und an den bisherigen Voraussetzungen $\gamma_{1N}=\gamma_{2N}=\gamma_{1I}=1$ festhalten. Darüber hinaus soll $\beta_{1N}=\beta_{1I}$ angenommen werden.

Die insgesamt gespeicherte Ladung $Q(t)$ vor dem Anlegen der Vorwärtsspannung ist dann praktisch gleich der Speicherladung in der n-Basis. Sofern der kapazitive Verschiebungsstrom $I_v(t)$ klein gegenüber dem Momentanwert $I_R(t)$ des Rückstromes ist, kann die von I_v herrührende Ladungsträgerinjektion über J_1 bzw. J_3 vernachlässigt werden. Somit ist

$$Q_1(t^*) = Q_1'(t^*) + Q_2'(t^*) \ . \tag{8.56}$$

Für die Rekombinationsströme in den Basiszonen gilt

$$I_F(1 - \beta_{1N}) = \frac{Q_1'}{\tau_n} \ , \tag{8.57}$$

$$I_F(1 - \beta_{2N}) = \frac{Q_2'}{\tau_p} \ , \tag{8.58}$$

$$I_R(1 - \beta_{1N}) = \frac{Q_1}{\tau_n} \qquad \text{mit } \beta_{1N} = \beta_{1I} \ . \tag{8.59}$$

Aus den Gln. (8.56) bis (8.59) ergibt sich damit

$$I_F = \frac{I_R}{1 + \dfrac{\tau_p}{\tau_n} \dfrac{1 - \beta_{2N}}{1 - \beta_{1N}}} \ . \tag{8.60}$$

Mit den Zahlenwerten eines Mittelspannungsthyristors

$$\tau_p = 1 \ \mu s, \qquad \beta_{2N} = 0,9,$$

$$\tau_n = 10 \ \mu s, \qquad \beta_{1N} = 0,7,$$

erhält man aus Gl.(8.60) beispielsweise

$$I_F = \frac{I_R}{1 + 1/30} \simeq I_R \; . \tag{8.61}$$

Hier darf also der Vorwärtsstrom bei vernachlässigbarem
Fehler gleich dem unmittelbar vorausgegangenen Rückstrom
gesetzt werden. In anderen Thyristorstrukturen sind zwar
die Absolutwerte der Lebensdauern und Transportfaktoren
der Basiszonen verschieden, im Verhältnis zueinander aber
liegen sie ähnlich. Deswegen ist die Annahme von $I_F \simeq I_R$
für viele Thyristorstrukturen eine recht gute Näherung.

Mit Gl.(8.61) erhält man aus (8.54) für die Zeitspanne
$t_q^* = t^* - t_3$, d.h. bis der Rückstrom von I_{R2} zum Zeitpunkt t_3
auf den Wert $I_R = I_H$ zum Zeitpunkt t^* abgefallen ist

$$t_q^* = \tau_n \; \ln \frac{I_{R2}}{I_H} \; . \tag{8.62}$$

Wenn I_{R2} von der Größenordnung des ursprünglichen Durchlaßstromes $I_F(0)$ ist, beträgt t_q^* ein Vielfaches der Trägerlebensdauer der n-Basis und liefert damit den Hauptbei-
trag zur Freiwerdezeit

$$t_q = t_{S1} + t_{f1} + t_{S2} + t_q^* \simeq t_q^* \; . \tag{8.63}$$

Als konkretes Beispiel sei die Kommutierung aus einer
mittleren Durchlaßbelastung von $I_F(0) \simeq 500$ A/cm^2 betrachtet. Bei einem typischen Haltestrom von $I_H = 1$ A/cm^2 erhält man mit $I_{R2} \simeq I_F(0)$

$$t_q \simeq 6 \; \tau_n . \tag{8.64}$$

8.6 Zur exakten Berechnung des Ausschaltvorganges

8.6.1 Einleitung

Die exakte Berechnung des Ausschaltvorgangs erfordert die
Lösung der zeitabhängigen Kontinuitätsgleichung in den einzelnen Zonen des Thyristors unter Berücksichtigung der entsprechenden Anfangs- und Randbedingungen. Dieses Problem

ist sowohl für schwache Injektion in den Basiszonen [8.8],
[8.9] als auch für starke Injektion [8.10] bis [8.16] behandelt worden. Die Berechnung läßt sich unter Verwendung
eines eindimensionalen Thyristormodells mit stromunabhän-
gigen Emitterwirkungsgraden ($\gamma_p(J_1) = 1$ und $\gamma_n(J_3) = 1$) ähnlich durchführen, wie die in Abschn. 6 ausführlich erläu-
terte Berechnung des Einschaltvorgangs. Wir wollen deshalb
diesen Lösungsweg, der die Laplace-Transformation benutzte,
hier nicht noch einmal wiederholen, sondern einen anderen
Weg gehen, der ebenfalls bei der Lösung partieller Differentialgleichungen vom Typ der hier vorliegenden "Diffu-
sions"- oder "Wärmeleitungsgleichung" häufig beschritten
wird. Es ist dies die Zerlegung der partiellen Differentialgleichung in zwei gewöhnlichen Differentialgleichungen
mit Hilfe eines Separationsansatzes.

Wir wollen uns bei der Berechnung auf die letzte Phase des
Ausschaltvorgangs, die 2. Abfallzeit, beschränken, da sie
entscheidend ist für die Freiwerdezeit, die schaltungstechnisch wichtigste Kenngröße des Ausschaltverhaltens.

8.6.2 Problemstellung

Wir wollen von einer Thyristorstruktur ausgehen, deren
p-Basis wesentlich höher dotiert ist als die n-Basis. Ferner wollen wir annehmen, daß in der n-Basis starke Injektion vorliegt, die Überschußträgerdichte aber weit unter
der Dotierungskonzentration der p-Basis bleibt. Trotz starker Injektion in der n-Basis darf dann $\gamma_n(J_2) = 0$ gesetzt
werden, d.h . über den mittleren pn-Übergang J_2 können
während des Ausschaltvorgangs keine Elektronen von der n-
zur p-Basis abfließen. Ebenso können die Elektronen wegen
$\gamma_n(J_1) = 0$ auch nicht zum p-Emitter abfließen. Sie bleiben
in der n-Basis eingesperrt und können dort nur durch Rekombination verschwinden. Das bedeutet, daß die Speicherladung Q exponentiell abklingt gemäß

$$Q \sim \exp(-t/\tau) , \qquad (8.65)$$

wobei τ die High-Level-Lebensdauer in der n-Basis ist.

336

Aus Gl.(8.65) folgt nach dem Ladungssteuermodell ein Abklingen des Rückstromes I_R nach dem gleichen Exponentialgesetz, denn der Strom wird im Ladungssteuermodell proportional zur Speicherladung gesetzt. Tatsächlich aber ist der Strom nicht der Speicherladung sondern dem Konzentrationsgefälle der Löcher am Rande x_2 der n-Basis proportional. Bei starker Injektion und verschwindendem Elektronenstrom, $I_n(x_2) = 0$, ist der Feldstrom der Löcher an der Stelle x_2 gleich dem Diffusionsstrom, und es gilt (s. Abschn. 3.2)

$$I_R = I_p(x_2) = - 2qD_p \left.\frac{dp}{dx}\right|_{x_2} . \qquad (8.66)$$

Am rechten Rand der n-Basis, x_3, gilt dann wegen $I_n(x_3) = 0$ die analoge Beziehung

$$I_R = I_p(x_3) = - 2qD_p \left.\frac{dp}{dx}\right|_{x_3} . \qquad (8.67)$$

In der 2. Abfallzeit ist die Löcherdichte am linken n-Basisrand Null am rechten ungleich Null

$$p(x_2,t) = 0 , \qquad (8.68)$$

$$p(x_3,t) \neq 0 . \qquad (8.69)$$

Mit den Gln.(8.66) bis (8.69) liegen die Randbedingungen für die Löcherdichte $p(x,t)$ fest.

Den Verlauf der Löcherdichte zu Anfang ($t = 0$) der 2. Abfallphase wollen wir mit

$$p(x,0) = p_0(x) \qquad (8.70)$$

bezeichnen. Er hängt von der Art des Umschaltvorganges ab. Wenn wir zum Zeitpunkt $t = 0$ den Strom abrupt kommutieren und im Kommutierungskreis einen vernachlässigbaren ohmschen Widerstand annehmen sowie eine Spannung, die grösser als die Durchbruchspannung des n-Emitters U_{BR3} ist, so übernimmt die Sperrschicht J_1 nahezu momentan Sperrspannung. Es gilt somit von $t = +0$ an $p(x_2,t) = 0$. In diesem Fall darf als Anfangsverteilung diejenige Löcherverteilung genommen werden, die während der vorhergehenden Durchlaßbelastung zum Zeitpunkt $t = -0$ bestand.

Wir wollen annehmen, daß in der n-Basis nicht nur zu Beginn des Ausschaltvorgangs starke Injektion vorliegt, sondern auch während des ganzen hier betrachteten Zeitraumes. Da wir dann den Gleichgewichtswert der Löcherdichte p_{no} gegenüber $p(x,t)$ vernachlässigen dürfen, nimmt die Kontinuitätsgleichung die Form an

$$\frac{\partial p}{\partial t} = D\,\frac{\partial^2 p}{\partial x^2} - \frac{p}{\tau} \qquad \text{mit} \quad D = \frac{2\,D_p D_n}{D_n + D_p}\,. \tag{8.71}$$

D ist die ambipolare Diffusionskonstante.

Weiterhin wollen wir bei der Rechnung von konstanten n-Basisgrenzen x_2, x_3 ausgehen, die Sperrschichtdickenänderung insbesondere von J_1 also vernachlässigen. Den Ursprung des Ortskoordinatensystems legen wir zweckmäßigerweise an die Stelle x_2. Der linke Rand der n-Basis hat somit in der folgenden Rechnung die Koordinate $x = 0$, der rechte die Koordinate $x = w$ $(w \triangleq w_n)$.

8.6.3 Lösungsmethode

Wir machen zunächst den Ansatz [8.17]

$$p(x,t) = p_1(x,t)\,\exp\,(-t/\tau) \tag{8.72}$$

und bringen damit Gl.(8.71) auf die Normalform der Wärmeleitungsgleichung

$$\frac{\partial p_1}{\partial t} = D\,\frac{\partial^2 p_1}{\partial x^2}\,. \tag{8.73}$$

Für p_1 machen wir nun den Separationsansatz

$$p_1(x,t) = f(x)g(t)\,. \tag{8.74}$$

Mit Gl.(8.74) geht Gl.(8.73) nach Division durch p_1 über in

$$\frac{1}{g}\,\frac{\partial g}{\partial t} = D\,\frac{1}{f}\,\frac{\partial^2 f}{\partial x^2}\,. \tag{8.75}$$

Die linke Seite von Gl.(8.75) hängt nur von t, die rechte
nur von x ab. Gl.(8.75) läßt sich für beliebige x und t
nur dann erfüllen, wenn beide Seiten gleich einer Konstanten sind. Bezeichnen wir diese Konstante mit $- \lambda^2$, so
folgt aus Gl.(8.75)

$$\frac{1}{g} \frac{dg}{dt} = - \lambda^2 , \qquad \text{und} \qquad (8.76)$$

$$D \frac{1}{f} \frac{d^2 f}{dx^2} = - \lambda^2 . \qquad (8.77)$$

Die partielle Differentialgleichung Gl.(8.71) ist damit
in die beiden gewöhnlichen Differentialgleichungen (8.76),
(8.77) zerlegt. Die Lösung der Gl.(8.76) ist einfach und
ergibt unmittelbar

$$g(t) = C_o \exp (- \lambda^2 t) \qquad \text{mit } C_o = \text{const.} \qquad (8.78)$$

Auch die zweite Differentialgleichung (8.77) hat leicht
überschaubare Lösungen. Für $\lambda = 0$ folgt aus

$$\frac{d^2 f}{dx^2} = 0 \qquad (8.79)$$

die Lösung

$$f(x) = C_1 + C_2 x \qquad \text{mit } C_1, C_2 = \text{const.} \qquad (8.80)$$

Und für reelles $\lambda \neq 0$ erhält man aus Gl.(8.77) die Differentialgleichung

$$\frac{d^2 f}{dx^2} = - \frac{\lambda^2}{D} f , \qquad (8.81)$$

deren allgemeine Lösung lautet

$$f(x) = C_3 \sin (\lambda x/\sqrt{D}) + C_4 \cos (\lambda x/\sqrt{D}) . \qquad (8.82)$$

Die Randbedingung (8.68) führt mit der neu gewählten Ko-
ordinatenbezeichnung zu

$$p(0,t) = f(0) g(t) = 0 \qquad (8.83)$$

und ergibt für die Lösung (8.80)

$$C_1 = 0 \qquad\qquad\qquad (8.84)$$

und für die Lösung (8.82)

$$C_4 = 0 \ . \qquad\qquad\qquad (8.85)$$

Faßt man die Gln.(8.66) und (8.67) zusammen, so erhält man als weitere Randbedingung

$$\left.\frac{\partial p}{\partial x}\right|_w = \left.\frac{\partial p}{\partial x}\right|_0 \ . \qquad\qquad\qquad (8.86)$$

Für die Lösung (8.80) ergeben sich aus Gl.(8.86) keine zusätzlichen Anforderungen im Gegensatz zur Lösung (8.82), wo zusätzlich die Gleichung

$$\cos\,(\lambda w/\sqrt{D}) = \cos\,(0) = 1 \qquad\qquad\qquad (8.87)$$

zu erfüllen ist. Aus Gl.(8.87) folgt

$$\lambda w/\sqrt{D} = n\,2\pi\ , \qquad\qquad \text{mit } n = 1,2,3\ldots\ , \qquad (8.88)$$

d.h. die Lösung

$$f(x) = C_3\,\sin\,(\lambda x/\sqrt{D}) \qquad\qquad\qquad (8.89)$$

ist nur dann mit der Randbedingung (8.86) im Einklang, wenn λ einen der Werte

$$\lambda_n = n\,\frac{2\pi\sqrt{D}}{w} \qquad\qquad\qquad (8.90)$$

annimmt. Lösungen der Differentialgleichung (8.73), die allen Randbedingungen genügen, sind somit von der Form

$$p_{1n}(x,t) = C_2 x + C_{3n}\sin\!\left(n2\pi\frac{x}{w}\right)\exp\left\{-\left(n\frac{2\pi L}{w}\right)^2\frac{t}{\tau}\right\}\ , \qquad (8.91)$$

wobei $L = \sqrt{D\tau}$ die Diffusionslänge bei starker Injektion bedeutet und C_{3n} eine vom Laufindex n abhängige Konstante ist.

Auch Linearkombinationen der Funktionen p_{1n} sind wieder Lösungen von Gl.(8.73), da es sich um eine lineare Differentialgleichung handelt. Für die allgemeine Lösung unseres Problems machen wir daher den Ansatz $\qquad (8.92)$

$$p_1(x,t) = A_0 x + \sum_{n=1}^{\infty} A_n\,\sin\left(n\,\frac{2\pi x}{w}\right)\exp\left\{-\left(n\,\frac{2\pi L}{w}\right)^2\frac{t}{\tau}\right\}\ .$$

340

Die Konstanten A_0, A_n in Gl.(8.92) lassen sich mit Hilfe der Anfangsbedingung Gl.(8.70) bestimmen. Danach ist

$$p_0(x) = A_0 x + \sum_{n=1}^{\infty} A_n \sin\left(n \frac{2\pi x}{w} \right) \quad . \tag{8.93}$$

Den Koeffizienten A_0 erhält man durch Integration der Gl. (8.93) von $x = 0$ bis $x = w$ und die Koeffizienten A_n durch Multiplikation der Gl.(8.93) mit sin (n $2\pi x/w$) und anschließender Integration von $x = 0$ bis $x = w$. Das ergibt

$$A_0 = \frac{2}{w^2} \int_0^w p_0(\xi)\,d\xi \qquad \text{und} \tag{8.94}$$

$$A_n = \frac{2}{w} \int_0^w p_0(\xi)\left[\sin\left(n \frac{2\pi\xi}{w} \right) + \frac{1}{\pi n} \right] d\xi \quad . \tag{8.95}$$

Aus den Gleichungen (8.72), (8.92), (8.94) und (8.95) gewinnt man schließlich für die Löcherdichte den zu "Gl. 5" in [8.13] analogen Ausdruck (8.96)

$$p(x,t) = \frac{2}{w}\, \exp\left(-\frac{t}{\tau} \right)\left[\frac{x}{w} \int_0^w p_0(\xi)\,d\xi + \sum_{n=1}^{\infty} \exp\left\{ -\left(\frac{n 2\pi L}{w} \right)^2 \frac{t}{\tau} \right\} \sin\left(\frac{n 2\pi x}{w} \right) \right.$$
$$\left. \int_0^w p_0(\xi)\left\{ \sin\left(\frac{n 2\pi\xi}{w} \right) + \frac{1}{\pi n} \right\} d\xi \right] \quad .$$

8.6.4 Verlauf der Löcherdichte, allgemein.

An Gl.(8.96) ist eine beachtenswerte Gesetzmäßigkeit zu erkennen. Unabhängig von der besonderen Form der Anfangsverteilung der Löcher ($p_0(x)$) strebt die Löcherdichte mit zunehmender Zeit einem streng linearen Verlauf zu, denn der Beitrag der Summe in Gl.(8.96) wird sehr schnell vernachlässigbar. Die Löcherdichte klingt dann unter Beibehaltung des linearen Profiles exponentiell ab.

In realen Thyristorstrukturen ist w/L << 2π. Der Beitrag der Reihe ist dann bereits für $t \simeq \tau$ vernachlässigbar, so daß zu diesem Zeitpunkt die Löcherdichte schon einen nahezu geradlinigen Verlauf von der Form

$$p(x,t) = \frac{2\bar{p}_O}{w} \, x \, \exp\left(-\frac{t}{\tau}\right) \tag{8.97}$$

annimmt. Die Abkürzung $\bar{p}_O$ steht für den Beiwert von x in der eckigen Klammer von Gl.(8.96) und bedeutet die mittlere Löcherdichte der Anfangsverteilung.

Für die Speicherladung der Löcher erhält man aus Gl.(8.96)

$$Q_p(t) = q \int_O^w p(\xi,t)\,d\xi = \underbrace{q\bar{p}_O w}_{= \, Q_p(O)} \cdot \exp(-t/\tau) \ . \tag{8.98}$$

In Gl.(8.98) bestätigt sich das exponentielle Abklingen der zu Beginn des Ausschaltvorgangs in der n-Basis gespeicherten Ladung $Q_p(O) = q\bar{p}_O w$, auf das bereits in der Problemstellung aufmerksam gemacht wurde.

8.6.5 Verlauf der Löcherdichte für zwei verschiedene Anfangsverteilungen

a) Konstante Löcherdichte

Für konstante Löcherdichte $p_O(x) = p_O$ werden die Integrale in Gl.(8.96) besonders einfach. Der transiente Verlauf der Löcherdichte $p(x,t)$ wird dann beschrieben durch

$$\tag{8.99}$$
$$p(x,t) = 2p_O \, \exp\left(-\frac{t}{\tau}\right)\left[\frac{x}{w} + \sum_{n=1}^{\infty} \frac{\sin(n2\pi x/w)}{\pi n} \, \exp\left\{-\left(\frac{n2\pi L}{w}\right)^2 \frac{t}{\tau}\right\}\right] \ .$$

Bild 8.16 zeigt die Löcherverteilung nach Gl.(8.99) zu verschiedenen Zeiten für eine Thyristorstruktur mit $w/L = 4$ und $p_O = 1{,}01 \cdot 10^{17} \mathrm{cm}^{-3}$. Die Reihe in Gl.(8.99) konvergiert selbst für $t = O{,}1\tau$ so schnell, daß die Terme für $n>4$ vernachlässigt werden können. Für $t=\tau$ kann die Reihe bereits nach dem 1. Term ohne großen Fehler abgebrochen werden.

b) Löcherverteilung für stationäre Durchlaßbelastung
Die Löcherdichte in der n-Basis ist in diesem Fall nach

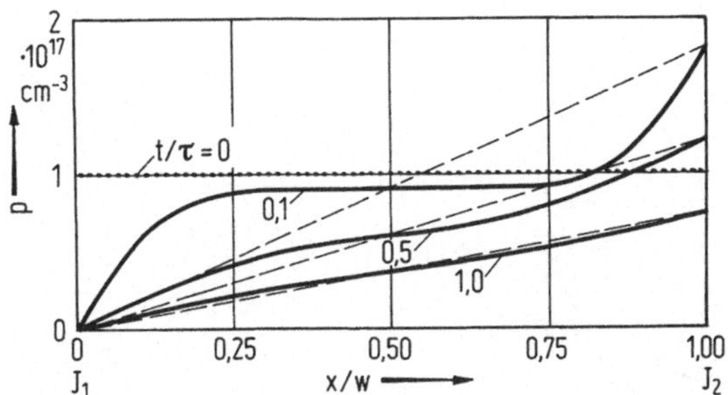

Bild 8.16. Transienter Verlauf der Löcherdichte in der n-Basis bei örtlich konstanter Anfangsverteilung.

Abschn. 6.3.6 gegeben durch

$$p_O(x) = \frac{I_D L}{2qD}\left[A\,\sinh\left(\frac{w-x}{L}\right) + B\,\cosh\left(\frac{w-x}{L}\right)\right] \ , \qquad (8.100)$$

wobei A und B die dort angegebene Bedeutung haben. Mit der Anfangsbedingung (8.100) werden die Integrale in (8.96) zwar etwas komplizierter, sie lassen sich aber ebenfalls elementar berechnen. Man gelangt hier für die transiente Löcherverteilung zu dem Ausdruck

$$p(x,t) = \frac{I_D L}{qDw}\left[(1-A)\frac{x}{w} + \sum_{n=1}^{\infty}\left\{ (1-A) + \frac{(1+A)\left(\frac{w}{2L}\right)\mathrm{tgh}\left(\frac{w}{2L}\right)}{\pi n\left\{1 + \left(w/2\pi nL\right)^2\right\}}\right.\right.$$

$$\left.\left. \sin\left(n\frac{2\pi x}{w}\right)\right\}\exp\left\{-\left(n\frac{2\pi L}{w}\right)^2\frac{t}{\tau}\right\}\right] \ . \qquad (8.101)$$

Bild 8.17 veranschaulicht den Löcherverlauf nach Gl.(8.101). Die stationäre Verteilung ist ebenfalls mit eingezeichnet. Ihr Mittelwert beträgt $\bar{p}_O = 1,01 \ 10^{17} \mathrm{cm}^{-3}$, hat also den gleichen Wert wie im Beispiel a). Auch die n-Basisdicke ist wieder die gleiche, w = 4L.

Vergleicht man in den beiden Beispielen die Löcherverteilung zum Zeitpunkt t = 0,1 τ mit der jeweiligen Anfangsverteilung, so stellt man fest, daß sie sich im Beispiel a) in einem großen Bereich der n-Basis an die Anfangsverteilung anschmiegt, wogegen sie im Beispiel b) erheblich von der Anfangsverteilung abweicht. Das ist darauf zurück-

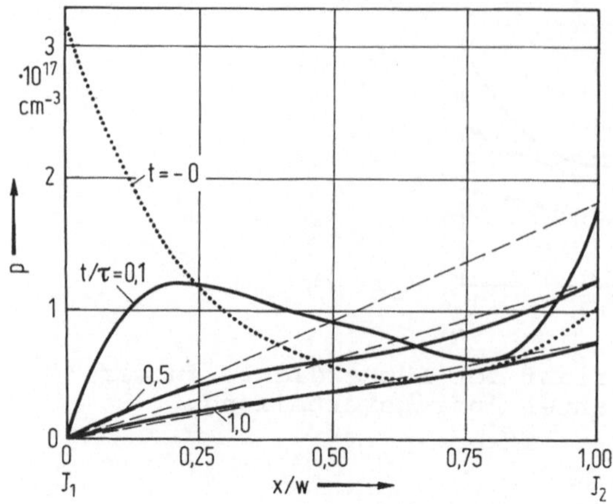

Bild 8.17. Transienter Verlauf der Löcherdichte in der
n-Basis bei ortsabhängiger Anfangsverteilung p(-0).

zuführen, daß die Löcherdichte im Beispiel a) für $t \to 0$
stetig gegen die Anfangsverteilung strebt, im Beispiel b)
dagegen nicht. Für den Verlauf der Löcherdichte spielt
dieser Unterschied aber mit zunehmender Zeit eine immer
geringere Rolle. Bereits nach $t = 0,5\tau$ ist die Abweichung
der Trägerverteilung zwischen Fall a) und Fall b) so gering, daß sie in dem den Bildern 8.16 und 8.17 zugrundeliegenden Maßstab nicht mehr zu erkennen ist. Der Einfluß der
Anfangsverteilung macht sich also nur in der Anfangsphase
des Ausschaltvorgangs $(t < 0,5\tau)$ bemerkbar.

8.6.6 Stromverlauf

Wir beschränken uns der Einfachheit halber auf den Stromverlauf für den Fall konstanter Löcherdichte als Anfangsverteilung. Aus Gl.(8.99) erhält man dann für den Rückstrom   (8.102)

$$I_R = -2qD_p \left.\frac{\partial p}{\partial x}\right|_0 = -\frac{4qD_p p_0}{w} \exp\left(-\frac{t}{\tau}\right)\left[1 + 2\sum_{n=1}^{\infty} \exp\left\{-\left(\frac{2\pi nL}{w}\right)^2 \frac{t}{\tau}\right\}\right]$$

Der Beitrag des Rückstromes strebt nach Gl.(8.102) für
$t \to 0$ über alle Grenzen und klingt für $t \gg \tau$ exponentiell ab
gemäß

$$|I_R| = \underbrace{(4qD_p p_0/w)}_{\equiv I_{RO}} \exp\left(-t/\tau\right) .$$ (8.103)

344

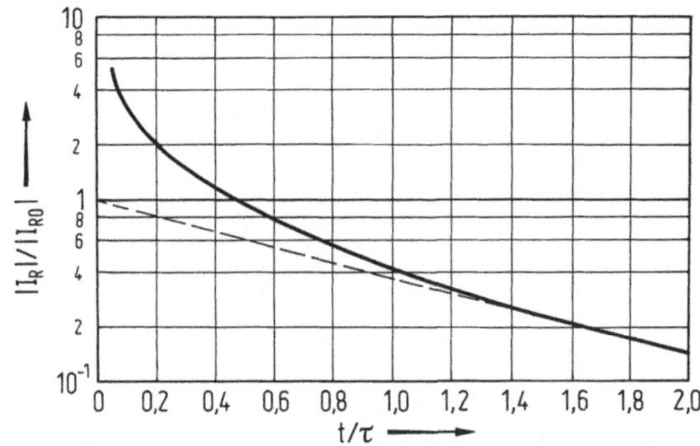

Bild 8.18. Rückstrom für den Fall örtlich konstanter Anfangsverteilung der Löcher.

Den Stromverlauf im Übergangsgebiet $0 < t < 2\tau$ zeigt Bild 8.18.

8.6.7 Vergleich mit den Aussagen des Ladungssteuermodells
Nach dem Ladungssteuermodell ist der Rückstrom proportional zu $\exp(-t/\tau)$, in Bild 8.18 veranschaulicht durch die gestrichelte Gerade. Man sieht, daß der Stromverlauf in diesem Beispiel bis etwa eine Lebensdauer nach Beginn des Ausschaltvorgangs von der Ladungssteuertheorie nicht richtig beschrieben wird. Ursache ist, wie aus Bild 8.16 hervorgeht, der verzögerte Übergang der transienten Ladungsträgerverteilung in die quasistationäre lineare Verteilung. Trotz dieser Unzulänglichkeit wird der Abbau der Speicherladung von der Ladungssteuertheorie richtig wiedergegeben. Lediglich dies ist aber entscheidend, wenn es zur Berechnung der Freiwerdezeit um die Frage geht, wie lange es dauert, bis die Speicherladung auf die kritische Speicherladung abgefallen ist. In diesem Punkt erweist sich die Aussage des Ladungssteuermodells damit als völlig korrekt.

8.7 Ausräumvorgang bei starker Injektion in beiden Basiszonen

Belastet man einen Thyristor mit hohem Durchlaßstrom, so übersteigt die Dichte der Elektronen und Löcher in beiden Basiszonen die der Dotierung. Es liegen dann die gleichen Verhältnisse vor wie in einer psn-Diode. In diesem Fall

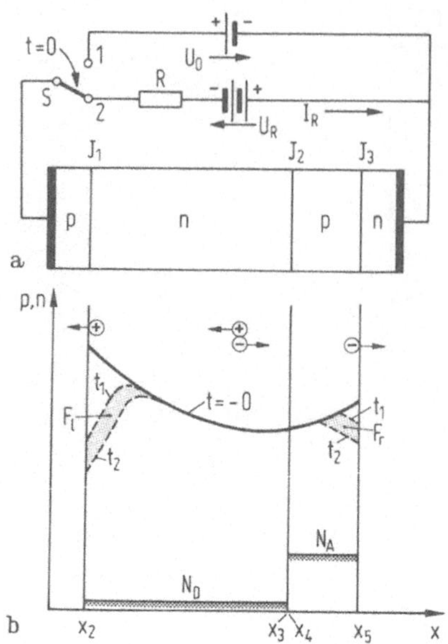

Bild 8.19. Ausräumvorgang bei starker Injektion in beiden Basiszonen.

ist bei schneller Kommutierung der Anodenspannung ein Effekt wichtig, den Benda und Spenke [8.18] an psn-Dioden ausführlich untersucht haben, und mit dessen Auswirkung auf den Ausräumvorgang des Thyristors sich die Arbeiten [8.10] bis [8.12] sowie [8.19] befassen.

Dieser Effekt besteht darin, daß die Trägerdichte nach der Kommutierung (Bild 8.19) am Sperrschichtrand x_2 des p-Emitters J_1 schneller sinkt als am Sperrschichtrand x_5 des n-Emitters J_3. Dadurch kann sich die Sequenz der Sperrspannungsübernahme durch die pn-Übergänge J_1 und J_3 umkehren.

Der pn-Übergang J_1 kann jetzt, im Gegensatz zu den Verhältnissen bei schwacher Injektion in der p-Basis, durchaus früher Sperrspannung übernehmen als J_3. Da der mittlere pn-Übergang bei starker Injektion kein Hindernis für den Übertritt von Elektronen von der n- zur p-Basis darstellt, strömen die Elektronen zur Erhaltung der Neutralität in dem Maße aus der n-Basis über J_2 ab, wie am Sperr-

346

schichtrand x_2 Löcher zur p-Emitterzone abfließen. Wenn nun J_1 Sperrspannung übernimmt, dehnt sich die Raumladungszone von J_1 in die n-Basis aus und saugt die Löcher in diesem Gebiet ab, während die Elektronen über J_2 wegströmen und anschließend über J_3 abfließen. Die zu Beginn der Kommutierung in der n-Basis gespeicherten Überschußträger bleiben jetzt nicht mehr dort eingesperrt, sondern können zu einem erheblichen Teil extrahiert werden. Wie groß dieser Anteil ist, hängt davon ab, wie weit die Raumladungszone von J_1 in die n-Basis eindringt. Dies ist vor allem von der Höhe der Kommutierungsspannung U_R abhängig, deren obere Grenze durch die Durchbruchspannung U_{BR1} vorgegeben ist.

Der Ablauf des Ausräumvorganges in der geschilderten Weise setzt voraus, daß die Trägerdichte am Sperrschichtrand x_5 erst zu einem Zeitpunkt t^* die Gleichgewichtskonzentration erreicht, wo die Breite der Raumladungszone von J_1 schon weitgehend ihren statischen Endwert angenommen hat. Sobald nämlich die Gleichgewichtskonzentration am Sperrschichtrand x_5 unterschritten wird, baut sich dort eine Raumladungszone auf, durch die der pn-Übergang J_3 in kurzer Zeit in den Durchbruch gelangt. Er kann dann der p-Basis in erheblichem Maße Löcher zuführen. Er liefert schließlich nach einer kurzen Übergangsphase [8.20] ebenso viele Löcher nach, wie links über J_1 abströmen. Das verändert den Abbauprozeß. Während die gespeicherten Ladungsträger bis zum Zeitpunkt t^* vorwiegend durch Extraktion abgebaut werden, werden sie es anschließend vorwiegend durch Rekombination.

Die Extraktionsphase verläuft schnell. Für den Fall, daß der Rückstrom sehr viel größer ist als der Durchlaßstrom, ist t^* klein gegenüber der Trägerlebensdauer. Wenn daher die statische Weite der Raumladungszone von J_1 vergleichbar mit der Dicke der n-Basis ist, wird der größte Teil der gespeicherten Ladungsträger in kurzer Zeit abgesaugt und die Freiwerdezeit damit beträchtlich reduziert.

Die Ursache für das schnellere Absinken der Trägerdichte am p-Emitter [8.18] ist die höhere Beweglichkeit der Elektronen μ_n gegenüber der Beweglichkeit der Löcher μ_p. In Silizium ist μ_n um rund den Faktor 3 größer als μ_p. Gehen wir wieder davon aus, daß sowohl der Emitterwirkungsgrad $\gamma_p(J_1) = 1$ als auch $\gamma_n(J_3) = 1$ sind, so wird der Rückstrom I_R über J_1 als reiner Löcherstrom geführt

$$I_R = - q2D_p \left.\frac{\partial p}{\partial x}\right|_{x_2} \qquad\qquad (8.104)$$

und über J_3 als reiner Elektronenstrom

$$I_R = q2D_n \left.\frac{\partial n}{\partial x}\right|_{x_5} = q2D_n \left.\frac{\partial p}{\partial x}\right|_{x_5} \quad,\ \text{wegen } p = n \ . \qquad (8.105)$$

Im Inneren der Basiszonen, wo wir zur Vereinfachung einen horizontalen Verlauf der Trägerdichten annehmen wollen $(dp/dx = 0)$, besteht der Rückstrom aus der Summe der Ladungsträgerdriftströme

$$I_R = q\mu_p pE + q\mu_n pE \qquad \text{mit } n = p. \qquad\qquad (8.106)$$

Der Strom I_R wird somit zu 3 Teilen von Elektronen getragen, die nach rechts driften und zu 1 Teil von Löchern, die nach links driften.

Von den 4 Teilen Gesamtstrom, die links über x_2 als reiner Löcherstrom abgeführt werden, wird nur 1 Teil aus dem Basisinneren nachgeliefert. Die restlichen 3 Teile werden dadurch gedeckt, daß im Randbereich von x_2 die dementsprechende Löchermenge abgesaugt wird (F_1 in Bild 8.19). Auf der rechten Seite werden dagegen von den 4 Teilen Gesamtstrom, die über x_5 als reiner Elektronenstrom abfließen, 3 Teile aus dem Basisinneren nachgeliefert und nur 1 Teil wird durch Extraktion einer entsprechenden Elektronenmenge aus dem Randbereich von x_5 gedeckt (F_r in Bild 8.19). Die beiden Flächen stehen mithin im Verhältnis $F_1 : F_r = 3 : 1$.

Im gleichen Verhältnis stehen nach Gln. (8.104), (8.105) die Steigungen an der Stelle x_2 und x_5. Beides zusammen erklärt die schnellere Abnahme der Trägerdichte an der Stelle x_2.

348

Damit in einer Thyristorstruktur die Trägerdichte bei x_2
früher die Dotierungskonzentration erreicht als bei x_5 und
mithin J_1 vor J_3 Sperrspannung übernimmt, müssen die Strukturparameter eine Reihe von Bedingungen erfüllen [8.11].
Günstig ist es, wie man Bild 8.19 anschaulich entnehmen kann,
wenn die Dotierung der p-Basis nicht wesentlich größer als
die der n-Basis ist. Außerdem darf die Trägerlebensdauer in
der p-Basis nicht sehr viel kleiner sein als in der n-Basis,
weil sonst in der stationären Trägerverteilung $p(x_5) \ll p(x_2)$
wird, und das um so ausgeprägter, je breiter die p-Basis im
Vergleich zur n-Basis ist. Die theoretischen und experimentellen Untersuchungen [8.11] zeigen, daß sich diese Anforderungen bei Frequenzthyristoren gut verwirklichen lassen,
bei Hochspannungsthyristoren dagegen weniger gut.

8.8 Maßnahmen zur Verkürzung der Freiwerdezeit

8.8.1 Verkleinerung der Trägerlebensdauer

Die Trägerlebensdauer läßt sich durch den Einbau von Rekombinationszentren in das Siliziumkristallgitter in einem
weiten Bereich variieren. Das geschieht vorwiegend durch
Eindiffundieren von Goldatomen [8.21], [8.22]. Die eingebaute Goldmenge wird dabei über die Höhe der Diffusionstempera-
tur eingestellt.

Gold hat zwei Energieniveaus in der verbotenen Zone, ein
Donatorniveau 0,35 eV oberhalb des Valenzbandes und ein Akzeptorniveau 0,54 eV unterhalb des Leitungsbandes. Beide
Niveaus haben sowohl für Elektronen wie für Löcher einen
großen Einfangquerschnitt und wirken mithin beide als Rekombinationszentren. Gold eignet sich damit sowohl zur Einstellung der Lebensdauer in n- als auch in p-Silizium. In n-
Silizium, wo das Ferminiveau nahe der Leitungsbandkante
liegt, ist im wesentlichen das Akzeptorniveau wirksam, in
p-Silizium das Donatorniveau.

Neben der Lebensdauereinstellung durch den Einbau von Gold
hat in letzter Zeit die Verwendung von Platin [8.23],
[8.24], [8.25] und insbesondere die Erzeugung von Rekombi-

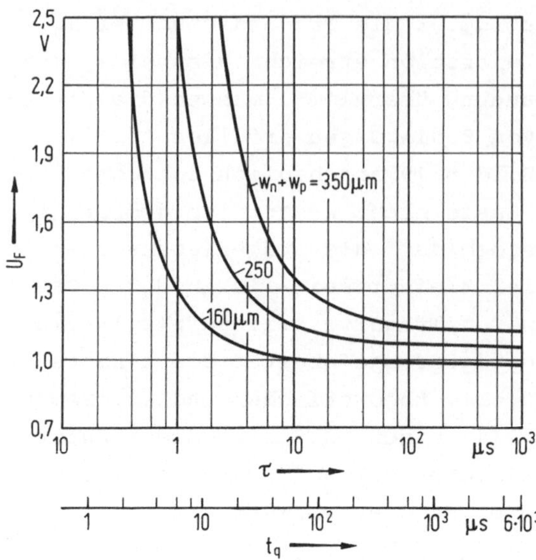

Bild 8.20. Einfluß der Trägerlebensdauer τ und der Gesamt-
basisdicke $(w_n + w_p)$ auf die Durchlaßspannung U_F. (nach
[8.30]).

nationszentren durch Bestrahlung von Silizium mit ener-
giereichen Elektronen [8.26], [8.27], [8.28] und γ-Strah-
len [8.28], [8.29] steigende Beachtung gefunden.

Der Verkleinerung der Lebensdauer sind durch ihre Verkopplung mit der Durchlaßspannung Grenzen gesetzt. Bild 8.20
zeigt den Zusammenhang zwischen der Durchlaßspannung U_F
und der Lebensdauer τ für verschiedene Werte der Gesamt-
dicke $w_n + w_p$ der Basiszonen nach [8.30]. Gleichfalls eingezeichnet ist unter der Abzissenachse die Freiwerdezeit t_q.
Dabei ist die Beziehung $t_q = 6\tau$ gemäß Gl.(8.64) benutzt
worden, die in guter Übereinstimmung mit experimentellen
Ergebnissen ist (s. [8.30]).

Bei vorgegebener Basisdicke und folglich fixierter Sperrspannung des Thyristors steigt die Durchlaßspannung mit abnehmender Lebensdauer nach Unterschreiten eines bestimmten
Lebensdauerwertes steil an. Die Verkleinerung der Freiwerdezeit führt dann zu einer überproportionalen Erhöhung der
Durchlaßverluste. Dadurch wird es schließlich unzweckmäs-
sig, die Lebensdauer weiter abzusenken.

Eine möglichst kleine Freiwerdezeit läßt sich bei vertret-
baren Durchlaßverlusten nur dadurch erreichen, daß neben
der Lebensdauer die Basisdicken entsprechend verkleinert
werden. Solche Thyristoren haben dann aber ein geringeres
Sperrvermögen als Thyristoren mit einer höheren zulässigen
Freiwerdezeit.

Die Optimierung einer Thyristorstruktur erfordert infolgedessen einen Kompromiß zwischen Freiwerdezeit, Durchlaßspannung und Sperrvermögen.

Eine gewisse Entkopplung dieser drei Größen gelingt, wenn
man von Basiszonen mit örtlich konstanter Lebensdauer zu
Basiszonen mit lokal verminderter Lebensdauer übergeht
[8.20], [8.31], [8.32].

In der Thyristorstruktur nach [8.31] sind die Basiszonen
von schmalen vertikalen Kanälen stark verminderter Lebensdauer durchsetzt. Diese Kanäle erhöhter Rekombination
stellen Senken für die gespeicherten Ladungsträger dar,
in die sie während des Freiwerdevorgangs hineindiffundie-
ren, so daß die Speicherladung schneller abgebaut wird.
Da im größten Teil der Basiszonen die Lebensdauer hoch ist,
bleibt andererseits die Durchlaßspannung klein. Auf diese
Weise wird die Relation zwischen Freiwerdezeit und Durchlaßspannung verbessert.

8.8.2 Erhöhung der Emitterkurzschlußstellen

Wenn im Verlaufe des Ausschaltvorgangs die Vorwärtsspannung
wiederkehrt, beginnt der Anodenstrom seine Richtung zu ändern und in Flußrichtung über die äußeren pn-Übergänge zu
fließen. Damit setzt eine Injektion zusätzlicher Ladungsträger in die Basiszonen ein. Zur Vermeidung einer Wiederzündung des Thyristors genügt es daher nicht allein, daß
die Speicherladung zum Zeitpunkt der Spannungswiederkehr
unter die kritische Speicherladung Q_{cr} abgeklungen ist,
sondern sie darf auch zusammen mit diesen zusätzlich injizierten Ladungsträgern Q_{cr} nicht übersteigen.

Die injizierte Ladungsträgermenge ist der Höhe und Dauer
des Vorwärtsstromes proportional. Dieser Vorwärtsstrom
setzt sich aus zwei Anteilen zusammen. Der eine Anteil
wird von den zum Kollektor J_2 diffundierenden Minoritätsträgern hervorgerufen, der andere, von den Majoritätsträgern, die bei der Aufladung der Kollektorsperrschichtkapa-
zität vom pn-Übergang J_2 wegströmen.

Für den kapazitiven Stromanteil gilt

$$I_c = C_2 \frac{dU_A}{dt} , \qquad\qquad (8.107)$$

wobei C_2 die Sperrschichtkapazität von J_2 bedeutet. Dieser
Strom fließt für die Dauer der Anstiegsflanke der wiederkehrenden Spannung und ist gemäß Gl.(8.107) der Anstiegsgeschwindigkeit dU_A/dt proportional. Er kann bei hinreichend
hohem dU_A/dt so groß werden, daß der Thyristor selbst bei
verschwindender restlicher Speicherladung wiederzündet.

Man spricht dann von einer dU/dt-Zündung. Eine wirksame
Gegenmaßnahme sind Emitterkurzschlüsse. Über sie kann der
Vorwärtsstrom, wie Bild 8.21 zeigt, unmittelbar zum Kathodenkontakt abfließen. Die Injektion des n-Emitters wird
somit weitgehend ausgeschaltet, vorausgesetzt der Spannungsabfall am transversalen Widerstand der p-Basis bleibt unter
0,5 Volt (s. Abschn. 4.3).

Je dichter die Kurzschlußstellen nebeneinander liegen, um
so mehr Vorwärtsstrom kann der Thyristor bei der Wiederkehr

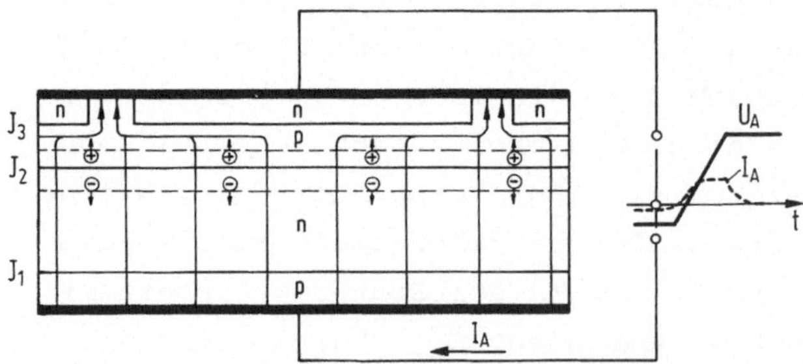

Bild 8.21. Abführung des transienten Vorwärtsstromes über
Kurzschlüsse.

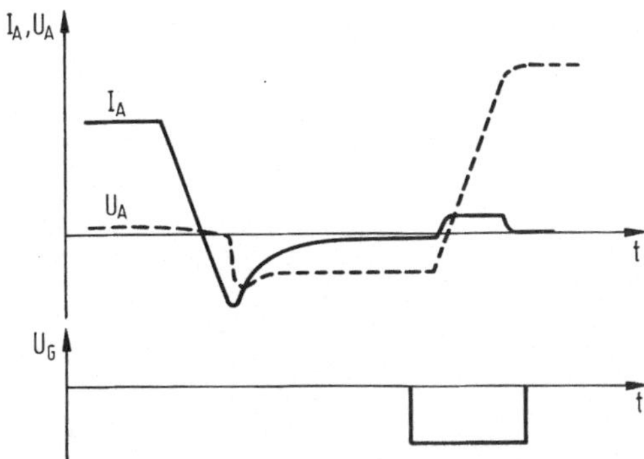

Bild 8.22. Gate-unterstütztes Ausschalten.

der Spannung verkraften ohne zu zünden, d.h. aber um so früher darf die Spannung wiederkehren oder, um so kleiner wird die Freiwerdezeit [8.33].

Der Verkürzung der Freiwerdezeit ist auch hierbei eine Grenze gesetzt. Sie besteht vor allem darin, daß von einer bestimmten Dichte der Kurzschlußstellen an die Zündausbreitung stark verzögert wird (s. Abschn. 7.6.3).

8.8.3 Anlegen einer negativen Gatespannung

Bei dieser in der Literatur als "gate-assisted turn-off" bezeichneten Methode - abgekürzt GAT - wird dem Gate (Bild 8.22) kurz vor der Wiederkehr der Vorwärtsspannung ein negativer Spannungspuls zugeführt [8.34] bis [8.38]. Die Wirkung der negativen Gatespannung soll an einer Thyristorstruktur ohne Emitterkurzschlüsse erklärt werden.

Dazu sind in Bild 8.23 die Stromverhältnisse in einer solchen Struktur für drei verschiedene Betriebszustände veranschaulicht.

Vor dem Anlegen der Gatespannung (Bild 8.23a) fließt der Rückstrom gleichmäßig verteilt über den im Durchbruch arbeitenden n-Emitter J_3. Um einen realistischen Zahlenwert vor Augen zu haben, ist angenommen worden, daß die Durchbruchspannung $U_{BR3} = -20$ V beträgt.

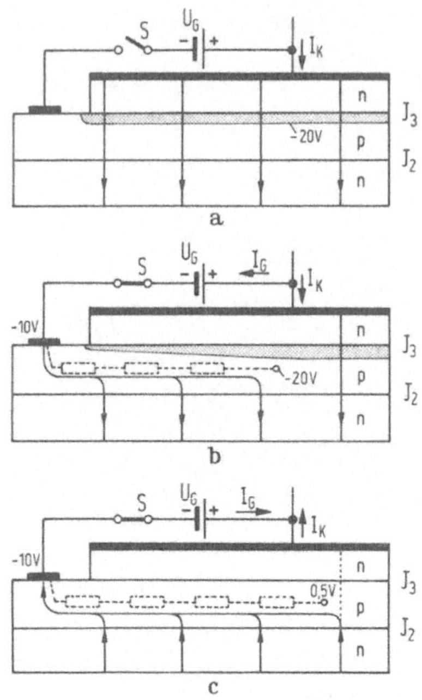

Bild 8.23. Einfluß des negativen Gatepotentials auf die
Stromverteilung im Thyristor.

Damit J_3 beim Einschalten der Gatespannung nicht noch
weiter in den Durchbruch getrieben wird, muß $|U_G| < |U_{BR3}|$
gelten. Im vorliegenden Beispiel ist deswegen eine Gatespannung von $U_G = -10$ V zugrunde gelegt worden.

Wird der Schalter S geschlossen (Bild 8.23b), so besteht
eine Potentialdifferenz zwischen dem Gatekontakt und dem
Sperrschichtrand des n-Emitters von 10 Volt. Es fließen
daher Löcher vom Gatekontakt zur Emittersperrschicht und
entladen einen Teil der Sperrschichtkapazität im Randbereich der Emitterfläche. In diesem Bereich arbeitet der n-
Emitter dann nicht mehr im Durchbruch und führt dann praktisch keinen Strom mehr. Die Löcher, die er vorher zur
Deckung der über den p-Emitter abfließenden Löcher nachgeliefert hat, werden jetzt von dem transversalen Löcherstrom nachgeliefert. Die Breite dieses Emitterbereiches
ist um so größer, je kleiner der transversale Bahnwiderstand (in Bild 8.23b, c gestrichelt angedeutet) ist. Der

geänderte Verlauf der Strompfade in der p-Basis ist in
dieser Phase des Ausschaltvorgangs jedoch ohne Einfluß auf
die Höhe und die Verteilung der Speicherladung in der n-
Basis und damit ohne Einfluß auf die Freiwerdezeit.

Sobald die Vorwärtsspannung wiederkehrt, ändert der Anodenstrom seine Richtung. Der einsetzende transiente Vorwärtsstrom fließt gleichmäßig verteilt über J_2 in die p-
Basis (Bild 8.23c). Dort wird er zum Gatekontakt als der
Stelle mit dem niedrigsten Potential in der p-Basis umge-
lenkt. Auf diese Weise wird der Stromfluß über den n-Emitter vermieden. Es werden mithin keine Elektronen injiziert,
und es kommt daher zu keiner Stromrückkopplung und somit
zu keiner Wiederzündung des Thyristors, selbst wenn die
Speicherladung noch nicht auf die kritische Speicherladung
abgeklungen ist.

Der zum Gate abfließende Strom ruft am transversalen Widerstand der p-Basis einen Spannungsabfall hervor. Mit
wachsendem Abstand vom Gate steigt das Potential in der p-
Basis an. Damit der gesamte Vorwärtsstrom zum Gate abfließt, darf das Potential den kritischen Wert von 0,5 V
nicht übersteigen, weil der Strom sonst den Weg über den
n-Emitter nimmt, siehe Bild 8.23c, rechter punktierter
Strompfad. Die Wirkung des negativen Gatepotentials bleibt
dadurch auf den Randbereich der Kathode beschränkt. Bei
Leistungsthyristoren ist es deswegen erforderlich, die Kathodenfläche in Segmente oder Streifen zu unterteilen und
sie mit einem streifenförmigen Gate zu verzahnen. Günstig
ist dabei ein geringer transversaler p-Basiswiderstand.

Mit dieser Gate-Unterstützung des Ausschaltvorgangs läßt
sich die Freiwerdezeit ohne starke Absenkung der Trägerlebensdauer erheblich verkürzen.

9 Vom Thyristor abgeleitete Bauelemente und spezielle Gate-Konfigurationen

Der klassische Thyristor beherrscht als normaler hochsperrender oder als schneller Thyristor unumstritten das Feld der Leistungselektronik. An der unteren Leistungsgrenze dieses Gebietes werden für spezielle Schaltaufgaben bidirektional schaltende Thyristoren (auch "Triacs" genannt), lichtgezündete Thyristoren und über den Steuerkontakt ausschaltbare Thyristoren eingesetzt. Das Funktionsprinzip dieser Bauelemente entspricht weitgehend dem der normalen Thyristoren; sie unterscheiden sich lediglich in der Art der Steuerung. Prinzipiell können sie auch für den Einsatz im Hochleistungsbereich gebaut werden. Doch aus vorwiegend ökonomischen Gründen ist ihr Einsatzgebiet bisher auf den Bereich kleiner und mittlerer Leistungen beschränkt geblieben.

9.1 Die bidirektionale Thyristor-Diode (Diac)

Der Thyristor ist seinem Wesen nach ein steuerbarer Gleichrichter, der bei positiver Anodenspannung aus dem Sperr- in den Durchlaßzustand geschaltet werden kann, bei negativer Anodenspannung aber immer sperrt. Die Steuerung von Wechselströmen ist mit dem Thyristor nur durch Antiparallelschaltung zweier Elemente oder unter Zuhilfenahme von Brückenschaltungen möglich.

Aldrich und Holonyak [9.1] haben als erste darauf hingewiesen, daß man eine Antiparallelschaltung zweier Thyristoren in einer Siliziumscheibe integrieren kann (Bild 9.1). Ausgehend von einem symmetrischen PNP-System wird in der einen Scheibenhälfte die Kathoden-N-Zone in die obere P-Schicht eingelassen, in der anderen Scheibenhälf-

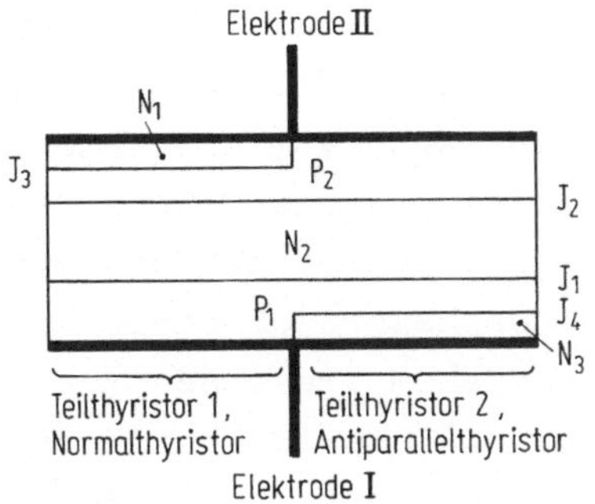

Bild 9.1. Bidirektionale Thyristorstruktur. Diac.

te in die untere. Werden die beiden Scheibenseiten ganz kontaktiert, hat man ein fünfschichtiges Gebilde, welches einer integrierten Schaltung aus zwei antiparallelen Thyristoren entspricht. Die Strom-Spannungskennlinie (Bild 9.2) dieser Fünfschichtendiode - auch DIAC genannt - verfügt in Vorwärts- und Rückwärtsrichtung über je eine Schaltcharakteristik. In der einen Spannungsrichtung, wenn Elektrode I positiv gepolt ist, wird der Teilthyristor 1, der als Normalthyristor bezeichnet wird, in Schaltrichtung betrieben und kann über die Kippspannung gezündet werden, in der anderen Spannungsrichtung gilt das gleiche für den als Antiparallelthyristor bezeichneten Thyristor 2. Das Nachbarelement ist dann jeweils im negativ sperrenden Zustand. Hier kann man nicht mehr von Anode und Kathode des Bauelements sprechen, diese Begriffe können nur noch auf die Teilthyristoren angewendet werden.

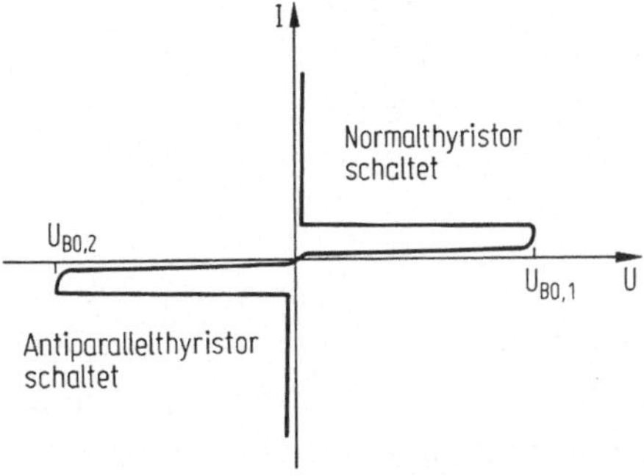

Bild 9.2. Strom-Spannungskennlinie des Diac.

357

Die bidirektionale Thyristor-Diode kann nur mit Spannungs-
impulsen gezündet werden. Diese Zündmethode erfreut sich
nicht der Gunst der Anwender; sie ist auch vom Bauelement
her gesehen problematisch, weil sie sich als störanfälli-
ger als die Steuerstromzündung erwiesen hat, insbesondere
bei hohen Kippspannungen. Es wurde deshalb nach einer Möglichkeit gesucht, das Fünfschichtensystem wie einen Thyristor mittels Steuerstrom zu zünden, und das für beide Teilthyristoren von einem gemeinsamen Steuerkontakt auf der
Scheibenoberseite aus, um die Siliziumscheibe mit ihrer Un-
terseite auf eine wärmeableitende Basisplatte auflöten zu
können.

9.2 Gate-Konfigurationen zur Zündung bidirektionaler Thyristoren

9.2.1 Allgemeine Anforderungen

Der Teilthyristor 1 in Bild 9.1 kann mit einem normalen
Steuerkontakt an der Zone P_2 gezündet werden. Für den Teilthyristor 2 ist die Zone P_2 als Anodenzone für jeglichen
Steuereffekt ungeeignet. Dieses System benötigt einen Elektronenstrom in die Basis N_2 oder einen Löcherstrom in die
Basis P_1 als Steuerstrom. Die Basis P_1 ist aber als Anode
des Teilthyristors 1 gemeinsam mit der Kathodenzone N_3 des
Teilthyristors 2 zur Wärmeableitung vorgesehen; sie liegt
für einen Steueranschluß ungeeignet. Deshalb bleibt als
Steuerstrom für den Teilthyristor 2 nur ein Elektronenstrom
in die Basis N_2 übrig. Ein gemeinsamer Steuerkontakt muß
also in der Lage sein, einen Löcherstrom in die Basis P_2
des Systems 1 und einen Elektronenstrom in die Basis N_2
des Systems 2 einzuspeisen. Die Verwirklichung eines Steu-
erkontaktes, der diesen Anforderungen gerecht wird, ist
unter Ausnutzung mehrerer Einzeleffekte gelungen [9.2].

9.2.2 Das Transistor-Tor

In Bild 9.3 ist der Teilthyristor 2 herausgezeichnet. Eine zusätzliche Zone N_1^* ist in die Anodenschicht P_2 eingelassen. Ist das System in Schaltrichtung gepolt, teilt
sich die anliegende Spannung U_A auf die Sperrschichten J_4,

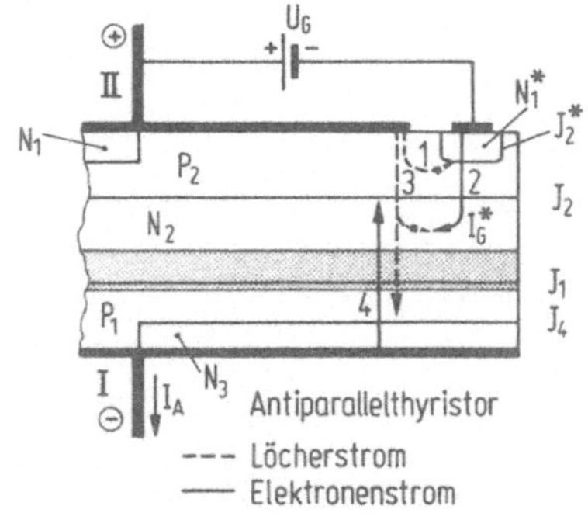

Bild 9.3. Antiparallel-Thyristor mit Transistor-Tor.

J_1 und J_2 in der Weise auf, daß der weitaus größte Anteil über dem in Sperrichtung gepolten pn-Übergang J_1 abfällt. Solange das System sperrt, bestimmt der Sperrstrom von J_1 den Anodenstrom I_A. Der Spannungsabfall über der in Durchlaßrichtung gepolten Sperrschicht J_2 ist klein; er beträgt etwa 0,2 ... 0,3 V. Wird eine Steuerspannung U_G zwischen der Elektrode II und der kontaktierten Zone N_1^* so angelegt, daß N_1^* negativ gegen II, J_2^* also in Durchlaßrichtung gepolt ist, werden Elektronen in die Zone P_2 injiziert, von denen ein Teil zur Sperrschicht J_2 diffundiert.

Die Sperrschicht J_2 kann trotz ihrer schwachen Durchlaßpolung als Kollektor fungieren, solange die Durchlaßspannung von J_2 kleiner als die Steuerspannung U_G ist. Dieser Effekt ist vom Transistor her bekannt und offenbart sich im Kollektorkennlinienfeld darin, daß in Basisschaltung die Kennlinien bis in das Gebiet der Kollektorflußpolung reichen. Ursache ist das elektrische Feld in der Kollektorsperrschicht, das nach wie vor die gleiche Richtung hat wie bei Sperrpolung und das somit auch nach wie vor die vom Emitter kommenden Minoritätsträger zum Kollektor transportiert. Bild 9.4 veranschaulicht noch einmal diesen Betriebszustand des Transistors.

Der Elektronenstrom I_G^* vom Emitter N_1^* über die Basis P_2 und die Kollektorsperrschicht J_2 in die Basis N_2 ist nun der Steuerstrom für den Thyristor 2. Wenn I_G^* ausreicht, um

359

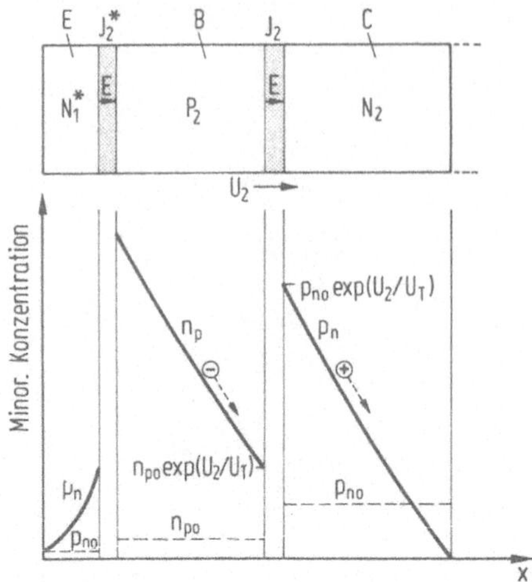

Bild 9.4. Transistorstruktur $N_1^* P_2 N_2$ im Sättigungsbetrieb.

die Zündbedingung $\tilde{\alpha}_1 + \tilde{\alpha}_2 = 1$ zu erfüllen, schaltet der Thyristor ein. Dies sei für $I_G^* = I_{GT}^*$ der Fall. Der zum Zünden notwendige Steuerstrom I_{GT} im äußeren Stromkreis ist dann näherungsweise gegeben durch

$$I_{GT} \simeq \frac{1}{\alpha_2^*} I_{GT}^* \; . \tag{9.1}$$

α_2^* ist der Stromverstärkungsfaktor des "Hilfstransistor"-Systems $N_1^* P_2 N_2$; er ist im allgemeinen gleich dem Stromverstärkungsfaktor α_2 des Normalthyristors 1. Der Zündstrom I_{GT} ist beim Transistor-Tor nach Gl.(9.1) größer als der bei normalen Thyristoren, deren Steuerstrom direkt in die entsprechende Basiszone fließt. Hinzu kommt, daß hierbei in der Regel die dickere Basiszone angesteuert wird. Deswegen benötigt man ohnehin einen höheren Zündstrom als bei der üblichen Einsteuerung in die dünnere Basis P_1.

Die Transistor-Tor-Zündung macht zusammen mit der normalen Basissteuerung aus der Fünfschichtendiode einen bidirektional schaltenden Thyristor, Bild 9.5. Mit positiver Steuerspannung und positiver Elektrode I zündet der Teilthyristor 1 im 1. Quadranten des I-U-Diagramms normal basisgesteuert (Gatebereich N), mit negativer Steuerspannung und

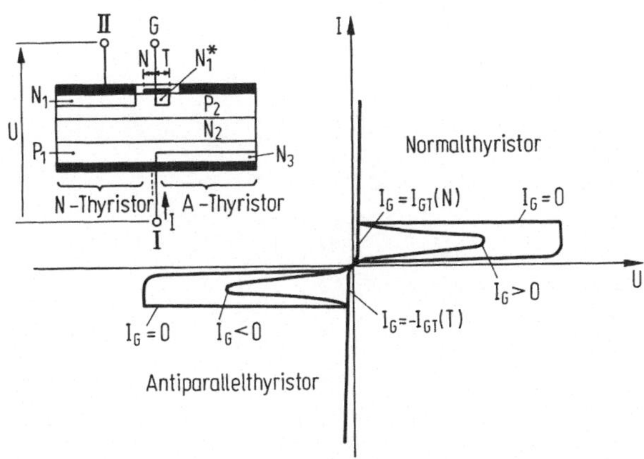

Bild 9.5. Bidirektionaler Thyristor mit zwei Torfunktionen. Der Normalthyristor zündet bei positivem Steuerstrom über den Gatebereich N, der Antiparallelthyristor bei negativem Steuerstrom über den Gatebereich T.

bei negativer Elektrode I zündet der Teilthyristor 2 transistorgesteuert im 3. Quadranten des I-U-Diagramms (Gatebereich T). Somit wird eine Steuerung von Wechselströmen möglich.

Mit der Entwicklung des Transistor-Tors sind nicht alle Möglichkeiten ausgeschöpft, einen Thyristor zu zünden. Man kann den normalen Thyristor von der Kathodenseite aus auch mit negativer Steuerspannung zünden, wenn man ihn mit einem Sperrschicht-Tor versieht und den Antiparallelthyristor von der Anodenseite mit positiver Steuerspannung, wenn man eine als Transistor-Tor wirkende Hilfsschicht einführt.

9.2.3 Das Sperrschicht-Tor

Moyson und Gentry [9.3] haben gezeigt, daß man einen Kurzschlußemitter-Thyristor mit negativer Steuerspannung über einen parallel liegenden Hilfsthyristor zünden kann. Eine solche Anordnung, die als "junction gate" oder Sperrschicht-Tor bekannt ist, zeigt Bild 9.6.

Der Zündvorgang läuft wie folgt ab: Mit dem Einschalten des Steuerstromes I_G, der als Löcherstrom von der Kurz-

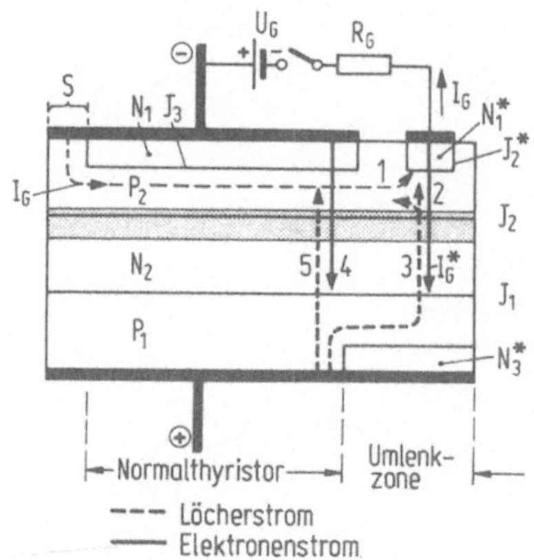

Bild 9.6. Normalthyristor mit Sperrschicht-Tor.

schlußstelle S quer durch die Zone P_2 zur Zone N_1^* fließt,
beginnt der pn-Übergang J_2^* Elektronen zu injizieren. Der
Löcherstrom I_G wirkt damit als Steuerstrom für den Hilfsthyristor $N_1^* P_2 N_2 P_1$. Wenn der Hilfsthyristor zündet, fließt
ein Laststrom $I_{G,L}$ im Steuerkreis, der durch die treibende Spannung am Hilfsthyristor, $U_A + U_G$, und den Widerstand
des Steuerkreises R_G bestimmt wird. Am Widerstand R_G des
Steuerkreises tritt nach dem Zünden ein Spannungsabfall
$I_{G,L} R_G \simeq U_A + U_G$ auf. Vermindert um die Steuerspannung U_G
liegt dieser Spannungsabfall auch zwischen dem Kathoden-
rand und der Steuerelektrode. Wenn $I_{G,L} R_G > U_G$ ist, wird
der Kathodenrand in Durchlaßrichtung gepolt. Er beginnt
Elektronen zu injizieren und leitet die Zündung des Hauptthyristors ein. Da der Lastkreis naturgemäß einen wesentlich kleineren Widerstand als der Steuerkreis hat, verla-
gert sich der Strom anschließend in den Bereich des Hauptthyristors.

Hierbei ist es für das Überspringen der Zündung auf den
Hauptthyristor günstig, wenn der Strom im Hilfsthyristor
nicht vertikal vom Anodenkontakt durch die Zone P_1 nach N_1^*
fließt, sondern durch eine eingelassene n-Zone ("Umlenkzone"), N_3^*, soweit seitlich versetzt startet, daß die Lö-
cherinjektion über J_1 vorwiegend im Bereich unterhalb der
Hauptkathodenschicht N_1 erfolgt, Bild 9.6.

In jedem Fall zündet der Thyristor mit Sperrschicht-Tor
in zwei Stufen. Erst die Hilfsstrecke, dann springt die
Zündung auf den Hauptthyristor über. Dieses Verhalten
drückt sich auch im zeitlichen Verlauf des Anodenstromes
und der Anodenspannung aus. Nach der üblichen Verzugszeit
tritt zunächst ein schwacher Abfall in der Anodenspannung
auf, erst nach der Umschaltzeit vom Hilfs- zum Hauptthyristor fällt die Spannung dann wie bei einem normal gezündeten Thyristor auf ihren stationären Wert ab. Die Dauer
dieser Umschaltzeit hängt vom Steuerstrom I_G, dem Widerstand des Steuerkreises und von der geometrischen Lage der
Zonen N_1^* und N_3^* ab.

Das Sperrschicht-Tor braucht keinen höheren Steuerstrom
als ein normales Gate, weil der Hilfsthyristor den gleichen Schichtenaufbau hat wie der Hauptthyristor, wohl aber
braucht es eine höhere Steuerspannung wegen des transversalen Bahnwiderstandes in der Basis.

9.2.4 Zündung mit einer Hilfsschicht

Mit dem Transistor-Tor kann der antiparallele Teilthyristor
2 des bidirektional schaltenden Fünfschichtensystems (Bild
9.3) von seiner Anodenseite her mit Hilfe des Transistor-
effekts über die Basis N_2 gezündet werden. Dazu muß der
Emitter des NPN-Steuertransistors *negativ* gegenüber der
Anode gepolt sein. Für den Antiparallel-Thyristor gibt es
aber auch die Möglichkeit, ihn mit *positivem* Steuerimpuls
zu zünden, wenn eine n-leitende Emitterzone in die p-Ano-
denzone eingelassen ist, Bild 9.7. Über die Hilfsschicht
N_1' kann eine dem Transistor-Tor ähnliche Zündung eingeleitet werden.

Bei der vorliegenden Polung der äußeren Spannung sperrt
J_1. J_2 und J_4 sind in Durchlaßrichtung gepolt. Die Sperrschicht J_2' ist über den Anodenkontakt kurzgeschlossen. Ein
Teil des Steuerstromes, I_{G1}, fließt zwar über diesen Kurzschluß ab, aufgrund des Spannungsabfalles am transversalen
Basiswiderstand wird jedoch das Potential von P_2 gegenüber
dem der Emitterzone N_1' angehoben, so daß der pn-Übergang

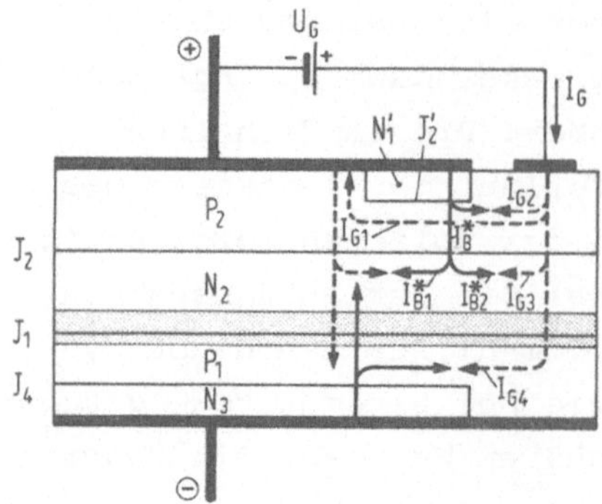

Bild 9.7. Antiparallelthyristor mit Transistor-Hilfsschicht.

J_2' in Durchlaßrichtung gepolt wird und Elektronen in die Basis P_2 injiziert. Ein Teil dieser Elektronen gelangt als Steuerstrom I_B^* in die Basis N_2, der Rest rekombiniert in der Basis P_2 und verbraucht den Löcherstrom I_{G2}.

Der von außen eingeprägte Steuerstrom I_G teilt sich also in vier Teile auf

a)   den ohmschen Verlustanteil von Kontakt zu Kontakt, I_{G1},

b)   den Basisstrom I_{G2} des Hilfstransistors $N_1'\, P_2 N_2$,

c)   den Strom I_{G3}, der die Rekombinationspartner für den Basisstrom I_{B2}^* liefert, der die unter dem Steuerkontakt gelegene Transistorstruktur $P_2 N_2 P_1$ ansteuert,

d)   den Kollektorstrom I_{G4} des $P_2 N_2 P_1$-Transistors, der in der Basiszone P_1 als Steuerstrom des Thyristors wirkt.

Der Antiparallelthyristor wird in seiner n-Basis durch I_{B1}^* und in seiner p-Basis durch I_{G4} angesteuert. Die Höhe des zum Zünden notwendigen äußeren Steuerstromes I_{GT} hängt entscheidend vom ohmschen Verlustanteil I_{G1} ab, der vom transversalen Widerstand der Basis P_2 unter der Zone N_1' bestimmt wird.

Der Steuerstrom I_{GT} ist bei dieser Zündmethode höher als der des normalen Tors, des Transistor-Tors und auch des Sperrschicht-Tors.

9.3 Der Bidirektional-Thyristor mit vier Torfunktionen (Triac)

In Abschn. 9.2 wurden drei unkonventionelle Steuermethoden
zum Zünden des Thyristors betrachtet. Das Sperrschicht-Tor
erlaubt es, den normalen Thyristor im Falle eines Kurzschlußemitters mit einer negativen Steuerspannung zu zünden, und das Transistor-Tor sowie die Transistor-Hilfsschicht machen es möglich, den antiparallelen Thyristor
sowohl mit negativer als auch mit positiver Steuerspannung zu zünden. Durch eine Kombination dieser Zündmethoden
läßt sich eine universelle Steuerelektrode realisieren
[9.2], mit der die antiparallel geschalteten Thyristorsys-
teme des DIAC's jeweils mit beiden Steuerspannungspolari-
täten gezündet werden können.

Die Steuerelektrode muß die Zone P_2 kontaktieren, um als
Normal-Tor und als Torkontakt bei der Zündung mit der
Transistor-Hilfsschicht wirksam zu sein, und muß die ein-
diffundierte Zone N_1^* kontaktieren (s. Bild 9.3 und 9.5),
um als Sperrschicht- und Transistor-Tor agieren zu können.
Unter der Steuerelektrode muß die "Umlenkzone" N_3^* in Verbindung mit der Funktion des Sperrschicht-Tores eingelassen sein und endlich muß noch die Hilfsschicht N_1' zwischen
Steuerkontakt und dem Antiparallel-Thyristor liegen.

Man kann sich eine Reihe optimaler Anordnungen mit zentraler oder seitlicher Steuerelektrode überlegen [9.2], [9.4]
- [9.6]; ihnen allen ist gemeinsam, daß die Hilfsschicht
N_1' ein Teil der Kathodenzone N_1 des normalen Thyristors
und die Umlenkzone N_3^* ein Teil der Kathodenzone N_3 des antiparallelen Thyristors ist. In Bild 9.8 ist die Schichten-
anordnung eines solchen Triacs mit der Torelektrode in einer Ecke skizziert.

Bild 9.9 gibt das Schaltsymbol des Triacs wieder. Es zeigt
die beiden antiparallelen Thyristoren mit den Hauptan-
schlüssen H_1 und H_2 sowie das gemeinsame Gate G.

Die statischen Eigenschaften eines Triacs unterscheiden
sich nur unwesentlich von denen einer Antiparallelschal-

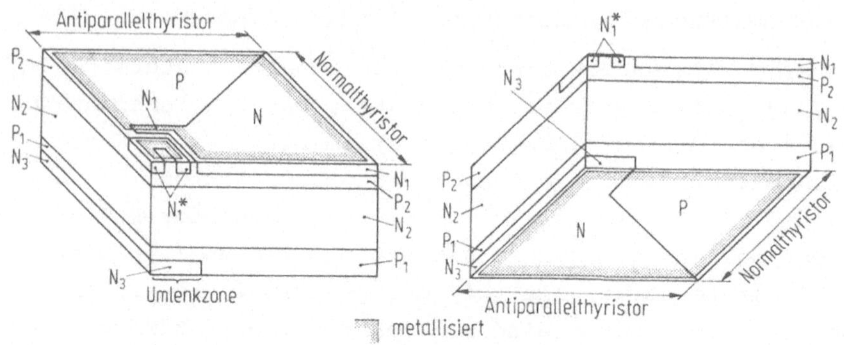

Bild 9.8. Räumlicher Aufbau eines Triac.

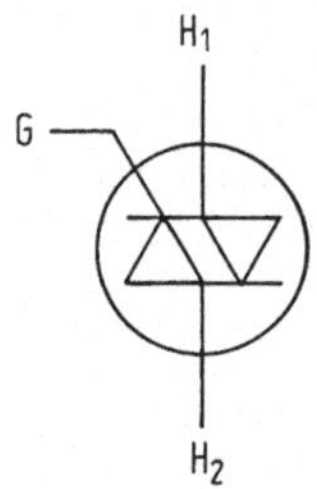

Bild 9.9. Schaltsymbol des Triac.

tung aus entsprechenden Einzelthyristoren. Bei den dynamischen Eigenschaften ist das anders. Hier tritt bei der Stromkommutierung ein zusätzlicher Effekt auf, der zu einer Rückzündung führen kann [9.5], [9.7] - [9.9]. Das bedeutet, daß z.B. der Antiparallelthyristor nicht sperrt, wenn die Spannung zum Zeitpunkt des Stromnulldurchgangs im Normalthyristor mit einer zu großen Geschwindigkeit dU/dt in Rückwärtsrichtung ansteigt. Entsprechendes gilt bei der Kommutierung des Stromes im Antiparallelthyristor. Deshalb darf im Triac dieses sogen. "Kommutierungs-dU/dt" einen bestimmten Grenzwert $(dU/dt)_K$ nicht übersteigen.

Dieser Effekt ist auf die räumliche Integration der antiparallelen Teilthyristoren zurückzuführen [9.5]. Zu seiner Erklärung sind in Bild 9.10a die Stromverteilung und der Bereich überschüssiger gespeicherter Ladungsträger für den Fall veranschaulicht, daß der Normalthyristor Durchlaßstrom führt. Wie das Bild verdeutlicht, beschränkt sich

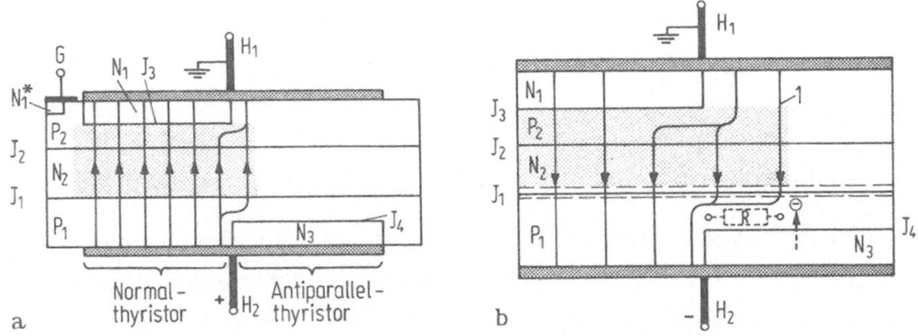

Bild 9.10. Stromkommutierung im Triac [9.7].

der Bereich überschüssiger Ladungsträger nicht allein auf das normale Thyristorsystem, sondern erstreckt sich aufgrund der Diffusion der Ladungsträger seitwärts in das Gebiet des Antiparallelthyristors.

Wird der Strom im Normalthyristor abkommutiert, so sind in diesem Gebiet zum Zeitpunkt des Nulldurchgangs noch Ladungsträger gespeichert. Daher fließt der Strom - wie der Rückstrom in einem Einzelthyristor - mit dem gleichen di/dt in Rückwärtsrichtung weiter bis der pn-Übergang J_1 Sperrspannung übernimmt. Er würde anschließend auf Null abklingen, wenn die Verkopplung mit dem Antiparallelthyristor nicht wäre. Bedingt durch die Überlappung des Speichergebietes fließt nämlich ein Teil des Stromes dem Strompfad 1 in Bild 9.10b entlang in die p-Basis des Antiparallelthyristors und von dort parallel zu J_4 zum Hauptanschluß H_2.

Dieser Stromanteil ruft am transversalen Widerstand der p-Basis einen Spannungsabfall hervor, durch den J_4 in Durchlaßrichtung gepolt wird. Falls die Durchlaßspannung den kritischen Wert von 0,5 Volt übersteigt, setzt eine starke Elektroneninjektion ein, die bei ausreichender Dauer zu einer Zündung des Antiparallelthyristors führt. Der Triac verliert dann seine Blockierfähigkeit in Rückwärtsrichtung.

Das zulässige Kommutierungs-dU/dt hängt in erheblichem Masse von der Steilheit des abkommutierenden Stromes ab. Es

ist um so größer, je kleiner die Steilheit (-di/dt) und
damit die restliche Speicherladung im Stromnulldurchgang
ist.

9.4 Der abschaltbare Thyristor

Unter einem abschaltbaren Thyristor versteht man einen
Thyristor, der mit Hilfe eines negativen Steuerstromimpulses ausgeschaltet werden kann. Im Englischen spricht
man von einem "Gate Turn Off"-Thyristor oder "GTO". Daß
es prinzipiell möglich ist, einen Thyristor mittels Steuerstrom auszuschalten [9.10] - [9.13], ist bereits anhand
des Thyristor-Ersatzmodelles gezeigt worden (Abschn. 1.7).
Die Realisierung dieser Abschaltmethode stößt aber bei
größerflächigen Thyristoren auf eine Reihe technologischer
Schwierigkeiten. Deshalb ist diese Abschaltmethode lange
Zeit auf Thyristoren für weniger als 1 Ampere beschränkt
geblieben. In den letzten Jahren sind jedoch erhebliche
Fortschritte erzielt worden. Inzwischen gibt es abschalt-
bare Thyristoren mit Nennströmen von mehreren hundert Ampere.

9.4.1 Der zum Abschalten erforderliche Steuerstrom

In Abschn. 3.1 ist gezeigt worden, daß sich im Durchlaßzustand des Thyristors wegen $\alpha_1 + \alpha_2 > 1$ Überschußladungen
(Q_p^+ bzw. Q_n^-) in den Basiszonen bilden. Ihre Wachstumsrate r_w ist - den Gln.(3.1), (3.2) entsprechend - dem Be-
trage nach jeweils gegeben durch

$$r_w \equiv \frac{\Delta Q}{\Delta t} = (\alpha_1 + \alpha_2 - 1)\, I_{AO} \ . \qquad (9.2)$$

I_{AO} ist der stationäre Durchlaßstrom vor dem Einschalten
des Steuerstromes. Diese Überschußladungen steuern den
Kollektor J_2 so weit in Flußrichtung, bis er schließlich
genauso viele Überschußträger in der Zeiteinheit reemit-
tiert, wie sich nach Gl.(9.2) bilden. Für die Reemissionsrate r_{re} gilt somit

$$r_{re} = r_w = (\alpha_1 + \alpha_2 - 1)\, I_{AO} \ . \qquad (9.3)$$

Sobald nun der Steuerstrom eingeschaltet wird, fällt der
Kathodenstrom momentan auf $I_K = I_{AO} - I_G$ ab. Das bewirkt eine
abrupte Abnahme der Wachstumsrate r_w. Geht man näherungsweise von quasistationären Verhältnissen aus, vernachlässigt also die Laufzeiten der Ladungsträger in den Basiszonen, so ergibt sich als neue Wachstumsrate analog zu
Abschn. 3.1

$$r_{w,1} = \alpha_1 I_{AO} + \alpha_2 I_K - I_{AO} = (\alpha_1 + \alpha_2 - 1) I_{AO} - \alpha_2 I_G \qquad (9.4)$$

mit $\alpha_2 = \alpha_2 (I_{AO} - I_G)$. Bei schwacher Stromabhängigkeit von
α_2 erhält man mit $\alpha_2 (I_{AO} - I_G) \simeq \alpha_2 (I_{AO})$ aus Gl.(9.4) und Gl.
(9.3)

$$r_{w1} \simeq r_w - \alpha_2 I_G \; . \qquad\qquad\qquad\qquad (9.5)$$

Nach Gl.(9.5) vermindert der Steuerstrom die Wachstumsrate r_w um $\alpha_2 I_G$ [9.14]. Die Reemissionsrate dagegen ändert
sich beim Einschalten des Steuerstromes zunächst nicht,
weil sie lediglich von der Sättigungsladung in den Basiszonen abhängt und die Sättigungsladung sich im Einschaltmoment t_o nicht ändert.

Vom Zeitpunkt t_o an ist die Reemissionsrate daher größer
als die Wachstumsrate $(r_{re}(t) > r_{w,1})$. Damit setzt ein Abbau der Speicherladung ein. Die Abbaugeschwindigkeit ist
um so höher, je mehr sich $r_{re}(t)$ und $r_{w,1}$ unterscheiden.
Mit fortschreitendem Abbau der Speicherladung nimmt die
Reemissionsrate ab und ihr Unterschied zur Wachstumsrate
wird kleiner. Sobald $r_{re}(t) = r_{w,1}$ geworden ist, stellt sich
ein neuer stationärer Zustand ein.

Für den Fall, daß im neuen stationären Zustand die Reemissionsrate $r_{re,1} > 0$ ist, bleibt der Kollektor J_2 in
Flußrichtung gepolt; er nimmt lediglich eine niedrigere
Durchlaßspannung an. Der Thyristor arbeitet dann nach wie
vor im Durchlaßbereich.

Für den Fall $r_{re,1} = 0$ verschwindet die Flußpolung von J_2.
U_2 wird dann Null. Als Bedingung erhält man – unter Beachtung von $r_{re,1} = r_{w,1}$ – aus Gl.(9.4) für den zugehörigen

Steuerstrom

$$I_{GO} = \frac{\alpha_1 + \alpha_2 - 1}{\alpha_2} \, I_{AO} \; . \tag{9.6}$$

Im Fall einer negativen Reemissionsrate $(r_{re,1} < O)$ muß J_2 Ladungsträger in entgegengesetzter Richtung in die Basisgebiete "emittieren", d.h. Löcher von der n- in die p-Basis und Elektronen von der p- in die n-Basis. Das bedeutet, daß der Kollektor J_2 in Sperrichtung beansprucht wird und einen der Spannung U_2 entsprechenden Sperrstrom liefert. Der Thyristor schaltet in den Vorwärtssperrbereich zurück.

Zum Abschalten des Anodenstromes I_{AO} muß der Steuerstrom demnach geringfügig größer sein als I_{GO}. Der Steuerstrom I_{GO} stellt mithin den zum Abschalten notwendigen Mindeststeuerstrom dar.

9.4.2 Abschaltverstärkung

Es ist üblich, das Verhältnis I_{AO}/I_{GO} als Abschaltverstärkung β_O zu definieren. Aus Gl.(9.6) erhält man dann

$$\beta_O = \frac{I_{AO}}{I_{GO}} = \frac{\alpha_2}{\alpha_1 + \alpha_2 - 1} \; . \tag{9.7}$$

Eine hohe Abschaltverstärkung erfordert nach Gl.(9.7) einerseits einen möglichst großen Stromverstärkungsfaktor $\alpha_2 (\alpha_2 \approx 1)$ und andererseits einen möglichst kleinen Überschuß der Summe der Stromverstärkungsfaktoren über eins $(\alpha_1 + \alpha_2 - 1 \approx O)$.

Die letzte Forderung ist von einschneidender Bedeutung für das Durchlaßverhalten des abschaltbaren Thyristors. Denn je kleiner der Überschuß $(\alpha_1 + \alpha_2 - 1)$ ist, um so geringer ist die Sättigungsladung in den Basiszonen und damit die Höhe der Flußpolung des Kollektors J_2. Mit abnehmender Flußpolung von J_2 aber wird die Durchlaßspannung des Thyristors größer. Eine hohe Abschaltverstärkung führt demnach zwangsläufig zu hohen Durchlaßverlusten.

370

Zu Gl. (9.7) ist einschränkend zu sagen, daß sie nur unter den Voraussetzungen gilt, daß der Spannungsabfall, den der Steuerstrom am transversalen Widerstand der p-Basis erzeugt, vernachlässigbar ist und statische Stromverhältnisse vorliegen. Ohne diese Voraussetzungen erhält man eine transiente Abschaltverstärkung, die sich von β_O unterscheidet [9.15].

9.4.3 Abschaltzeiten

Betrachtet man den Abbau der Speicherladung, so läßt sich der Abschaltvorgang in drei Zeitabschnitte einteilen [9.16].

1. Abschnitt

Er beginnt mit dem Einschalten des Steuerstromes zur Zeit t_O in Bild 9.11 und endet mit dem Abbau der Sättigungsladung zum Zeitpunkt t_1. Der Zeitpunkt t_1 ist dadurch festgelegt, daß die Überschußträgerdichten am Kollektor in diesem Moment den Wert Null erreichen.

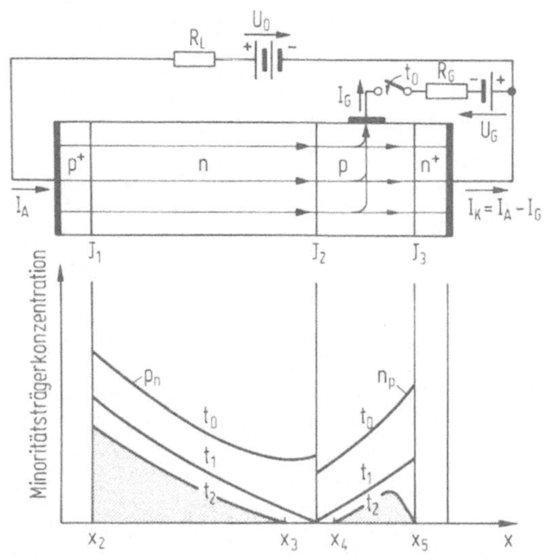

Bild 9.11. Stromfluß und Ladungsträgerabbau beim Abschalten des Thyristors mittels Steuerstrom.

Wie schnell sich der Abbau der Sättigungsladung vollzieht,
hängt von der Höhe des Steuerstromes ab. Der genaue Zusammenhang läßt sich nur durch eine Berechnung des transienten Abschaltvorganges ermitteln [9.16] - [9.18]. Für den
Grenzfall $I_G \gg I_{GO}$ strebt t_1 bei herkömmlichem Thyristoraufbau gegen $\tau_{T2}/3$, d.h. gegen ein Drittel der Trägerlaufzeit
in der Steuerbasis [9.16]. Das ist eine relativ kurze Zeit.

Der Anodenstrom (Bild 9.12) bleibt bis zum Zeitpunkt t_1
konstant ($I_A(t)=I_{AO}$). Denn solange der mittlere pn-Übergang J_2 noch in Flußrichtung gepolt ist, ist die Impedanz
des Thyristors klein gegen die Impedanz des äußeren Stromkreises. Der Anodenstrom ist infolgedessen nur durch die
äußere Spannung und die äußere Impedanz bestimmt, in Bild
9.11 durch U_O und R_L.

Der Kathodenstrom hingegen (Bild 9.12) nimmt zum Zeitpunkt
t_O sprunghaft um den Wert des Steuerstromes ab, bleibt dann
aber ebenfalls bis $t=t_1$ konstant.

Da der Anodenstrom erst zur Zeit $t \geq t_1$ abzufallen beginnt,
stellt t_1 die Abschaltverzögerung dar.

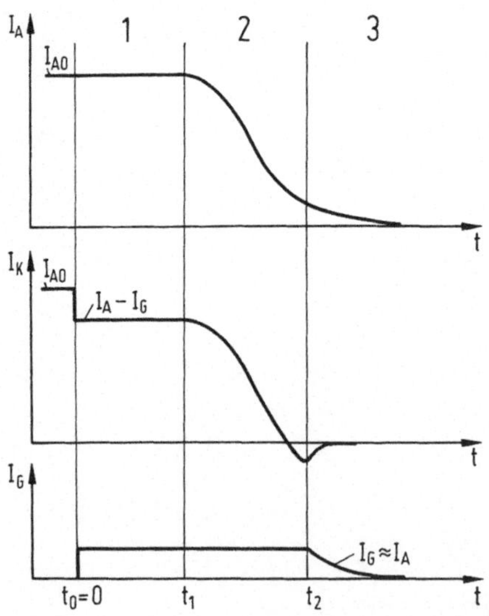

Bild 9.12. Zeitlicher Verlauf der Ströme während des Abschaltvorgangs.

Der zweite Abschnitt beginnt mit der Umpolung des mittleren pn-Überganges J_2 von Fluß- in Sperrichtung und endet zum Zeitpunkt t_2, wenn die Überschußträgerdichte der Elektronen in der p-Basis vor dem n-Emitter (x_5) Null wird. Der 2. Abschnitt ist durch einen raschen Abfall des Anoden- und Kathodenstromes gekennzeichnet. Die Zeitspanne t_2-t_1 definiert die Abfallzeit.

Kurz bevor die Elektronendichte $n_p(x_5)$ den Wert Null erreicht ($t=t_2$), wird der Kathodenstrom negativ (Bild 9.12). Das ist eine Folge des negativen Konzentrationsgradienten der Elektronen, der vor dem n-Emitter entsteht und einen Diffusionstrom der Elektronen zum n-Emitter hervorruft.

3. Abschnitt

Der dritte Abschnitt beginnt mit der Sperrpolung des n-Emitters (J_3) und erstreckt sich bis zum Ende des Abschaltvorgangs. In diesem Zeitabschnitt laufen zwei Vorgänge weitgehend getrennt nebeneinander her. Bei dem einen handelt es sich um den Recoveryvorgang der n-Emitter-Diode, d.h. den transienten Vorgang der Sperrspannungsübernahme von J_3 und bei dem anderen um den Recoveryvorgang des pnp-Transistors (Bild 9.13).

Der Recoveryvorgang der n-Emitter-Diode dauert meist nur kurze Zeit, weil in der p-Basis zum Zeitpunkt t_2 nur noch

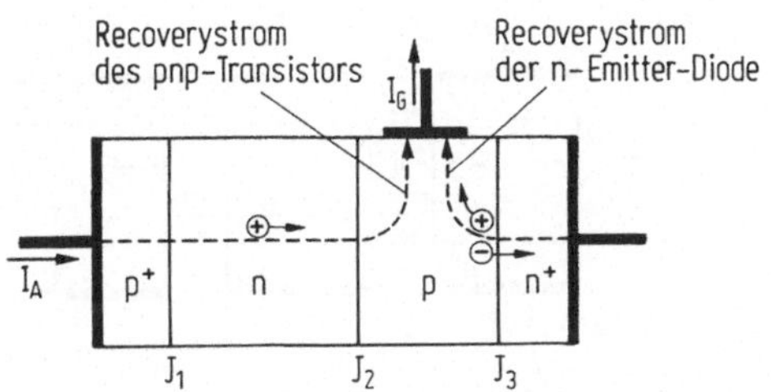

Bild 9.13. Recoveryströme zu Beginn des 3. Zeitabschnittes des Abschaltvorgangs.

wenige Ladungsträger gespeichert sind. Diese Ladungsträger werden vom Recoverystrom schnell abgeführt. Der Recoverystrom fließt vom n-Emitter zum Steuerkontakt, ist also ein Teil des Steuerstromes I_G. Mit dem Abklingen dieses Recoverystromes fließt kein Strom mehr über J_3. Der Steuerstrom besteht dann nur noch aus dem Anodenstrom, und es gilt $I_G=I_A(t)$. Andererseits ist der Anodenstrom zugleich der Kollektorstrom des pnp-Transistors. Er ist damit der Speicherladung in der n-Basis proportional und klingt dementsprechend exponentiell ab mit der Trägerlebensdauer in der n-Basis als Abklingkonstanten.

9.4.4 Verhältnisse im realen Thyristor

Bild 9.14a veranschaulicht den flächenhaften Aufbau eines realen Thyristors. Die seitlichen Abmessungen der einzelnen Zonen in y-Richtung sind um ein Vielfaches größer als ihre Dicke. Die p-Basis verfügt daher über einen hohen transversalen Widerstand. Dieser hohe Schichtwiderstand behindert das Abfließen der Löcher zum Steuerkontakt und führt zu einem ausgeprägten Potentialgefälle in der p-Basis.

Bisher waren wir im Rahmen einer eindimensionalen Betrachtungsweise davon ausgegangen, daß das Potentialgefälle in der p-Basis vernachlässigt werden darf. Wie man sieht, gilt dieses eindimensionale Modell nur für hinreichend

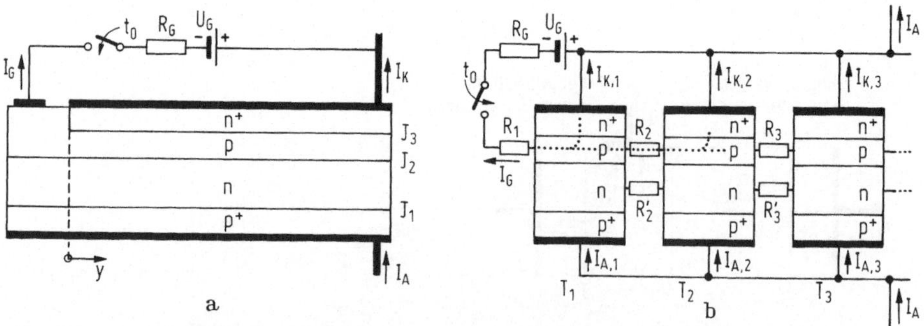

Bild 9.14. Flächenhafter Aufbau eines realen Thyristors (a) und zweidimensionales Thyristormodell (b).

schmale Thyristorelemente. Für größerflächige Thyristoren
benötigt man ein zweidimensionales Modell. Ein solches Modell zeigt Bild 9.14b. Der Thyristor ist hier in eine Viel-
zahl schmaler Einzelelemente T_n unterteilt, deren Basiszonen über Widerstände R_n, R_n' miteinander verbunden sind.
In den Widerständen R_n bzw. R_n' sind die transversalen Widerstände der p- bzw. n-Basis des Teilthyristors T_n zusam-
mengefaßt. Auf den Einzelthyristor kann man nunmehr wieder
das eindimensionale Modell anwenden und z.B. mittels Ladungssteuertheorie den Ausschaltvorgang unter Berücksichtigung der Verkopplung mit den Nachbarthyristoren berechnen [9.19].

Mit dem zweidimensionalen Modell nach Bild 9.14 b läßt
sich auch die Leitfähigkeitsmodulation in den Basiszonen
erfassen [9.19], u. zw. durch Widerstände R_n, R_n', die mit
steigendem Strom $I_{A,n}$ kleiner werden. Was sich allerdings
nicht erfassen läßt, sind die transversalen Diffusionsströme in den Basiszonen. Dennoch stimmen die berechneten
Ergebnisse recht gut mit den experimentellen Ergebnissen
überein [9.19].

9.4.5 Der laterale Abschaltvorgang

Wird der Schalter im Steuerkreis des Bildes 9.14b zum
Zeitpunkt t_o geschlossen, so liegt an den in Reihe geschalteten Widerständen R_G und R_1 die treibende Spannung
$U_{3,1}+U_G$. Die Spannung $U_{3,1}$ ist die Flußspannung des n-Emitters des Thyristors T_1. Dadurch entsteht der Steuerstrom

$$I_{G1} = \frac{U_G + U_{3,1}}{R_G + R_1} \, . \tag{9.8}$$

Er fließt zunächst nur im Gate-Kathodenkreis des Thyristors
T_1 und ist mit einer sprunghaften Abnahme des Konzentrationsgefälles der Elektronen in der p-Basis am Rande des
n-Emitters verbunden. Die Spannung $U_{3,1}$ bleibt im Schalt-
moment weitgehend unverändert und ist damit gleich der statischen Flußspannung U_3^* des n-Emitters. Sie nimmt erst an-

schließend ab, wenn der Steuerstrom I_{G1} genügend Löcher aus der p-Basis von T_1 abgeführt hat und die Speicherladung sinkt.

Sobald $U_{3,1}$ abzunehmen beginnt, erscheint über dem Widerstand R_2 die treibende Spannung $U_{3,2}(t) - U_{3,1}(t)$, wobei näherungsweise $U_{3,2}(t) \approx U_3^*$ gilt, und erzeugt den Steuerstrom

$$I_{G2} = \frac{U_3^* - U_{3,1}(t)}{R_2} \ . \tag{9.9}$$

I_{G2} führt zunächst nur Löcher aus der p-Basis von T_2 ab und leitet in T_2 den Speicherladungsabbau ein.

Wenn daraufhin in T_2 die n-Emitterspannung $U_{3,2}$ kleiner wird, entsteht über R_3 eine treibende Spannung und erzeugt den Steuerstrom I_{G3}. Anschließend wiederholt sich der gleiche Vorgang in T_3, dann in T_4 usw. Auf diese Weise pflanzt sich der Steuerstrom von einem Thyristor zum anderen fort.

Diese Betrachtung macht deutlich, daß der Abschaltvorgang im ersten Thyristor dem im letzten vorauseilt. Um wieviel, hängt unter anderem vom Mindeststeuerstrom der Teilthyristoren ($I_{GO,n}$) und der Größe der Querwiderstände (R_n, R_n') ab. Im Grenzfall $R_n = R_n' = 0$ (eindimensionales Modell) ist der zeitliche Unterschied Null. Mit zunehmenden Querwiderständen wird er größer. Bis sich z.B. am Widerstand R_2 erstmals eine treibende Spannung aufgebaut hat, die ausreicht, um dem Thyristor T_2 den Mindeststeuerstrom zu entziehen, muß die Emitterspannung im Thyristor T_1 nach Gl.(9.9) auf den Wert

$$U_{3,1} = U_3^* - R_2 \ I_{GO,2} \tag{9.10}$$

abgefallen sein. Je größer R_2 und $I_{GO,2}$ sind, um so kleiner wird $U_{3,1}$, um so mehr eilt der Abschaltvorgang in T_1 dem in T_2 voraus. Bei den nachfolgenden Thyristoren setzt sich das analog fort.

Nimmt man einmal stark vereinfachend an, daß die Speicherladung im Thyristor T_n bereits abgebaut ist, bevor im Thyristor T_{n+1} der Mindeststeuerstrom fließt, dann ist zu erwarten, daß bei N Teilthyristoren - jeder mit der Abschaltzeit t_{Ab} - der Abschaltvorgang im letzten Thyristor um die Zeitspanne

$$t_s = (N - 1)\, t_{Ab} \qquad\qquad (9.11)$$

verzögert einsetzt. Die Zeitspanne t_s kennzeichnet die Dauer der lateralen Abschaltphase und wird Speicherzeit genannt. Die Zahl N ist dadurch bestimmt, daß der Einzelthyristor einen genügend hohen Querwiderstand R_n haben muß, um mit der obigen Annahme in Einklang zu kommen.

Bei vorgegebenem Querwiderstand wird die Zahl der Teilthyristoren mit steigendem Schichtwiderstand der p-Basis größer und die Speicherzeit nach Gl.(9.11) damit länger.

Bild 9.15 veranschaulicht die Elektronen- und Löcherströme im Thyristor im Stadium der lateralen Abschaltphase. Ein Teil des Thyristors ist ausgeschaltet, der restliche Teil führt den unveränderten Anodenstrom $I_A(t)=I_A(t_o)$ und weist eine dementsprechend erhöhte Stromdichte auf. Im ausgeschalteten Bereich ist der n-Emitter J_3 in Sperrichtung gepolt, die Kollektorsperrschicht J_2 ebenfalls. Die Basiszonen sind dort weitgehend frei von Überschußladungsträgern. Deshalb muß der Steuerstrom den unmodulierten Widerstand der p-Basis durchfließen.

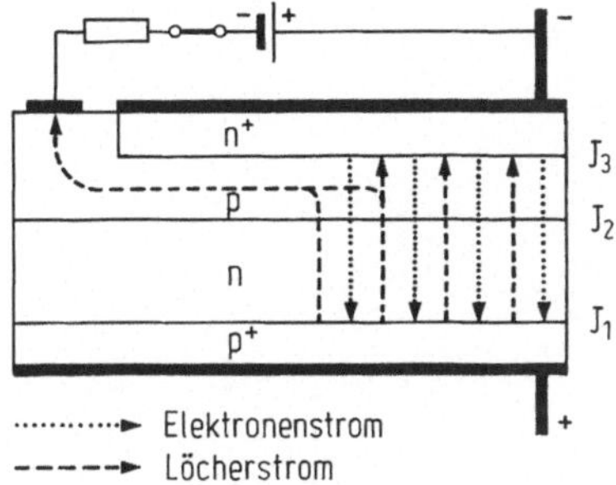

Bild 9.15. Ströme in einem partiell abgeschalteten Thyristor [9.15].

Mit der Fortdauer des Steuerstromes wird der leitende Bereich des Thyristors immer mehr in den rechten Randbereich gedrängt ("squeezing" [9.15]). Er wird schließlich so schmal, daß er bei weiterem Löcherentzug gleichmäßig abschaltet. Erst in dieser letzten Phase nimmt der Anodenstrom ab, Bild 9.16. Die Zeit für den Abfall vom 90%- auf den 10%-Wert bezeichnet man als Fallzeit t_f.

Das Zusammendrängen des Anodenstromes in einen schmalen Kanal birgt aufgrund der hohen Stromdichte die Gefahr einer thermischen Überlastung des Thyristors in sich. Zum anderen hat es zur Folge, daß der Steuerstrom den gesamten Querwiderstand der p-Basis durchfließen muß und ein hohes Potentialgefälle verursacht. Von einem gewissen Steuerstrom I_{GTO} an erreicht die n-Emittersperrschicht am linken Rande (Bild 9.15) den Durchbruch. Damit ist dem für das Abschalten wirksamen Steuerstrom eine Grenze gesetzt. Sie ist gegeben durch die Forderung

$$I_{GTO}\, R_p \leq U_{BR3} \; . \tag{9.12}$$

R_p ist der gesamte Querwiderstand der p-Basis im aktiven Bereich. Drückt man in Gl.(9.12) den Steuerstrom I_{GTO} mit Hilfe der Abschaltverstärkung β_0 durch den zugehörigen Anodenstrom I_{ATO} aus gemäß $I_{GTO}=I_{ATO}/\beta_0$, so erhält man die zu [9.15] analoge Beziehung

$$I_{ATO} \leq \beta_0 (U_{BR3}/R_p) \; . \tag{9.13}$$

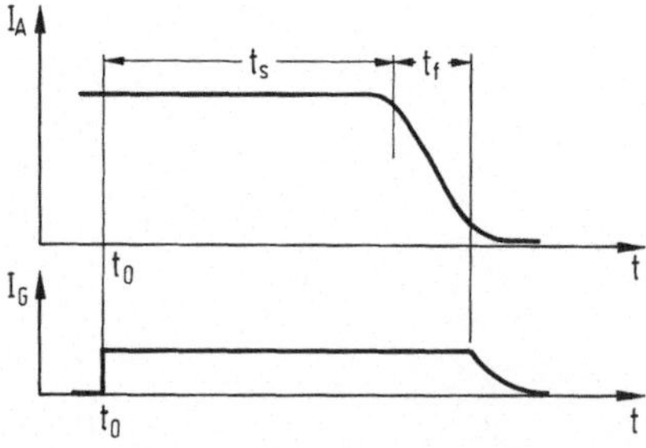

Bild 9.16. Anodenstrom und Gatestrom beim Abschalten einer größerflächigen Thyristorstruktur. t_s Speicherzeit, t_f Fallzeit.

Der Strom I_{ATO} stellt den maximalen abschaltbaren Anodenstrom dar, d.h. ein größerer Anodenstrom kann nicht mehr
mittels Steuerstrom abgeschaltet werden. Nach Gl.(9.13)
ist I_{ATO} dem Verhältnis aus Durchbruchspannung zu Basiswiderstand proportional. Dieser Zusammenhang wird durch
das Experiment bestätigt [9.20].

9.4.6 Gate-Kathodenstruktur

Um einen hohen Abschaltstrom I_{ATO} zu erreichen, ist es notwendig, die Durchbruchspannung U_{BR3} möglichst groß und den
Basiswiderstand R_p möglichst klein zu machen. Diese beiden
Forderungen widersprechen sich jedoch im Hinblick auf die
Dotierung der p-Basis. Wegen U_{BR3} müßte sie schwach sein,
wegen R_p stark. Es ist daher ein Kompromiß nötig. Im allgemeinen wird die Dotierung so gewählt, daß $U_{BR3} \geqq 10$ V beträgt [9.21], [9.22].

Neben der Leitfähigkeit ist auch die Dicke der p-Basis begrenzt, die Dicke wegen $\alpha_2 \simeq 1$. Infolgedessen läßt sich R_p
nur durch eine Reduzierung der Emitterbreite verkleinern.
Der Emitter wird daher in Form schmaler Streifen ausgeführt. Die verschiedenen Bauformen der abschaltbaren
Leistungsthyristoren [9.22] - [9.25] unterscheiden sich
lediglich in der Anordnung der Emitterstreifen und Gate-
kontakte. Bild 9.17 zeigt als Beispiel eine kammförmige

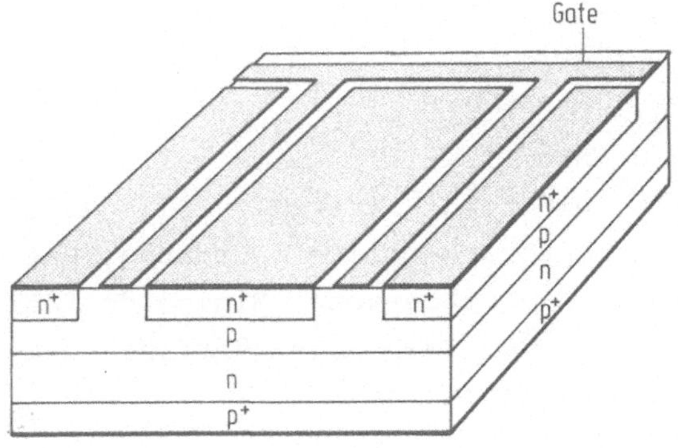

Bild 9.17. Schema der Gate-Kathodenstruktur eines Abschalt-
thyristors.

Verzahnung von Gate und Emitter. Gebräuchlich sind ferner spiralförmige und radiale Streifenanordnungen. In [9.25] wird über einen Thyristor mit einem maximalen Abschaltstrom von $I_{ATO} = 600$ A berichtet, dessen n-Emitter aus 260 Einzelstreifen zu je 4 mm Länge mit 300 μm Breite besteht, wobei jeder Streifen allseitig vom Gatekontakt umgeben ist.

Wenn die Abschaltzeiten der einzelnen Streifen nicht gleich sind, muß der Streifen mit der längsten Abschaltzeit von dem Moment an, wo die anderen abgeschaltet sind, den gesamten Anodenstrom führen. Falls dies nicht nur für eine äußerst kurze Zeit geschieht, wird der Thyristor an dieser Stelle zerstört.

Um die Streuung der Abschaltzeiten gering zu halten, dürfen die Strukturparameter des Thyristors auf der ganzen Fläche nur geringe Toleranzen aufweisen. Das stellt hohe Anforderungen an die Technologie [9.26]. Eine gewisse Streuung der Abschaltzeiten ist dennoch nie ganz zu vermeiden. Die Zeitunterschiede werden aber kürzer, wenn die Abschaltzeiten durch erhöhten Steuerstrom verkleinert werden. Auf diesem Wege läßt sich auch die restliche Zerstörungsgefahr weitgehend ausschalten.

9.5 Der lichtzündbare Thyristor

9.5.1 Prinzip

Der in Vorwärtsrichtung gepolte Thyristor wird auf einem Teil seiner aktiven Fläche mit Licht bestrahlt. Bild 9.18 zeigt die bei Leistungsthyristoren übliche Anordnung. Das Licht fällt hierbei auf die n^+-Emitterzone. Einige der auftreffenden Photonen werden an der Halbleiteroberfläche reflektiert, die meisten aber dringen ins Innere der pnpn-Struktur ein und erzeugen durch den Photoeffekt Elektron-Lochpaare, vorausgesetzt, ihre Energie ist größer als der Bandabstand.

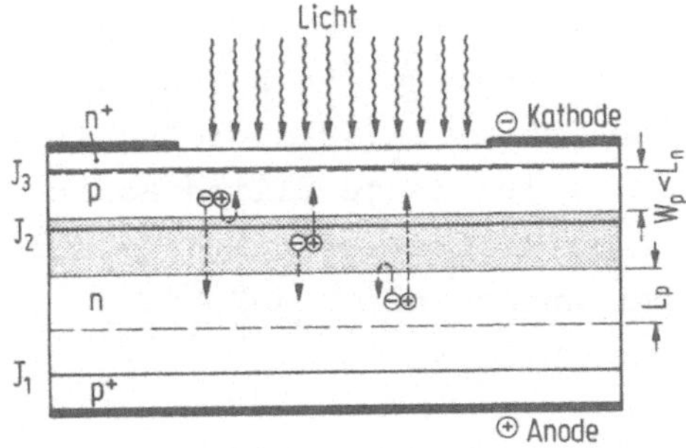

Bild 9.18. Prinzip der Lichtzündung.

Ein Elektron-Lochpaar, das in der Kollektorsperrschicht J_2
erzeugt wird, wird vom elektrischen Feld in einer Zeit
von weniger als 10^{-9}s getrennt, das bedeutet in dem hier
interessierenden Zeitbereich $t \geq 10^{-7}$s praktisch augenblicklich. Das Loch wird zur p-Basis transferiert, das
Elektron zur n-Basis. Dadurch erfahren beide Basiszonen
einen Zustrom an Majoritätsträgern gleicher Höhe und vernachlässigbarer zeitlicher Verzögerung gegenüber der Trägergeneration. Dieser Strom tritt infolgedessen sofort beim
Einschalten des Lichtes auf und wirkt von diesem Moment an
in jeder der beiden Basiszonen wie ein extern zugeführter
Basisstrom.

Elektron-Lochpaare, die außerhalb der Kollektorsperrschicht
erzeugt werden und weniger als eine Diffusionslänge von
der Sperrschicht entfernt sind, können bis zur Kollektorsperrschicht diffundieren und dann ebenfalls vom Feld getrennt werden. Auf diese Weise liefern auch sie einen Majoritätsträgerstrom in die Basiszonen. Wegen der endlichen
Laufzeit der Ladungsträger bis zur Sperrschicht hinkt dieser Strom aber der Trägergeneration nach.

Die in den hochdotierten Emitterzonen erzeugten Elektron-
Lochpaare liefern praktisch keinen Beitrag zum Strom, weil
sie infolge der sehr kleinen Trägerlebensdauer in diesen
Gebieten ($< 10^{-8}$s) rekombinieren noch bevor sie in merk-
licher Zahl zur Emittersperrschicht gelangen können und
dort vom elektrischen Feld getrennt werden.

Die Majoritätsträger, die den Basiszonen vom Photostrom
I_{Ph} zugeführt werden, strömen zu einem geringen Teil über
die angrenzenden Emittersperrschichten ab, der größte Teil
wird jedoch durch die vom Emitter in die jeweilige Basiszone injizierten Minoritätsträger neutralisiert. Beim Einschalten des Lichtes steigt der Anodenstrom zunächst
sprunghaft um den Photostrom an, Bild 9.19.

Anschließend wird der Photostrom in den Teiltransistoren
verstärkt, unterstützt von der inneren Rückkopplung. Der
Anodenstrom wächst daher nach einer gewissen Verzögerung
weiter an. Sofern die Rückkoppelverstärkung kleiner eins
bleibt, strebt er asymptotisch gegen seinen stationären
Wert, siehe Stromverlauf I_{A1} in Bild 9.19.

Angenommen I_A^* sei der stationäre Strom, für den die Rückkoppelverstärkung gerade eins wird und I_{Ph2} ein Photostrom,
für den der Anodenstrom I_{A2} einem stationären Wert oberhalb I_A^* zustrebt. Dann setzt kurz nachdem der Anodenstrom
den Wert I_A^* überschritten hat, die regenerative Wirkung
der Rückkoppelströme ein und führt zu einem lawinenartigen
Ansteigen des Anodenstromes. Der Thyristor schaltet ein.

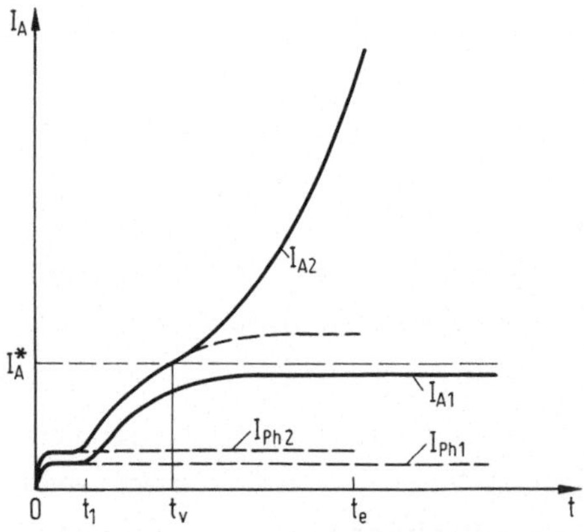

Bild 9.19. Anodenstromverlauf beim Einschalten des Lichtes. I_A^* Strom, bei dem die Zündbedingung erfüllt ist; t_v
Verzögerung der Zündung.

382

Aus Bild 9.19 geht hervor, daß sich der Zündbeginn mit
wachsendem Photostrom zu kürzeren Zeiten verschiebt, d.h.
daß die Zündverzugszeit mit steigender Lichtintensität
kleiner wird.

Nachdem der Zündvorgang eingesetzt hat und der Anodenstrom
groß gegenüber dem Photostrom geworden ist, kann der Photostrom abgeschaltet werden, ohne daß sich am weiteren Verlauf des Anodenstromes etwas ändert (Zeitpunkt t_e in Bild
9.19). Das ist darauf zurückzuführen, daß der Beitrag des
Photostromes zum Basisstrom dann klein ist im Vergleich
zum Beitrag des Rückkoppelstromes.

9.5.2 *Spektrale Empfindlichkeit*

Die Größe des Photostromes hängt von der Wellenlänge des
Lichtes ab. Licht mit einer Wellenlänge $\lambda > 1{,}14$ μm ist bei
$T = 300$ K unwirksam, weil seine Photonen nicht genügend
Energie besitzen, um ein Elektron-Lochpaar zu erzeugen.
Sehr kurzwelliges Licht ist ebenfalls unwirksam, weil es
eine zu geringe Eindringtiefe hat, und die Elektron-Lochpaare infolgedessen an der Oberfläche rekombinieren. Im
Zwischengebiet ($0{,}1$ μm $\leq \lambda \leq 1{,}14$ μm) hat die Photoempfindlichkeit ein Maximum. Der spektrale Verlauf läßt sich an-
hand des folgenden Modelles näherungsweise berechnen
[9.13].

Das Modell beruht auf den Annahmen:

1. Der Thyristor wird, wie in Bild 9.20, auf seiner gesamten n-Emitterfläche gleichmäßig mit Licht bestrahlt.
   Diese Annahme rechtfertigt eine eindimensionale Behandlung.

2. Die Quantenausbeute η ist eins ($\eta = 1$).
   Das bedeutet, daß jedes absorbierte Photon ein Elektron-
   Lochpaar erzeugt.

3. Der Photostrom wird nur von Ladungsträgerpaaren erzeugt,
   die in der Kollektorsperrschicht, in der p-Basis sowie

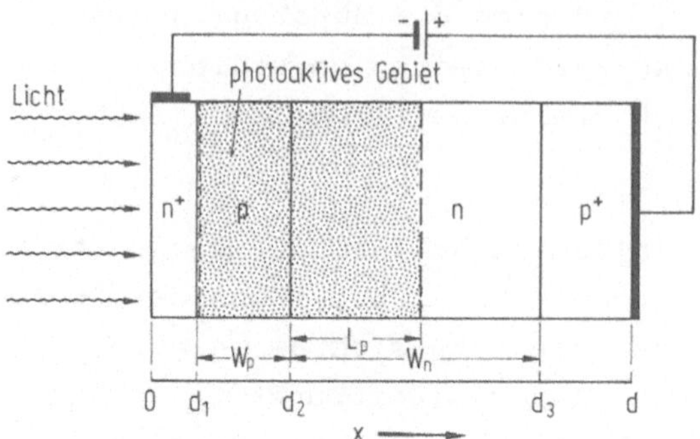

Bild 9.20. Thyristormodell zur Berechnung der spektralen Empfindlichkeit.

in dem an den Kollektor angrenzenden n-Basisgebiet der Breite L_p erzeugt werden.

Diese Annahme ist insoweit realistisch, als a) die p-Basis aufgrund des eingebauten Driftfeldes über einen hohen Transportfaktor verfügt und die effektive Diffusionslänge mithin größer als die Basisdicke ist und b) die n-Basis breiter als die Diffusionslänge L_p der Löcher ist.

4. Die Ausdehnung der Kollektorsperrschicht ist klein gegenüber der n-Basisweite.
Das trifft zu für die Zündung bei niedriger Anodenspannung und bezieht sich auf den ungünstigsten Fall.

Die Absorption der Photonen folgt dem Lambert'schen Absorptionsgesetz

$$N_\lambda (x) = N_\lambda (0) \ \exp \{ - \alpha(\lambda)x \}. \qquad (9.14)$$

Hierbei bedeuten $N_\lambda(0)$ bzw. $N_\lambda(x)$ die Anzahl der Photonen mit der Wellenlänge λ, die den Thyristor pro Sekunde an der Stelle 0 bzw. x passieren, und $\alpha(\lambda)$ ist der Absorptionskoeffizient. $N_\lambda(0)$ unterscheidet sich von der Anzahl $N_{\lambda 0}$, der auf die Oberfläche pro Sekunde auffallenden Photonen durch die Reflexionsverluste.

384

$$N_\lambda(O) = (1-R)N_{\lambda O} \; . \tag{9.15}$$

Der Reflexionskoeffizient R hängt zwar von der Wellenlänge
ab, kann aber im Wellenlängenbereich $0,5$ µm $< \lambda < 4$ µm als
konstant betrachtet werden. Bei senkrechter Inzidenz des
Lichtes gilt hier

$$R \simeq 0,3 \; . \tag{9.16}$$

Für die Gesamtzahl $N_{\lambda abs}$ der pro Sekunde im aktiven Bereich $d_1 \leqq x \leqq (d_2 + L_p)$ absorbierten Photonen erhält man

$$\tag{9.17}$$

$$N_{\lambda abs} = \underbrace{[N_\lambda(d_1) - N_\lambda(d_2 + L_p)]}_{N^O_{\lambda abs}} + \underbrace{[N_\lambda(2d - d_2 - L_p) - N_\lambda(2d - d_1)]}_{N^1_{\lambda abs}} + \dots$$

Der erste Term, $N^O_{\lambda abs}$, ist der Beitrag der Strahlung auf
dem Wege von der Oberfläche zur Rückseite und der zweite,
$N^1_{\lambda abs}$, der Beitrag der an der Rückseite reflektierten
Strahlung. Die Beiträge der mehrfach reflektierten Strahlung werden vernachlässigt.

Aus Gl.(9.17) und den Gln.(9.14) bis (9.16) läßt sich mit
Hilfe der experimentellen Werte [9.27] für $\alpha(\lambda)$ der spektrale Verlauf der Photoempfindlichkeit berechnen.

Bild 9.21 zeigt die berechnete relative spektrale Empfindlichkeit, d.h. die auf den Maximalwert bezogene spektrale
Empfindlichkeit, für einen hochsperrenden Thyristor (3 KV)
und einen niedrigsperrenden Thyristor (400 V) nach [9.28].
Für $\lambda < 0,95$ µm ist der 400 V-Thyristor, für $\lambda > 0,95$ um
der 3 KV - Thyristor der empfindlichere. Das läßt sich folgendermaßen erklären. Bei dem niedrigsperrenden Thyristor
liegt das photoaktive Gebiet näher an der Oberfläche, so
daß ein größerer Anteil der kurzwelligen Strahlung bis
dorthin vordringen kann. Im langwelligen Spektralbereich
($\lambda > 0,95$ µm) ist andererseits die Eindringtiefe der Strahlung groß gegenüber der Ausdehnung des aktiven Bereiches
und die Absoprtion pro Längeneinheit im aktiven Volumen in
beiden Fällen etwa gleich groß. Wegen der dickeren aktiven
Zone ist dann der hochsperrende Thyristor empfindlicher.

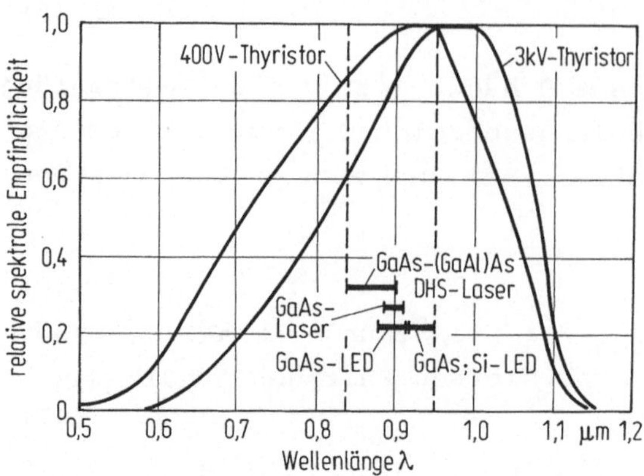

Bild 9.21. Abhängigkeit der relativen spektralen Empfindlichkeit von der Wellenlänge für Thyristoren unterschiedlicher Kippspannung sowie Emissionsbereiche von GaAs-Lichtemitterdioden.

9.5.3 Lichtquellen

In Bild 9.21 sind die Emissionsgebiete verschiedener GaAs-
Lichtemitterdioden eingezeichnet. Es zeigt sich, daß sie
teils innerhalb, teils in unmittelbarer Nähe des Wellen-
längenbereiches maximaler Empfindlichkeit liegen. Deshalb
eignen sich diese Lichtemitterdioden von ihrer Wellenlänge
her ausgesprochen gut zur Lichtzündung von Thyristoren.

Auch ihre dynamischen Eigenschaften sind dafür sehr günstig. Denn das Licht kann in sehr kurzer Zeit eingeschaltet werden. Die optischen Einschaltzeiten bewegen sich bei
GaAs-Lumineszenzdioden und GaAs-Lasern sowie bei GaAs-
(GaAl)As-Doppelheterostruktur-Lasern (DH-Laser) in der
Größenordnung einiger Nanosekunden und bei Silizium-dotier-
ten GaAs-Lumineszenzdioden (GaAs: Si LED's) in der Größenordnung einiger hundert Nanosekunden. Diese Zeiten sind
kleiner als die Verzugszeiten der Thyristoren. Somit werden sämtliche GaAs-Lichtemitterdioden den Anforderungen an
die Schaltgeschwindigkeit des Zündsignals gerecht. Aufgrund
der Anforderung, daß die Lichtquelle auch in der Lage sein
muß, ein Dauer-Zündsignal abzugeben, scheidet der GaAs-
Laser jedoch aus. Denn er läßt bei Zimmertemperatur nur
den Pulsbetrieb zu.

Mit den obengenannten Lichtquellen steht im Dauerstrich-
Betrieb eine Ausgangsleistung von einigen 10 mW zur Verfügung.

9.5.4 Optische Zündempfindlichkeit

Wenn man die verfügbare Dauerleistung der GaAs-Lichtquel-
len mit der Zündleistung bei der Steuerstromzündung von
Leistungsthyristoren vergleicht, die in der Größenordnung
Watt liegt, so könnte man auf den ersten Blick meinen, daß
die verfügbare Lichtleistung zu niedrig sei. Ein solcher
Vergleich ist jedoch zu oberflächlich, denn er läßt außeracht, daß bei der Steuerstromzündung ein Teil der Leistung
durch ohmsche Verluste am transversalen Widerstand der Basis verbraucht wird und ein Teil des Steuerstromes infolge
Oberflächenrekombination unwirksam ist. Außerdem kommt es
weniger auf die Gesamtleistung an als vielmehr auf die
Leistung bezogen auf die gezündete Querschnittsfläche.
Und gerade in dieser Hinsicht bietet die Lichtzündung die
Möglichkeit, die Lichtleistung unter Benutzung von Glasfaser-Kabel auf eine sehr kleine Fläche zu konzentrieren.
Bei Verwendung normaler Glasfaser-Kabel auf weniger als
1 mm^2 und bei Verwendung von Einzelglasfasern, wie es im
Falle von Laser-Lichtquellen möglich ist, auf weniger als
10^{-2} mm^2.

Es soll nun abgeschätzt werden, welche minimale Lichtleistung zur Zündung eines Leistungsthyristors benötigt
wird. Dazu muß die Größe des minimal erforderlichen Photostromes I_{Ph}^* bekannt sein. Darunter soll der statische Photostrom verstanden werden, der den Thyristor bei einer Anodenspannung von wenigen Volt zündet.

Zur Bestimmung von I_{Ph}^* ist in Bild 9.22 die Wirkung des
Photostromes veranschaulicht. Er beliefert beide Basiszonen mit Majoritätsträgern analog dem Kollektorsperrstrom
I_{CO}. Aus der Strombilanz an der Kollektorsperrschicht folgt
damit

$$I_A = \frac{I_{CO} + I_{Ph}}{1 - (\alpha_{pnp} + \alpha_{npn})} \, , \qquad\qquad (9.18)$$

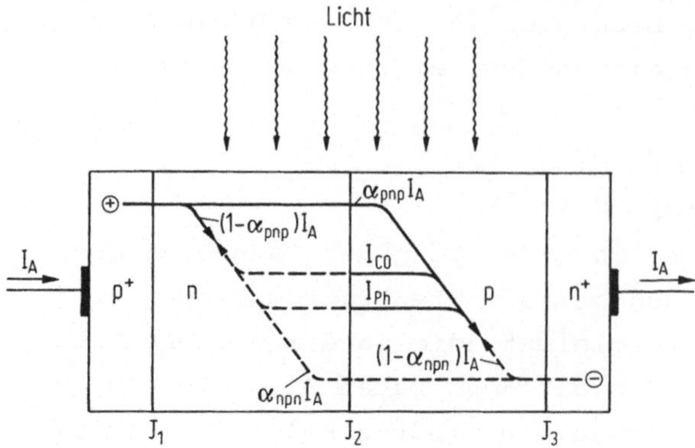

Bild 9.22. Stromkomponenten im lichtzündbaren Thyristor.

wobei die statischen Stromverstärkungsfaktoren α_{pnp} und
α_{npn} von I_A abhängen. Der zur Zündung erforderliche Photostrom ist gekennzeichnet durch

$$\frac{dI_A}{dI_{Ph}} = \infty \ . \tag{9.19}$$

Aus Gl.(9.18) ergibt sich mit Gl.(9.19) durch die gleiche
Rechnung, die in Abschnitt 1.7 für den Kippunkt durchgeführt worden ist, die bekannte Zündbedingung

$$\tilde{\alpha}_{pnp} + \tilde{\alpha}_{npn} = 1 \tag{9.20}$$

für $I_{Ph} = I_{Ph}^*$.

Bild 9.23 zeigt den für Leistungsthyristoren typischen Verlauf der Stromverstärkungsfaktoren im Bereich des Halte-
stromes. Der Stromverstärkungsfaktor α_{pnp} hat wegen $w_n \approx 2L_p$
einen relativ niedrigen Wert (0,2 ... 0,3) und ist nahezu
unabhängig vom Strom. Demgegenüber steigt α_{npn} näherungsweise logarithmisch auf einen Maximalwert von 0,8 bis 0,9
an. Die Summe der Kleinsignal-Alphas (Bild 9.23b) erreicht
den Wert eins bei dem Anodenstrom

$$I_A^* = 40 \ mA/cm^2 \ . \tag{9.21}$$

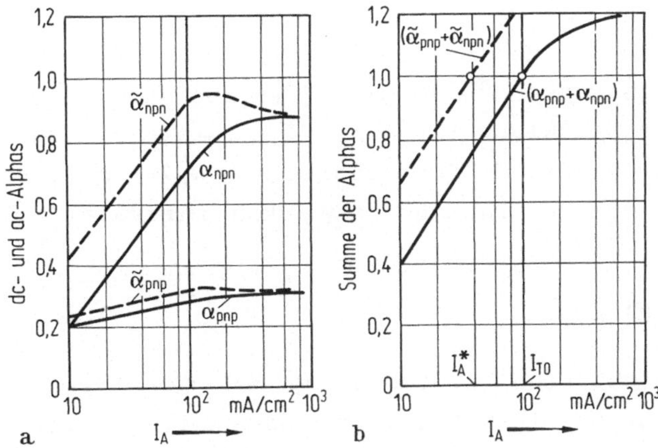

Bild 9.23. Typische Abhängigkeit der Stromverstärkungsfaktoren vom Strom.

Bei diesem Strom beträgt die Summe der Gleichstrom-Alphas

$$\alpha_{pnp} + \alpha_{npn} = 0,75 , \qquad \text{für} \quad I_A = I_A^* . \tag{9.22}$$

Mit Gl.(9.22) erhält man aus der Strombilanzgleichung (9.18) unter Vernachlässigung des Kollektorsperrstromes ($I_{CO} \leq 10^{-6}$ A/cm²) als minimal erforderlichen Photostrom

$$I_{Ph}^* = 10 \text{ mA/cm}^2 . \tag{9.23}$$

Die zugehörige Bestrahlungsstärke, H_e^*, gemessen in Watt pro cm², läßt sich mit Hilfe der Photonenenergie $h\nu$, der Elementarladung q und der effektiven Quantenausbeute $\eta_e = \eta_e(\lambda)$, die das Verhältnis aus der Zahl der generierten Elektron-Lochpaare zu der Zahl der im Wellenlängenintervall $\lambda \ldots \lambda + d\lambda$ auffallenden Photonen angibt, ausdrücken durch

$$H_e^* = \frac{h\nu}{q\eta_e} I_{Ph}^* . \tag{9.24}$$

η_e ergibt sich unmittelbar aus der in Abschnitt 9.5.2 beschriebenen Berechnung von $N_{\lambda abs}$ und ist definiert durch

$$\eta_e = \eta \, N_{\lambda abs}/N_{\lambda 0} . \tag{9.25}$$

Mit Hilfe der Gln.(9.24) und (9.25) findet man bei Bestrahlung mit einer GaAs-Lumineszenzdiode ($\lambda \approx 900$ nm) eine minimale Bestrahlungsstärke $H_e^* \simeq 30$ mW/cm^2 [9.28]. Geht man davon aus, daß die Strahlung mit einem 1 mm starken Lichtfaser-Kabel übertragen wird (Querschnitt A = 0,79 mm^2), so erhält man für die zur Zündung notwendige minimale Lichtleistung

$$\phi_e^* = A \; H_e^* = 0,24 \text{ mW} \; . \tag{9.26}$$

Wie man sieht, reicht eine Lichtleistung von etwa 1/4 mW aus, also weit weniger als mit dieser Lichtquelle an Dauerleistung zur Verfügung steht.

Nun kommt aber hinzu, daß Leistungsthyristoren mit Emitterkurzschlüssen versehen werden müssen, um den hohen Anforderungen an die dU/dt-Belastbarkeit zu genügen. Den Einfluß der Kurzschlüsse auf den Photostrom illustriert Bild 9.24 an einer vereinfachten Thyristorstruktur mit einem einzigen ringförmigen Kurzschluß an der Stelle r_2. Der

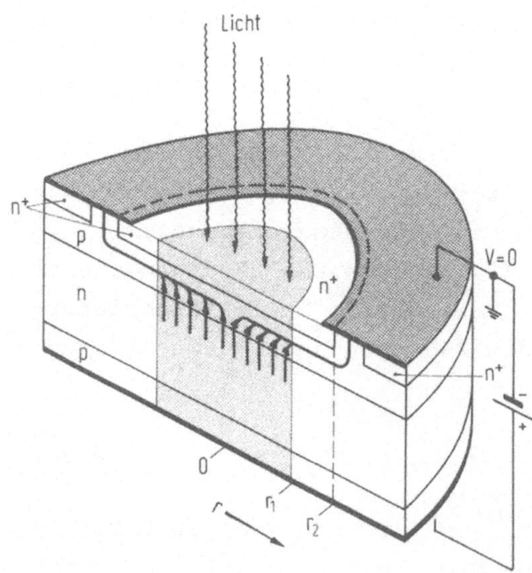

Bild 9.24. Einfluß von Emitterkurzschlüssen auf den Photostrom.

390

in die p-Basis eintretende Photostrom fließt über den
Kurzschluß ab. Erst wenn der Spannungsabfall am transversalen Bahnwiderstand der p-Basis so groß geworden ist,
daß der n-Emitter im beleuchteten Gebiet ($r \leq r_1$) hinreichend stark in Flußrichtung gepolt wird, beginnt der Strom
über den n-Emitter zu fließen. Man erkennt, daß Emitterkurzschlüsse die Zündempfindlichkeit beträchtlich reduzie-
ren.

9.5.5 *Lichtzündung von Leistungsthyristoren*

Die vorausgegangenen Betrachtungen haben gezeigt, daß die
Lichtzündung von Leistungsthyristoren ohne den Zwang zu
Emitterkurzschlüssen kein Problem wäre. Die mit preisgün-
stigen GaAs-LED's verfügbare Lichtleistung würde reichen,
um eine kräftige Übersteuerung, wie sie zur Verkürzung der
Einschaltverzugszeit nötig ist, zu gewährleisten. Mit Emitterkurzschlüssen trifft dies nicht mehr zu. Es entsteht
deshalb das Problem, den nachteiligen Einfluß der Kurzschlüsse auf die Zündempfindlichkeit durch Änderungen im
Thyristoraufbau auszuschalten. Zur Lösung dieses Problems
sind die folgenden Konzepte entwickelt worden.

Kompensation des dU/dt-Triggerpotentials

Die Grundidee [9.29] besteht darin, die vom kapazitiven
Strom hervorgerufene Anhebung des p-Basispotentials zu
kompensieren und dadurch die Flußpolung des n^+-Emitters
im beleuchteten Bereich zu verhindern.

Dazu dient die in Bild 9.25 skizzierte Thyristorstruktur.
Anders als im bisherigen Thyristoraufbau ist hier die n^+-
Emitterzone des beleuchteten Gebietes nicht mit der Kathode, sondern mit einer ringförmigen Elektrode T an der Peripherie der p-Basis elektrisch verbunden. Die Elektrode
T steht über den transversalen Widerstand der p-Basis, der
zur Veranschaulichung als diskreter Widerstand R_a eingezeichnet ist, mit der Kathode in Verbindung. Ohne dU/dt-
Belastung liegt die Elektrode T auf einem Potential, welches um den Spannungsabfall, den der Kollektorsperrstrom

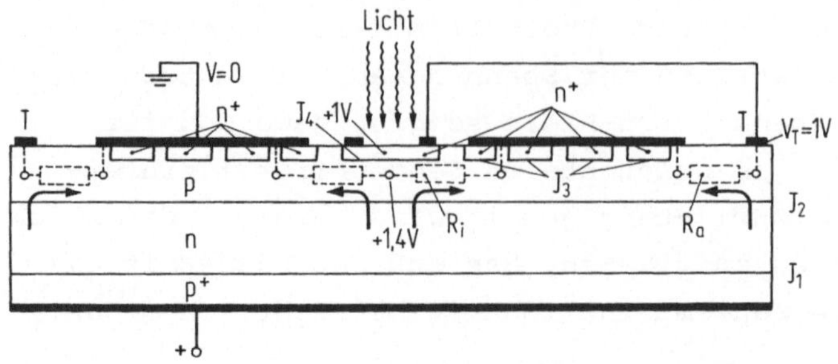

Bild 9.25. Thyristor mit Ringelektrode (T) zur Kompensation des dU/dt-Triggerpotentials im beleuchteten Gebiet;
nach [9.29].

und der Oberflächenleckstrom an R_a erzeugen, höher ist als
das Kathodenpotential (V=O). Bei Zimmertemperatur, wo diese Ströme sehr klein sind, liegt T praktisch auf Kathodenpotential. Durch die leitende Verbindung befindet sich
dann auch die n^+-Zone des lichtempfindlichen "Hilfsthyristors" auf Kathodenpotential, und es bestehen für die
Lichtzündung die gleichen Potentialverhältnisse wie in der
bisherigen konventionellen Struktur.

Im Falle einer dU/dt-Belastung des Thyristors wird das
Potential der Elektrode T um den vom kapazitiven Strom an
R_a erzeugten Spannungsabfall angehoben, beispielsweise auf
V_T = +1V. Dementsprechend steigt das Potential der n^+-Zone
des Lichtfensters auf seiner gesamten Fläche um +1V an und
vermindert dadurch die Spannung über dem pn-Übergang J_4 um
1V. Das p-Basispotential im Zentrum r=O von beispielsweise
$V_p(O)$ = 1,4V führt dann nur zu einer Flußpolung des Emitters von U_{J4} = O,4V. Ohne die Potentialanhebung der n^+-Zone
wäre es bereits bei $V_p(O)=V_p^*\approx O,7V$ zu einer dU/dt-Zündung
gekommen, jetzt dagegen erfolgt sie erst, wenn $V_T-V_p(O)=V_p^*$
wird. Und schließlich besteht die Möglichkeit, durch optimale Einstellung der Basiswiderstände R_a und R_i das p-Basispotential $V_p(O)$ ganz zu kompensieren und so die dU/dt-
Zündung des Hilfsthyristors zu verhindern.

Da nunmehr die Emitterkurzschlüsse einen weiten Abstand
vom beleuchteten Gebiet haben dürfen und die p-Basis im

beleuchteten Gebiet einen hohen Schichtwiderstand aufwei-
sen darf, läßt sich der Verlust an Photostrom über die
Kurzschlüsse gering halten und somit eine hohe optische
Zündempfindlichkeit erzielen.

Modifizierte vertikale Thyristorstruktur

Dieses Konzept [9.30] ist speziell zur Lichtzündung hochsperrender Thyristoren entwickelt worden. Bild 9.26 zeigt
den zugrundeliegenden Thyristoraufbau. Die n-Basis weist
ein schmales Fenster zur beleuchteten Oberfläche auf. Bei
niedriger Spannung (Bild 9.26a) folgt die Raumladungszone
des Kollektors der Krümmung des pn-Überganges, und es ver-
bleibt ein n-leitender Steg zur Oberfläche. Mit zunehmender Spannung schrumpft dieser Steg immer mehr zusammen und
verschwindet schließlich ganz (Bild 9.26b).

Auf diese Weise wird erreicht, daß ein großer Teil der
Photonen unmittelbar in der Raumladungszone absorbiert
wird, und daß auch die in Nähe der Oberfläche erzeugten
Elektron-Lochpaare erfaßt werden. Licht mit einer Wellenlänge $\lambda < 1$ µm wird nahezu vollständig in der Raumladungszone absorbiert. Die neue Thyristorstruktur hat dadurch
eine höhere Photoempfindlichkeit als die konventionelle
Struktur. Darüber hinaus trägt der Fensterbereich weniger
zur Kapazität der Kollektorsperrschicht bei als ein gleich-
breiter Streifen der konventionellen Struktur, womit sich
der weitere Vorteil einer geringeren dU/dt-Empfindlichkeit
ergibt.

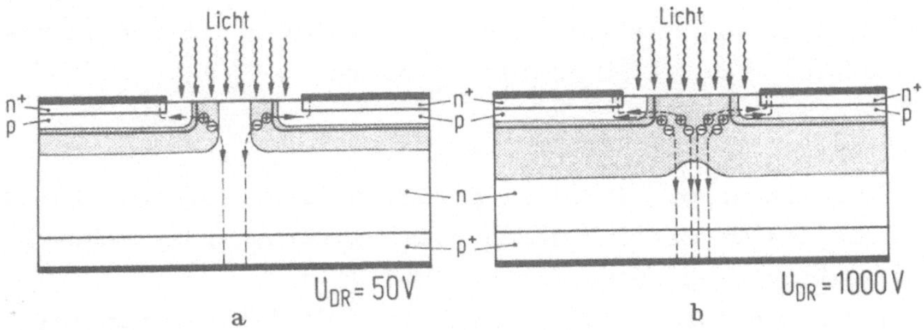

Bild 9.26. Modifizierte vertikale Thyristorstruktur zur
Lichtzündung hochsperrender Thyristoren; nach [9.30].

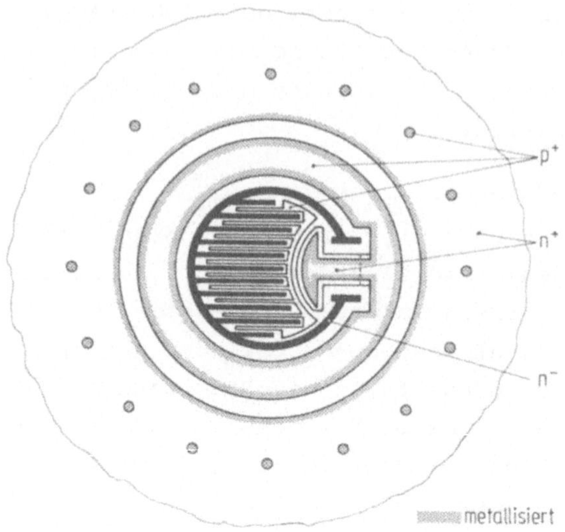

Bild 9.27. Ausführungsform der lichtempfindlichen Fenster
(dunkle Streifen) der modifizierten vertikalen Thyristorstruktur; nach [9.31].

Bild 9.27 illustriert ein Ausführungsbeispiel [9.31] dieses Konzepts. Die n-Basis weist im beleuchteten Gebiet ein
dichtes Muster solcher Fenster auf (punktierte Streifen).
Zwischen diese n^--Stege greifen p^+-"Finger", über die der
Photostrom auf die T-förmige n^+-Hilfskathode konzentriert
wird. Dieses Hilfsthyristorsystem hat die Funktion eines
Amplifying Gates. Nach der Zündung steuert es über den me-
tallisierten p^+-Ring den Hauptthyristor an. Der n^+-Emitter
des Hauptthyristors ist in der üblichen Weise mit Kurzschlüssen versehen. Die n-Basisfenster haben eine Breite
von etwa 100 µm. Sie werden durch Maskieren der Oberfläche
und nachfolgender Al-Diffusion erhalten.

Doppel Amplifying Gate-Struktur

Bei diesem Konzept [9.32] wird die optische Zündempfindlichkeit des Thyristors durch zwei hintereinander geschal-
tete Amplifying Gate Stufen erhöht. Bild 9.28 zeigt den
schematischen Aufbau. Das beleuchtete Gebiet mit dem Ra-
dius r_0 ist von einem Metallring M umgeben. Dieser Ring
dient dazu, den Photostrom 1 zu sammeln und gleichmäßig

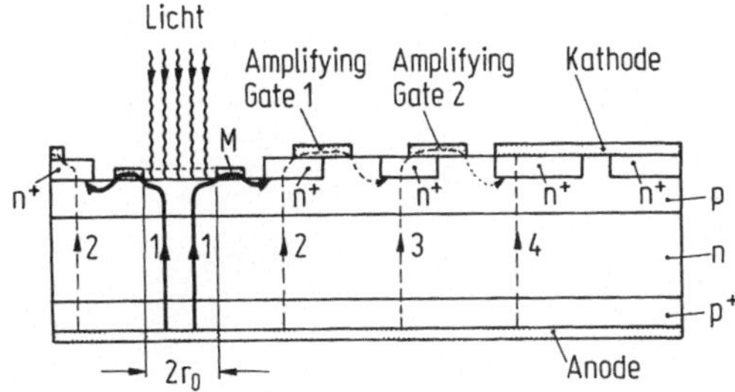

Bild 9.28. Lichtzündbarer Thyristor mit Doppel Amplifying
Gate; nach [9.32]. 1 ... 4 zeitliche Folge der Ströme.

radial zu verteilen. Von M fließt der Photostrom zum 1.
Amplifying Gate und leitet dort die Zündung ein. Der ver-
stärkte Strom 2 wird dem 2. Amplifying Gate zugeleitet,
das schließlich mit dem noch mehr verstärkten Strom 3 den
Hauptthyristor ansteuert und ihn an der Peripherie zündet
(Strom 4).

Die p-Basis kann hierbei im beleuchteten Gebiet durch se-
lektives Ätzen auf eine optimale Photoempfindlichkeit eingestellt werden. Darüber hinaus läßt sich das 1. Amplifying Gate so auslegen, daß es nur einen geringen Zündstrom benötigt.

Dieses Konzept ist an hochsperrenden Leistungsthyristoren
(2,6 kV/1000 A) experimentell erprobt worden [9.32].

Literaturverzeichnis

1.1 Moll, J.L.; Tannenbaum, M.; Goldey, J.M.; Holonyak
Jr., N.: pnpn transistor switches. Proc. IRE 44
(1956) 1174-1182.

1.2 Ebers, J.J.: Four-terminal pnpn transistors. Proc.
IRE 40 (1952) 1361-1364.

1.3 Sah, C.T.; Noyce, R.N.; Shockley, W.: Carrier generation and recombination in pn-junctions and pn-junc-
tion characteristics. Proc. IRE 45 (1957) 1228-1243.

1.4 Jonscher, A.K.: Principles of semiconductor device
operation. G. Bell and Sons Ltd., London 1960, S. 97.

1.5 Gibbons, J.F.: A critique of the theory of pnpn-de-
vices. IEEE Trans. ED-11 (1964) 406-413.

1.6 Mackintosh, J.M.: The electrical characteristics of
silicon pnpn triodes. Proc. IRE 46 (1958) 1229-1235.

1.7 Fulop, W.: Three terminal measurements of current
amplification factors of controlled rectifiers. IEEE
Trans. ED-10 (1963) 120-134.

1.8 Gentry, F.E.: Turn-on criterion for pnpn devices.
IEEE Trans. ED-11 (1964) 74.

1.9 Yang, E.S.; Skalnik, J.G.: Generalized turn-on criterion of pnpn devices. IEEE Trans. ED-14 (1967) 450-
451.

1.10 Hogarth, C.A.; Joadat-Ghassabi, M.R.; Fulop, W.:
Measurement of current gains of high and low power
thyristors and their dependence upon current, tem-

perature and gold doping. Int. J. Electron. 37 (1974)
127-140.

1.11 Stumpe, A.C.: Kennlinien der steuerbaren Siliziumzelle, ETZ-A 83 (1962) 81-87.

1.12 Shockley, W.: Electrons and holes. D. Van Nostrand
1950, S. 112.

1.13 Shockley, W.: The four-layer diodes. Electronic In-
dustries & Tele-Tech. (1957) Aug., S. 56-60 und S.
161-165.

2.1 Spenke, E.: Elektronische Halbleiter. 2. Aufl. Berlin, Heidelberg, New York: Springer 1965.

2.2 Sah, C.T.; Noyce, R.N.; Shockley, W.: Carrier generation and recombination in pn-junctions and pn-junc-
tion characteristics. Proc. IRE 45 (1957) 1228-1243.

2.3 Gibbons, J.F.: A critique of the theory of pnpn devices. IEEE Trans. ED-11 (1964) 406-413.

2.4 Bulucea, C.D.; Prisecaru, D.C.: The calculation of
the avalanche multiplication factor in silicon pn
junctions taking into account the carrier generation
(thermal or optical) in the space-charge region. IEEE
Trans. ED-20 (1973) 692-701.

2.5 Kawana, Y.; Misawa, T.: A silicon pnpn power triode.
J. Electron. Contr. VI (1959) 324-332.

2.6 Stumpe, A.C.: Kennlinien der steuerbaren Siliziumzelle.
ETZ-A 83 (1962) 81-87.

2.7 Ginsbach, K.H.: Die steuerbare Siliziumzelle (Thyristor). Elektrotechnik und Maschinenbau 82 (1965)
369-374; 451-457.

2.8 Gibbons, J.F.: Graphical analysis of the I-V characteristics of generalized pnpn devices. Proc. IEEE 55
(1967) 1366-1374.

2.9   Moll, J.L.; Tannenbaum, M.; Goldey, J.M.; Holonyak Jr.,
      N.: pnpn transistor switches. Proc. IRE 44 (1956) 1174-
      1182.

2.10 Mackintosh, J.M.: The electrical characteristics of
      silicon pnpn triodes. Proc. IRE 46 (1958) 1229-1235.

2.11 Muss, D.R.; Goldberg, C.: Switching mechanism in the
      npnp silicon controlled rectifier. IEEE Trans. ED-10
      (1963) 113-120.

2.12 Schultz, W.: Berechnung der statischen Kennlinie von
      Vierschichtentrioden (Thyristoren). Ztschr. f. angew.
      Phys. 20 (1965) 26-35.

2.13 Jonscher, A.K.: pnpn switching diodes. J. Electron.
      Contr. 3 (1957) 573-586.

3.1   Hall, R.N.: Power rectifiers and transistors. Proc.
      IRE 40 (1952) 1512-1518.

3.2   Herlet, A.; Spenke, E.: Gleichrichter mit pin- bzw.
      psn-Struktur. Ztschrf. f. angew. Phys. 7 (1975) 99-
      107, 149-163, 195-212.

3.3   Spenke, E.: Gesteuerte Gleichrichter aus Silizium oder
      Germanium. Festschrift "50 Jahre VDE Bezirksverein
      Nordbayern" (1961) 153-155.

3.4   Shockley, W.; Read Jr., W.T.: Statistics of recombi-
      nation of holes and electrons. Phys. Rev. 87 (1952)
      835-842.

3.5   Jonscher, A.K.: pnpn switching diodes. J. Electron.
      Contr. 3 (1957) 573-586.

3.6   Hoerni, J.A.; Noyce, R.N.: pnπn-switches. Wescon Conv.
      Rec. 2 (1958) 172-175.

3.7   Herlet, A.; Raithel, K.: Forward characteristics of
      thyristors in the fired state. Solid State Electron.
      9 (1966) 1089-1105.

3.8 Kuzmin, V.A.: Volt-ampere characteristics of pnpn
    semiconductor devices in the on-condition. Radiotekh-
    nika i Eletronika 8 (1963) 171-177.

3.9 Otsuka, M.: The forward characteristics of thyristors.
    Proc. IEEE 55 (1967) 1400-1408.

3.10 Kleinmann, D.A.: The forward characteristic of the
    pin diode. Bell Syst. Tech. J. 35 (1956) 685-706.

3.11 Nakagawa, T.: Diffusion-type silicon controlled recti-
    fiers. Toshiba Review 16 (1961) 1358-1362.

3.12 Gerlach, W.: Über den Durchlaßbereich von Vierschich-
    tentrioden bei hohen Stromdichten. Ztschr. f. angew.
    Phys. 19 (1965) 196-202.

3.13 Fletcher, N.H.: High current limit for semiconductor
    junction devices. Proc. IRE 45 (1957) 862.

3.14 Davies, L.W.: Electron-hole scattering at high injec-
    tion-levels in Germanium. Nature 194 (1964) 762-763.

3.15 Dannhäuser, F.: Die Abhängigkeit der Trägerbeweglich-
    keit in Silizium von der Konzentration der freien La-
    dungsträger. I. Solid State Electron. 15 (1972) 1371-
    1375.

3.16 Krause, J.: Die Abhängigkeit der Trägerbeweglichkeit
    in Silizium von der Konzentration der freien Ladungs-
    träger. II. Solid State Electron. 15 (1972) 1377-1381.

3.17 Howard, N.R.; Johnson, G.W.: p^+in^+ silicon diodes at
    high forward current densities. Solid State Electron.
    8 (1965) 275-284.

3.18 Gerlach, W.; Schlangenotto, H.: Untersuchung von
    durchlaßbelasteten Gleichrichtern und Thyristoren mit
    Hilfe der Elektrolumineszenz. European Meeting of
    Semiconductor Device Research (ESDERC), München 1969.

3.19 Nilsson, N.G.: The influence of Auger recombination
     on the forward characteristics of semidonductor power
     rectifiers at high current densities. Solid State
     Electron. 16 (1973) 681-688.

3.20 Nilsson, N.G.: Band-to-band Auger recombination and
     carrier-carrier scattering in power rectifiers. Elec-
     tronics Letters 8 (1972) 580-582.

3.21 Burtscher, J.; Dannhäuser, F.; Krausse, J.: Die Re-
     kombination in Thyristoren und Gleichrichtern aus
     Silizium: Ihr Einfluß auf die Durchlaßkennlinie und
     das Freiwerdezeitverhalten. Solid State Electron. 18
     (1975) 35-63.

3.22 Wasserab, Th.: Beitrag zur nichtlinearen Theorie des
     Hochstrombereichs von psn-Dioden und Thyristoren.
     Arch. f. Elektrotechn. 58 (1976) 27-37.

3.23 Krausse, J.: Auger-Rekombination im Mittelgebiet
     durchlaßbelasteter Silizium-Gleichrichter und -Thy-
     ristoren. Solid State Electron. 17 (1974) 427-429.

3.24 Seifert, W.: Untersuchung von psn-Dioden bei starker
     Injektion. Dissertation Technische Universität Ber-
     lin 1975.

3.25 Kokosa, R.A.: The potential and carrier distributions
     of a pnpn-device in the on state. Proc. IEEE 55
     (1967) 1389-1400.

3.26 Cornu, J.; Lietz, M.: Numerical investigation of the
     thyristor forward characteristic. IEEE Trans. ED-19
     (1972) 975-981.

4.1 Shields, J.: Breakdown in silicon pn-junctions. J.
     Electron. Contr. 6 (1959) 130-148.

4.2 Moll, J.: Physics of semiconductors. New York: McGraw-
     Hill 1964.

4.3 Guggenbühl, W.; Strutt, M.J.O.; Wunderlin, W.: Halb-
    leiterbauelemente. Band I: Halbleiter und Halbleiter-
    dioden. Basel, Stuttgart: Birkhäuser 1964, S. 144 ff.

4.4 Sze, S.M.; Gibbons, G.: Avalanche breakdown voltages
    of abrupt and linearly graded pn-junctions in Ge, Si,
    GaAs and GaP. Appl. Phys. Letters 8 (1966) 111-113.

4.5 Gentry, F.E.; Gutzwiller, F.W.; Holonyak Jr. N.; Von
    Zastrow, E.E.: Semiconductor controlled rectifiers:
    Principles and applications of pnpn devices. Englewood
    Cliffs, N.J.: Prentice-Hall 1964.

4.6 Herlet, A.: The maximum blocking capability of silicon
    thyristors. Solid State Electron. 8 (1965) 655-671.

4.7 Aldrich, R.W.; Holonyak Jr., N.: Two-terminal asym-
    metrical and symmetrical silicon negative resistance
    switches. J. Appl. Phys. 30 (1959) 1819-1824.

4.8 Frohmader, K.P.: Physik des Kurzschlußemitters. Dis-
    sertation Technische Hochschule Aachen 1972.

4.9 Raderecht, P.S.: A review of the "shorted emitter"
    principle as applied to pnpn-silicon controlled rec-
    tifiers. Int. J. Electron. 31 (1971) 541-546.

4.10 Burtscher, J.; Spenke, E.: Kurzschlußemitter und Thy-
    ristorzündung. Siemens Forsch. u. Entw. Ber. 3 (1974)
    234-247.

4.11 Chu, C.K.: Geometry of thyristor cathode shunts. IEEE
    Trans. ED-17 (1970) 687-690.

4.12 Flietner, H.: Elektronische Eigenschaften der Halb-
    leiteroberfläche. In: Grundlagen aktiver elektroni-
    scher Bauelemente. Leipzig: VEB Deutscher Verlag für
    Grundstoffindustrie 1972.

4.13 Pelka, J.: Untersuchung der Feldverteilung in der
    Raumladungszone eines pn-Überganges mit stufenförmi-
    ger Randkontur. Diplomarbeit, Institut für Werkstoffe

der Elektrotechnik, Technische Universität Berlin 1977.

4.14 Garrett, C.G.B.; Brattain, W.H.: Some experiments on, and a theory of, surface breakdown. J. Appl. Phys. 27 (1956) 299-306.

4.15 Davies, R.L.; Gentry, F.E.: Control of the electric field at the surface of pn-junctions. IEEE Trans. ED-11 (1964) 313-323.

4.16 Köhl, G.: Über die Bemessung hochsperrender Thyristoren. ETZ-A 89 (1968) 131-135.

4.17 Cornu, J.: Electric fields at and near the surface of pn-junctions with negative bevel angles. Electronic Letters 8 (1972) 169-170.

4.18 Cornu, J.: Field distribution near the surface of beveled pn-junctions in high voltage devices. IEEE Trans. ED-20 (1973) 347-352.

4.19 Bakowski, M.; Lundström, K.I.: Depletion layer characteristics at the surface of beveled high-voltage pn-junctions. IEEE Trans. ED-20 (1973) 550-563.

4.20 Cornu, J.; Schweitzer, S.; Kuhn, O.: Double positive beveling: A better edge contour for high voltage devices. IEEE Trans. ED-21 (1974) 189-194.

4.21 Sonntag, A.; Schlangenotto, H.; Rathmann, K.: Entwicklung eines 5 KV-Thyristors mit beschränkter Freiwerdezeit. Forschungsbericht T 77-23, Bundesministerium für Forschung und Technologie 1977.

4.22 Otsuka, M.: A new edge contour for Si high voltage thyristors. IEEE Conf. Publ. 53 (1969) 32-38.

4.23 Köhl, G.: A mesa-like edge contour for Si high voltage thyristors. Solid State Electron. 11 (1968) 501-502.

4.24 Loch, K.; Patalong, H.; Platzöder, K.: Entwicklung
     eines hochsperrenden Leistungsthyristors (4,5 KV)
     mit guten dynamischen Eigenschaften. Forschungsbe-
     richt T 77-22. Bundesministerium für Forschung und
     Technologie 1977.

4.25 Temple, V.A.K.; Adler, M.S.: The theory and appli-
     cation of a simple etch contour for near ideal break-
     down voltage in plane and planar pn-junctions. IEEE
     Trans. ED-23 (1976) 950-956.

4.26 Kao, Y.C.; Wolly, E.D.: High-voltage planar pn-junc-
     tions. Proc. IEEE 55 (1967) 1409-1414.

4.27 Adler, M.S.; Temple, V.A.K.; Ferro, A.P.; Rustay, R.
     C.: Theory and breakdown voltage of planar devices
     with a single field limiting ring. IEEE Trans. ED-24
     (1977) 107-113.

5.1 Simonyi, K.: Theoretische Elektrotechnik. 5. Aufl.,
     Berlin: VEB Deutscher Verlag der Wissenschaften 1973,
     S. 447-452.

5.2 Le Can, C.; Hart, K.; de Ruyter, C.: Schalteigen-
     schaften von Dioden und Transistoren. Eindhoven:
     Philips Technische Bibliothek 1963, Kap. 3.

5.3 Gomonova, A.I.; Kaptsov, L.N.: Thyristor turn-on
     transients. Sov. Radio Engng. 8 (1965) 119-124.

5.4 Oberhettinger, F.; Badii, L.: Tables of Laplace Trans-
     forms. Berlin, Heidelberg, New York: Springer 1973.

5.5 Doetsch, G.: Anleitung zum praktischen Gebrauch der
     Laplace-Transformation und der z-Transformation. Mün-
     chen, Wien: R. Oldenbourg Verlag 1967.

5.6 Misawa, T.: Turn-on transient of pnpn triode. J. Elec-
     tron. Contr. 7 (1959) 523-533.

5.7 Möschwitzer, A.; Lunze, K.: Halbleiterelektronik Lehr-
     buch. Heidelberg: Dr. Alfred Hüthig Verlag 1973.

5.8   Davies, R.L.; Petruzella, J.: pnpn charge dynamics.
      Proc. IEEE 55 (1967) 1318-1330.

5.9   Paul, R.: Halbleiterphysik. Heidelberg: Dr. Alfred
      Hüthig Verlag 1975.

5.10 Jahnke, E.; Emde, F.; Lösch, F.: Tafeln höherer Funktionen. 7. Aufl. Stuttgart: B.G. Teubner 1966.

5.11 Möschwitzer, A.; Diener, K.H.; Landgraf-Dietz, D.;
      Köhler, E.: Halbleiterelektronik Arbeitsbuch. Heidelberg: Dr. Alfred Hüthig Verlag 1974.

6.1   Gentry, F.E.: Turn-on criterion for pnpn devices.
      IEEE Trans. ED-11 (1964) 74.

6.2   Lebedev, A.A.; Uvarov, A.I.; Chelnokov, V.Ye.: The
      transient characteristic of a pnpn structure. Radio
      Engng. Electr. Phys. 11 (1968) 1264-1271.

6.3   Lebedev, A.A.; Uvarov, A.I.; Chelnokov, V.Ye.: Establishment of the stationary state for turning on a
      pnpn structure. Radio Engng. Electr. Phys. 12 (1967)
      626-633.

6.4   Lebedev, A.A.; Uvarov, A.I.; Chelnokov, V.Ye.: The
      effect of an electric field on the switching processes
      in pnpn structures. Radio Engng. Electr. Phys. 12
      (1968) 1358-1364.

6.5   Lebedev, A.A.; Uvarov, A.I.: Theory of the switching
      process in a pnpn structure. Sov. Phys. Semicond. 1
      (1967) 167-170.

6.6   Lebedev, A.A.; Uvarov, A.I.: Duration of the regenerative stage in switching on thyristors. Radio Engng.
      Electr. Phys. 16 (1971) 1710-1714.

6.7   Togatov, V.V.; Uvarov, A.I.: Establishment of the
      steady-state condition during turn-on of a pnpn structure under conditions of a high injection level in
      both bases. Radio Engng. Electr. Phys. 16 (1971) 1025-
      1034.

6.8 Kuzmin, V.A.; Pershenkov, V.S.: The base region con-
     ductance modulation stage of a thyristor during the
     turn-on process. Radio Engng. Electr. Phys. 13 (1968)
     1441-1449.

6.9 Kuzmin, V.A.; Pawlik, V.Ya.; Rodov, V.I.: Turn-on
     of a pnpn structure at a high current density. Radio
     Engng. Electr. Phys. 18 (1973) 111-117.

6.10 Gushchina, N.A.: Calculation of turn-on character-
     istics of pnpn structures with allowance for base
     spreading resistance. Sov. Phys. Semicond. 6 (1972)
     729-736.

6.11 Cornu, J.; Jaecklin, A.A.: Processes at turn-on of
     thyristors. Solid State Electron. 18 (1975) 683-689.

6.12 Jaecklin, A.A.: The first dynamic phase at turn-on
     of a thyristor. IEEE Trans. ED-23 (1976) 940-944.

6.13 Dannhäuser, F.; Voss, P.: A quasi-stationary treat-
     ment of the turn-on delay phase of one-dimensional
     thyristors: Part I - theory. IEEE Trans. ED-23 (1976)
     928-936.

6.14 Dannhäuser, F.; Voss, P.: A quasi-stationary treat-
     ment of the turn-on delay phase of one-dimensional
     thyristors: Part II - experiments. IEEE Trans. ED-23
     (1976) 936-939.

6.15 Misawa, T.: Turn-on transient of pnpn triode. J.
     Electr. Contr. 7 (1959) 523-533.

6.16 Bergman, G.D.: The gate-triggered turn-on process
     in thyristors. Solid State Electron. 8 (1965) 757-
     765.

6.17 Gomonova, A.I.; Kaptsov, L.N.: Thyristor turn-on
     transients. Sov. Radio Engng. 8 (1965) 119-124.

6.18 Kuzmin, V.A.; Pershenkov, V.S.: The turn-on switching
     process of controlled pnpn diodes. Radio Engng.
     Electr. Phys. 12 (1967) 60-66.

6.19 Kuzmin, V.A.; Pershenkov, V.S.: The switching tran-
     sient of a thyristor.Radio Engng. Electr. Phys. 13
     (1968) 616-623.

6.20 Dermenzhi, P.G.; Yevseyev, Yu. A.: On the anomalously
     fast turn-on mechanism of pnpn structures. Radio
     Engng. Electr. Phys. 15 (1970) 1688-1694.

6.21 Gentry, F.E.; Gutzwiller, F.W.; Holonyak Jr.,N.;
     Von Zastrow, E.E.: Semiconductor controlled recti-
     fiers: Principles and applications of pnpn devices.
     Englewood Cliffs, N.J.: Prentice-Hall 1964.

6.22 Davies, R.L.; Petruzella, J.: pnpn charge dynamics.
     Proc. IEEE 55 (1967) 1318-1331.

6.23 Lebedev, A.A.; Uvarov, A.I.: Switching a symmetrical
     pnpn structure when the dependence of the amplifi-
     cation factors on current ist taken into account.
     Radio Engng. Electr. Phys. 12 (1967) 830-837.

6.24 Dickopp, G.: Über den Einschaltvorgang des Thyristors.
     ETZ-A 89 (1968) 136-141.

6.25 Doetsch, G.: Anleitung zum praktischen Gebrauch der
     Laplace-Transformation und der z-Transformation. Mün-
     chen, Wien: R. Oldenbourg Verlag 1967.

6.26 Föllinger, O.: Laplace und Fourier-Transformation.
     Berlin: Elitera Verlag 1977.

6.27 Spenke, E.: Bemerkungen zu den lateralen und axialen
     Ausbreitungserscheinungen beim Einschalten von Thy-
     ristorstrukturen. In: Dynamische Probleme der Thy-
     ristortechnik. Berlin: VDE Verlag 1971.

6.28 Le Can, C.; Hart, K.; de Ruyter, C.: Schalteigen-
     schaften von Dioden und Transistoren. Eindhoven:
     Philips Technische Bibliothek 1963.

6.29 Baker, A.N.; May, W.G.: Charge analysis of transistor
     operation including delay effects. IRE Trans. ED-8
     (1961) 152-154.

6.30 Brosch, R.: Das Zünden eines Thyristors bei schnellem
     Spannungsanstieg. Solid State Electron. 15 (1972)
     1071-1084.

6.31 Gerlach, W.; Stumpe, A.C.: Das Schaltverhalten von
     Thyristoren. In: Energieelektronik und geregelte An-
     triebe. Berlin: VDE Verlag 1966.

6.32 Lebedev, A.A.; Popova, M.V.; Uvarov, A.I.; Chelnokov,
     V.Ye.: The charge storing process in thyristor switch-
     ing. Radio Engng. Electr. Phys. 12 (1967) 1686-1690.

6.33 Dumenevich, A.N.: A study of the turn-on switching
     process of a thyristor. Radio Engng. Electr. Phys.
     17 (1972) 1937-1942.

6.34 Molibog, N.P.; Rodov, V.I.; Chelnokov, V.Ye.; Yakiv-
     chik, N.I.: The effect of mobile charge carriers in
     the collector junction of a pnpn structure on the
     turn-on process. Radio Engng. Electr. Phys. 16 (1971)
     1019-1025.

6.35 Caughey, D.M.; Thomas, R.E.: Carrier mobilities in
     silicon empirically related to doping and field. Proc.
     IEEE 55 (1967) 2192-2193.

7.1 Gerlach, W.: Untersuchungen über den Einschaltvorgang
     des Leistungsthyristors. Telefunken Zeitung 39 (1966)
     301-314.

7.2 Fletcher, N.H.: Some aspects of the design of power
     transistors. Proc. IRE 43 (1955) 551-559.

7.3 Emeis, R.; Herlet, A.; Spenke, E.: The effective area
     of power transistors. Proc. IRE 46 (1958) 1220-1229.

7.4 Hauser, J.R.: The effects of distributed base poten-
     tial on emitter-current injection density and effec-

tive base resistance for stripe transistor geometries.
IEEE Trans. ED-11 (1964) 238-242.

7.5 Grekhov, I.V.; Levinshtein, M.E.; Sergeev, V.G.: Investigation of the propagation of the turned-on state
along a pnpn structure. Sov. Phys. Semicond. 4 (1971)
1844-1849.

7.6 Dermenzhi, P.G.; Yevseyev, Yu.A.: Static control cur-
rents of pnpn structures with a large area. Radio
Engng. Electr. Phys. 17 (1972) 1897-1904.

7.7 Rosch, R.: Über die laterale Zündausbreitung in Leistungsthyristoren. Dissertation, Technische Hochschu-
le Aachen 1973.

7.8 Molibog, N.P.; Zlobin, V.A.; Sedov, N.N.; Yakivschik,
N.I.: The turn-on kinetics of a pnpn structure during
the anode current build up. Radio Engng. Electr. Phys.
19 (1974) 68-75.

7.9 Gentry, F.E.; Gutzwiller, F.W.; Holonyak Jr., N.; Von
Zastrow, E.E.: Semiconductor controlled rectifiers:
Principles and applications of pnpn devices. Engle-
wood Cliffs, N.J.: Prentice Hall 1964.

7.10 Molibog, N.P.; Nevzorov, A.N.; Zlobin, V.A.; Sedov,
N.N.; Yakivchik, N.I.: The recharching process of the
emitter capacitances during turn-on of the pnpn structure. Radio Engng. Electr. Phys. 18 (1973) 610-617.

7.11 Dermenzhi, P.G.; Yevseyev, Yu.A.: The problem of turning on large-aerea pnpn structures with the control
current. Radio Engng. Electr. Phys. 15 (1970) 1266-
1268.

7.12 Dermenzhi, P.G.; Evseev, Yu.A.: Processes occuring
in the turned-off region of a large area pnpn-structure during anode current rise. Sov. Phys. Semicond.
3 (1970) 1220-1224.

7.13 Molibog, N.P.; Nevzorov, A.N.; Zlobin, V.A.; Sedov,
     N.N.; Chelnokov, V.Ye.; Yakivchik, N.I.: Nonuniform
     processes in pnpn structures turned on by the con-
     trol current. Radio Engng. Electr. Phys. 18 (1973)
     432-442.

7.14 Dodson, W.H.; Longini, R.L.: Probed determination of
     turn-on spread of large area thyristors. IEEE Trans.
     ED-13 (1966) 478-484.

7.15 Ruhl, H.J.: Spreading velocity of the active area
     boundary in a thyristor. IEEE Trans. ED-17 (1970) 672-
     680.

7.16 Somos, I.; Piccone, D.E.: Plasma spread in high-power
     thyristors under dynamic and static conditions. IEEE
     Trans. ED-17 (1970) 680-687.

7.17 Grekhov, I.V.; Levinshtein, M.E.; Uvarov, A.I.: Simple
     model for the propagation of the on-state along a pnpn
     structure. Sov. Phys. Semicond. 5 (1971) 978-981.

7.18 Matsuzawa, T.: Spreading velocity of the on-state in
     high speed thyristors. IEEE Trans. Japan 93-C (1973)
     16-21.

7.19 Yamasaki, H.: Experimental observation of the lateral
     plasma propagation in a thyristor. IEEE Trans. ED-22
     (1975) 65-68.

7.20 Ikeda, S.; Araki, T.: The di/dt-capability of thy-
     ristors. Proc. IEEE 55 (1967) 1301-1305.

7.21 Strack, H.: Experimentelle Untersuchung des Einflus-
     ses der Kurzschlußemitterdimensionierung auf das
     Zündverhalten von Thyristoren. Siemens Forsch. und
     Entw. Ber. 5 (1976) 5-9.

7.22 Herlet, A.; Voss, P.: State of the art in power semi-
     conductor devices. IEEE Int. Semicond. Converter Con-
     ference 1977, Orlando Florida USA.

7.23 Paul, R.: Halbleiterphysik. Heidelberg: Dr. Alfred
     Hüthig Verlag 1975.

7.24 McKelvey, J.P.: Solid state and semiconductor physics.
     Sec. Ed. New York, London: Harper and Row 1969.

7.25 Longini, R.L.; Melngailis, J.: Gated turn-on of four
     layer switch. IEEE Trans. ED-10 (1963) 178-185.

7.26 Bergman, G.D.: The gate-triggered turn-on process in
     thyristors. Solid State Electron. 8 (1965) 757-765.

7.27 Mapham, N.: Overcoming turn-on effects in silicon con-
     trolled rectifiers. Electronics 35 (1962) 50-51.

7.28 Voss, P.: Infrarot-Beobachtungen der Zündvorgänge in
     Thyristoren. In: Dynamische Probleme der Thyristor-
     technik. Berlin: VDE Verlag 1971.

7.29 Voss, P.: Oberservation of the initial phases of thy-
     ristor turn-on. Solid State Electron. 17 (1974) 879-
     880.

7.30 Glöckner, K.H.; Füllmann, M.: On the turn-on behav-
     iour of thyristors with field-initiated gate. Solid
     State Electron. 20 (1977) 476-477.

7.31 Silber, D.; Robertson, M.J.: Thermal effects on the
     forward characteristics of silicon pin diodes at high
     pulse currents. Solid State Electron. 16 (1973) 1337-
     1346.

7.32 Grekhov, I.V.; Kolchin, A.M.; Palko, E.V.; Uvarov, A.
     I.: Dynamics of thermal processes during the turn-on
     of a pnpn thyristor structure. Sov. Phys. Semicond. 5
     (1971) 518.

7.33 Heumann, K.; Stumpe, A.C.: Thyristoren, Eigenschaf-
     ten und Anwendungen. Stuttgart: B.G. Teubner 1969.

7.34 Gerlach, W.: Thyristor mit Querfeld-Emitter. Ztschr.
     angew. Phys. 17 (1965) 396-400.

7.35 Somos, I.; Piccone, D.E.: Behaviour of thyristors
     under transient conditions. Proc. IEEE 55 (1967)
     1306-1311.

7.36 Dodson, W.H.; Longini, R.L.: Skip turn-on of thy-
     ristors. IEEE Trans. ED-13 (1966) 598-604.

7.37 Molibog, N.P., Chelnokov, V.Ye., Yakivchik, N.I.:
     The turn-on for a pnpn structure with a field region
     in the emitter. Radio Engng. Electr. Phys. 16 (1971)
     657-663.

7.38 Gray, D.I. This SCR is not for burning. Electronics
     41 (1968) 96-100.

7.39 Gentry, F.W.; Moyson, J.: The amplifying gate thy-
     ristor. IEEE Int. Electron. Dev. Meeting (1968) 110.

7.40 Burtscher, J.: Thyristoren mit innerer Zündverstär-
     kung (1. Teil). In: Dynamische Probleme der Thyristor-
     technik. Berlin: VDE Verlag 1971.

7.41 Porst, A.: Thyristoren mit innerer Zündverstärkung
     (2. Teil). In: Dynamische Probleme der Thyristortech-
     nik. Berlin: VDE Verlag 1971.

7.42 Storm, H.F.: An involute gate-emitter configuration
     for thyristors. IEEE Trans. ED-21 (1974) 520-522.

7.43 Köhl, G.; Steimer, U.: Ein Thyristorkonzept für die
     mittelfrequente Leistungselektronik. In: Dynamische
     Probleme der Thyristortechnik. Berlin: VDE Verlag
     1971.

7.44 Roy, K.; Schlangenotto, H.: Deutsches Bundespatent
     P 2203 156.7.

7.45 Sticha, K.: Das Einschalten von Thyristoren mit hoch-
     dotierten Gatebahnen. Diplomarbeit, Institut für an-
     gew. Phys., Universität Frankfurt/M. 1977.

7.46 Jaecklin, A.A.; Lawatsch, H.: Zur dynamischen Phase
der Thyristorzündung. Bulletin des SEV/VSE 68 (1977)
299-303.

8.1 Herlet, A.: Physikalische Grundlagen von Thyristor-
eigenschaften. Scientia Electrica 12 (1966) 105-122.

8.2 Deutsche Normen: DIN 41786 Thyristoren: Begriffe;
DIN 41787 Thyristoren: Richtlinien für Datenblattan-
gaben; DIN 41784 Thyristoren: Meß- und Prüfverfahren.
Berlin, Köln: Beuth-Vertrieb.

8.3 Hoffmann, A.; Stocker, K.: Thyristor-Handbuch. 4.
Aufl., Berlin, München: Siemens Verlag 1976.

8.4 Baker, A.R.; Goldey, J.M.; Ross, I.M.: Recovery time
of pnpn diodes. IRE Wescon Conv. Rec. Electron. Dev.,
Part 3, (1959) 43-48.

8.5 Gentry, F.E.; Gutzwiller, F.W.; Holonyak Jr., N.,
Von Zastrow, E.E.: Semiconductor controlled recti-
fiers: Principles and applications of pnpn devices.
Englewood Cliffs, N.J.: Prentice Hall 1964.

8.6 Sundresh, T.S.: Reverse transient in pnpn triodes.
IEEE Trans. ED-14 (1967) 400-402.

8.7 Davies, R.L.; Petruzella, J.: pnpn charge dynamics.
Proc. IEEE 55 (1967) 1318-1330.

8.8 Lebedev, A.A.; Uvarov, A.I.: The charge dissipation
time constant in a pnpn structure during switch-off
under the influence of a reverse anode voltage. Radio
Engng. Electr. Phys. 12 (1967) 634-639.

8.9 Lebedev, A.A.; Uvarov, A.I.; Chelnokov, V.Ye.: Transient phenomena during turn-off of pnpn structure by
a base control current. Radio Engng. Electr. Phys.
13 (1968) 89-96.

8.10 Grekhov, I.V.; Kostina, L.S.; Otblesk, A.E.: Turn-
off process in a pnpn-structure at high injection

levels in the base layers. Sov. Phys. Semicond. 4
(1971) 1998-2004.

8.11 Grekhov, I.V.; Kostina, L.S.; Lebedev, A.A.: Recovery
of the blocking ability by emitter junctions during
the turn-off of a pnpn structure. Sov. Phys. Semicond. 5 (1971) 676-679.

8.12 Grekhov, I.V.; Kostina, L.S.; Lebedev, A.A.: The
turn-off process of a pnpn structure for a high injection level in the base layers. Radio Engng. Electr.
Phys. 17 (1972) 664-668.

8.13 Togatov, V.V.: A study of the recovery process of
the pnpn structure. Radio Engng. Electr. Phys. 17
(1972) 457-461.

8.14 Togatov, V.V.: The theory of the turn-off process of
the pnpn structure. Radio Engng. Electr. Phys. 18
(1973) 117-121.

8.15 Liniychuk, I.A.; Palamarchuk, A.I.: Turn-off of the
pnpn structure by the control current of the p-base
for a high injection level in the n-base. Radio Engng.
Electr. Phys. 18 (1973) 605-609.

8.16 Liniychuk, I.A.; Palamarchuk, A.I.: The effect of
built-in electric fields on the turn-off switching
process of a pnpn structure by the control current.
Radio Engng. Electr. Phys. 18 (1973) 1223-1228.

8.17 Carlslaw, H.S.; Jaeger, J.C.: Conduction of heat in
solids. Oxford: Oxford University Press 1959.

8.18 Benda, H.; Spenke, E.: Reverse recovery processes in
silicon power rectifiers. Proc. IEEE 55 (1967) 1331-
1355.

8.19 Borchert, E.: Neue Technologien für Silizium: Ausschaltverhalten von Thyristoren. Forschungsbericht
NT 446b, Bundesministerium für Forschung und Technologie 1976.

8.20 Silber, D.; Redeker, H.: Neue Technologien für Si-
     lizium-Leistungsbauelemente: Strukturen mit lokal
     verminderter Ladungsträger-Lebensdauer. Forschungsbe-
     richt T 77-46, Bundesministerium für Forschung und
     Technologie 1977.

8.21 Fairfield, J.M.; Gokhale, B.V.: Gold as a recombi-
     nation center in silicon. Solid State Electron. 8
     (1965) 685-691.

8.22 Fairfield, J.M.; Gokhale, B.V.: Control of diffused
     diode recovery time through gold doping. Solid State
     Electron. 9 (1966) 905-907.

8.23 Miller, M.D.; Schade, H.; Nuese, C.J.: Use of pla-
     tinum for lifetime control in power devices. IEEE
     Int. Electr. Devices Meeting, Washington (1975) 180-
     183.

8.24 Miller, M.D.: Limitations on the use of platinum in
     power devices. IEEE Int. Electr. Devices Meeting,
     Washington (1976) 491-494.

8.25 Roy, K.: Einstellung der Ladungsträgerlebensdauer
     in Silizium mit Hilfe von Platin. Forschungsbericht
     T 76-32, Bundesministerium für Forschung und Tech-
     nologie 1976.

8.26 Rai-Choudhury, P.; Bartko, J.; Johnson, J.: Electron
     irradiation induced recombination centers in silicon
     minority carrier lifetime control. IEEE Trans. ED-23
     (1976) 814-818.

8.27 Baliga, B.J.; Sun, E.: Lifetime control in power rec-
     tifiers and thyristors using gold, platinum and elec-
     tron irradiation. IEEE Int. Electr. Devices Meeting,
     Washington (1976) 495-498.

8.28 Carlson, R.O.; Sun, Y.S.; Assalit, H.B.: Lifetime
     control in silicon power devices by electron or gamma
     irradiation. IEEE Trans. ED-24 (1977) 1103-1108.

8.29 Vitman, R.F.; Kutlakhmetov, V.A.; Reshetin, V.P.;
     Stakhovtsov, V.I.; Shuman, V.B.: Turn-off times of
     thyristors subjected to γ-ray bombardment. Sov. Phys.
     Semicond. 9 (1975) 220-221.

8.30 Burtscher, J.; Dannhäuser, F.; Krausse, J.: Die Re-
     kombination in Thyristoren und Gleichrichtern aus
     Silizium: Ihr Einfluß auf die Durchlaßkennlinie und
     das Freiwerdeverhalten. Solid State Electron. 18
     (1975) 35-63.

8.31 Grekhov, I.V.; Kostina, L.S.; Sergeev, V.G.: A new
     way for reducing the turn-off time of high-voltage
     pnpn structures. Sov. Phys. Semicond. 5 (1972) 1236-
     1240.

8.32 Silber, D.; Maeder, H.: The effect of gold concen-
     tration gradients on thyristor switching properties.
     IEEE Trans. ED-23 (1976) 366-368.

8.33 Boronin, K.D.; Dermenzhi, P.G.: The dependence of the
     turn-off time of pnpn structures on their parameters
     and the measurement conditions. Radio Engng. Electr.
     Phys. 18 (1973) 1714-1721.

8.34 Raderecht, P.S.: The development of a gate assisted
     turn-off thyristor for use in high frequence appli-
     cations. Int. J. Electronics 36 (1974) 399-416.

8.35 Funakawa, S.; Gamo, H.; Kawakami, A.: High voltage
     high power gate-assisted turn-off thyristor for high
     frequency use. EDD of IECE of Japan, EDD 73-30 (1973).

8.36 Shimizu, J.; Oka, H.; Funakawa, S.; Gamo, H.; Iida,
     T.; Kawakami, A.: High-voltage high-power gate-as-
     sisted turn-off thyristor for high frequency use.
     IEEE Trans. ED-23 (1976) 883-887.

8.37 Schlegel, E.S.; Page, D.J.: Gate-assisted turn-off
     thyristor with cathode shunts and dynamic gate. IEEE
     Int. Electr. Devices Meeting, Washington (1976) 487-
     490.

8.38 Schlegel, E.S.: Gate-assisted turn-off thyristors.
     IEEE Trans. ED-23 (1976) 888-893.

9.1 Aldrich, R.W.; Holonyak Jr., N.: Two-terminal asym-
     metrical and symmetrical silicon negative resistance
     switches. J. Appl. Phys. 30 (1959) 1819-1824.

9.2 Gentry, F.E.; Scace, R.I.; Flowers, J.K.: Bidirec-
     tional triode pnpn-switches. Proc. IEEE 53 (1965) 355-
     369.

9.3 Moyson, J.; Gentry, F.E.: A junction gate controlled
     rectifier. Semiconductor Device Research Conference,
     June 1962, Carnegie Institut of Technology.

9.4 Köhl, G.: Steuermechanismus und Aufbau bilateral
     schaltender Thyristoren. Scientia Electrica XII (1966)
     123-132.

9.5 Pfuhl, U.: Statische und dynamische Eigenschaften von
     Symistoren. Elektrie 22 (1968) 230-236.

9.6 Hintz, H.: Dynamische Eigenschaften von Triacs. In:
     Dynamische Probleme der Thyristortechnik. Berlin: VDE
     Verlag 1971.

9.7 Bergman, G.D.: Gate isolation and commutation in bidi-
     rectional thyristors. Int. J. Electronics 21 (1966)
     17-35.

9.8 Essom, J.F.: Bidirectional triode thyristor applied
     voltage rate effect following conduction. Proc. IEEE
     5 (1967) 1312-1317.

9.9 Baumann, K.; Kozerke, W.: Zum Kommutierungsverhalten
     von Triacs. Elektrie 26 (1972) 123-126.

9.10 Van Ligten, R.A.; Navon, D.: Base turn-off of pnpn-
     switches. IRE Wescon Conv. Rec., Electron. Dev. 4
     (1960) 49-52.

9.11 Goldey, I.M.; Mackintosh, I.M.; Ross, I.M.: Turn-off
     gain in pnpn triodes. Solid State Electron. 3 (1961)
     119-122.

9.12 Muss, D.R.; Goldberg, C.: Switching mechanism in the
     pnpn silicon controlled rectifier. IEEE Trans. ED-10
     (1963) 113-120.

9.13 Gentry, F.E.; Gutzwiller, F.W.; Holonyak Jr., N.;
     Von Zastrow, E.E.: Semiconductor controlled recifiers:
     Principles and applications of pnpn devices. Engle-
     wood Cliffs, N.J.: Prentice Hall 1964.

9.14 Storm, H.F.: Introduction to turn-off silicon con-
     trolled rectifiers. IEEE Trans. CE-82 (1963) 375-383.

9.15 Wolley, E.D.: Gate turn-off in pnpn devices. IEEE
     Trans. ED-13 (1966) 590-597.

9.16 Lebedev, A.A.; Uvarov, A.I.; Chelnokov, V.Ye.: Tran-
     sient phenomena during turn-off of pnpn structure by
     a base control current. Radio Engng. Electr. Phys.
     13 (1968) 89-96.

9.17 Liniychuk, I.A.; Palamarchuk, A.I.: Turn-off of the
     pnpn structure by the control current of the p-base
     for a high injection level in the n-base. Radio Engng.
     Electr. Phys. 18 (1973) 605-609.

9.18 Liniychuk, I.A.; Palamarchuk, A.I.: The effect of
     built-in electric fields on the turn-off switching
     process of a pnpn-structure by the control current.
     Radio Engng. Electr. Phys. 18 (1973) 1223-1228.

9.19 Kurata, M.: A new CAD-model of a gate turn-off thy-
     ristor. IEEE Pesc. Rec. (1974) 125-133.

9.20 Kishi, K. u.a.: High power high frequency gate turn-
     off thyristor and its applications. Report: Research
     and Development Center, Tokyo Shibaura Electric
     (1977).

9.21 Becke, H.W.; Neilson, J.M.: A new approach to the
design of a gate turn-off thyristor. IEEE Pesc. Rec.
(1975) 292-299.

9.22 New, T.C.; Frobenius, W.D.; Desmond, T.J.; Hamilton,
D.R.: High power gate controlled switch. IEEE Trans.
ED-17 (1970) 706-710.

9.23 Becke, H.W.: A high-speed high voltage EPI base GTO.
IEEE Int. Electr. Devices Meeting, Washington (1977)
46 A - 46 D.

9.24 Sueoka, T.; Ishibashi, S.; Udagawa, H.; Honda, A.;
Yamaguchi, Y.: High power gate controlled thyristors.
IEE Int. Conf. on Power Electronics - Power Semicon-
ductors and their Applications, London (1977) 1-4.

9.25 Kishi, K.; Kurata, M.; Imai, K.; Seki, N.: High power
gate turn-off thyristors (GTO's) and GTO-VVVF in-
verter. IEEE Power Electronics Specialists Conference
(1977).

9.26 Okamura, M.; Nagano, T.; Ogawa, T.: The current
status of the power gate turn-off switch. IEEE Int.
Semicond. Power Converter Conference, Orlando (1977)
39-49.

9.27 Dash, W.C.; Newmann, R.: Intrinsic optical absorption
in single crystal germanium and silicon at 77 K and
300 K. Phys. Rev. 99 (1955) 1151.

9.28 Gerlach, W.: Light-activated power thyristors. Solid
State Devices, Institute of Physics Conference Series
No 32 (1976) 111-113.

9.29 Silber, D.; Winter, W.; Füllmann, M.: Progress in
light activated power thyristors. IEEE Trans. ED-23
(1976) 899-904.

9.30 de Bruyne, P.; Sittig, R.: Light sensitive structure
for high voltage thyristors. IEEE Power Electronics
Specialists Conference (1976).

418

9.31 de Bruyne, P.; Sittig, R.: Private Mitteilung.

9.32 Temple, V.A.K.; Ferro, A.P.: High-power dual ampli-
     fying gate light triggered thyristors. IEEE Trans.
     ED-23 (1976) 893-898.

Sachverzeichnis

422

Halbleiter-Elektronik

Eine aktuelle Buchreihe
für Studierende und Ingenieure

Halbleiter-Bauelemente beherrschen heute einen großen Teil der Elektrotechnik. Dies äußert sich einerseits in der großen Vielfalt neuartiger Bauelemente und andererseits in den enormen Zuwachsraten der Herstellungsstückzahlen. Ihre besonderen physikalischen und funktionellen Eigenschaften haben komplexe elektronische Systeme z. B. in der Datenverarbeitung und der Nachrichtentechnik ermöglicht. Dieser Fortschritt konnte nur durch das Zusammenwirken physikalischer Grundlagenforschung und elektrotechnischer Entwicklung erreicht werden.

Um mit dieser Vielfalt erfolgreich arbeiten zu können und auch zukünftigen Anforderungen gewachsen zu sein, muß nicht nur der Entwickler von Bauelementen, sondern auch der Schaltungstechniker das breite Spektrum von physikalischen Grundlagenkenntnissen bis zu den durch die Anwendung geforderten Funktionscharakteristiken der Bauelemente beherrschen.

Dieser engen Verknüpfung zwischen physikalischer Wirkungsweise und elektrotechnischer Zielsetzung soll die Buchreihe „Halbleiter-Elektronik" Rechnung tragen. Sie beschreibt die Halbleiter-Bauelemente (Dioden, Transistoren, Thyristoren usw.) in ihrer physikalischen Wirkungsweise, in ihrer Herstellung und in ihren elektrotechnischen Daten.

Um der fortschreitenden Entwicklung am ehesten gerecht werden und den Lesern ein für Studium und Berufsarbeit brauchbares Instrument in die Hand geben zu können, wurde diese Buchreihe nach einem „Baukastenprinzip" konzipiert:

Die ersten beiden Bände sind als Einführung gedacht, wobei Band 1 die physikalischen Grundlagen der Halbleiter darbietet und die entsprechenden Begriffe definiert und erklärt. Band 2 behandelt die heute technisch bedeutsamen Halbleiterbauelemente in einfachster Form. Ergänzt werden diese beiden Bände durch die Bände 3 bis 5, die einerseits eine vertiefte Beschreibung der Bänderstruktur und der Transportphänomene in Halbleitern und andererseits eine Einführung in die technologischen Grundverfahren zur Herstellung dieser Halbleiter bieten. Alle diese Bände haben als Grundlage einsemestrige Grund- bzw. Ergänzungsvorlesungen an Technischen Universitäten.

Fortsetzung und Übersicht über die Reihe: 3. Umschlagseite

Über diese Basisbände hinaus sind weitere Einzelbände erschienen bzw. vorgesehen, die den technisch wichtigen Halbleiterbauelementen gewidmet sind. Alle diese von Spezialisten verfaßten Bände sind so aufgebaut, daß sie bei entsprechenden Vorkenntnissen auch einzeln verwendet werden können.

Nachstehendes Schema gibt einen Überblick über die Konzeption der Buchreihe. Wir hoffen, mit diesem „Baukastenprinzip" der auch heute noch fortschreitenden Entwicklung am ehesten gerecht werden zu können und so den Lesern ein für Studium und Berufsarbeit brauchbares Instrument in die Hand zu geben.

Einführung	**1** Grundlagen der Halbleiter-Elektronik	**2** Bauelemente der Halbleiter-Elektronik
Vertiefung	**3** Bänderstruktur und Stromtransport	**5** pn-Übergänge
Technologie	**4** Halbleiter-Technologie	
Einzelhalbleiter	**6** Bipolare Transistoren	**7** Feldeffekttransistoren
	8 Signalverarbeitende Dioden	**9** Aktive Mikrowellendioden
	10 Optoelektronik I: Lumineszenz- und Laserdioden	**11** Optoelektronik II: Fotodioden und Solarzellen
	12 Thyristoren	
Integrierte Schaltungen	**13** Integrierte Bipolarschaltungen	**14** Integrierte MOS-Schaltungen
Sonderthemen	**15** Rauschen	

Springer-Verlag Berlin Heidelberg New York